# 数学活用法

## 事例で学ぶ

A Recipe Book
of Mathematics
for Engineering
Problems

大熊 政明
金子 成彦 編
吉田 英生

朝倉書店

# まえがき

　日本の工学分野で歴史的にすでに多くの'工学のための数学'に関する書籍が出版されてきました．工学系のための数学公式集や数学ハンドブック類もその典型と思われます．有意義な例題も掲載して数学理論と各種の解法について解説されており，大学の正規科目の教科書として使用されている図書も多くあります．数学に関するこのような在来書籍の内容は基本的には永続的に価値あるものであることは間違いありません．しかし，現在の工学系の研究や技術開発の分野で数学の各種の理論や手法がどのように用いられ，今後のさまざまな研究課題に対しての活用性や応用性について読者のイマジネーションを創発する趣旨も含めて解説や例示で示す形式の書籍はほとんど無いと思われます．すなわち，書籍にはその創刊の時代々々の状況とニーズに合わせた特長を加えた改訂や新著が必要だと考えられます．

　言うまでもないことですが，数学の歴史は古代ギリシャ時代にはすでに始まっており，1687年ニュートン著「プリンシピア（自然哲学の数学的原理）」が力学現象を数学の記述によって定量・精密に表現し得たエポックポイントの一冊となり，それ以来，自然科学と工学分野を中心に多くの分野で数学が解析や設計の強力な道具・言語として用いられてきています．数学を使うことで現象や状態を客観的にかつ定量的に表現できることから，そのメカニズムの解釈，現象の未来予測，さらに工学的により良いまたは最適な設計の指針を得ること，技術者や研究者間での精密な技術情報のコミュニケーションや技術の形式知としての記録・保持・伝承ができるわけです．今日に至っては，デジタルコンピュータネットワーク社会となり，全地球的規模となる私たちの社会・経済活動のほとんどすべての分野で数学とそれに基づく情報処理技術が重要な役割を果たしています．そのため，ここ30年間程度を概観すると数学の活用状況にも大いなる変化や発展が続いており，かつては暗黙知であった知識が数学の活用によって形式知化されて科学として発展している研究テーマや融合領域的な分野が広がっていることは確かです．

　そこで，本著は，執筆にあたられた多くの先生方からご提供頂いた，現代の工学系の実際的な研究および技術開発のテーマに基づく数学の'活用例'を簡潔な解説と共

に例題形式で列挙して，数学×工学の2次元のインデックスで示すことで，読者の数学理論の活用力と応用力を啓発することを意図して企画しました．読者各位にとっては異分野のテーマの例題も含めて具体的な現代の研究テーマおよび工学系分野における活用例を学んで頂き，"一を聞いて十を知る"のことわざの如く"一例題を学んで十を知る"ように，数学理論と手法の活用・応用力が涵養されるのであれば本著関係者一同の大きな喜びです．

最後に，本著は（株）朝倉書店の企画として東京大学大学院工学系研究科金子成彦教授，京都大学大学院工学研究科吉田英生教授と小職の3名で出版企画・編集委員会を構成して，さらに多くの大学の先生方に分担執筆の参加協力をいただくことで実現できましたことと，その取りまとめ役を図らずも小職が務めさせていただきましたことを申し添えます．この場をお借りして改めて，本書の分担執筆者各位，および，大学院生時代またはお互いに若い大学教官（当時の呼称）となった頃以来親交を結び続けさせていただいている私が大いに尊敬する少しだけ年上の先輩にあたる金子成彦教授と吉田英生教授，さらに（株）朝倉書店編集部の皆様に衷心より感謝申し上げ，まえがきといたします．

2014年12月

編者を代表して　大熊政明

## 編 集 者

大 熊 政 明　　東京工業大学 大学院理工学研究科 機械宇宙システム専攻
金 子 成 彦　　東京大学 大学院工学系研究科 機械工学専攻
吉 田 英 生　　京都大学 大学院工学研究科 航空宇宙工学専攻

## 執筆者（50音順，（ ）内は執筆箇所）

浅 野 浩 志　　一般財団法人 電力中央研究所　（6.8, 6.9）
市 川 　 朗　　南山大学 理工学部 機械電子制御工学科　（5.4, 6.1）
大 熊 政 明　　東京工業大学 大学院理工学研究科 機械宇宙システム専攻　（1.1）
大 崎 　 純　　広島大学 大学院工学研究科 建築学専攻　（5.1, 6.5）
太田口 和 久　　東京工業大学 大学院理工学研究科 化学工学専攻　（7.6）
金 子 成 彦　　東京大学 大学院工学系研究科 機械工学専攻　（2.3, 4.2）
河 原 源 太　　大阪大学 大学院基礎工学研究科 機能創成専攻　（2.6, 2.7）
工 藤 峰 一　　北海道大学 大学院情報科学研究科 コンピュータサイエンス専攻　（7.3）
久 保 司 郎　　摂南大学 理工学部 機械工学科　（1.3, 2.4, 2.8）
近 藤 孝 広　　九州大学 大学院工学研究院 機械工学部門　（1.2, 2.1）
酒 井 信 介　　東京大学 大学院工学系研究科 航空宇宙工学専攻　（7.1, 7.5）
志 村 祐 康　　東京工業大学 大学院理工学研究科 機械宇宙システム専攻　（4.4, 5.7）
鈴 木 宏 正　　東京大学 大学院工学系研究科 精密工学専攻　（5.8）
髙 木 　 周　　東京大学 大学院工学系研究科 機械工学専攻　（1.5, 4.3）
田 口 善 弘　　中央大学 理工学部 物理学科　（2.11, 7.4）
武 田 行 生　　東京工業大学 大学院理工学研究科 機械物理工学専攻　（4.1, 5.2, 5.3）
田 中 正 夫　　大阪大学 大学院基礎工学研究科 機能創成専攻　（2.12, 6.10）

| | | |
|---|---|---|
| 店 橋　　護 | 東京工業大学　大学院理工学研究科　機械宇宙システム専攻 | (2.5, 4.4, 4.5, 5.7) |
| 轟　　　　章 | 東京工業大学　大学院理工学研究科　機械物理工学専攻 | (5.6, 6.2) |
| 中 野 公 彦 | 東京大学　大学院情報学環 | (5.5) |
| 西 脇 眞 二 | 京都大学大学院　工学研究科　機械理工学専攻 | (6.3, 6.4) |
| 花 田 俊 也 | 九州大学　大学院工学研究院　航空宇宙工学部門 | (2.2, 7.2) |
| 福 島 直 哉 | 東京大学　大学院工学系研究科附属エネルギー・資源フロンティアセンター (2.5, 4.4, 5.7) | |
| 三 田 吉 郎 | 東京大学　大学院工学系研究科　電気系工学専攻 | (4.7) |
| 村 田　　章 | 東京農工大学　大学院工学府　機械システム工学科 | (1.4) |
| 森 下 悦 生 | 宇都宮大学　大学院工学研究科　学際先端システム学専攻 | (3.1, 4.6) |
| 八 木　　透 | 東京工業大学　大学院情報理工学研究科　情報環境学専攻 | (1.6) |
| 山 北 昌 毅 | 東京工業大学　大学院理工学研究科　機械制御システム専攻 | (5.9, 6.7) |
| 山 田　　明 | 東京工業大学　大学院理工学研究科　電子物理工学専攻 | (2.9, 2.10, 5.10) |
| 吉 田 英 生 | 京都大学　大学院工学研究科　航空宇宙工学専攻 | (6.6) |

# 目　　次

1. **微分・積分学** ……………………………………………………………… 1
   - 1.1 境界要素法音響解析とベクトルによる関数微分 ………………… 1
   - 1.2 楕円積分とヤコビの楕円関数 …………………………………… 4
   - 1.3 き裂先端に現れる特異応力場とその利用 ……………………… 10
   - 1.4 ケルビン–ヘルムホルツの不安定 ………………………………… 14
   - 1.5 フラクタル構造体における熱物質輸送のモデリング ………… 19
   - 1.6 生体信号の解析，画像処理 ……………………………………… 24

2. **微分方程式** …………………………………………………………………… 31
   - 2.1 フローケの定理にもとづく非線形振動系の周期解の安定判別法 …… 31
   - 2.2 軌道摂動加速度の計算 …………………………………………… 40
   - 2.3 非線形常微分方程式：多時間尺度の方法 ……………………… 44
   - 2.4 き裂先端に現れる特異応力場とエネルギー …………………… 48
   - 2.5 壁面乱流の高精度数値計算 ……………………………………… 50
   - 2.6 拡散渦を表す自己相似解 ………………………………………… 55
   - 2.7 強い渦による移流を受けるせん断流の近似解 ………………… 58
   - 2.8 結果から原因を推定する逆問題解析 …………………………… 64
   - 2.9 半導体におけるキャリア伝導 …………………………………… 67
   - 2.10 半導体中のキャリアのパルス応答 ……………………………… 70
   - 2.11 粉粒体の挙動と微分方程式 ……………………………………… 72
   - 2.12 リモデリングによる骨構造の力学適応 ………………………… 75

3. **積分方程式** …………………………………………………………………… 79
   - 3.1 薄翼理論 …………………………………………………………… 79
   - 3.2 積分方程式にもとづく境界要素法による音響解析 …………… 84

4. **関数と級数展開** ……………………………………………………………… 88
   - 4.1 パラレルマニピュレータの変位解析 …………………………… 88

- 4.2 2液界面で起こる波動 ･･････････････････････････････････ 94
- 4.3 氷による水の冷却 ･･････････････････････････････････････ 96
- 4.4 投影粒子画像流速計 ････････････････････････････････････ 103
- 4.5 流体の速度計測と数値解析で生じるエイリアス誤差 ･････････ 107
- 4.6 開水路の水面形状 ･･････････････････････････････････････ 112
- 4.7 共振・フィルタ・移相回路 ･･････････････････････････････ 116

## 5. 線形代数 ･････････････････････････････････････････････ 123
- 5.1 特異値分解による行列のランクと線形方程式の解構造の分析 ･･ 123
- 5.2 パラレルマニピュレータの速度解析 ･･････････････････････ 126
- 5.3 冗長自由度をもつロボットの運動制御 ････････････････････ 128
- 5.4 ベクトル積の応用：人工衛星の軌道と相対軌道 ････････････ 132
- 5.5 行列の固有値解析と振動の固有周波数 ････････････････････ 135
- 5.6 モールの応力円 ･･････････････････････････････････････ 138
- 5.7 ステレオ投影粒子画像流速計 ････････････････････････････ 142
- 5.8 CG キャラクタをデザインする細分割モデリング ･･･････････ 145
- 5.9 リアプノフの安定定理 ･･････････････････････････････････ 150
- 5.10 量子井戸中のエネルギー準位 ･･････････････････････････ 154

## 6. 手 法 ･････････････････････････････････････････････ 159
- 6.1 円軌道上のフォーメーションと低燃費制御 ････････････････ 159
- 6.2 目的関数近似による最適化 ･･････････････････････････････ 162
- 6.3 構造最適化における最適化理論 ･･････････････････････････ 167
- 6.4 変分法による最適構造の求め方 ･･････････････････････････ 170
- 6.5 変分法による汎関数の最小化 ････････････････････････････ 173
- 6.6 軸対称衝突噴流の計測と最小二乗法 ･･････････････････････ 177
- 6.7 雑音の除去 ････････････････････････････････････････････ 181
- 6.8 排出権取引の取引価格 ･･････････････････････････････････ 185
- 6.9 発電プラントの投資計画とリアルオプション ･･････････････ 188
- 6.10 最小エネルギー曲面問題としての赤血球の構造形態解析 ･････ 193

## 7. 確率・統計・推定 ････････････････････････････････････ 198
- 7.1 構造物の破損確率評価 ･･････････････････････････････････ 198
- 7.2 ダブルテザーの破断過程のモデリング ････････････････････ 202
- 7.3 着席者の承認 ･･････････････････････････････････････････ 207

7.4 情報工学と確率・統計 ..................................................... 212
7.5 ベイズの定理の破損確率評価への適用 ................................. 215
7.6 細胞径分布のダイナミクス ............................................... 220

**A. 数学公式集** ................................................................ 229
  A.1 代　　数 ................................................................. 229
    A.1.1 数の種類 ......................................................... 229
    A.1.2 対　数 .............................................................. 229
    A.1.3 乗べきと乗根 ................................................... 229
    A.1.4 階　乗 .............................................................. 229
    A.1.5 乗法公式 ......................................................... 230
    A.1.6 因数分解 ......................................................... 230
    A.1.7 二項定理 ......................................................... 230
    A.1.8 多項定理 ......................................................... 230
    A.1.9 不等式 .............................................................. 230
    A.1.10 代数方程式 (2次と3次) ................................. 231
  A.2 解析幾何 ................................................................. 231
    A.2.1 平面幾何 ......................................................... 231
  A.3 三角関数 ................................................................. 235
    A.3.1 定　義 .............................................................. 235
    A.3.2 三角関数間の関係公式 ...................................... 236
    A.3.3 和と差と倍角の公式 ......................................... 236
    A.3.4 べき乗の公式 ................................................... 236
    A.3.5 三角形の辺と内角の公式 .................................. 236
    A.3.6 三角関数と指数関数の関係 .............................. 237
    A.3.7 双曲線関数と三角関数・指数関数 ................... 237
  A.4 線形代数 ................................................................. 238
    A.4.1 行列とベクトル ............................................... 238
    A.4.2 行列の基本演算公式 ......................................... 238
    A.4.3 行列式 .............................................................. 239
    A.4.4 固有値と固有ベクトル ...................................... 240
  A.5 ベクトル解析 .......................................................... 240
    A.5.1 ベクトルの代数 ............................................... 240
    A.5.2 スカラー場とベクトル場 .................................. 242
  A.6 微　　分 ................................................................. 244

- A.6.1 極限 ································································ 244
- A.6.2 微係数と導関数 ··············································· 245
- A.6.3 偏微分と全微分 ··············································· 245
- A.6.4 おもな初等関数の微分 ····································· 245
- A.6.5 微分公式 ························································· 245
- A.6.6 微分に関する定理 ············································ 246
- A.6.7 ベクトルの微分 ··············································· 247
- A.7 積 分 ··································································· 247
  - A.7.1 不定積分 ························································· 247
  - A.7.2 定積分 ···························································· 250
- A.8 微分方程式 ························································· 255
  - A.8.1 常微分方程式 ·················································· 257
  - A.8.2 偏微分方程式 ·················································· 261
  - A.8.3 数値解法 ························································· 265
- A.9 積分方程式 ························································· 265
- A.10 複 素 関 数 ························································· 266
  - A.10.1 複素数 ···························································· 266
  - A.10.2 複素関数 ························································ 266
  - A.10.3 初等関数 ························································ 267
  - A.10.4 複素積分 ························································ 267
- A.11 確率と統計 ························································· 274
  - A.11.1 標本空間と事象 ·············································· 274
  - A.11.2 確 率 ···························································· 274
  - A.11.3 統 計 ···························································· 279

索 引 ·············································································· 283

# 1

## 微分・積分学

### 1.1 境界要素法音響解析とベクトルによる関数微分

機械力学

#### ロケット打ち上げ時の音響加振力推定

　図 1 に示すように，ロケットは衛星をその先端部分のフェアリング内に収納して打ち上げられる．その際ロケットエンジン出力に起因する環境音圧 (騒音) は近接距離で 160 dB 程度にまで達し，その音圧はフェアリング構造をロケット本体の構造系を下から上に伝達する振動とともに環境空間から激烈に音響加振する．その振動環境に耐えるようなロケットおよび収納される衛星の設計が必要である．Lift-off 時から上空 500 m 付近までの間におけるロケット外部環境空間の任意の位置 (特にフェアリング外部近傍域) での音圧分布をできるだけ精度よく予測することの工学技術課題がある．

　ロケットエンジン推力となる噴流挙動も含めて解析する手法としては CFD (Com-

図 1　ロケットエンジン噴流からの音響加振 (JAXA 提供)

putational Fluid Dynamics) が考えられるが，注目すべき騒音の周波数帯域は現代のコンピュータ性能上での CFD では解析しづらい高帯域であることと解析対象の空間の広域さから，波動方程式にもとづく音響解析も適用可能と考えられる．音響解析の数値解析法の一手法として境界要素法 (boundary element method) がある．

> ◆ ベクトルによる微分 ◆
>
> 音源から放射された音波の空間伝播と音圧分布を数値解析する手法として境界要素法がある．この方法の理論中で使われている境界要素の法線ベクトルによるグリーン関数の微分を解説する．

図 2 に示すように開空間内に物体が存在し，それが振動することで，音波が発生し定常音場を形成する問題は，境界要素法によって数値解析することができる．支配方程式はヘルムホルツ (Helmholtz) の積分方程式である．同図に描くように振動表面の各点における法線ベクトル $\boldsymbol{n}$ (大きさは 1) を音場内方向 (振動面外向き) に設定すると，角振動数 $\omega$ 成分に関するヘルムホルツの積分方程式は

$$C(A)\,p(A) = \int_S \left[ j\rho\omega v_n G(r) - p(Q)\frac{\partial G(r)}{\partial \boldsymbol{n}} \right] ds \tag{1}$$

と表現できる．ここで，積分領域 $S$ は振動表面 (一般論としては音場空間を定義する境界面) である．$A$ は方程式で注目する音圧を求めたい点，$Q$ は境界面上での任意の点で点 $A$ の音圧発生の因子点，$r$ はそれら 2 点の距離を表す．$C(A)$ は解析点特性係数 (lead coefficient) であり，音場内 (空間) では 1，滑らかな境界面では 0.5，任意の特性の境界面では $0 < C(A) < 1$ の適切な値を設定する必要がある．空間中では $C(A) = 1$ である．$p(A)$ は音圧である．$j$ は虚数単位，$\rho$ は音場媒体 (空気) 密度であり，$G(r)$ はグリーン関数である．

3 次元空間のグリーン関数は

$$G(r) = \frac{1}{4\pi r} e^{-jkr} \tag{2}$$

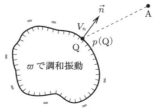

図 2　開空間音場中で振動している物体と解析用パラメータ設定

である．ここで，$r$ は点 $Q$ と $A$ 間の距離である．$k$ は波数とよばれるパラメータであり，具体的には

$$k = \frac{\omega}{c} = \frac{2\pi}{\lambda} \tag{3}$$

と定義される便宜的なパラメータであり，定義式中において $c$ は音速，$\lambda$ は波長である．グリーン関数の物理的意味 (波動現象の数式表現中での役割) は概略次のようなことである．分母は波が音源から遠くへ広がって伝播していく上で距離に従って音圧 (すなわちエネルギー密度も) が波面 (線) が空間への広がりによって低下していく特性を表現し，分子は音源から観測点に波が到達するのに要する時間 (時間遅れによる波の位相差) を表している．

**問題の設定**

直角座標系 O–$xyz$ の設定で，点 $Q$ (座標は $(x_Q, y_Q, z_Q)$) での法線ベクトルが $\boldsymbol{n} = (a, b, c)^t$ (成分は定数) で与えられ，音圧を求めたい点 $A$ の座標が点 $Q$ とは異なる $(x_A, y_A, z_A)$ である場合に，

$$\frac{\partial G(r)}{\partial \boldsymbol{n}}$$

を計算せよ．ただしグリーン関数は式 (2) のものである．

**解説・解答**

この音響に関するグリーン関数のパラメータ $r$ は

$$r = \sqrt{(x_Q - x_A)^2 + (y_Q - y_A)^2 + (z_Q - z_A)^2} \tag{4}$$

である．

法線ベクトル $\boldsymbol{n}$ は方向余弦ベクトルそのものである．

グリーン関数の勾配ベクトルの各成分は偏微分によって

$$\begin{aligned}
\left.\frac{\partial G(r)}{\partial x}\right|_Q &= \frac{\partial G(r)}{\partial r}\frac{\partial r}{\partial x} \\
&= \frac{-1}{4\pi r}(x_Q - x_A)\left(\frac{1}{r} + jk\right)e^{-jkr}
\end{aligned} \tag{5}$$

$$\begin{aligned}
\left.\frac{\partial G(r)}{\partial y}\right|_Q &= \frac{\partial G(r)}{\partial r}\frac{\partial r}{\partial y} \\
&= \frac{-1}{4\pi r}(y_Q - y_A)\left(\frac{1}{r} + jk\right)e^{-jkr}
\end{aligned} \tag{6}$$

$$\left.\frac{\partial G(r)}{\partial z}\right|_Q = \frac{\partial G(r)}{\partial r}\frac{\partial r}{\partial z}$$

$$= \frac{-1}{4\pi r}(z_Q - z_A)\left(\frac{1}{r} + jk\right)e^{-jkr} \tag{7}$$

と求められる．

したがって，

$$\left.\frac{\partial G(r)}{\partial \boldsymbol{n}}\right|_Q = \frac{-1}{4\pi r}\left(\frac{1}{r} + jk\right)e^{-jkr} \begin{bmatrix} a \\ b \\ c \end{bmatrix}^{\mathsf{T}} \begin{bmatrix} (x_Q - x_A) \\ (y_Q - y_A) \\ (z_Q - z_A) \end{bmatrix} \tag{8}$$

で計算できる．なお，$a^2 + b^2 + c^2 = 1$ は自明である．

〔大熊政明〕

## 1.2 楕円積分とヤコビの楕円関数

〔機械力学〕

### 単振り子の不減衰自由振動の厳密解

図 1 に示すような，質点と質量の無視できる細い棒からなる単振り子の不減衰自由振動について考える．質点の質量を $m$，棒の長さを $l$，最下点からの角度を $\theta$，重力加速度を $g$ とすれば，単振り子の運動方程式は，次式で与えられる．

$$ml^2\ddot{\theta} + mgl\sin\theta = 0 \tag{1}$$

ここに，"``"は $d^2/dt^2$ を意味する．振幅が小さいときには $\sin\theta \approx \theta$ と近似することによって式 (1) は線形化できるが，振幅が大きくなるにつれて非線形性の影響が現れるようになる．すなわち，図 2 に示すように，周期が長くなり，波形が線形系の場合の調和振動からひずんでくる．これは，以下に示すように，式 (1) の厳密解が三角関数ではなく楕円関数で表されるからである．

ふれ角 $|\theta|$ の最大値が $\alpha$ $(0 \leq \alpha < \pi)$ のとき，式 (1) のエネルギー積分は次のようになる．

$$\frac{1}{2}ml^2\dot{\theta}^2 - mgl\cos\theta = -mgl\cos\alpha \tag{2}$$

図 1 単振り子

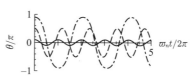

図 2 波形例

## 1.2 楕円積分とヤコビの楕円関数

さらに，$\cos\theta = 1 - 2\sin^2(\theta/2)$, $\cos\alpha = 1 - 2\sin^2(\alpha/2)$ の関係を考慮すると，

$$\left.\begin{aligned}\dot{\theta} &= \pm 2\sqrt{\frac{g}{l}}\sqrt{\sin^2\frac{\alpha}{2} - \sin^2\frac{\theta}{2}} \\ &= \pm 2\omega_n\sqrt{k^2 - \sin^2\frac{\theta}{2}} \quad (+: \dot{\theta} \geq 0,\ -: \dot{\theta} < 0) \\ \omega_n &= \sqrt{\frac{g}{l}}, \quad k = \sin\frac{\alpha}{2} \quad (0 \leq k < 1)\end{aligned}\right\} \quad (3)$$

ここに，$\omega_n$ は $\theta \approx 0$ のときの線形固有角振動数を表す．また，$|\sin(\theta/2)| \leq k$ であるから，

$$\sin\frac{\theta}{2} = k\sin\phi \quad \left(-\frac{\pi}{2} \leq \phi \leq \frac{\pi}{2}\right) \quad (4)$$

とおくと，式 (3), (4) より次式を得る．

$$\dot{\theta} = \pm 2\omega_n\sqrt{k^2 - k^2\sin^2\phi} = \pm 2\omega_n k\cos\phi \quad (5)$$

$$\frac{\dot{\theta}}{2}\cos\frac{\theta}{2} = \frac{\dot{\theta}}{2}\sqrt{1 - \sin^2\frac{\theta}{2}} = \frac{\dot{\theta}}{2}\sqrt{1 - k^2\sin^2\phi} = k\dot{\phi}\cos\phi \quad (6)$$

したがって，式 (5), (6) から $\dot{\theta}$ を消去すると，

$$\left.\begin{aligned}\dot{\phi} = \pm\omega_n\sqrt{1 - k^2\sin^2\phi} \quad \Rightarrow \quad \omega_n dt = \pm\frac{d\phi}{\sqrt{1 - k^2\sin^2\phi}} \\ (+: \dot{\phi} \geq 0,\ -: \dot{\phi} < 0)\end{aligned}\right\} \quad (7)$$

いま，$\dot{\phi} \geq 0$ の場合に，$t = t_0$ のとき $\theta = 0$ ($\phi = 0$) として式 (7) の両辺を積分すると，

$$\omega_n(t - t_0) = \int_0^\phi \frac{d\psi}{\sqrt{1 - k^2\sin^2\psi}} = F(\phi, k) \quad (8)$$

を得る．$F(\phi, k)$ を第 1 種楕円積分，$k$ ($0 \leq k < 1$) を母数とよぶ．単振り子が $\theta = 0$ ($\phi = 0$) から $\theta = \alpha$ ($\phi = \pi/2$) まで動くのに要する時間の 4 倍が周期 $T$ になるので，

$$T = \frac{4}{\omega_n}F\left(\frac{\pi}{2}, k\right) = \frac{4}{\omega_n}K(k) \quad (9)$$

となる．ここに，$K(k)$ を第 1 種完全楕円積分とよぶ．$k$ が小さいときには，

$$\frac{1}{\sqrt{1 - k^2\sin^2\psi}} = 1 + \frac{1}{2}k^2\sin^2\psi + \frac{1\cdot 3}{2\cdot 4}k^4\sin^4\psi + \frac{1\cdot 3\cdot 5}{2\cdot 4\cdot 6}k^6\sin^6\psi + \cdots \quad (10)$$

と展開できるので，$K(k)$ の $k$ に関する展開式は次のようになる．

$$\begin{aligned}K(k) &= \int_0^{\pi/2}\frac{d\psi}{\sqrt{1 - k^2\sin^2\psi}} \\ &= \frac{\pi}{2}\left[1 + \left(\frac{1}{2}k\right)^2 + \left(\frac{1\cdot 3}{2\cdot 4}k^2\right)^2 + \left(\frac{1\cdot 3\cdot 5}{2\cdot 4\cdot 6}k^3\right)^2 + \cdots\right]\end{aligned} \quad (11)$$

したがって，$k$ が十分に小さいときには $T = 2\pi/\omega_n$ となり，線形系の周期に一致す

る．なお，$\dot{\phi} < 0$ の場合にも，ほぼ同様の手順で (当然ながら) 同じ結果が得られる．

---

**◆ 完全楕円積分の数値計算法 ◆**

式 (11) の右辺の級数はあまり収束性がよくない．そこで，$K(k)$ の数値計算には，次のような算術幾何平均 $M(a, b)$ を利用するとよい．

いま，$a_0 = a$, $b_0 = b$ $(a > 0, b > 0)$ を初期値として，$a_n = (a_{n-1} + b_{n-1})/2$, $b_n = \sqrt{a_{n-1} b_{n-1}}$ $(n = 1, 2, 3, \cdots)$ とすれば，数列 $\{a_n\}$, $\{b_n\}$ は同じ極限値 $M(a, b)$ に (かなり速く) 収束する．$M(a, b)$ を $a, b$ の算術幾何平均という．この $M(a, b)$ から $K(k)$ は次のように求められる．

$$K(k) = \frac{\pi}{2M(1, k')}, \qquad k' = \sqrt{1 - k^2}$$

---

さて，いったん単振り子の例題を離れて，第 1 種楕円積分 $F(\phi, k)$ の $\phi$ に関する定義域を $-\infty \leq \phi \leq \infty$ と考える．このとき，式 (8) から，次の関係が成立する．

$$F(-\phi, k) = \int_0^{-\phi} \frac{d\psi}{\sqrt{1 - k^2 \sin^2 \psi}} = -\int_0^{\phi} \frac{d\tilde{\psi}}{\sqrt{1 - k^2 \sin^2 \tilde{\psi}}}$$

$$= -F(\phi, k) \qquad (\tilde{\psi} = -\psi) \tag{12}$$

$$F(\phi + 2\pi, k) = \int_0^{\pi/2} \frac{d\psi}{\sqrt{1 - k^2 \sin^2 \psi}} + \int_{\pi/2}^{\pi} \frac{d\psi}{\sqrt{1 - k^2 \sin^2 \psi}}$$

$$+ \int_{\pi}^{3\pi/2} \frac{d\psi}{\sqrt{1 - k^2 \sin^2 \psi}} + \int_{3\pi/2}^{2\pi} \frac{d\psi}{\sqrt{1 - k^2 \sin^2 \psi}}$$

$$+ \int_{2\pi}^{2\pi+\phi} \frac{d\psi}{\sqrt{1 - k^2 \sin^2 \psi}}$$

$$= 4K(k) + F(\phi, k) \tag{13}$$

ただし，式 (13) の計算には次の関係を用いた．

$$\left.\begin{array}{l} \displaystyle\int_{\pi/2}^{\pi} \frac{d\psi}{\sqrt{1 - k^2 \sin^2 \psi}} = -\int_{\pi/2}^{0} \frac{d\tilde{\psi}}{\sqrt{1 - k^2 \sin^2 \tilde{\psi}}} = K(k) \quad (\tilde{\psi} = \pi - \psi) \\[2ex] \displaystyle\int_{\pi}^{3\pi/2} \frac{d\psi}{\sqrt{1 - k^2 \sin^2 \psi}} = \int_0^{\pi/2} \frac{d\tilde{\psi}}{\sqrt{1 - k^2 \sin^2 \tilde{\psi}}} = K(k) \quad (\tilde{\psi} = \psi - \pi) \\[2ex] \displaystyle\int_{3\pi/2}^{2\pi} \frac{d\psi}{\sqrt{1 - k^2 \sin^2 \psi}} = -\int_{\pi/2}^{0} \frac{d\tilde{\psi}}{\sqrt{1 - k^2 \sin^2 \tilde{\psi}}} = K(k) \quad (\tilde{\psi} = 2\pi - \psi) \end{array}\right\}$$

$$\tag{14}$$

このように，$F(\phi, k)$ は $\phi$ が $2\pi$ 増加するごとに $4K(k)$ 増加する奇関数であることがわかる．

一方，$x = \sin\phi$ の変数変換を導入すると，$d\phi = dx/\sqrt{1-x^2}$ であるので，第1種楕円積分は次のように表すこともできる．

$$F(x, k) = \int_0^x \frac{dz}{\sqrt{(1-z^2)(1-k^2z^2)}}, \qquad x = \sin\phi \quad (-1 \leq x \leq 1) \tag{15}$$

ここで，式 (15) の第1種楕円積分に対して，次式で定義されるような逆関数を考える．

$$u = \int_0^x \frac{dz}{\sqrt{(1-z^2)(1-k^2z^2)}} = \mathrm{sn}^{-1} x$$
$$\Rightarrow \quad x = \mathrm{sn}\, u \quad (-1 \leq x \leq 1,\ -\infty \leq u \leq \infty) \tag{16}$$

この $\mathrm{sn}\, u$ をヤコビの楕円関数とよぶ．楕円関数が母数 $k$ の関数であることを明示する必要がある場合には $\mathrm{sn}\,(u, k)$ と表示する．また，式 (13), (16) より，次の関係が成立する．

$$-u = -\int_0^x \frac{dz}{\sqrt{(1-z^2)(1-k^2z^2)}} = \int_0^{-x} \frac{d\tilde{z}}{\sqrt{(1-\tilde{z}^2)(1-k^2\tilde{z}^2)}}$$
$$= \mathrm{sn}^{-1}(-x) \quad (\tilde{z} = -z) \quad \Rightarrow \quad \mathrm{sn}\,(-u) = -x = -\mathrm{sn}\, u \tag{17}$$

$$\mathrm{sn}\,(u + 4K(k)) = \sin(\phi + 2\pi) = \sin\phi = \mathrm{sn}\, u \tag{18}$$

このように，$\mathrm{sn}\, u$ は $u$ について $4K(k)$ 周期の奇関数であることがわかる．さらに，この $\mathrm{sn}$ 関数から，$\mathrm{cn}$ 関数および $\mathrm{dn}$ 関数を次のように定義する．

$$\mathrm{cn}^2 u = 1 - \mathrm{sn}^2 u \qquad (\text{ただし，} \mathrm{cn}\, 0 = 1) \tag{19}$$

$$\mathrm{dn}^2 u = 1 - k^2 \mathrm{sn}^2 u \qquad (\text{ただし，} \mathrm{dn}\, 0 = 1) \tag{20}$$

$\mathrm{cn}\, u$ は $u$ について $4K(k)$ 周期の連続な偶関数，$\mathrm{dn}\, u$ は $u$ について $2K(k)$ 周期の連続な偶関数である．図3に $k = \sqrt{0.5}$ と $\sqrt{0.9}$ のときの $\mathrm{sn}$ 関数，$\mathrm{cn}$ 関数および $\mathrm{dn}$ 関数を示す．

以下，楕円関数の基本的な性質 (のごく一部) について整理しておく．より詳しい性質については，専門書[1]を参照されたい．

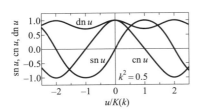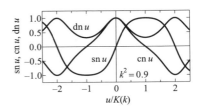

図3　楕円関数

まず，sn 関数は sin 関数と，cn 関数は cos 関数とよく似た性質をもち，$k=0$ または $k=1$ の近傍で，

$$\left.\begin{array}{l} k \to 0, \quad \mathrm{sn}\, u \to \sin u, \quad \mathrm{cn}\, u \to \cos u, \quad \mathrm{dn}\, u \to 1 \\ k \to 1, \quad \mathrm{sn}\, u \to \tanh u, \quad \mathrm{cn}\, u \to \mathrm{dn}\, u \to \mathrm{sech}\, u \end{array}\right\} \quad (21)$$

となる．また，式 (16), (19), (20) より，

$$\frac{du}{dx} = \frac{1}{\sqrt{(1-x^2)(1-k^2x^2)}} = \frac{1}{\sqrt{(1-\mathrm{sn}^2 u)(1-k^2\mathrm{sn}^2 u)}} = \frac{1}{\mathrm{cn}\, u\, \mathrm{dn}\, u} \quad (22)$$

であることから，sn 関数の微分は次のようになる．

$$\frac{d(\mathrm{sn}\, u)}{du} = \mathrm{cn}\, u\, \mathrm{dn}\, u \quad (23)$$

これと同様に，cn 関数および dn 関数の微分は，

$$\frac{d(\mathrm{cn}\, u)}{du} = \frac{d}{du}\sqrt{1-\mathrm{sn}^2 u} = -\frac{\mathrm{sn}\, u}{\sqrt{1-\mathrm{sn}^2 u}}\frac{d(\mathrm{sn}\, u)}{du} = -\mathrm{sn}\, u\, \mathrm{dn}\, u \quad (24)$$

$$\frac{d(\mathrm{dn}\, u)}{du} = \frac{d}{du}\sqrt{1-k^2\mathrm{sn}^2 u} = -\frac{k^2\mathrm{sn}\, u}{\sqrt{1-k^2\mathrm{sn}^2 u}}\frac{d(\mathrm{sn}\, u)}{du} = -k^2\mathrm{sn}\, u\, \mathrm{cn}\, u \quad (25)$$

さらに，sn 関数，cn 関数および dn 関数はいずれも周期関数であることから，それぞれ次のようなフーリエ級数に展開できる．

$$\left.\begin{array}{l} \mathrm{sn}\, u = \dfrac{2\pi}{kK(k)} \sum_{n=1}^{\infty} \dfrac{q^{n-1/2}}{1-q^{2n-1}} \sin \dfrac{(2n-1)\pi u}{2K(k)} \\ \mathrm{cn}\, u = \dfrac{2\pi}{kK(k)} \sum_{n=1}^{\infty} \dfrac{q^{n-1/2}}{1+q^{2n-1}} \cos \dfrac{(2n-1)\pi u}{2K(k)} \\ \mathrm{dn}\, u = \dfrac{\pi}{2K(k)} + \dfrac{2\pi}{K(k)} \sum_{n=1}^{\infty} \dfrac{q^n}{1+q^{2n}} \cos \dfrac{n\pi u}{K(k)} \\ q = e^{-\pi K(k')/K(k)}, \quad k' = \sqrt{1-k^2} \end{array}\right\} \quad (26)$$

このような展開を $q$ 展開とよぶ．また，$k'$ を補母数という．ヤコビの楕円関数の数値計算には，この $q$ 展開を用いるのが便利である．

以上により，単振り子の不減衰自由振動の厳密解 $\theta$ は，次のように表される．

$$x = \sin\phi = \frac{1}{k}\sin\frac{\theta}{2} = \mathrm{sn}\,\omega_n(t-t_0) \quad \Rightarrow \quad \theta = 2\sin^{-1}(k\,\mathrm{sn}\,\omega_n(t-t_0)) \quad (27)$$

実際，式 (27) から，

$$\left.\begin{array}{l} \cos\dfrac{\theta}{2} = \sqrt{1-\sin^2\dfrac{\theta}{2}} = \sqrt{1-k^2\mathrm{sn}^2\omega_n(t-t_0)} = \mathrm{dn}\,\omega_n(t-t_0) \\ \dfrac{\dot\theta}{2}\cos\dfrac{\theta}{2} = k\omega_n\,\mathrm{cn}\,\omega_n(t-t_0)\,\mathrm{dn}\,\omega_n(t-t_0) \end{array}\right\} \quad (28)$$

したがって，

$$\dot{\theta} = 2k\omega_n \mathrm{cn}\,\omega_n(t-t_0) \tag{29}$$

$$\ddot{\theta} = -2k\omega_n^2 \mathrm{sn}\,\omega_n(t-t_0)\mathrm{dn}\,\omega_n(t-t_0)$$

$$= -2\omega_n^2 \sin\frac{\theta}{2}\cos\frac{\theta}{2} = -\omega_n^2 \sin\theta \tag{30}$$

となる．式 (30) は式 (1) を満たすので，式 (27) は式 (1) の厳密解であることがわかる．

### 問題の設定

単振り子の運動方程式 (1) の $\sin\theta$ を $\theta$ について展開して $\theta^3$ の項まで考慮すると，

$$\ddot{\theta} + \omega_n^2\left(\theta - \frac{1}{3!}\theta^3\right) = 0 \tag{31}$$

を得る．これは，$\theta$ がやや大きい場合の近似式とみなすことができる．これと同様に，大変形にもとづく非線形性 (幾何学的非線形性という) は，復元力が変位について 1 次と 3 次のべきの和で表されることが多い．このような常微分方程式をダフィング方程式という．減衰も強制力も作用しないときのダフィング方程式を，一般的に次のように表す．

$$\ddot{x} + \alpha x + \beta x^3 = 0 \tag{32}$$

式 (32) は，漸硬ばね系 ($\alpha \geq 0$, $\beta > 0$)，漸軟ばね系 ($\alpha > 0$, $\beta < 0$) および飛び移りばね系 ($\alpha < 0$, $\beta > 0$) のとき不減衰自由振動解をもつ．この厳密解が楕円関数で表されることを示せ．

### 解説・解答

単振り子の場合と同様に，エネルギー積分から厳密解を求めることもできる (これが正攻法) が，ここでは厳密解を楕円関数で仮定して，未定定数を決定することにする．

まず，漸硬ばね系 ($\alpha \geq 0$, $\beta > 0$) の場合の厳密解を，次のような cn 関数で仮定する．

$$x = A\mathrm{cn}\,(\nu(t-t_0), k) = A\mathrm{cn}\,\nu(t-t_0) \tag{33}$$

ここに，$A$ は最大振幅であり，母数 $k$ および $\nu$ は与えられた $A$ 対して定めるべき未定定数である．式 (33) の両辺を時間 $t$ で微分すると，

$$\dot{x} = -A\nu\mathrm{sn}\,\nu(t-t_0)\mathrm{dn}\,\nu(t-t_0)$$

$$\ddot{x} = -A\nu^2\mathrm{cn}\,\nu(t-t_0)\mathrm{dn}^2\nu(t-t_0) + Ak^2\nu^2\mathrm{sn}^2\nu(t-t_0)\mathrm{cn}\,\nu(t-t_0)$$

$$= A\nu^2\mathrm{cn}\,\nu(t-t_0)\{k^2[1-\mathrm{cn}^2\nu(t-t_0)] - \mathrm{dn}^2\nu(t-t_0)\}$$

$$= A\nu^2\mathrm{cn}\,\nu(t-t_0)[(2k^2-1) - 2k^2\mathrm{cn}^2\nu(t-t_0)] \tag{34}$$

式 (33) および式 (34) を式 (32) に代入して整理すると，

**表1** ダフィング方程式の不減衰自由振動の厳密解

| ばね特性 | 厳密解，周期 $T$，母数 $k$ および $\nu$ の決定方程式 |
|---|---|
| 漸硬ばね ($\alpha \geq 0, \beta > 0$) | $x = A\mathrm{cn}\,\nu(t-t_0),\ T = \dfrac{4K(k)}{\nu},\ k^2 = \dfrac{\beta A^2}{2\nu^2},\ \nu = \sqrt{\alpha + \beta A^2}$ |
| 漸軟ばね ($\alpha > 0, \beta < 0$) | $x = A\mathrm{sn}\,\nu(t-t_0),\ T = \dfrac{4K(k)}{\nu},\ k^2 = -\dfrac{\beta A^2}{2\nu^2},\ \nu = \sqrt{\alpha + \dfrac{\beta A^2}{2}}$ |
| 飛移りばね ($\alpha < 0, \beta > 0$) | $x = A\mathrm{cn}\,\nu(t-t_0),\ T = \dfrac{4K(k)}{\nu},\ k^2 = \dfrac{\beta A^2}{2\nu^2},\ \nu = \sqrt{\alpha + \beta A^2}$ |
| | $x = A\mathrm{dn}\,\nu(t-t_0),\ T = \dfrac{2K(k)}{\nu},\ k^2 = 2 + \dfrac{2\alpha}{\beta A^2},\ \nu = \sqrt{\dfrac{\beta A^2}{2}}$ |

$$A\nu^2\mathrm{cn}\,\nu(t-t_0)[(2k^2-1) - 2k^2\mathrm{cn}^2\nu(t-t_0)] + \alpha A\mathrm{cn}\,\nu(t-t_0) + \beta A^3 \mathrm{cn}^3\nu(t-t_0)$$
$$= A[(2k^2-1)\nu^2 + \alpha]\mathrm{cn}\,\nu(t-t_0) + A(\beta A^2 - 2\nu^2 k^2)\mathrm{cn}^3\nu(t-t_0) = 0 \quad (35)$$

したがって，式 (35) が恒等的に成立するための条件から，与えられた $A$ に対して母数 $k$ および $\nu$ を定める決定方程式が次のように求められる．

$$(2k^2-1)\nu^2 + \alpha = 0, \quad \beta A^2 - 2\nu^2 k^2 = 0 \quad \Rightarrow \quad k^2 = \frac{\beta A^2}{2\nu^2},\quad \nu = \sqrt{\alpha + \beta A^2} \quad (36)$$

また，cn 関数は $u = \nu(t-t_0)$ について周期 $4K(k)$ であるから，不減衰自由振動の周期 $T$ は，

$$T = \frac{4K(k)}{\nu} \quad (37)$$

である．漸軟ばね系 ($\alpha > 0, \beta < 0$) および飛び移りばね系 ($\alpha < 0, \beta > 0$) の場合にも同様に厳密解が求められる．結果を表1に示す (各自導出せよ). 〔近藤孝広〕

□ 文　献
1) 戸田盛和，楕円関数入門 (日本評論社，2001).

## 1.3 き裂先端に現れる特異応力場とその利用

〔材料力学〕

### き裂に関する2つのタブー

き裂があると，それを起点として破壊が生じることがよくある．このため，き裂はあっては困るものと捉えられ，このことがき裂の存在を忌避することにつながった．

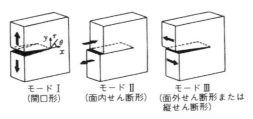

**図 1** き裂の変形モード

これがき裂に関する1つ目のタブーである．

しかし，どのような構造物や構造部材にも，大小の差はあれき裂や欠陥が存在するといっても過言ではない．検査を行ってもその検出限界より小さい欠陥は検出できない．また製作時にはき裂や欠陥がなくても，使用中にき裂が発生することがよくある．

平滑材や切欠き材の強度を扱うときには，単位面積あたりにかかる力を表す応力が広く用いられ，実績をあげてきた．しかし，切欠きを限りなく鋭くしたき裂が連続体内に存在することを考えた場合，き裂先端の応力が無限大となる．このため，最大応力を限界値以下におさえる最大応力基準をそのまま適用することはできない．切欠きの延長としてき裂を取り扱おうとすると，応力の無限大を回避する方策をとらざるをえない．この応力の無限大の評価が，き裂に関する2つ目のタブーである．

これら2つのタブーのため，き裂問題の解析が進まない時期があった．破壊力学は，以上のような，き裂の存在および応力の無限大というタブーを忌避することなくその困難を克服したものである．

き裂を有する2次元物体が負荷を受ける場合を考える．き裂の変形は図1に示すようなモードI，IIおよびIIIとよばれる3つの独立な変形様式に分離することができる．モードIは開口モードとよばれている．これは，き裂面に対して対称にき裂が開口するモードである．モードIIおよびIIIは，き裂面に対して反対称に変形が生じるモードであり，せん断形の変形が2次元面内で生じるか，面外で生じるかに対応して，それぞれ面内せん断形および面外せん断形ともよばれている．

ヤング率を $E$ として，ひずみ $\varepsilon$ と応力 $\sigma$ の間に

$$\varepsilon = \frac{\sigma}{E}$$

なる線形弾性の関係が成立するものと仮定して，き裂材の強度を評価する線形弾性破壊力学が構築されている．この基礎になる特異応力場について考える．

> **問題の設定**

**き裂先端近傍に生じる固有の特異応力場** き裂前縁が $z$ 軸に一致するように直角座標系 $(x, y, z)$ をとる．モードIIIのもとでは，変位成分としては $z$ 方向変位，$w$ の

みが存在する．このときひずみとしては，次のせん断ひずみのみが存在する．

$$\gamma_{zx} = \frac{\partial w}{\partial x}, \qquad \gamma_{zy} = \frac{\partial w}{\partial y} \tag{1}$$

これを，$(r, \theta)$ 座標で書くと

$$\gamma_{z\theta} = \frac{1}{r}\frac{\partial w}{\partial \theta}, \qquad \gamma_{zr} = \frac{\partial w}{\partial r} \tag{2}$$

せん断応力は，$\mu$ をせん断弾性係数として，せん断ひずみから

$$\tau_{zx} = \mu\gamma_{zx} \qquad \tau_{zy} = \mu\gamma_{zy} \tag{3}$$

と表される．釣り合い式は，

$$\frac{\partial \tau_{zx}}{\partial x} + \frac{\partial \tau_{zy}}{\partial y} = 0 \tag{4}$$

このとき，き裂先端に現れる応力場を求めよ．

### 解説・解答

この問題に対しては，偏微分方程式の解法を適用することができる．まず，式 (4) に式 (3), (1) を代入すると，

$$\frac{\partial^2 w}{\partial x^2} + \frac{\partial^2 w}{\partial y^2} = 0 \tag{5}$$

となる．これはいわゆるラプラスの式である．ラプラスの式を極座標表示すると，

$$\frac{1}{r}\frac{\partial}{\partial r}\left(r\frac{\partial w}{\partial r}\right) + \frac{1}{r^2}\frac{\partial^2 w}{\partial \theta^2} = 0 \tag{6}$$

ここで，$w$ を，$r$ のべき関数 $r^a$ と $\theta$ の関数の積として，

$$w = r^a f_a(\theta) \tag{7}$$

と表すこととし，式 (6) に代入すると，

$$a^2 f_a(\theta) + f_a''(\theta) = 0 \tag{8}$$

となる．これを満たす解は，以下の 2 つである．

$$w = Cr^a \sin(a\theta), \qquad w = Cr^a \cos(a\theta) \tag{9}$$

ただし，き裂先端近傍に蓄えられるエネルギーが有限であるという条件より $a > 0$ となる．

ここで，き裂問題に適用することを考える．き裂面には力がかからないので，境界条件として，$\theta = \pm\pi$ において

$$\tau_{z\theta} = \mu\gamma_{z\theta} = 0 \tag{10}$$

が成り立つ．よって式 (2) および式 (7) より，

$$\cos(\pi a) = 0, \quad \text{あるいは} \quad \sin(\pi a) = 0 \tag{11}$$

この条件より $a$ は，

$$a = \frac{1}{2}, \frac{3}{2}, \frac{5}{2}, \cdots, \quad \text{あるいは} \quad a = 1, 2, 3, \cdots \tag{12}$$

に限られる．したがって，$w$ は一般に，

$$w = C_1 r^{1/2} \sin\left(\frac{\theta}{2}\right) + C_2 r \cos\theta + C_3 r^{3/2} \sin\left(\frac{3\theta}{2}\right) + \cdots \tag{13}$$

と書ける．このように $a$ は固有値であり，$a$ に対する $f_a(\theta)$ は決まった形をもつ固有関数であると考えることができる．式 (1) のように，ひずみは $w$ を座標で微分したものであるので，第 1 項から求められるひずみは，$r^{-1/2}$ に比例し，$r \to 0$ の極限で無限大となる，いわゆる特異性をもつ．第 2 項は $r^0$ に比例し，第 3 項は $r^{1/2}$ に比例する．このため，き裂先端近傍では第 1 項が支配的になる．ここで，応力拡大係数 $K_{\text{III}}$ を

$$K_{\text{III}} = \frac{C_1 \mu \sqrt{2\pi}}{2} \tag{14}$$

とおくと，

$$\tau_{zx} = -\frac{K_{\text{III}}}{\sqrt{2\pi r}} \sin\frac{\theta}{2}, \quad \tau_{zy} = \frac{K_{\text{III}}}{\sqrt{2\pi r}} \cos\frac{\theta}{2}, \quad w = \frac{2K_{\text{III}}}{\mu\sqrt{2\pi}} \sqrt{r} \sin\frac{\theta}{2} \tag{15}$$

**き裂先端近傍の応力場の単一パラメータ表示**　式 (15) より，き裂先端では $r$ が 0 に漸近すると応力は $r$ の平方根に反比例して増大し，$\theta$ に関する依存性は，固有関数により決まったものとなっている．このため，き裂先端のごく近傍の応力および変位の分布は，応力拡大係数 $K_{\text{III}}$ という単一のパラメータを用いて完全に表されることになる．

モード I および II に対してもき裂先端近傍の応力は式 (15) と同様の形に表され，このときの応力拡大係数は，それぞれ $K_{\text{I}}$，$K_{\text{II}}$ により表される．

モード I, II および III のうち 2 つ以上が混じった混合モードでは，応力および変位はこれらの重ね合せにより与えられる．

**小規模降伏**　線形弾性体では，式 (15) のようにき裂先端部の応力は無限大となるが，実材料では降伏が生じ，き裂先端近傍に塑性域が生じる．しかし，特異応力場が支配している領域よりき裂先端近傍の塑性域が十分小さければ，塑性域のまわりには依然として応力拡大係数 $K$ により支配される場が存在する．このときには，$K$ 支配場で囲まれた塑性域も $K$ により規定され，破壊も $K$ により決まることになる．このような状態を小規模降伏という．

このように $r \to 0$ の極限で成立する漸近解が，$r$ がごく小さい領域を除いたき裂先端近傍の領域で成立していることになる．これは，理想化された条件下で得られた特異解が，実際には特異点から離れた領域で有効となる，中間漸近解であると解釈できる．小規模降伏は，実材料に対して線形弾性破壊力学を拡張して適用する際に基礎となる，重要な概念である．

〔久保司郎〕

## 1.4 ケルビン–ヘルムホルツの不安定

熱・流体力学

エアコンやボイラーの管内部での流れは気液二相流という気体 (蒸気) と液体が混ざった流れとなる．気相流速が高くなると気液界面は波立ち，さらに高い場合には界面が流路をふさぐような大変形を起こす．流体力学の分野ではこのような状況を「気液界面波動の不安定」とよぶ．ここでは，水平流路での気液二相流における界面波動がどのような条件で不安定になるのかを調べてみる．

### 問題の設定

図1に示すように水平流路を同一方向に流れる気液二相流を考える．重力により重い液体は流路下部を流れる．界面波の波長に対して気液各相高さが大きい場合には，気液界面波動が不安定になる最小の気液速度差は下式で与えられることを示せ．

$$(u_{gm} - u_{lm})_{\min} = \sqrt{2\frac{\rho_l + \rho_g}{\rho_l \rho_g}} [\sigma(\rho_l - \rho_g)]^{1/4} \tag{1}$$

ただし，平均流速 $u_m$ (m/s)，密度 $\rho$ (kg/m$^3$)，表面張力 $\sigma$ (N/m)，重力加速度 $g$ (m/s$^2$) とし，添字の $g$ と $l$ はそれぞれ気相と液相を表す．このような気液の速度差による界面波動の不安定を「ケルビン–ヘルムホルツ (Kelvin–Helmholtz) の不安定」とよぶ．

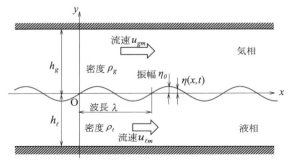

**図1** ケルビン–ヘルムホルツの不安定説明図

### 解説・解答

界面波の進行速度 $c$ (m/s),波長 $\lambda$ (m) で波形を正弦波であるとし,時刻 $t$ での界面波形を下式で仮定する[1]．

$$\eta = \eta_0 \sin k(x - ct) \qquad (2)$$

ここで,$k = 2\pi/\lambda$ は波数である．以下,$k\eta = 2\pi\eta/\lambda \approx 0$ (波長に対して振幅が小さい) と近似できる場合を考える．

気液両相とも粘性の影響を無視し,下式で定義される速度ポテンシャル $\phi$ を導入する．

$$u = \frac{\partial \phi}{\partial x}, \qquad v = \frac{\partial \phi}{\partial y} \qquad (3)$$

上式を流れる流体の質量保存を表す連続の式 (速度ベクトルの発散がゼロ) に代入すると下式となる．

$$\frac{\partial u}{\partial x} + \frac{\partial v}{\partial y} = \frac{\partial^2 \phi}{\partial x^2} + \frac{\partial^2 \phi}{\partial y^2} = 0 \qquad (4)$$

速度ポテンシャルの形を下式のように仮定する．

$$\phi = u_m x + F(y) \cos k(x - ct) \qquad (5)$$

上式を式 (4) に代入して,整理すると下式となる．

$$\frac{d^2 F(y)}{dy^2} - k^2 F(y) = 0 \qquad (6)$$

上式の一般解は下式となる (ここで $A, B$ は係数である)．

$$F(y) = A e^{ky} + B e^{-ky} \qquad (7)$$

上式を式 (5) に代入して速度ポテンシャルは下式となる．

$$\phi = u_m x + (A e^{ky} + B e^{-ky}) \cos k(x - ct) \qquad (8)$$

まず気相流について考える．上壁面での境界条件は,

$$y = h_g \text{で}, \qquad v_g = \left( \frac{\partial \phi_g}{\partial y} \right)_{y = h_g} = 0 \qquad (9)$$

式 (8) を $y$ で微分すると

$$\frac{\partial \phi}{\partial y} = k(A e^{ky} - B e^{-ky}) \cos k(x - ct) \qquad (10)$$

よって上壁面での境界条件 [式 (9)] を満足するには下式が成り立つ必要がある．

$$A e^{kh_g} = B e^{-kh_g} \left( = \frac{C_g}{2} \text{とおく} \right) \qquad (11)$$

上式より $A, B$ を $C_g$ で表して式 (8) に代入すると下式となる[2]．

$$\phi_g = u_{gm}x + C_g \frac{e^{-k(h_g-y)} + e^{k(h_g-y)}}{2} \cos k(x-ct)$$
$$= u_{gm}x + C_g \cosh k(h_g - y) \cos k(x - ct) \tag{12}$$

また，波面 $y = \eta$ における気体の $y$ 方向速度成分 $v_g$ は下式で表される．

$$v_g = \frac{d\eta}{dt} \quad \text{（全微分であることに注意）} \tag{13}$$

$\eta(x, t)$ であることと，$dx/dt = u_{gm}$ であることから $(d\eta(x,t) = \frac{\partial \eta}{\partial t}dt + \frac{\partial \eta}{\partial x}dx)$

$$\frac{d\eta}{dt} = \frac{\partial \eta}{\partial t} + u_{gm}\frac{\partial \eta}{\partial x} \tag{14}$$

よって式 (13) と (14) を等置して次式となる．

$$\frac{\partial \eta}{\partial t} + u_{gm}\frac{\partial \eta}{\partial x} = \left(\frac{\partial \phi_g}{\partial y}\right)_{y=\eta} \tag{15}$$

上式に式 (2) と式 (12) を代入し整理すると下式となる．

$$k[-c\eta_0 + u_{gm}\eta_0 + C_g \sinh k(h_g - \eta)] \cos k(x - ct) = 0 \tag{16}$$

よって上式が成り立つためには $(k\eta \approx 0$ として) 括弧内の係数がゼロになる必要があるので，$C_g$ は下式の値となる．

$$C_g = \frac{\eta_0(u_{gm} - c)}{\sinh k h_g} \tag{17}$$

よって，

$$\phi_g = u_{gm}x - \eta_0(u_{gm} - c)\frac{\cosh k(h_g - y)}{\sinh k h_g} \cos k(x - ct) \tag{18}$$

次に液相側について考える．下壁面での境界条件は下式で表される．

$$y = -h_l \text{で}, \quad v_l = \left(\frac{\partial \phi_l}{\partial y}\right)_{y=-h_l} = 0 \tag{19}$$

よって式 (10) を用いて下壁面での境界条件を満足するには下式が成り立つ必要がある．

$$Ae^{-kh_l} = Be^{kh_l} \left(= \frac{C_l}{2} \text{とおく}\right) \tag{20}$$

上式より $A, B$ を $C_l$ で表して式 (8) に代入すると下式となる．

$$\phi_l = u_{lm}x + C_l \frac{e^{k(h_l+y)} + e^{-k(h_l+y)}}{2} \cos k(x - ct)$$
$$= u_{lm}x + C_l \cosh k(h_l + y) \cos k(x - ct) \tag{21}$$

気相の場合の式 (15) を液相について書くと下式となる．

$$\frac{\partial \eta}{\partial t} + u_{lm}\frac{\partial \eta}{\partial x} = \left(\frac{\partial \phi_l}{\partial y}\right)_{y=\eta} \tag{22}$$

上式に式 (2) と式 (21) を代入し整理すると次式となる．

## 1.4 ケルビン−ヘルムホルツの不安定

$$k[-c\eta_0 + u_{lm}\eta_0 - C_l \sinh k(h_l + \eta)]\cos k(x - ct) = 0 \tag{23}$$

よって上式が成り立つためには $(k\eta \approx 0$ として) 括弧内の係数がゼロになる必要があるので，$C_l$ は下式の値となる．

$$C_l = \frac{\eta_0(u_{lm} - c)}{\sinh kh_l} \tag{24}$$

よって上式を式 (21) に代入して下式となる．

$$\phi_l = u_{lm}x + \eta_0(u_{lm} - c)\frac{\cosh k(h_l + y)}{\sinh kh_l}\cos k(x - ct) \tag{25}$$

次に両相の圧力を考える．ポテンシャル流れの一般化されたベルヌーイの定理[3]は，

$$\frac{P}{\rho} + \frac{1}{2}(u^2 + v^2) + gy = -\frac{\partial \phi}{\partial t} + H(t) \tag{26}$$

ここで $H(t)$ は $t$ だけの関数であり，$v$ を $u$ に比べて無視する．また，$\phi = u_m x + \phi'$ として，速度 $u$ は下式で表される．

$$u = \frac{\partial \phi}{\partial x} = u_m + \frac{\partial \phi'}{\partial x} \tag{27}$$

$\partial \phi'/\partial x$ は界面波による $x$ 方向の変動速度で，$u_m$ に比べて小さいので 2 次の項は無視すると $u^2$ は下式となる．

$$u^2 = u_m{}^2 + 2u_m\frac{\partial \phi'}{\partial x} \tag{28}$$

以上より式 (26) に式 (18) を代入して $y = \eta$ での気相の圧力 $P_g$ を求めると，

$$P_g = -\rho_g\left[(u_{gm} - c)^2 k\frac{\cosh k(h_g - \eta)}{\sinh kh_g} + g\right]\eta_0 \sin k(x - ct) + \overline{P_g} \tag{29}$$

ここで，$\overline{P_g}$ は界面が平滑面である場合の界面気相側の圧力 [式 (26) で $y = 0$, $\eta_0 = 0$ とした値 $\overline{P_g} = -\frac{1}{2}\rho_g u_{gm}^2 + \rho_g H_g(t)$] である．

波長に対して気液各相の高さが大きい場合には，

$$\coth kh_l = \coth\left(\frac{2\pi h_l}{\lambda}\right) \approx 1, \quad \coth kh_g = \coth\left(\frac{2\pi h_g}{\lambda}\right) \approx 1$$

と近似できる (たとえば，$h_l/\lambda = 0.25, 0.50$ で $\coth(2\pi h_l/\lambda)$ の値はそれぞれ 1.09, 1.004) ので，この近似と $k\eta \approx 0$ を用いた $y = \eta$ における気相圧力 $P_{g0}$ は下式となる．

$$P_{g0} = -\rho_g[(u_{gm} - c^2)k + g]\eta_0 \sin k(x - ct) + \overline{P_g} \tag{30}$$

同様にして $y = \eta$ における液相圧力 $P_{l0}$ を求める．式 (26) に式 (25) を代入して，$y = \eta$, $k\eta \approx 0$ とすると，

$$P_{l0} = \rho_l[(u_{lm} - c)^2 - g]\eta_0 \sin k(x - ct) + \overline{P_l} \tag{31}$$

ここで，$\overline{P_l} = -\frac{1}{2}\rho_l u_{lm}^2 + \rho_l H_l(t)$ であり，$\overline{P_g} = \overline{P_l}$ である．

界面における圧力と表面張力の釣り合いを考えると下式が成り立つ．

$$P_{l0} - P_{g0} = -\sigma \frac{\partial^2 \eta}{\partial x^2} \tag{32}$$

上式に式 (2), (30), (31) を代入し, 整理すると次式となる.

$$\rho_l(u_{lm} - c)^2 + \rho_g(u_{gm} - c)^2 = \sigma k + \frac{g(\rho_l - \rho_g)}{k} \tag{33}$$

上式を波速 $c$ について整理すると,

$$(\rho_l + \rho_g)c^2 - 2(\rho_l u_{lm} + \rho_g u_{gm})c$$
$$+ \rho_l u_{lm}^2 + \rho_g u_{gm}^2 - \sigma k - \frac{g(\rho_l - \rho_g)}{k} = 0 \tag{34}$$

2 次方程式の解の公式より $c$ の値は下式で求められる.

$$c = \frac{\rho_l u_{lm} + \rho_g u_{gm}}{\rho_l + \rho_g} \pm \sqrt{\frac{\sigma k + \frac{g}{k}(\rho_l - \rho_g)}{\rho_l + \rho_g} - \frac{\rho_l \rho_g (u_{gm} - u_{lm})^2}{(\rho_l + \rho_g)^2}} \tag{35}$$

気液間速度差 (すべり速度)$(u_{gm} - u_{lm})$ が大きくなり, 上式の根号内が負になると $c$ は複素数となる. このとき, 波は不安定となり時間的に振幅が増大する [*1]. よって波の安定性に対するすべり速度の限界値は下式で与えられる.

$$(u_{gm} - u_{lm})^2 = \frac{\rho_l + \rho_g}{\rho_l \rho_g} \left[ \sigma k + \frac{g}{k}(\rho_l - \rho_g) \right] \tag{37}$$

$k = 2\pi/\lambda$ を用いて書き直すと,

$$(u_{gm} - u_{lm})^2 = \frac{\rho_l + \rho_g}{\rho_l \rho_g} \left[ \frac{2\pi \sigma}{\lambda} + \frac{g\lambda}{2\pi}(\rho_l - \rho_g) \right] \tag{38}$$

上式より限界すべり速度は波長 $\lambda$ によって変化することがわかる [*2].

すべり速度 $(u_{gm} - u_{lm})$ が最小値をとる波長 $\lambda_0$ (最も不安定な波長) を求めるために上式を $\lambda$ で微分すると下式となる.

---

[*1] ここでの結果は, 界面形状 [式 (2)], 速度ポテンシャル [式 (5)] を複素関数を用いて以下のように定義しても同様に導くことができる.

$$\eta = \eta_0 e^{ik(x-ct)} \tag{2'}$$

$$\phi = u_m x + F(y) e^{ik(x-ct)} \tag{5'}$$

ここで, $i$ は虚数単位 $(i^2 = -1)$, $e^{ik(x-ct)} = \cos[k(x-ct)] + i \sin[k(x-ct)]$ である. 式 (35) で波速 $c$ が複素数になると $c = \alpha \pm i\beta$ ($\alpha, \beta$ は実数, $\beta > 0$) と表せるので, 下式が成り立つ.

$$e^{ik(x-ct)} = e^{ik[x-(\alpha \pm i\beta)t]} = e^{ik(x-\alpha t)} e^{\mp k\beta t} \tag{36}$$

上式より, 時間 $t$ とともに指数関数的に振幅 $\eta$ を増大させる成分 $e^{k\beta t}$ が生じることがわかる. これが不安定の判定に $c$ の複素数化を用いる理由である.

[*2] 式 (35) で表面張力 $\sigma$ の増加は, 限界すべり速度を大きくする. つまり表面張力は界面波動を安定化させる. $\sigma = 0$ とすると短い波長の界面波ほど限界すべり速度が小さく, 容易に不安定化する. また, 密度差 $(\rho_l - \rho_g)$ の増加も界面波動を安定化させる.

$$\frac{\partial}{\partial \lambda}\left[\frac{2\pi\sigma}{\lambda} + \frac{g\lambda}{2\pi}(\rho_l - \rho_g)\right] = -\frac{2\pi\sigma}{\lambda^2} + \frac{g}{2\pi}(\rho_l - \rho_g) \tag{39}$$

上式 = 0 とすると下式の波長 $\lambda_0$ ですべり速度が最小となることがわかる.

$$\lambda_0 = 2\pi\sqrt{\frac{\sigma}{(\rho_l - \rho_g)g}} \tag{40}$$

水–空気の場合には,$\rho_l = 997\,\mathrm{kg/m^3}$, $\rho_g = 1.19\,\mathrm{kg/m^3}$, $\sigma = 72.0\,\mathrm{mN/m}$ (25°C での値[4]),$g = 9.81\,\mathrm{m/s^2}$ を式 (40) に代入して計算すると,$\lambda = 17.1\,\mathrm{mm}$ となる.

式 (40) を式 (38) に代入して両辺の平方根をとると式 (1) となる.大気圧の水–空気の場合には式 (1) に上記の物性値などを代入するとすべり速度の最小値 $(u_{gm} - u_{lm})_\mathrm{min}$ は $6.67\,\mathrm{m/s}$ となる.

〔村田 章〕

□ 文 献
1) 植田辰洋,気液二相流,pp. 69–74 (養賢堂,1981)
2) H. ラム (今井 功,橋本英典 訳),流体力学 2,p. 128 (東京図書,1988).
3) 深野 徹,わかりたい人の流体工学 (II),p. 76 (裳華房,1994).
4) 理科年表 (丸善,1925–2014).

## 1.5 フラクタル構造体における熱物質輸送のモデリング

熱・流体力学

### フラクタル構造体における拡散現象の非整数階微分によるモデリング

単純な拡散現象は,時間方向に 1 階微分,空間方向に 2 階微分をもつ拡散方程式で記述できる.一方,図 1 のような複雑な樹状構造を有する血管網や多孔質体などでの物質の拡散特性や,図 2 のような細胞のようにコンパートメント構造をもち,かつそのコンパートメント内での物質輸送が単純拡散でないような現象では,粗視化したスケールで大域的に現象を記述しようとすると通常の拡散方程式では,物質の拡散特性を適切に記述できない場合も多い.たとえば,流路がフラクタル構造をもつ多孔質体内における物質の拡散現象は,流路構造のフラクタル次元と関係したべき乗則に従い拡散現象が進むと考えられるが,拡散係数を一定とした通常の拡散方程式ではこの現象を再現できない.このような現象に対して,通常の整数階の微分ではなく,非整数階の微分を利用してモデリングを行う方法がある.ここでは,非整数階微分の概念と,フラクタル構造体における拡散現象に対して,非整数階微分を用いたモデリングについて説明を行う.

**図1** フラクタル的な構造を有する系における熱伝導・物質拡散現象

**図2** コンパートメントに分割された構造における巨視的物質拡散 (例:細胞構造を有する系での物質輸送)

◆ **非整数階微分** ◆

非整数階微分は，非整数階積分の逆演算として定義される．また，非整数階積分は，通常の整数階の積分の関係式を，非整数階の積分にも適用できるように拡張したものと考えることができる．

整数 $n$ に関するコーシーの $n$ 階積分の公式は，次式で与えられる．

$$\int_0^x du_{n-1} \int_0^{u_{n-1}} du_{n-2} \cdots \int_0^{u_1} f(u_0)\, du_0 = \frac{1}{(n-1)!} \int_0^x (x-u)^{n-1} f(u)\, du \quad (1)$$

この関係は，右辺に部分積分を繰り返すことにより示すことができる．非整数階積分は，式 (1) を整数ではなく実数に対して成り立つように一般化させたものである．非整数階積分への一般化を行うため，式 (1) の階乗 $(n-1)!$ を，次式で表される $\Gamma$ (ガンマ) 関数で与える．

$$\Gamma(x) = \int_0^\infty t^{x-1} e^{-t} dt \quad (2)$$

この式は，整数 $n$ に対しては，$\Gamma(n) = (n-1)!$ となる．この関数 $\Gamma$ を用いて，整数階の積分公式 (1) を次のように書き換える．

$$\int_0^x du_{n-1} \int_0^{u_{n-1}} du_{n-1} \cdots \int_0^{u_1} f(u_0)\, du_0 = \frac{1}{\Gamma(\alpha)} \int_0^x (x-u)^{\alpha-1} f(u)\, du \quad (3)$$

これが，実数 $\alpha$ に対する $\alpha$ 階の非整数階積分の式である．これに対し，非整数階微分はこの逆演算として定義される．ただし，実際の計算においては，$\Gamma$ 関数の特性より式 (3) をそのまま用いるのではなく，$n-1 \leq \alpha < n$ となる整数 $n$ に対する整数階微分

と組み合わせて定義される．非整数階微分の定義にはいくつかの式が提案されている．よく用いられる定義として，以下の (i) リーマン–リュウヴィル (Riemann–Liouville) の定義と，(ii) カプート (Caputo) の定義がある．

(i) リーマン–リュウヴィルの定義

$$\,_0^{\mathrm{RL}}D_x^\alpha\{f(x)\} \equiv \frac{1}{\Gamma(n-\alpha)}\frac{d^n}{dx^n}\int_0^x (x-u)^{n-\alpha-1}f(u)\,du \tag{4}$$

(ii) カプートの定義

$$\,_0^{\mathrm{C}}D_x^\alpha\{f(x)\} \equiv \frac{1}{\Gamma(x-\alpha)}\int_0^x (x-u)^{n-\alpha-1}\frac{d^n}{du^n}f(u)\,du \tag{5}$$

ここで，記号 $\,_0^{\mathrm{RL}}D_x^\alpha$ は区間 $[0,x]$ で定義されたリーマン–リュウヴィル (R–L) の定義による $\alpha$ 階微分を，同様に，$\,_0^{\mathrm{C}}D_x^\alpha$ はカプートの定義によるものを表している．

(i) R–L の定義の場合には，$n-\alpha$ 階積分した後に，$n$ 階微分することにより，(ii) カプートの定義の場合には先に $n$ 階微分した後に，$n-\alpha$ 階積分することに対応している．たとえば，1.5 階微分をする場合，R–L の定義では，0.5 階積分した後で 2 階微分を，カプートの定義では 2 階微分した後に 0.5 階積分することにより，1.5 階の微分を行うことになる．

上記の (i), (ii) は，整数階微分の場合には一致するが，非整数階微分の場合には必ずしも一致せず，それぞれの手法を用いる利点・欠点がある．R–L 定義の場合には，$\alpha$ 階微分と $\beta$ 階微分の微分操作の入れ替えに対して可換性，すなわち，

$$\frac{d^\alpha}{dx^\alpha}\left(\frac{d^\beta f}{dx^\beta}\right) = \frac{d^\beta}{dx^\beta}\left(\frac{d^\alpha f}{dx^\alpha}\right) \tag{6}$$

の関係が成り立つが，この関係は，カプートの定義の場合には必ずしも成り立たない．

一方，定数の微分は，通常の整数階微分では 0 になるが，R–L の定義では 0 にならないのに対し，カプートの定義では整数階微分と同じく 0 となる．このことと関連して，カプートの定義では，$f(x)$ が与えられた初期値を満たすように微分方程式の解を求めることができるが，R–L 定義では初期値を与えることができない．いま，$0<\alpha<1$ となる実数 $\alpha$ を考えると，関数 $f(x)$ の初期値 $f(0)$ (定数) の R–L 定義による $\alpha$ 階微分の値 $\,_0^{\mathrm{RL}}D_x^\alpha\{f(0)\}$ を用いて，R–L 定義とカプートの定義は，$\,_0^{\mathrm{C}}D_x^\alpha D_x^\alpha\{f(x)\} = \,_0^{\mathrm{RL}}D_x^\alpha\{f(x)-f(0)\}$ と結びつけられる．

さて，このように定義そのものに数学的な不完全さを感じさせる非整数階微分であるが，その有用性は以前より認識されており，数学者によっても多くの解析がなされている．通常の微分が各点における局所的な関係に対して導出されるのに対し，非整数階の微分は大域的な情報を含んでいる．すなわち，通常積分で表されるような過去からの履歴を表す効果や，さまざまなスケールの現象が相互作用し，べき乗のふるまいを表す系などの記述に向いている．たとえば，粘性流体中を移動する粒子に働く履

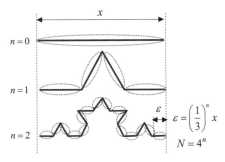

**図 3** コッホ曲線の性質

歴力として知られるバセット (Basset) 力や，振動平板のレイリー問題で平板に働くせん断応力は

$$\frac{1}{\sqrt{\pi}}\int_0^t \frac{1}{\sqrt{t-\tau}}\frac{du}{d\tau}d\tau = \frac{d^{1/2}u}{dt^{1/2}}$$

に比例する項をもつ．これは，流体中を渦度が拡散することに起因する履歴の効果が，1/2 階微分で与えられることを表している．

### 問題の設定

図 3 に示すコッホ曲線で表されるようなフラクタル構造上における物質拡散もしくは熱伝導を考える．コッホ曲線では，系の代表寸法を $x$，構成要素の寸法を $\varepsilon$ とし，フラクタル曲線に沿った実質的な長さを $X$ とすると

$$X = x^\alpha \varepsilon^{1-\alpha} \qquad \left(\text{ここで } \alpha = \frac{\log 4}{\log 3}\right) \tag{7}$$

の関係がある．物質 (熱) は，コッホ曲線上を 1 次元的にしか伝わらないとし，その拡散係数 (熱伝導係数) を $D_0$ とする．この現象を粗視化して長さ $x$ のスケールで記述することを考える．拡散 (熱伝導) の流束が，コッホ曲線上で一定である定常状態の場合，図の $x$ 方向へ粗視化された実効的な拡散係数 (熱伝導率) はどのように表されるか？物理系のモデリングとしてよく使われるような，拡散流束を，長さスケールをあらわす $x$ と $\varepsilon$ の関数である実効拡散係数 $D_{\text{ef}}(x,\varepsilon)$ を用いて

$$q = D_{\text{ef}}(x,\varepsilon)\frac{d\varphi}{dx} \tag{8}$$

として表す方法と，ここで示したような非整数階微分により，

$$q = D_\varepsilon \frac{d^\alpha \varphi}{dx^\alpha} \tag{9}$$

として表す方法の両方による記述を検討し，両者を比較せよ．

### 解説・解答

まず，最初に式 (7) の関係について説明する．図 3 より，構成要素 (セグメント) の

## 1.5 フラクタル構造体における熱物質輸送のモデリング

寸法が系の代表寸法と等しい場合 ($\varepsilon = x$),構成要素の数は $x$ の範囲内に 1 つ ($N=1$) となる.さて,$\varepsilon = \frac{1}{3}x$ となると,構成要素の数は $x$ の範囲内に 4 つ ($N=4$) となり,フラクタル構造に合わせて,$\varepsilon = (1/3)^n x$ のとき,構成要素の数は $N=4^n$ となり,結局,注目しているスケールである系の代表寸法 $x$ の範囲の中での実質的な長さ $X$ は,

$$X = \varepsilon N = \left(\frac{1}{3}\right)^n x \times 4^n = \left(\frac{4}{3}\right)^n x \tag{10}$$

と表される.さて,いま,$\varepsilon = (1/3)^n x$ であるからこの関係を用いて,式 (10) の両辺の対数をとり,式を整理していく.

$$\log X = n \log\left(\frac{4}{3}\right) + \log x = \frac{\log\left(\frac{x}{\varepsilon}\right)}{\log 3} \log\left(\frac{4}{3}\right) + \log x$$
$$= \frac{\log 4}{\log 3} \log x + \left(1 - \frac{\log 4}{\log 3}\right) \log \varepsilon = \log(x^{\log 4/\log 3} \varepsilon^{1-\log 4/\log 3}) \tag{11}$$

を得る.したがって,$\alpha = \log 4/\log 3$ とおくと,$X = x^\alpha \varepsilon^{1-\alpha}$ となる.

さて,このようなフラクタル構造をもつ物質に対して,構造の最小単位の長さスケール $\varepsilon$ と現象を記述する長さスケール $x$ に対して,拡散 (熱伝導) の流束を与えることを考える.問題で仮定されているようにコッホ曲線上に沿った 1 次元定常拡散現象を考えると

$$q = D_0 \frac{d\varphi}{dX} = D_0 \frac{d\varphi}{d(x^\alpha \varepsilon^{1-\alpha})} = \text{const.} \tag{12}$$

となる.ここで,現象を記述する粗視化スケール $x$ で,式 (8) で記述されるように粗視化された拡散流束を与えることを考えると,

$$q = D_0 \frac{d\varphi}{d(x^\alpha \varepsilon^{1-\alpha})} = D_0 \left(\frac{\varepsilon}{x}\right)^{\alpha-1} \frac{d\varphi}{dx} \tag{13}$$

すなわち,実効拡散係数 $D_\text{ef}(x, \varepsilon)$ は次式で与えられる.

$$D_\text{ef}(x, \varepsilon) = D_0 \left(\frac{\varepsilon}{x}\right)^{\alpha-1} \tag{14}$$

次に,式 (12) で表される現象を,式 (9) の非整数階微分の形式で表すことを考えると,

$$q = D_0 \frac{d\varphi}{d(x^\alpha \varepsilon^{1-\alpha})} = D_0 \varepsilon^{\alpha-1} \frac{d^\alpha \phi}{dx^\alpha} \tag{15}$$

と書くことができる.すなわち,粗視化されたスケールでの拡散係数 $D_\varepsilon$ を

$$D_\varepsilon = D_0 \varepsilon^{\alpha-1} \tag{16}$$

として,$q = D_\varepsilon (d^\alpha \varphi/dx^\alpha)$ と与えることができる.式 (14), (16) を比較すればわかる通り,一般によく用いられる実効拡散係数の表記では,拡散係数が一定値ではなく粗視化スケール $x$ の関数となるが,非整数階微分の表記を用いると,拡散係数がミクロスケールのパラメータを含んだ一定値となっており,マクロスケール $x$ の依存性は微分演算に現れることになる.

以上，コッホ曲線に対して具体的に見てみたが，より一般に，フラクタル構造体では，その構造体を構成する要素の長さを変化させたときに，単位長さあたりその構成要素が入る個数がべき乗的に変化する．すなわち，構成要素長さ $\varepsilon$，粗視化スケール $x$，実質的なスケール (フラクタル測度) $X$，フラクタル次元 $\alpha$，構成要素のもつ空間次元 (ユークリッド次元) $d$ を用いると，フラクタル構造体でのスケール関係は次式で与えられる．

$$X = x^\alpha \varepsilon^{d-\alpha} \tag{17}$$

上記の問題のように 1 次元的な方向に伝わるフラクタル構造上の拡散 (熱伝導) 問題では，式 (14), (16) で表されるようなモデリングが可能である．

流路内や細胞内などで，さまざまな吸着時間スケールをもつ現象が混在している系では，時空間の両方向に対する時間方向の非整数階微分で記述できることが知られている．これに加えて，流路がフラクタル形状をもっており，時空間の両方向にべき乗的なふるまいを示すより複雑な系では，時空間の両方向に対する非整数階微分によるモデル化が有効であると考えられている．ただし，時間および空間の両方向に非整数階性をもつ非整数階拡散方程式が，どのような系の記述を可能にするかについては，数学的にもまだわかっていない点がある． 〔高木 周〕

□ 文 献
1) 島本憲夫, 「非整数階微分による異常拡散のモデル化について (その 1)」, 京都大学数理解析研究所講究録 (2012).
2) I. Podlubny, *Fractional differential equations* (Academic Press, 1999).
3) K. B. Oldham and J. Spanier, *The Fractional Calculus* (Academic Press, 1974).

## 1.6 生体信号の解析，画像処理

〔計測・制御工学〕〔化学工学・生体工学〕

◆ **畳込み積分 (コンボリューション積分)** ◆

区分的に滑らかで，かつ絶対可積分である 2 つの関数 $h(x)$ と $f(x)$ が与えられたとき，これら 2 つの関数の畳込み積分 $g(x)$ は次のように定義される．

$$g(x) = h(x) * f(x) = \int_{-\infty}^{\infty} h(\xi) * f(x-\xi)\, d\xi \tag{1}$$

ここで * は畳込み積分であることを記す演算子である．この式を離散化すると，ディジタル信号処理におけるフィルタリングの式が得られる．入力信号を $f(i)$,

フィルタの係数を表す配列を $h(i)$ とすると,出力信号 $g(i)$ は次式で表される.

$$g(i) = h(i) * f(i) = \sum_{m=-w}^{w} h(m)f(i-m) \quad (2)$$

この積和演算は「畳込み和」とよばれる簡単な手計算で解を求めることができる.

入力信号を $1 \times 15$ の行列 $f(i) = \{0, 0, 0, 0, 0, 10, 10, 10, 10, 10, 0, 0, 0, 0, 0\}$,フィルタを表す $1 \times 3$ の行列を $h(i) = \{1, -2, 1\}$ とする.このとき出力信号 $g(i)$ は,図 1 のような畳込み和の筆算で求めることができる.こうして出力信号 $g(i) = \{0, 0, 0, 0, 0, 10, -10, 0, 0, 0, -10, 10, 0, 0, 0, 0, 0\}$ が得られる.これらの入出力信号をグラフにすると,ここで取り上げた例題における信号処理の意味がよくわかる.図 2

|   |   | 0 | 0 | 0 | 0 | 0 | 10 | 10 | 10 | 10 | 10 | 0 | 0 | 0 | 0 | 0 |
| --- | --- | --- | --- | --- | --- | --- | --- | --- | --- | --- | --- | --- | --- | --- | --- | --- |
| * |   |   |   |   |   |   |   |   |   |   |   |   |   | 1 | −2 | 1 |
|   |   | 0 | 0 | 0 | 0 | 0 | 10 | 10 | 10 | 10 | 10 | 0 | 0 | 0 | 0 | 0 |
|   | 0 | 0 | 0 | 0 | 0 | −20 | −20 | −20 | −20 | −20 | 0 | 0 | 0 | 0 | 0 |   |
| 0 | 0 | 0 | 0 | 0 | 10 | 10 | 10 | 10 | 10 | 0 | 0 | 0 | 0 | 0 |   |   |
| 0 | 0 | 0 | 0 | 0 | 10 | −10 | 0 | 0 | 0 | −10 | 10 | 0 | 0 | 0 | 0 | 0 |

**図 1** 畳込み和の筆算 1

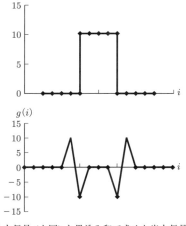

**図 2** 入力信号(上図)と畳込み和で求めた出力信号(下図)

入力画像 $f(i,j)$ 出力画像 $g(i,j)$

**図 3** ラプラシアンフィルタによるエッジ抽出

が示すように，矩形波の入力信号 $f(i)$ に対して上述のフィルタを適用すると，エッジ位置を挟んでプラスとマイナスの値が対になって現れる．これは入力信号 $f(i)$ を2次微分する操作である．

このほかにもフィルタ $h(i)$ を変えることで，入力信号の各種の特徴量を抽出することが可能である．

畳込み積分は，電気，情報，通信，制御など工学のさまざまな分野で用いられる．たとえば，2次元の離散化した畳込み積分は，ディジタル画像処理における空間フィルタリング処理を示す式となる．入力画像を $f(i,j)$，フィルタ (オペレータともいう) を $h(i,j)$ とすると，出力画像 $g(i,j)$ は次式で表される．

$$g(i,j) = h(i,j) * f(i,j) = \sum_{n=-w}^{w} \sum_{m=-w}^{w} h(m,n) f(i-m, j-n) \quad (3)$$

この式を手計算で解くこともできるが，通常はプログラムを組み，コンピュータで計算する．1次元の場合と同様にフィルタ $h(i,j)$ の行列を変えることで各種の画像処理ができる．代表的なフィルタとして $3 \times 3$ のラプラシアンフィルタを示す．

$$h(i,j) = \begin{bmatrix} 0 & 1 & 0 \\ 1 & -4 & 1 \\ 0 & 1 & 0 \end{bmatrix} \quad (4)$$

このフィルタを用いると入力画像からエッジ抽出を行うことができる (図 3)．

### 生体の網膜の視覚情報処理

ヒトを含めた生体の網膜は，生きたディジタル画像処理システムである．網膜には光を検出して電気信号に変換する視細胞と，脳などの中枢へ信号を送る神経節細胞が細胞ネットワークを形成して視覚情報処理を行っている (正確には脊椎動物の場合，視

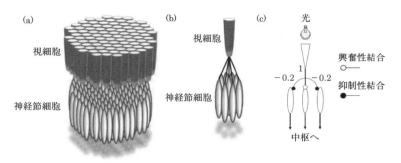

図 4 網膜の細胞ネットワークの模式図

細胞と神経節細胞を中継する複数種の細胞も加わってネットワークを形成しているが,ここでは簡略化する).図 4 はその模式図である.図 4a は視細胞と神経節細胞の層構造を,図 4b は 1 つの視細胞を図 4a から取り出した図で,視細胞はそれぞれ数個の神経節細胞と互いに結合して細胞ネットワークを形成している.細胞どうしの結合には,細胞の活動電位が増加する興奮性結合と低下する抑制性結合の 2 種類がある.そして視細胞は周辺の神経節細胞と抑制性結合を形成していて,1 つの視細胞が光刺激を受けると近傍の神経節細胞の活動電位が低下する.このメカニズムを「側抑制」という.図 4c は図 4b の細胞ネットワークを簡略して 1 次元的に表した概念図である.1 つの視細胞が,直下にある 1 個の神経節細胞と興奮性結合を,周辺にある 2 個の神経節細胞と抑制性結合を形成している様子を示している.なお図中の数字は入力された光の輝度値に乗算される重み係数である.

### 問題の設定

図 5a はシュブルール錯視 (Chevreul illusion) といわれる錯視図形で,輝度の異なる帯が並んでいる (それぞれの帯の中で輝度値は一定である).

これらの帯を図 5b のように互いにつなげると,帯と帯の境界で興味深い現象がみられる.境界で輝度が波打っているように見えないだろうか? それぞれの境界では,明るい側の境界はより明るく,暗い側の境界はより暗く見える.このような現象がなぜ起きるのか,前述の網膜の細胞ネットワークと畳込み和を使って説明せよ.

### 解説・解答

前出の図 4c をもとに作成した 1 次元の細胞ネットワークの視細胞層に,ステップ状に輝度が変化する光を照射することを考える (図 6).これは冒頭で述べた離散化した 1 次元の畳込み積分であり,この場合のフィルタは $h(i) = \{-0.2, 1, -0.2\}$ である.

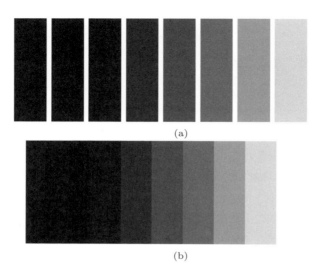

(a)

(b)

**図5** シュブルール錯視

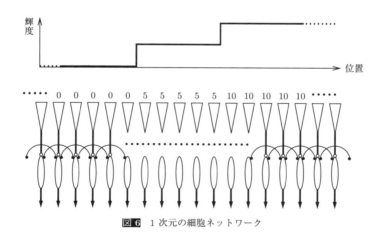

**図6** 1次元の細胞ネットワーク

|   |   | 0 | 0 | 0 | 0 | 0 | 5 | 5 | 5 | 5 | 5 | 10 | 10 | 10 | 10 | 10 |
| --- | --- | --- | --- | --- | --- | --- | --- | --- | --- | --- | --- | --- | --- | --- | --- | --- |
|   | * |   |   |   |   |   |   |   |   |   |   |    |    | −0.2 | 1 | −0.2 |
|   |   | 0 | 0 | 0 | 0 | 0 | −1 | −1 | −1 | −1 | −1 | −2 | −2 | −2 | −2 | −2 |
|   | 0 | 0 | 0 | 0 | 0 | 5 | 5 | 5 | 5 | 5 | 10 | 10 | 10 | 10 | 10 |  |
| 0 | 0 | 0 | 0 | 0 | −1 | −1 | −1 | −1 | −1 | −2 | −2 | −2 | −2 |   |   |   |
| 0 | 0 | 0 | 0 | 0 | −1 | 4 | 3 | 3 | 3 | 2 | 7 | 6 | 6 | 6 | 8 | −2 |

**図7** 畳込み和の筆算 2

## コラム1●

　側抑制はノーベル賞と大いに関係がある．側抑制に関する一連の研究は，1950年代に米国の生理学者ハートライン (Haldan Keffer Hartline, 1903–1983) の研究グループによって精力的に進められた．ハートラインは，彼の研究室のポスドクであったラトリフ (Floyd Ratliff, 1919–1999) とともに，カブトガニの網膜に光を照射したときの神経応答を記録する一連の実験を行った．そして1つの視細胞が光刺激を受けると近傍の神経節細胞の活動電位が低下するという側抑制を発見し，ハートライン–ラトリフ・モデルとよばれる視覚情報処理の計算モデルを構築して，網膜の基本メカニズムを明らかにした．その後もハートラインの研究グループは，側抑制がカブトガニだけでなく他の生体の網膜にも共通してみられること，そして脳や他の神経系にも見られる神経ネットワークの基本構造であることを見つけた．それらの業績が認められ，ハートラインは1967年度のノーベル生理学・医学賞を受賞した．

　シュブルール錯視という心理物理学的な現象が，網膜の細胞ネットワークの構造や機能と関係があり，しかも畳み込み積分で数学的に記述でき，そして画像処理という工学的な応用とも関連があることは何とも面白いことではないだろうか．

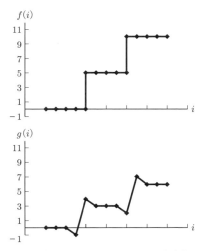

**図8**　網膜の細胞ネットワークによる信号処理

ここで入力信号として $f(i) = \{\cdots, 0, 0, 0, 0, 0, 5, 5, 5, 5, 5, 10, 10, 10, 10, 10, \cdots\}$ を考えると，このとき出力信号 $g(i)$ は，図7のような畳込み和の筆算で求めることができる．

このように出力信号 $g(i) = \{\cdots, 0, 0, 0, 0, 0, -1, 4, 3, 3, 3, 2, 7, 6, 6, 6, 8, -2, \cdots\}$ を得る．なお出力信号の右端の値が大きく変化しているのは境界条件によるものであるため，無限に同じ値が続くと仮定すれば，同じ値(この場合は「6」)が繰り返される．そこで上記の筆算の表記中，縦の点線で挟まれた要素だけでグラフを描くと図8のようになる．

このグラフから，網膜へステップ状に輝度が変わる光を入力すると，輝度が変化する境界で出力信号が波打つことがわかる．これは生体の網膜がエッジ抽出を行う空間フィルタリング処理の機能を有していることを示している．　　　　　〔八木　透〕

□ 文　献
1) ディジタル画像処理編集委員会監修，ディジタル画像処理 (CG-ARTS 協会，2004).
2) F. Ratliff and H. K. Hartline, "The responses of Limulus optic nerve fibers to patterns of illumination on the receptor mosaic," *J. General Physiology*, **42**, 1241–1255 (1959).
3) F. Ratliff, *Mach Bands: Quantitative Studies on Neural Networks in the Retina* (Holden-Day, San Francisco, 1965).

# 2

## 微分方程式

## 2.1 フローケの定理にもとづく非線形振動系の周期解の安定判別法

機械力学

### 周期係数型線形常微分方程式の取扱い

非線形振動系における特徴の 1 つに，安定・不安定境界において解の性質が大きく変化する分岐現象がある．具体例として，図 1 に示すような系を考える．この系は，質量 $m$ の質点が，直線的に配置された質量の無視できる 2 本のばねの中央に取り付けられた状態で滑らかな水平面上に置かれたものである．2 本のばねのばね定数および自然長はともに $k/2$ および $l_0$ であり，ばね両端は図示の方向に $\pm(l + \Delta l \cos 2\Omega t)$ で振動している．ただし，$l - l_0 \gg \Delta l > 0, \Delta l \approx 0$ である．また，質点には空気抵抗などにより粘性減衰係数 $c$ の減衰力が作用しているものとする．

ばね両端の振動方向に対して垂直方向の質点の変位を $y$ として，質点の運動方程式を $y^3$ の精度で求めると次式のようになる．

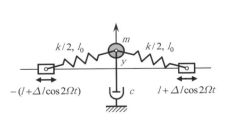

**図1** 非線形係数励振系

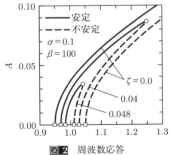

**図2** 周波数応答

$$m\ddot{y} + c\dot{y} + k\frac{l-l_0}{l}\left(1 + \frac{l_0\Delta l}{l(l-l_0)}\cos 2\Omega t + \frac{1}{2}\frac{l_0}{l-l_0}\frac{y^2}{l^2}\right)y = 0 \tag{1}$$

ここに，"・"は$d/dt$を意味する．さらに，式(1)に対していくつかの無次元パラメータを導入すると，

$$\left.\begin{array}{l} \nu^2\xi'' + 2\zeta\nu\xi' + (1 + 2\alpha\cos 2\tau)\xi + \beta\xi^3 = 0, \quad \tau = \Omega t \\[6pt] \xi = \dfrac{y}{l}, \quad \nu = \dfrac{\Omega}{\omega_n}, \quad \omega_n = \sqrt{\dfrac{k}{m}\dfrac{l-l_0}{l}}, \quad \zeta = \dfrac{c}{2\sqrt{mk}}\sqrt{\dfrac{l}{l-l_0}} \\[6pt] \alpha = \dfrac{l_0\Delta l}{2l(l-l_0)}, \quad \beta = \dfrac{1}{2}\dfrac{l_0}{l-l_0} \end{array}\right\} \tag{2}$$

となる．ここに，"′"は$d/d\tau$，$\tau$は無次元時間，$\xi$は無次元変位，$\nu$は振動数比，$\omega_n$は線形固有角振動数，$\zeta$は減衰比を表す．式(2)は線形ばね係数に相当する項が周期関数となっている（このような系を係数励振系とよぶ）とともに，$\xi^3$の非線形性を有している．そこで，図1のような系を非線形係数励振系，式(2)を非線形マシュー方程式とよぶ．

式(2)は$\xi = 0$を自明な解としてもつ．$\xi = 0$は振動数比$\nu$の広い範囲で安定（安定・不安定の定義については後述）であるが，$\zeta$が小さい場合には，$\nu = 1$近傍の狭い範囲で自明な解が不安定化し，安定・不安定境界から非自明な周期解が分岐・発生する．このような非自明な周期解を$\xi = A\cos(\tau + \phi)$とおいて調和バランス法により振幅$A$と位相角$\phi$を求め（問題参照），$A$の周波数応答を描いたのが図2である．$\nu < 1$の安定・不安定境界から安定な非自明周期解が，$\nu > 1$の安定・不安定境界から不安定な非自明周期解が分岐発生していることがわかる（このような安定・不安定境界を□印で示している）．

このような現象を解明するには，解の安定判別が不可欠である．そこでここでは，周期解の安定判別法について説明する．

**基礎式および平衡点**　　まず，次のような$n$元連立常微分方程式を考える．

$$\dot{\boldsymbol{y}} = \boldsymbol{h}(\boldsymbol{y}) \tag{3}$$

$$\dot{\boldsymbol{y}} = \boldsymbol{h}(t, \boldsymbol{y}), \qquad \boldsymbol{h}(t+T, \boldsymbol{y}) = \boldsymbol{h}(t, \boldsymbol{y}) \tag{4}$$

ここに，式(4)の右辺$\boldsymbol{h}(t, \boldsymbol{y})$は$t$について基本周期$T$の周期関数であり，

$$\boldsymbol{y} = (y_1, y_2, \cdots, y_n)^T, \qquad \boldsymbol{h} = (h_1, h_2, \cdots, h_n)^T \tag{5}$$

式(3)のように右辺に時間$t$が陽に現れない系を自律系，式(4)のように陽に現れる系を非自律系とよぶ．機械システムの運動方程式の多くが，最終的には式(3)または式(4)の形式に帰着される．

式(3)右辺の$\boldsymbol{h}(\boldsymbol{y})$は$\boldsymbol{y}$に関して，式(4)右辺の$\boldsymbol{h}(t, \boldsymbol{y})$は$\boldsymbol{y}$および$t$に関して十

分滑らかであり，いずれも $t$ について基本周期 $T$ の周期解 $\boldsymbol{\psi}(t)\ [=\boldsymbol{\psi}(t+T)]$ が存在するものとする．このとき，$\boldsymbol{y}=\boldsymbol{\psi}(t)+\boldsymbol{x}$ の変数変換を行うと，式 (3) および式 (4) はいずれも次のようになる．

$$\left.\begin{array}{l}\dot{\boldsymbol{x}}=\boldsymbol{f}(t,\boldsymbol{x}), \qquad \boldsymbol{f}(t+T,\boldsymbol{x})=\boldsymbol{f}(t,\boldsymbol{x}) \\ \boldsymbol{x}=(x_1,x_2,\cdots,x_n)^T, \qquad \boldsymbol{f}=(f_1,f_2,\cdots,f_n)^T\end{array}\right\} \quad (6)$$

ここに，式 (3) に対しては $\boldsymbol{f}(t,\boldsymbol{x})=\boldsymbol{h}(\boldsymbol{\psi}(t)+\boldsymbol{x})-\boldsymbol{h}(\boldsymbol{\psi}(t))$，式 (4) に対しては $\boldsymbol{f}(t,\boldsymbol{x})=\boldsymbol{h}(t,\boldsymbol{\psi}(t)+\boldsymbol{x})-\boldsymbol{h}(t,\boldsymbol{\psi}(t))$ である．式 (6) ではすべての $t$ に対して $\boldsymbol{f}(t,\boldsymbol{0})=\boldsymbol{0}$ が成立する．このような点を平衡点という．式 (6) では原点 $\boldsymbol{x}=\boldsymbol{0}$ が平衡点である．

**安定性の定義** 式 (3) および式 (4) の周期解 $\boldsymbol{\psi}(t)$ の安定性は，式 (6) の平衡点の安定性に帰着される．常微分方程式の平衡点の安定性については数学的に細かく分類されて詳細に検討されているが[1)]，工学的には次の 2 つの定義を理解しておけばほぼ十分である．

(1) $t=t_0$ のときの初期値が $\boldsymbol{x}_0$ である式 (6) の解を $\boldsymbol{\phi}(t,t_0,\boldsymbol{x}_0)$ とする．$t_0$ および任意の正の実数 $\varepsilon$ に対してある正の実数 $\delta(t_0,\varepsilon)$ が存在し，$\|\boldsymbol{x}_0\|<\delta$ ならばすべての $t\geq t_0$ に対して $\|\boldsymbol{\phi}(t,t_0,\boldsymbol{x}_0)\|<\varepsilon$ を満足するとき，式 (6) の平衡点は (リヤプノフの意味で) 安定である．安定でないとき，平衡点は不安定である．

(2) 式 (6) の平衡点が安定で，しかも $t_0$ に対してある正の実数 $\delta_0(t_0)$ が存在し，$\|\boldsymbol{x}_0\|<\delta_0$ に対して $t\to\infty$ のとき $\boldsymbol{\phi}(t,t_0,\boldsymbol{x}_0)\to\boldsymbol{0}$ であれば，式 (6) の平衡点は漸近安定である．

つまり，平衡点近傍の初期値から出発したすべての解が平衡点の近傍にとどまり続ければ平衡点は安定．さらに時間経過とともに平衡点に限りなく近づくと漸近安定である．

**変分方程式** 式 (6) の平衡点の安定性 [したがって，式 (3) および式 (4) の周期解の安定性] を，式 (6) の平衡点近傍の解の挙動にもとづいて判別する．そこで，$\|\boldsymbol{x}\|\approx 0$ として式 (6) を $\boldsymbol{x}=\boldsymbol{0}$ の近傍でテイラー展開し，$\boldsymbol{x}$ の 2 次以上の項を省略すると，次式を得る．

$$\dot{\boldsymbol{x}}=\boldsymbol{A}(t)\boldsymbol{x} \qquad (7)$$

ここに，係数行列は $\boldsymbol{A}(t)=\partial\boldsymbol{f}(t,\boldsymbol{x})/\partial\boldsymbol{x}|_{\boldsymbol{x}=\boldsymbol{0}}$ であり，式 (3) および式 (4) 対して，それぞれ

$$\boldsymbol{A}(t)=\frac{\partial\boldsymbol{h}(\boldsymbol{y})}{\partial\boldsymbol{y}}\Big|_{\boldsymbol{y}=\boldsymbol{\psi}(t)} \quad \text{および} \quad \boldsymbol{A}(t)=\frac{\partial\boldsymbol{h}(t,\boldsymbol{y})}{\partial\boldsymbol{y}}\Big|_{\boldsymbol{y}=\boldsymbol{\psi}(t)} \qquad (8)$$

となる．式 (7) を式 (6) の変分方程式とよぶ．式 (8) から，式 (7) の係数行列 $\boldsymbol{A}(t)$ の要素は周期 $T$ (ただし，$T$ が基本周期であるとは限らない) の関数となることがわかる．このように，周期解に対する変分方程式は周期係数型線形常微分方程式となる．

式 (6) の平衡点の安定性に関しては，式 (7) の平衡点が漸近安定であれば式 (6) の平衡点もまた漸近安定であり，式 (7) の平衡点が不安定であれば式 (6) の平衡点もまた不安定であることが知られている．したがって，漸近安定と不安定の境界を除いて，式 (6) の平衡点の安定性を式 (7) の平衡点の安定性から判別することができる．漸近安定と不安定の境界の安定性に対しては，式 (7) で省略した $x$ の高次項が関与するので，その判別には中心多様体定理などを用いたより高度な解析が必要となる[2]．ただし，工学系において安定・不安定境界における平衡点の安定性が問題になることはほとんどない．

**線形常微分方程式のおもな性質**　式 (7) の平衡点の安定性を議論するために必要な線形常微分方程式の解の性質を，証明抜きで列挙する (証明は専門書[3] を参照されたい)．

(a) 式 (7) には $n$ 個の互いに線形独立な基本解 $\phi_j(t)$ $(j=1,2,\cdots,n)$ が存在する．また，式 (7) の一般解は，$n$ 個の基本解の線形結合で与えられる (重ね合せの原理)．

(b) $n$ 個の独立な基本解を並べてひとまとめにした $n$ 次正方行列 $\boldsymbol{\Phi}(t)$

$$\boldsymbol{\Phi}(t) = [\boldsymbol{\phi}_1(t), \boldsymbol{\phi}_2(t), \cdots, \boldsymbol{\phi}_n(t)] \tag{9}$$

を基本解行列とよぶ．$\boldsymbol{\Phi}(t)$ はつねに正則であり，次の行列微分方程式を満たす．

$$\dot{\boldsymbol{\Phi}}(t) = \boldsymbol{A}(t)\boldsymbol{\Phi}(t) \tag{10}$$

逆に，式 (10) を満たす行列 $\boldsymbol{\Phi}(t)$ が式 (7) の基本解行列であるための必要十分条件は，すべての $t$ に対して $\det \boldsymbol{\Phi}(t) \neq 0$ が成立することである．また，$\boldsymbol{C}$ を正則な $n$ 次正方定数行列とすると，$\boldsymbol{\Phi}(t)\boldsymbol{C}$ も式 (7) の基本解行列となる．さらに，式 (7) の任意の基本解行列は，$\boldsymbol{C}$ を適切に選ぶことによって $\boldsymbol{\Phi}(t)\boldsymbol{C}$ のように表すことができる．

(c) $t=0$ のときの初期条件が $\boldsymbol{x}_0$ である式 (7) の解を $\boldsymbol{\phi}(t,0,\boldsymbol{x}_0)$ とすれば，

$$\boldsymbol{\phi}(t,0,\boldsymbol{x}_0) = \boldsymbol{\Psi}(t)\boldsymbol{x}_0, \qquad \boldsymbol{\Psi}(t) = \boldsymbol{\Phi}(t)\boldsymbol{\Phi}^{-1}(0) \tag{11}$$

と表される．$\boldsymbol{C} = \boldsymbol{\Phi}^{-1}(0)$ とみなすと上記の性質 (b) から $\boldsymbol{\Psi}(t)$ もまた式 (5) の基本解行列であり，$\boldsymbol{\Psi}(0) = \boldsymbol{I}_n$ ($n$ 次単位行列) である．このように，単位行列を初期値とする基本解行列をとくに状態遷移行列とよぶ．線形系では初期値と状態遷移行列を用いて任意の解を表現できるということを式 (11) は意味している．

**フローケの定理**　以下では，式 (7) の係数行列 $\boldsymbol{A}(t)$ の基本周期が $T$ であるとする．このとき，$\boldsymbol{\Phi}(t)$ を式 (7) の任意の基本解行列とすると，

$$\frac{d\boldsymbol{\Phi}(t+T)}{dt} = \frac{d\boldsymbol{\Phi}(t+T)}{d(t+T)} = \boldsymbol{A}(t+T)\boldsymbol{\Phi}(t+T) = \boldsymbol{A}(t)\boldsymbol{\Phi}(t+T) \tag{12}$$

であり，さらに $\det \boldsymbol{\Phi}(t+T) \neq 0$ であるから，上記の性質 (b) により $\boldsymbol{\Phi}(t+T)$ もまた式 (7) の基本解行列になる．したがって，同じく性質 (b) から，$\boldsymbol{\Phi}(t+T)$ は次のように表される．

$$\boldsymbol{\Phi}(t+T) = \boldsymbol{\Phi}(t)\boldsymbol{C} \tag{13}$$

また，上記の性質 (c) で述べたように，単位行列を初期値とする基本解行列が状態遷移行列 $\boldsymbol{\Psi}(t)$ であるので，式 (13) で $t=0$ および $\boldsymbol{\Phi}(0) = \boldsymbol{I}_n$ とおくと次式を得る．

$$\boldsymbol{C} = \boldsymbol{\Psi}(T) \tag{14}$$

いま，正則な正方定数行列 $\boldsymbol{C}$ の固有値が互いに相異なっているものとして（ただし，この仮定によって一般性が失われることはほとんどない），これを次のようにおく．

$$\rho_j = e^{T\lambda_j} \qquad (j = 1, 2, \cdots, n) \tag{15}$$

$\boldsymbol{C}$ の固有値 $\rho_j$ を特性乗数とよぶ．このとき，$\boldsymbol{C}$ は正則な対角化行列 $\boldsymbol{T}$ によって，次のように対角化される．

$$\left.\begin{aligned}\boldsymbol{T}^{-1}\boldsymbol{C}\boldsymbol{T} &= \mathrm{diag}\,[\rho_1, \rho_2, \cdots, \rho_n] \\ &= \mathrm{diag}\,[e^{T\lambda_1}, e^{T\lambda_2}, \cdots, e^{T\lambda_n}] = \exp(T\tilde{\boldsymbol{B}}) \\ \tilde{\boldsymbol{B}} &= \mathrm{diag}\,[\lambda_1, \lambda_2, \cdots, \lambda_n]\end{aligned}\right\} \tag{16}$$

ここに，任意の正則な $n$ 次正方行列 $\boldsymbol{D}$ に対して，$\exp(t\boldsymbol{D})$ は次のような無限級数行列によって定義される $n$ 次正方行列を表す．

$$\exp(t\boldsymbol{D}) = \boldsymbol{I}_n + \sum_{k=1}^{\infty} \frac{(t\boldsymbol{D})^k}{k!} \tag{17}$$

したがって，同じく式 (17) の定義式を考慮すると，

$$\left.\begin{aligned}\boldsymbol{C} &= \boldsymbol{T}\exp(T\tilde{\boldsymbol{B}})\boldsymbol{T}^{-1} = \exp(T\boldsymbol{T}\tilde{\boldsymbol{B}}\boldsymbol{T}^{-1}) = \exp(T\boldsymbol{B}) \\ \boldsymbol{B} &= \boldsymbol{T}\tilde{\boldsymbol{B}}\boldsymbol{T}^{-1}\end{aligned}\right\} \tag{18}$$

となる．すなわち，式 (13) の $\boldsymbol{C}$ に対して式 (18) を満たす正則な $n$ 次正方定数行列 $\boldsymbol{B}$ が存在する．また，$\boldsymbol{B}$ と $\tilde{\boldsymbol{B}}$ は互いに相似行列なので，式 (16) より $\boldsymbol{B}$ の固有値も $\lambda_j\ (j = 1, 2, \cdots, n)$ である．$\lambda_j$ を特性指数とよぶ．

この $\boldsymbol{B}$ を用いて，$n$ 次正方行列 $\boldsymbol{P}(t)$ を次式で定義する．

$$\boldsymbol{P}(t) = \boldsymbol{\Phi}(t)\exp(-t\boldsymbol{B}) \quad \Rightarrow \quad \boldsymbol{\Phi}(t) = \boldsymbol{P}(t)\exp(t\boldsymbol{B}) \tag{19}$$

ここに $\boldsymbol{\Phi}(t)$，$\exp(-t\boldsymbol{B})$ は正則行列であるから，$\boldsymbol{P}(t)$ も正則行列である．また，

$$\begin{aligned}\boldsymbol{P}(t+T) &= \boldsymbol{\Phi}(t+T)\exp[-(t+T)\boldsymbol{B}] = \boldsymbol{\Phi}(t)\exp(T\boldsymbol{B})\exp[-(t+T)\boldsymbol{B}] \\ &= \boldsymbol{\Phi}(t)\exp(-t\boldsymbol{B}) = \boldsymbol{P}(t)\end{aligned} \tag{20}$$

が成立するので，$\boldsymbol{P}(t)$ の周期は $T$ であることがわかる．さらに，$T$ は $\boldsymbol{P}(t)$ の基本

周期でもあるが，その証明は省略する．

以上の議論から，式 (7) の係数行列 $\boldsymbol{A}(t)$ の基本周期が $T$ であるとき，式 (7) の任意の基本解行列 $\boldsymbol{\Phi}(t)$ は，正則で $\boldsymbol{A}(t)$ と同じ基本周期 $T$ をもつ $n$ 次正方行列 $\boldsymbol{P}(t)$ と正則な $n$ 次正方定数行列 $\boldsymbol{B}$ を用いて，次のように表すことができる．

$$\boldsymbol{\Phi}(t) = \boldsymbol{P}(t)\exp(t\boldsymbol{B}), \qquad \boldsymbol{P}(t+T) = \boldsymbol{P}(t) \tag{21}$$

これをフローケの定理という．

**安定判別への応用**　式 (21) を式 (10) に代入することにより，次式を得る．

$$\begin{aligned}\frac{d[\boldsymbol{P}(t)\exp(t\boldsymbol{B})]}{dt} &= [\dot{\boldsymbol{P}}(t) + \boldsymbol{P}(t)\boldsymbol{B}]\exp(t\boldsymbol{B}) \\ &= \boldsymbol{A}(t)\boldsymbol{P}(t)\exp(t\boldsymbol{B}) \quad\Rightarrow\quad \dot{\boldsymbol{P}}(t) = \boldsymbol{A}(t)\boldsymbol{P}(t) - \boldsymbol{P}(t)\boldsymbol{B}\end{aligned} \tag{22}$$

さらに，式 (7) に $\boldsymbol{x} = \boldsymbol{P}(t)\boldsymbol{z}$ を代入して式 (22) を考慮すれば，

$$\begin{aligned}\dot{\boldsymbol{x}} &= \dot{\boldsymbol{P}}(t)\boldsymbol{z} + \boldsymbol{P}(t)\dot{\boldsymbol{z}} = [\boldsymbol{A}(t)\boldsymbol{P}(t) - \boldsymbol{P}(t)\boldsymbol{B}]\boldsymbol{z} + \boldsymbol{P}(t)\dot{\boldsymbol{z}} \\ &= \boldsymbol{A}(t)\boldsymbol{P}(t)\boldsymbol{z} \quad\Rightarrow\quad \boldsymbol{P}(t)(\dot{\boldsymbol{z}} - \boldsymbol{B}\boldsymbol{z}) = \boldsymbol{0} \quad\Rightarrow\quad \dot{\boldsymbol{z}} = \boldsymbol{B}\boldsymbol{z}\end{aligned} \tag{23}$$

となる．このように，$\boldsymbol{x} = \boldsymbol{P}(t)\boldsymbol{z}$ の変数変換を施すことにより，周期係数型線形常微分方程式 (7) は定数行列 $\boldsymbol{B}$ を係数とする線形常微分方程式に変形される．

次に，$\boldsymbol{C}$ の対角化行列 $\boldsymbol{T}$ を用いて $\boldsymbol{z} = \boldsymbol{T}\tilde{\boldsymbol{z}}$ とおき，これを式 (23) の $\dot{\boldsymbol{z}} = \boldsymbol{B}\boldsymbol{z}$ に代入して両辺に左から $\boldsymbol{T}^{-1}$ を乗じると，次式を得る．

$$\dot{\tilde{\boldsymbol{z}}} = \boldsymbol{T}^{-1}\boldsymbol{B}\boldsymbol{T}\tilde{\boldsymbol{z}} = \tilde{\boldsymbol{B}}\tilde{\boldsymbol{z}} \quad\Rightarrow\quad \dot{\tilde{z}}_j = \lambda_j \tilde{z}_j \qquad (j = 1, 2, \cdots, n) \tag{24}$$

式 (24) は非連成化されているので，状態遷移行列 $\tilde{\boldsymbol{\Psi}}(t)$ は次のように容易に求められる．

$$\tilde{\boldsymbol{\Psi}}(t) = \mathrm{diag}\,[e^{\lambda_1 t}, e^{\lambda_2 t}, \cdots, e^{\lambda_n t}] = \exp(t\tilde{\boldsymbol{B}}) \tag{25}$$

また，$t = 0$ の初期値が $\tilde{\boldsymbol{z}}_0$ である式 (24) の解は $\exp(t\tilde{\boldsymbol{B}})\tilde{\boldsymbol{z}}_0$ で与えられる．

以上により，$\boldsymbol{B}$ の固有値 (特性指数) $\lambda_j$ または $\boldsymbol{C}$ の固有値 (特性乗数) $\rho_j$ から式 (24) の平衡点 ($\tilde{\boldsymbol{z}} = \boldsymbol{0}$) の安定性が判別できる．すなわち，$\lambda_j$ の実部がすべて負であれば ($\rho_j$ の絶対値がすべて 1 よりも小であれば)，任意の初期値 $\tilde{\boldsymbol{z}}_0$ に対して $t \to \infty$ のとき $\|\exp(t\tilde{\boldsymbol{B}})\tilde{\boldsymbol{z}}_0\| \to 0$ であるので，式 (24) の平衡点は漸近安定である．一方，$\lambda_j$ の中に実部が正のものが 1 つでもあれば ($\rho_j$ の絶対値の中に 1 よりも大きいものが 1 つでもあれば)，$t \to \infty$ のとき $\|\exp(t\tilde{\boldsymbol{B}})\tilde{\boldsymbol{z}}_0\| \to \infty$ となる初期値 $\tilde{\boldsymbol{z}}_0$ が平衡点の近傍に必ず存在するので，式 (24) の平衡点は不安定である．さらに，$\lambda_j$ の最大実部が 0 であれば ($\rho_j$ の最大絶対値が 1 であれば)，式 (24) の平衡点は通常はリヤプノフの意味で安定である (ただし，漸近安定ではない)．

周期関数行列 $\boldsymbol{P}(t)$ と対角化行列 $\boldsymbol{T}$ の要素はいずれも有界であるから，上とまった

く同様の基準で式 (23) の平衡点 ($z = 0$) および式 (7) の平衡点 ($x = 0$) の安定性が判別できる．さらに，変分方程式の項で述べたように，$\lambda_j$ の最大実部が 0 ($\rho_j$ の最大絶対値が 1) のときの安定・不安定境界を除いて，上と同様の基準で式 (6) の平衡点の安定性が判別できる．

以上の手順で非線形振動系における周期解の安定性が判別できるが，特別な場合を除いて行列 $B$ または $C$ を解析的に求めることができないので，近似解法 (問題参照) によるか数値計算に頼らざるを得ない．後者の場合には，式 (14) の関係を考慮して，単位行列を初期値として変分方程式を $t = 0$ から $t = T$ まで数値積分し，$C = \Psi(T)$ を求めるのが一般的である．

一方，自律系の式 (1) の周期解 $\psi(t)$ の安定判別に関しては，次のような注意が必要である．まず，$\psi(t)$ は式 (1) の解であるから，次式が成立する．

$$\dot{\psi}(t) = h(\psi(t)) \tag{26}$$

この両辺を $t$ で微分すると，

$$\ddot{\psi}(t) = \left.\frac{\partial h(y)}{\partial y}\right|_{y=\psi(t)} \dot{\psi}(t) = A(t)\dot{\psi}(t) \tag{27}$$

となるので，$\dot{\psi}(t)$ [$= \dot{\psi}(t+T)$] は変分方程式 (7) の解であることがわかる．また，$\Psi(t)$ を式 (7) の状態遷移行列とすると，$\dot{\psi}(T) = \dot{\psi}(0)$ であることから，

$$\dot{\psi}(T) = \Psi(T)\dot{\psi}(0) \quad \Rightarrow \quad [\Psi(T) - I_n]\dot{\psi}(0) = 0 \tag{28}$$

さらに，$\dot{\psi}(0) \neq 0$ であるから，

$$\det[\Psi(T) - I_n] = 0 \tag{29}$$

が成立する．式 (29) は $C = \Psi(T)$ の固有値 (特性乗数 $\rho_j$) の少なくとも 1 つは 1 になる (または，特性指数 $\lambda_j$ の少なくとも 1 つが 0 になる) ことを示している．したがって，自律系の周期解 $\psi(t)$ の安定判別に関しては，残りの $n-1$ 個の特性乗数または特性指数に対して，上記と同様の判定基準を適用すればよい．

> **問題の設定**

図 1 に示した非線形係数励振系において，式 (2) の自明な解 $\xi = 0$ が不安定化する振動数比 $\nu$ ($= \Omega/\omega_n$) の領域を近似的に求めよ．また，安定・不安定境界から分岐・発生する非自明な周期解を $\xi = A\cos(\tau + \phi)$ のように近似して調和バランス法により振幅 $A$ と位相角 $\phi$ を求め，その安定性を判別せよ．ただし，$\zeta$ および $\alpha$ は微小であるとする．

> **解説・解答**

式 (2) の自明な解 $\xi = 0$ の近傍における解の挙動を調べるので，次のような $\xi^3$ の

非線形項を省略した周期係数型線形系を考えれば十分である.

$$\nu^2 \xi'' + 2\zeta\nu\xi' + (1 + 2\alpha\cos 2\tau)\xi = 0 \tag{30}$$

フロ－ケの定理を考慮して，式 (30) の基本解の 1 つを次のように近似する.

$$\xi = e^{\lambda\tau}\cos(\tau + \theta) \tag{31}$$

ここに，$\lambda$ は特性指数を表す．式 (31) を式 (30) に代入して整理すると，

$$\begin{aligned}e^{\lambda t}[(1 - \nu^2 + 2\zeta\nu\lambda + \nu^2\lambda^2 + \alpha\cos 2\theta)\cos(\tau + \theta) \\ - (2\zeta\nu + 2\nu^2\lambda - \alpha\sin 2\theta)\sin(\tau + \theta) + \alpha\cos(3\tau + \theta)] = 0\end{aligned} \tag{32}$$

さらに，$\cos(3\tau + \theta)$ の項を無視し，$\cos(\tau + \theta)$ および $\sin(\tau + \theta)$ の係数を 0 とおくと，

$$\cos 2\theta = \frac{\nu^2 - 1 - 2\zeta\nu\lambda - \nu^2\lambda^2}{\alpha}, \qquad \sin 2\theta = \frac{2\nu(\zeta + \nu\lambda)}{\alpha} \tag{33}$$

を得る．このように，近似解に仮定に含まれていない振動数成分を無視し，含まれている振動数成分の係数を 0 とおくことによって近似解を求める手法を調和バランス法とよぶ．調和バランス法は，非線形系の周期解の近似解法などに広く用いられている.

さて，式 (33) から $\theta$ を消去することにより，次式を得る.

$$\nu^4\lambda^4 + 4\zeta\nu^3\lambda^3 + 2\nu^2(1+\nu^2+2\zeta^2)\lambda^2 + 4\zeta\nu(1+\nu^2)\lambda + (1-\nu^2)^2 + (2\zeta\nu)^2 = \alpha^2 \tag{34}$$

ここで，不安定領域は $\nu = 1$ の近傍で現れるので $1 - \nu^2$ は微小量と見なせること，安定・不安定境界の近傍では $\lambda \approx 0$ であること，仮定により $\zeta, \alpha$ は微小量であることを考慮して，式 (34) を微小量の 2 乗のオーダーで近似すると，

$$4\nu^4\lambda^2 + 8\zeta\nu^3\lambda + (1-\nu^2)^2 + (2\zeta\nu)^2 - \alpha^2 = 0 \tag{35}$$

よって，特性指数 $\lambda$ の近似値は次のように求められる.

$$\lambda_\pm = \frac{-2\zeta\nu \pm \sqrt{\alpha^2 - (1-\nu^2)^2}}{2\nu^2} \qquad \text{(複号同順)} \tag{36}$$

安定・不安定境界の $\nu$ を $\nu_1, \nu_2$ ($\nu_1 < \nu_2$) とすると，これらは $\lambda_+ = 0$ から求められ，

$$\left.\begin{aligned}\nu_1 = \sqrt{1 - 2\zeta^2 - \sqrt{\alpha^2 - 4\zeta^2(1-\zeta^2)}} \approx \sqrt{1 - 2\zeta^2 - \sqrt{\alpha^2 - 4\zeta^2}} \\ \nu_2 = \sqrt{1 - 2\zeta^2 + \sqrt{\alpha^2 - 4\zeta^2(1-\zeta^2)}} \approx \sqrt{1 - 2\zeta^2 + \sqrt{\alpha^2 - 4\zeta^2}}\end{aligned}\right\} \tag{37}$$

$\nu_1 < \nu < \nu_2$ の範囲内では $\lambda_+ > 0$ なので，式 (2) の自明な解 $\xi = 0$ は不安定である．また，$\nu_1 = \nu_2$ になると不安定領域は消滅するので，不安定領域が存在する条件は次のようになる.

$$\zeta \lesssim \frac{\alpha}{2} \tag{38}$$

次に，$\xi = A\cos(\tau + \phi)$ を式 (2) に代入して上と同様に調和バランス法を適用し，

$\cos(\tau+\phi)$ および $\sin(\tau+\phi)$ の係数を 0 とおくことにより，次のような関係式が求められる．

$$\cos 2\phi = \frac{4(\nu^2-1)-3\beta A^2}{4\alpha}, \qquad \sin 2\phi = \frac{2\zeta\nu}{\alpha} \tag{39}$$

式 (39) から，非自明な周期解の振幅 $A$ および位相角 $\phi$ が，次のように求められる．

$$\left.\begin{aligned}
A_1 &= 2\sqrt{\frac{\nu^2-1+\sqrt{\alpha^2-4\zeta^2\nu^2}}{3\beta}} \\
\cos 2\phi_1 &= -\frac{\sqrt{\alpha^2-4\zeta^2\nu^2}}{\alpha}, \quad \sin 2\phi_1 = \frac{2\zeta\nu}{\alpha} \\
A_2 &= 2\sqrt{\frac{\nu^2-1-\sqrt{\alpha^2-4\zeta^2\nu^2}}{3\beta}} \\
\cos 2\phi_2 &= \frac{\sqrt{\alpha^2-4\zeta^2\nu^2}}{\alpha}, \quad \sin 2\phi_2 = \frac{2\zeta\nu}{\alpha}
\end{aligned}\right\} \tag{40}$$

非自明解が分岐・発生するのは $A_1=0$ または $A_2=0$ の点である．そのような $\nu$ を求めるとその結果は式 (37) に一致し，$\nu=\nu_1$ からは $\xi_1=A_1\cos(\tau+\phi_1)$ のタイプの解が，$\nu=\nu_2$ からは $\xi_2=A_2\cos(\tau+\phi_2)$ のタイプの解がそれぞれ発生する．

この非自明解の安定性を判別するために，非自明解 $\xi=A\cos(\tau+\phi)$ に対する微小変分を $\eta$ として，式 (2) の変分方程式を求めると，

$$\nu^2\eta'' + 2\zeta\nu\eta' + (1+2\alpha\cos 2\tau + 3\beta\xi^2)\eta = 0 \tag{41}$$

となる．式 (41) は周期係数型線形常微分方程式であるので，フローケの定理を考慮して，基本解の 1 つを次のように近似する．

$$\eta = e^{\lambda\tau}\cos(\tau+\theta) \tag{42}$$

この $\eta$ と $\xi=A\cos(\tau+\phi)$ を式 (41) に代入して調和バランス法を適用し，$\cos(\tau+\theta)$ および $\sin(\tau+\theta)$ の係数を 0 とおくと，次式が求められる．

$$\left.\begin{aligned}
&(4-4\nu^2+6A^2\beta+8\zeta\lambda\nu+4\lambda^2\nu^2) \\
&\qquad + (4\alpha+3A^2\beta\cos 2\phi)\cos 2\theta + 3A^2\beta\sin 2\phi\sin 2\theta = 0 \\
&8(\zeta+\lambda\nu)\nu - (4\alpha+3A^2\beta\cos 2\phi)\sin 2\theta + 3A^2\beta\sin 2\phi\cos 2\theta = 0
\end{aligned}\right\} \tag{43}$$

さらに，少々面倒な計算の後に，$\xi_1$ および $\xi_2$ のタイプの解に対して，特性指数の近似値がそれぞれ次のように求められる．

$$\xi_1 \to \lambda_{1,\pm}$$
$$= \frac{1}{\nu}\left(-\zeta \pm \sqrt{\frac{\zeta^2(11\nu^2-1)-2(\nu^2-1)\sqrt{\alpha^2-4\zeta^2\nu^2-2\alpha^2}}{3\nu^2-1}}\right)$$
(複号同順) (44)

$$\xi_2 \to \lambda_{2,\pm}$$
$$= \frac{1}{\nu}\left(-\zeta \pm \sqrt{\frac{\zeta^2(11\nu^2-1)+2(\nu^2-1)\sqrt{\alpha^2-4\zeta^2\nu^2-2\alpha^2}}{3\nu^2-1}}\right)$$
(複号同順) (45)

簡単のため，$\zeta \to 0$ とすると，

$$A_1 \to 2\sqrt{\frac{\nu^2-1+\alpha}{3\beta}}, \qquad \lambda_{1,\pm} \to \pm\frac{i}{\nu}\sqrt{\frac{2\alpha(\nu^2-1+\alpha)}{3\nu^2-1}} \qquad (46)$$

$$A_2 \to 2\sqrt{\frac{\nu^2-1-\alpha}{3\beta}}, \qquad \lambda_{2,\pm} \to \pm\frac{1}{\nu}\sqrt{\frac{2\alpha(\nu^2-1-\alpha)}{3\nu^2-1}} \qquad (47)$$

となり，$\lambda_{1,\pm}$ は純虚数，$\lambda_{2,-} < 0 < \lambda_{2,+}$ である．したがって，$\xi_1$ は安定，$\xi_2$ は不安定である．$\zeta > 0$ の場合も同様である．

〔近藤孝広〕

□ 文 献
1) 山本 稔，常微分方程式の安定性 (実教出版，1979)．
2) S. ウィギンス，非線形の力学系とカオス (シュプリンガー・フェアラーク，2000)．
3) 吉沢太郎，微分方程式入門 (朝倉書店，2005)．

## 2.2 軌道摂動加速度の計算

機械力学

### 合成関数の微分法

ある座標系で記述されている関数を，別の座標系で微分するとき，変数あるいは座標の変換を伴う合成関数の微分法が必要となる．ここでは，球座標系で記述されている地球の重力ポテンシャルの，直交座標系における勾配を合成関数の微分法にもとづいて求めてみる．

地球を周回する宇宙機の軌道は，飛行中にさまざまな摂動を受けることによって時々

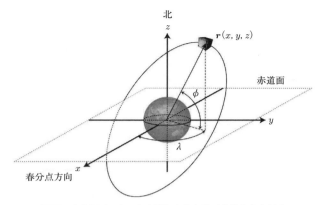

**図1** 地球を周回する宇宙機と地心赤道面基準直交座標系

刻々と変化する．この摂動を引き起こす力のことを摂動力とよぶ．摂動力には，地球が完全な球体でないことによる重力の偏り，月や太陽といった第3天体の引力，大気抵抗や太陽光輻射圧などがあげられる．任意の時刻の宇宙機の位置を正確に計算するには，これら摂動力による摂動加速度を考慮する必要がある．地球を周回する宇宙機の軌道では，摂動の中でも地球の重力の偏りによる影響が大きい．ここでは，地球の重力の偏りにより生じる摂動加速度のみを考える．地球の重力の偏りは，次式の重力ポテンシャル $U$ で表される．

$$U = \frac{\mu}{r}\left[1 - \sum_{l=2}^{\infty} J_l \left(\frac{R_e}{r}\right)^l P_l(\sin\phi) \right.$$
$$\left. + \sum_{l=2}^{\infty}\sum_{m=1}^{l}\left(\frac{R_e}{r}\right)^l P_{lm}(\sin\phi)[C_{lm}\cos(m\lambda) + S_{lm}\sin(m\lambda)]\right] \quad (1)$$

$r$ は地球中心から地球を周回する宇宙機までの距離 (動径)，$\phi$ は緯度，$\lambda$ は経度，$\mu$ は地心重力定数 *1)，$R_e$ は地球の半径，$P_l$ はルジャンドルの多項式，$P_{lm}$ はルジャンドルの陪関数，$P_l, C_{lm}, S_{lm}$ は地球の重力ポテンシャルの定数を表す．[ ] 内の第1項は地球を質点としたときの重力ポテンシャル，第2項は帯球調和関数 (zonal harmonics)，第3項が縞球調和関数 (tesseral harmonics) を示す．

ここで，地心赤道面基準直交座標系 $(x, y, z)$ において，地球を周回する宇宙機の軌道を計算することを考える (図1)．地球の重力ポテンシャルによる摂動加速度は，次式のように重力ポテンシャルの勾配として計算することができる．

$$\nabla U = \begin{Bmatrix} \frac{\partial U}{\partial x} \\ \frac{\partial U}{\partial y} \\ \frac{\partial U}{\partial z} \end{Bmatrix}$$

---

*1) 万有引力定数に地球の質量を乗じて地心重力定数という．

なお，地球の重力ポテンシャルは，球座標 $(r, \phi, \lambda)$ で表されているため，地心赤道面基準直交座標 $(x, y, z)$ における摂動加速度を計算するには，次式のように，球座標における勾配を計算した後に，球座標から直交座標への変換が必要である．

$$\begin{Bmatrix} \frac{\partial U}{\partial x} \\ \frac{\partial U}{\partial y} \\ \frac{\partial U}{\partial z} \end{Bmatrix} = \begin{bmatrix} \frac{\partial r}{\partial x} & \frac{\partial \phi}{\partial x} & \frac{\partial \lambda}{\partial x} \\ \frac{\partial r}{\partial y} & \frac{\partial \phi}{\partial y} & \frac{\partial \lambda}{\partial y} \\ \frac{\partial r}{\partial z} & \frac{\partial \phi}{\partial z} & \frac{\partial \lambda}{\partial z} \end{bmatrix} \begin{Bmatrix} \frac{\partial U}{\partial r} \\ \frac{\partial U}{\partial \phi} \\ \frac{\partial U}{\partial \lambda} \end{Bmatrix} = \begin{bmatrix} \frac{\partial r}{\partial x} & r\frac{\partial \phi}{\partial x} & r\cos\phi\frac{\partial \lambda}{\partial x} \\ \frac{\partial r}{\partial y} & r\frac{\partial \phi}{\partial y} & r\cos\phi\frac{\partial \lambda}{\partial y} \\ \frac{\partial r}{\partial z} & r\frac{\partial \phi}{\partial z} & r\cos\phi\frac{\partial \lambda}{\partial z} \end{bmatrix} \begin{Bmatrix} \frac{\partial U}{\partial r} \\ \frac{1}{r}\frac{\partial U}{\partial \phi} \\ \frac{1}{r\cos\phi}\frac{\partial U}{\partial \lambda} \end{Bmatrix} \quad (2)$$

**問題の設定**

式 (1) で与えられる地球の重力ポテンシャルの第 2 項において，$l=2$ のときの摂動加速度を求めよ．

**解説・解答**

式 (1) で与えられる地球の重力ポテンシャルの第 2 項において，$l=2$ のときの重力ポテンシャルだけを考え，$U_2$ と表す．すなわち

$$U_2 = -\frac{\mu}{r} J_2 \left(\frac{R_e}{r}\right)^2 P_2(\sin\phi) \quad (3)$$

ここで，$P_2$ は，

$$P_2(\sin\phi) = \frac{1}{2}(3\sin^2\phi - 1)$$

で与えられるルジャンドルの多項式であるので，式 (3) は

$$U_2 = -\frac{1}{2}\frac{\mu}{r} J_2 \left(\frac{R_e}{r}\right)^2 (3\sin^2\phi - 1) \quad (4)$$

となる．よって，式 (2) で示したように，球座標における式 (4) の勾配と球座標 $(r, \phi, \lambda)$ を直交座標 $(x, y, z)$ へ変換する行列を求めれば，地心赤道面基準直交座標系における摂動加速度を計算できる．

まず，球座標における式 (4) の勾配を求める．これは容易で

$$\begin{Bmatrix} \frac{\partial U_2}{\partial r} \\ \frac{1}{r}\frac{\partial U_2}{\partial \phi} \\ \frac{1}{\cos\phi}\frac{\partial U_2}{\partial \lambda} \end{Bmatrix} = -\frac{3\mu J_2 R_e^2}{2r^4} \begin{Bmatrix} 1 - 3\sin^2\phi \\ 2\cos\phi\sin\phi \\ 0 \end{Bmatrix} \quad (5)$$

次に，球座標 $(r, \phi, \lambda)$ を直交座標 $(x, y, z)$ へ変換する行列を求める．球座標 $(r, \phi, \lambda)$ と直交座標 $(x, y, z)$ との間には以下の関係式が成り立つ．

$$\left.\begin{aligned} x &= r\cos\phi\cos\lambda \\ y &= r\cos\phi\sin\lambda \\ z &= r\sin\phi \end{aligned}\right\} \quad (6)$$

式 (6) の両辺を $x$ で微分し，整理すると次のように記述できる．

$$\begin{Bmatrix} 1 \\ 0 \\ 0 \end{Bmatrix} = \begin{bmatrix} \cos\phi\cos\lambda & -\sin\phi\cos\lambda & -\sin\lambda \\ \cos\phi\sin\lambda & -\sin\phi\sin\lambda & \cos\lambda \\ \sin\phi & \cos\phi & 0 \end{bmatrix} \begin{Bmatrix} \frac{\partial r}{\partial x} \\ r\frac{\partial \phi}{\partial x} \\ r\cos\phi\frac{\partial \lambda}{\partial x} \end{Bmatrix}$$

よって，$\begin{Bmatrix} \partial r/\partial x & r\partial \phi/\partial x & r\cos\phi\partial \lambda/\partial x \end{Bmatrix}^\mathsf{T}$ は，逆行列を利用して，次のように計算できる．

$$\begin{Bmatrix} \frac{\partial r}{\partial x} \\ r\frac{\partial \phi}{\partial x} \\ r\cos\phi\frac{\partial \lambda}{\partial x} \end{Bmatrix} = \begin{bmatrix} \cos\phi\cos\lambda & -\sin\phi\cos\lambda & -\sin\lambda \\ \cos\phi\sin\lambda & -\sin\phi\sin\lambda & \cos\lambda \\ \sin\phi & \cos\phi & 0 \end{bmatrix}^{-1} \begin{Bmatrix} 1 \\ 0 \\ 0 \end{Bmatrix} = \begin{Bmatrix} \cos\phi\cos\lambda \\ -\sin\phi\cos\lambda \\ -\sin\lambda \end{Bmatrix}$$

同様に，式 (6) を $y, z$ で微分し，整理・計算すると

$$\begin{Bmatrix} \frac{\partial r}{\partial y} \\ r\frac{\partial \phi}{\partial y} \\ r\cos\phi\frac{\partial \lambda}{\partial y} \end{Bmatrix} = \begin{bmatrix} \cos\phi\cos\lambda & -\sin\phi\cos\lambda & -\sin\lambda \\ \cos\phi\sin\lambda & -\sin\phi\sin\lambda & \cos\lambda \\ \sin\phi & \cos\phi & 0 \end{bmatrix}^{-1} \begin{Bmatrix} 0 \\ 1 \\ 0 \end{Bmatrix} = \begin{Bmatrix} \cos\phi\sin\lambda \\ -\sin\phi\sin\lambda \\ \cos\lambda \end{Bmatrix}$$

$$\begin{Bmatrix} \frac{\partial r}{\partial z} \\ r\frac{\partial \phi}{\partial z} \\ r\cos\phi\frac{\partial \lambda}{\partial z} \end{Bmatrix} = \begin{bmatrix} \cos\phi\cos\lambda & -\sin\phi\cos\lambda & -\sin\lambda \\ \cos\phi\sin\lambda & -\sin\phi\sin\lambda & \cos\lambda \\ \sin\phi & \cos\phi & 0 \end{bmatrix}^{-1} \begin{Bmatrix} 0 \\ 0 \\ 1 \end{Bmatrix} = \begin{Bmatrix} \sin\phi \\ \cos\phi \\ 0 \end{Bmatrix}$$

を得る．式 (2) に代入できるように記述すると

$$\begin{bmatrix} \frac{\partial r}{\partial x} & r\frac{\partial \phi}{\partial x} & r\cos\phi\frac{\partial \lambda}{\partial x} \\ \frac{\partial r}{\partial y} & r\frac{\partial \phi}{\partial y} & r\cos\phi\frac{\partial \lambda}{\partial y} \\ \frac{\partial r}{\partial z} & r\frac{\partial \phi}{\partial z} & r\cos\phi\frac{\partial \lambda}{\partial z} \end{bmatrix} = \begin{bmatrix} \cos\phi\cos\lambda & -\sin\phi\cos\lambda & -\sin\lambda \\ \cos\phi\sin\lambda & -\sin\phi\sin\lambda & \cos\lambda \\ \sin\phi & \cos\phi & 0 \end{bmatrix} \tag{7}$$

式 (5) と式 (7) を式 (2) に代入して，地球の重力ポテンシャルによる摂動加速度は

$$\begin{Bmatrix} \frac{\partial U}{\partial x} \\ \frac{\partial U}{\partial y} \\ \frac{\partial U}{\partial z} \end{Bmatrix} = -\frac{3\mu J_2 R_e^2}{2r^4} \begin{bmatrix} \cos\phi\cos\lambda & -\sin\phi\cos\lambda & -\sin\lambda \\ \cos\phi\sin\lambda & -\sin\phi\sin\lambda & \cos\lambda \\ \sin\phi & \cos\phi & 0 \end{bmatrix} \begin{Bmatrix} 1 - 3\sin^2\phi \\ 2\cos\phi\sin\phi \\ 0 \end{Bmatrix}$$

$$= -\frac{3\mu J_2 R_e^2}{2r^4} \begin{Bmatrix} \cos\phi\cos\lambda(1 - 5\sin^2\phi) \\ \cos\phi\sin\lambda(1 - 5\sin^2\phi) \\ \sin\phi(3 - 5\sin^2\phi) \end{Bmatrix}$$

$$= -\frac{3\mu J_2 R_e^2}{2r^4} \begin{Bmatrix} \frac{x}{r}\left[1 - 5\left(\frac{z}{r}\right)^2\right] \\ \frac{y}{r}\left[1 - 5\left(\frac{z}{r}\right)^2\right] \\ \frac{z}{r}\left[3 - 5\left(\frac{z}{r}\right)^2\right] \end{Bmatrix}$$

となる．このように，球座標系で記述されている重力ポテンシャルの，直交座標系における勾配を $(x, y, z)$ の関数として記述できるので，宇宙機の任意の位置 $(x, y, z)$ における地球の重力の偏りにより生じる摂動加速度を計算することができる．〔花田俊也〕

## 2.3 非線形常微分方程式：多時間尺度の方法

電気・電子工学

### トンネルダイオードを含む電気回路

支配方程式がファン・デル・ポール型方程式となる有名な例として，図 1a に示すトンネルダイオードを含む電気回路が知られている．トンネルダイオードは図 1b に示すように電流と電圧の関係が 3 次関数で表せるような特性をもっており，途中に負性抵抗をもつ領域 (電圧が上昇しようとするときに電流が減少する領域) を有している．このようなダイオードを電源と直列につなぎ，抵抗と容量を並列につないだ電気回路においては，ファン・デル・ポール型の発振が起こる．

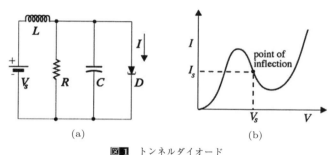

**図 1** トンネルダイオード

---

◆ **ファン・デル・ポール型方程式** ◆

ファン・デル・ポール型方程式 *2) は，さまざまな工学問題で登場する．式で表すと，

$$\frac{dx^2}{dt^2} - \epsilon(1-x^2)\frac{dx}{dt} + x = 0$$

と書ける．この方程式の解は，振幅が小さい間は線形的に振幅が指数関数的に増大するが，振幅が大きくなったときには成長にブレーキがかかり，十分時間が経過した後は一定振幅の周期的振動 (リミットサイクル振動) に落ち着くという特徴がある．図 2 に代表的な波形を示す．ここで紹介する多時間尺度の方法という方法は，振動の初期成長過程から振幅一定の振動に落ち着くまでの過程を表現できる方法で，大域的挙動を求める場合に通常用いられる手法である．

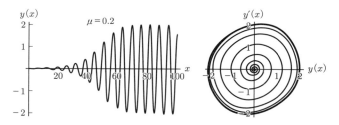

**図 2** ファン・デル・ポール型方程式の時刻歴波形 (左) と位相平面プロット (右)

図 1a の電気回路で, $i = I - I_S$, $v = V - V_S$ とおくと, 変曲点まわりでの電圧–電流特性は,

$$i = -0.05v + v^3 \tag{1}$$

と表せる. 図 1a の電気回路に対して, オームの法則とキルヒホッフの法則を適用すれば,

$$\frac{dv^2}{dt^2} + \frac{1}{C}\left(\frac{1}{R} - 0.05 + 3v^2\right)\frac{dv}{dt} + \frac{v}{CL} = 0 \tag{2}$$

となり, 以下のような変数を導入すれば,

$$\omega_0 = \sqrt{\frac{1}{LC}}, \quad \tau = \omega_0 t, \quad x = \frac{v}{\sqrt{\frac{1}{3}\left(0.05 - \frac{1}{R}\right)}}, \quad \epsilon = \sqrt{\frac{L}{C}}\left(0.05 - \frac{1}{R}\right)$$

最終的に以下のようなファン・デル・ポール型の方程式を得る.

$$\frac{d^2x}{d\tau^2} - \epsilon(1-x^2)\frac{dx}{d\tau} + x = 0 \tag{3}$$

**ファン・デル・ポール型方程式の解法**

ファン・デル・ポール型方程式 [*3)] は, 振動の初生段階では, $x$ は小さく線形化が可能で,

$$\frac{d^2x}{dt^2} - \epsilon\frac{dx}{dt} + x = 0 \tag{4}$$

と書ける. その解は,

$$x = a\exp\left(\frac{\epsilon t}{2}\right)\cos(t+\alpha) \tag{5}$$

となる.

**時間に関する議論**

式 (5) で表される周期振動の周期は $T = 2\pi$ であるが, 振幅の成長時間 ($\epsilon$ 倍となるのに必要な時間) は, $T' = 2/\epsilon$ である [*4)].

---

[*2)] ファン・デル・ポール型方程式は, 1927 年に公表された論文に登場するもので, 詳細は原著[1, 2]を参照されたい.
[*3)] 以下では $\tau$ を $t$ と記述している.
[*4)] 当然のことながら $T \ll T'$.

### 問題の設定　多時間尺度の方法

このように 2 種類以上の代表時間を有する振動問題に対しては，複数の時間尺度 (time scale) を導入する．この方法を多時間尺度の方法 (method of multiple time scales) または多重時間法とよぶ．

以下では，まず一般論について述べる．代表時間が 3 つある場合には，

$$t_0 = t, \quad t_1 = \epsilon t, \quad t_2 = \epsilon^2 t, \quad \cdots \tag{6}$$

と書く．さらに，これを時間で微分して，

$$\frac{dt_0}{dt} = 1, \quad \frac{dt_1}{dt} = \epsilon, \quad \frac{dt_2}{dt} = \epsilon^2, \quad \cdots \tag{7}$$

準備はこれまでにして，ここで，$x$ を以下のように $\epsilon$ のべき級数に展開する．

$$x = x_0 + \epsilon x_1 + \epsilon^2 x_2 + \cdots \tag{8}$$

ただし $x$ は $x(t_0, t_1, t_2, \cdots)$ であって，導入した時間の関数である．これより，$t$ に関する 1 階微分と 2 階微分を計算すれば，

$$\frac{dx}{dt} = \frac{dx}{dt_0} + \epsilon \frac{dx}{dt_1} + \epsilon^2 \frac{dx}{dt_2} + \cdots \tag{9}$$

$$\frac{d^2 x}{dt^2} = \frac{d^2 x}{dt_0^2} + \epsilon \left( 2 \frac{d^2 x}{dt_0 \, dt_1} \right) + \epsilon^2 \left( 2 \frac{d^2 x}{dt_0 \, dt_2} + \frac{d^2 x}{dt_1^2} \right) + \cdots \tag{10}$$

ファン・デル・ポール方程式 (3) に $x$, $dx/dx$, $d^2 t/dt^2$ を代入して整理すると，

$$\frac{d^2 x_0}{dt_0^2} + \epsilon \frac{d^2 x_1}{dt_0^2} + 2\epsilon \frac{d^2 x_0}{dt_0 \, dt_1} - \epsilon(1 - x_0^2)\left( \frac{dx_0}{dt_0} + \epsilon \frac{dx_0}{dt_1} \right) + x_0 + \epsilon x_1 = 0 \tag{11}$$

これから先は，オーダーごとに整理する．

$$\epsilon^0: \quad \frac{d^2 x_0}{dt_0^2} + x_0 = 0 \tag{12}$$

$$\epsilon^1: \quad \frac{d^2 x_1}{dt_0^2} + 2 \frac{d^2 x_0}{dt_0 \, dt_1} - (1 - x_0^2) \frac{dx_0}{dt_0} + x_1 = 0 \tag{13}$$

これより

$$\frac{d^2 x_1}{dt_0^2} + x_1 = -2 \frac{d^2 x_0}{dt_0 \, dt_1} + (1 - x_0^2) \frac{dx_0}{dt_0} \tag{14}$$

### 解説・解答

解法は各オーダーごとに解を求める．

$\epsilon^0$ オーダー解:　$x_0 = a(t_1) \cos(t_0 + \varphi(t_1))$ \hfill (15)

$$\frac{dx_0}{dt_0} = -a(t_1) \sin(t_0 + \varphi(t_1)) \tag{16}$$

$$\frac{d^2 x_0}{dt_1 \, dt_0} = -\frac{\partial a(t_1)}{\partial t_1} \sin(t_0 + \varphi(t_1)) - a(t_1) \cos(t_0 + \varphi(t_1)) \frac{\partial \varphi(t_1)}{\partial t_1} \tag{17}$$

そうすれば，式 (12) の右辺は，

$$-2\frac{d^2x_0}{dt_0\,dt_1} + (1-x_0{}^2)\frac{dx_0}{dt_0}$$
$$= 2\frac{\partial a(t_1)}{\partial t_1}\sin(t_0+\varphi(t_1)) + 2a(t_1)\cos(t_0+\varphi(t_1))\frac{\partial \varphi(t_1)}{\partial t_1}$$
$$\quad - \{1 - a^2(t_1)\cos^2(t_0+\varphi(t_1))\}a(t_1)\sin(t_0+\varphi(t_1))$$
$$= \left[2\frac{\partial a(t_1)}{\partial t_1} - a(t_1)\left(1-\frac{a^2(t_1)}{4}\right)\right]\sin(t_0+\varphi(t_1))$$
$$\quad + 2a(t_1)\cos(t_0+\varphi(t_1))\frac{\partial \varphi(t_1)}{\partial t_1} + \frac{a^3(t_1)}{4}\sin 3(t_0+\varphi(t_1)) \qquad (18)$$

ここで永年項除去の条件 (共振を避けるための条件) から，

$$2\frac{\partial a(t_1)}{\partial t_1} - a(t_1)\left(1-\frac{a^2(t_1)}{4}\right) = 0 \qquad (19)$$

$$\frac{\partial \varphi(t_1)}{\partial t_1} = 0 \qquad (20)$$

式 (19) を以下のように書き直すと，

$$\frac{\partial a}{a\,(1-a^2/4)} = \frac{\partial t_1}{2} \qquad (21)$$

上式の左辺を部分分数展開して，

$$\left(\frac{2}{a} + \frac{1}{2-a} - \frac{1}{2+a}\right)da = dt_1 \qquad (22)$$

これより，両辺を積分すれば，

$$2\ln a - \ln(2-a) - \ln(2+a) = t_1 + C \qquad (23)$$

$$\ln \frac{a^2}{4-a^2} = t_1 + C \qquad (24)$$

したがって一般解は

$$\frac{a^2}{4-a^2} = e^C \cdot e^{t_1} \equiv A^2 e^{t_1} \qquad (25)$$

ただし $A$ は積分定数．$a^2$ について解くと，

$$a^2 = \frac{4}{1+(1/A^2)e^{-t_1}} \qquad (26)$$

初期条件として，$t_1 = 0 : a(0) = a_0$ とすれば，

$$a_0{}^2 = \frac{4}{1+1/A^2} \qquad (27)$$

これより，次のように積分定数が初期条件の関数として決定できる．

$$\frac{1}{A^2} = \frac{4}{a_0{}^2} - 1 \qquad (28)$$

よって，

$$a(t_1) = \frac{2}{\sqrt{1 + (4/a_0{}^2 - 1)e^{-t_1}}} \quad (29)$$

したがって，

$$x(t) = \frac{2}{\sqrt{1 + (4/a_0{}^2 - 1)e^{-\epsilon t}}} \cos(t + \varphi) \quad (30)$$

以上のように，多時間尺度の方法は，振幅が一定に落ち着いた後のリミットサイクル状態だけでなく，成長過程の挙動を表す数式表現を得ることができることに特徴がある．

〔金子成彦〕

□ 文　献
1) B. van der Pol, *Radio Rev.* **1**, 704–754 (1920).
2) B. van der Pol, *Phil. Mag.* **3**, 65 (1927).

## 2.4　き裂先端に現れる特異応力場とエネルギー

〔材料力学〕

### エネルギー解放率と $J$ 積分

き裂が進むとき裂先端近傍の高い応力が解放され，き裂の開口が生じるため，物体に蓄えられたひずみエネルギーが解放される．き裂が単位面積だけ成長したときのエネルギーの解放量をエネルギー解放率 $G$ という．解放エネルギーは，応力と変位の積に比例する．1.3節の式(15)のように，応力と変位とも応力拡大係数 $K$ に比例するため，エネルギー解放率 $G$ は $K^2$ に比例する．応力と変位の式を使った計算の結果は，モードI，モードIIおよびIIIの応力拡大係数 $K_\mathrm{I}$，$K_\mathrm{II}$ および $K_\mathrm{III}$ を用いて，

$$G = \frac{K_\mathrm{I}{}^2}{E} + \frac{K_\mathrm{II}{}^2}{E} + \frac{K_\mathrm{III}{}^2}{2\mu} \quad (1)$$

となる．外部からエネルギーを補給しなくても，解放されるエネルギーを使って，$K$ が高い値を保持できればき裂は成長し続けることができる．

線形弾性の範囲を超えてひずみ $\varepsilon_{ij}$ が増大すると，応力 $\sigma_{ij}$ はひずみに比例しなくなる．いま，ひずみエネルギー密度 $W$ が次式のように定義できるものとする．

$$W(\varepsilon_{ij}) = \sum_{i,j} \int_{\varepsilon_{ij}} \sigma_{ij} d\varepsilon_{ij} \quad (2)$$

このとき，き裂の単位面積成長に伴い，解放されるエネルギーは，

$$J = \int_\Gamma \left( W \nu_1 - \sum_i T_i \frac{\partial u_i}{\partial x_1} \right) d\Gamma \quad (3)$$

## 2.4 き裂先端に現れる特異応力場とエネルギー

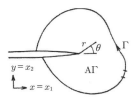

**図1** $J$ 積分の積分経路 $\Gamma$

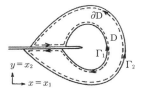

**図2** $J$ 積分の経路独立性

というライス (Rice) の $J$ 積分で与えられる．ここに，$\Gamma$ はき裂の下面の 1 点より，上面の 1 点に至る任意の経路 (図1)，$\nu_j$ は $\Gamma$ の外向き単位法線ベクトル，$u_i$ は変位，$T_i$ は次式で与えられる表面力である．

$$T_i = \sum_j \sigma_{ij} \nu_j \tag{4}$$

### 問題の設定

$J$ 積分はその積分経路 $\Gamma$ のとり方に依存しないという経路独立性を有している (図1)．この経路独立性を示せ．

### 解説・解答

この問題に対しては，領域積分と境界積分を関連付ける発散定理を適用することができる．まず，図2のように，き裂下面上の 1 点から上面上の 1 点にいたる 2 つの経路 $\Gamma_1$ および $\Gamma_2$ をとり，これらに対する $J$ 積分をそれぞれ $J_1$ および $J_2$ で表す．

き裂面上では，

$$\nu_1 = 0, \quad T_i = \sum_j \sigma_{ij} \nu_j = 0 \tag{5}$$

が成立しているので，$J$ の被積分関数は恒等的に 0 となる．したがって，$J_2$ と $J_1$ の差は，$\Gamma_1$ を逆向きにとったもの，および $\Gamma_2$ に，き裂面の経路を加えたものの経路，すなわち領域 $D$ の外周に沿って $J$ を評価したものに等しく，次のようになる．

$$J_2 - J_1 = \int_{\partial D} \left( W \nu_1 - \sum_{i,j} \sigma_{ij} \nu_j \frac{\partial u_i}{\partial x_1} \right) d\Gamma \tag{6}$$

ここで，発散定理を適用して，線積分を領域 $D$ に関する面積積分に変換すると，

$$J_2 - J_1 = \int_D \left[ \frac{\partial W}{\partial x_1} - \sum_{i,j} \frac{\partial}{\partial x_j} \left( \sigma_{ij} \frac{\partial u_i}{\partial x_1} \right) \right] dD \tag{7}$$

$W$ の定義式 (2) より

$$\frac{\partial W}{\partial x_1} = \sum_{i,j} \sigma_{ij} \frac{\partial \varepsilon_{ij}}{\partial x_1} \tag{8}$$

微小ひずみの定義式および応力の対称性より

$$\varepsilon_{ij} = \frac{1}{2}\left(\frac{\partial u_i}{\partial x_j} + \frac{\partial u_j}{\partial x_i}\right), \qquad \sigma_{ij} = \sigma_{ji} \tag{9}$$

となる．物体力がないとしたときの釣り合い式は次のようになる．

$$\sum_j \frac{\partial \sigma_{ij}}{\partial x_j} = 0 \tag{10}$$

これらより，式 (7) の被積分関数が恒等的に 0 となることが示される．したがって，$J_2 = J_1$ となり，$J$ は積分経路 $\Gamma$ のとり方に依存しない．

このようにき裂成長に伴って解放されるエネルギーが，き裂先端を囲む任意の経路に対する線積分で表されることは興味深い．

$J$ 積分の被積分関数の第 1 項および第 2 項はともに，応力と変位勾配の積で表される．式 (9) のように変位勾配の線形結合で与えられるひずみが，応力の $n$ 乗に比例するときには，$J$ 積分の被積分関数は応力の $(n+1)$ 乗に比例することになる．積分経路としてき裂先端から距離 $r$ の円状のものを考えると，積分経路の長さはき裂先端からの距離 $r$ に比例するので，$J$ 積分の経路独立性より．応力は $r^{-1/(n+1)}$ に比例し，ひずみは $r^{-n/(n+1)}$ に比例し，これらに特異性が現れることになる．これらの $\theta$ 方向分布についても固有の形が現れる．

このように，特異性があるときには，固有値と固有関数で表される場が出現し，き裂先端近傍の応力-ひずみ場の単一パラメータ表示ができる． 〔久保司郎〕

## 2.5 壁面乱流の高精度数値計算

熱・流体力学

### スペクトル法

熱や物質の流動などの物理現象を支配する偏微分方程式の高精度数値解法について解説する．偏微分方程式の高精度数値計算を行うには，空間について高精度に離散化を行う必要がある．空間離散化の代表例としては差分法やスペクトル法などがあるが，ここでは高精度なスペクトル法を取り上げる．スペクトル法とは，計算領域全体を基底関数 $\phi_i(x)$ で展開して，偏微分方程式の近似解を得る手法である．基底関数には直交関数が用いられることがほとんどである．

◆ 直交関数系 ◆
直交関数とは互いの関数の内積をとった場合，零となるものである．直交関数

系とは，互いに直交関数となっている関数の集合である．フーリエ級数やルジャンドル多項式，チェビシェフ多項式などが代表的な例としてあげられる．

偏微分方程式の近似解 $u^N(x)$ は基底関数 $\phi_i(x)$ を用いて，

$$u^N(x) = \sum_{k=1}^{N} a_k \phi_k(x) \tag{1}$$

と表される．未定係数 $a_k$ は重み付き残差法などにより決定される．

◆ **重み付き残差法** ◆
　基底関数で関数展開された近似解を支配方程式に代入し，その残差に重み関数を掛けて，計算領域全体において積分し，その積分値が零となる条件を課すことで近似解を求める方法である．重み関数の選び方によりいくつかの方法が提案されている．重み関数にディラックのデルタ関数を用いる選点 (collocation) 法，モーメント法，最小二乗法，重み関数に基底関数を用いるガラーキン法などがあげられる．

簡単な例をいくつか示す．まず，2次元熱伝導問題の解法を示す．その支配方程式は下記の偏微分方程式となる．

$$\frac{\partial T}{\partial t} = \frac{\partial^2 T}{\partial x^2} + \frac{\partial^2 T}{\partial y^2} + s(x,y) \tag{2}$$

ここで，$T(x,y)$ と $s(x,y)$ はそれぞれ温度と熱源項である．計算領域は一辺 $L$ の正方形で，境界条件は周期境界条件とする．フーリエ級数展開は級数自体が周期境界条件を満足しているため，周期境界条件を用いる問題に適している．ここでは，$x$ 方向と $y$ 方向にフーリエ級数展開を用いる．

$$T^N(x,y) = \sum_{k_y=-N/2}^{N/2-1} \sum_{k_x=-N/2}^{N/2-1} \hat{T}(k_x,k_y) e^{ik_x(2\pi x/L)} e^{ik_y(2\pi y/L)} \tag{3}$$

この近似解を式 (2) に代入し，ガラーキン法を用いて解くと，

$$\frac{d\hat{T}(k_x,k_y)}{dt} = -\left(\frac{2\pi}{L}\right)^2 (k_x{}^2 + k_y{}^2)\hat{T}(k_x,k_y) + \hat{s}(k_x,k_y) \tag{4}$$

$$(-N/2 \le k_x \le N/2-1, -N/2 \le k_y \le N/2-1)$$

となり，これは時間に関する常微分方程式である．この方程式を数値的に時間積分して，各時刻における $\hat{T}(k_x,k_y)$ を求め，近似解 $T^N(x,y)$ を得る．
　次に，ヘルムホルツ型方程式にディリクレ (Dirichret) 境界条件が与えられた場合の例として，以下の方程式と境界条件を考える．

$$\frac{d^2u}{dx^2} + \lambda u = F(x), \qquad 境界条件：u(+1) = b_1, \quad u(-1) = b_2 \qquad (5)$$

直交関数系自体は境界条件を満足していないが，境界条件を満足させる補正項を加え，同時に解くことによって境界条件を満足させる方法があり，これをタウ (Tau) 法という．ここでは，ディリクレ境界条件を満足させるために，ガウス–ロバット (Gauss–Lobatto) 分割を用いたチェビシェフ–タウ (Chebyshev–Tau) 法を用いて離散化を行う．

チェビシェフ多項式 $T_m(x)$ を用いた近似解を $u^N(x)$ とすると，

$$u^N(x) = \sum_{k=0}^{N} a_k T_k(x) \qquad (6)$$

となる．ここで，式 (5) の collocation 近似は重み関数としてディラックのデルタ関数を用いることによって次のように表される．

$$\frac{d^2 u^N}{dx^2} + \lambda u^N - F\Big|_{x=x_j} = 0 \qquad (j = 1, \cdots, N-1) \qquad (7)$$

近似式 (6) を代入すると，すべての離散点で上式を満足することから，

$$a_k^{(2)} + \lambda a_k = f_k \qquad (k = 1, \cdots, N-1) \qquad (8)$$

となる．ここで，$a_k^{(2)}$ は $x$ による 2 階微分を表すが，$a_k$ を用いて代数的に表現できる．式 (5) の境界条件は

$$\sum_{k=0}^{N} a_k = b_1, \qquad \sum_{k=0}^{N} (-1)^k a_k = b_2 \qquad (9)$$

となる．したがって，ヘルムホルツ方程式 (5) を解くためには，式 (8) と式 (9) からなる $(N+1)$ 次元連立方程式を解けばよい．

### 平行平板間乱流の高精度数値計算

空気や水など自然界や熱流体機器にみられる流れのほぼすべては乱流である．乱流中には大小さまざまなスケールの秩序構造が存在し，乱流による熱・物質輸送の増進に大きな役割を果たしている．壁面乱流の高精度な予測は，壁面乱流の特性を明らかにし，航空機やエンジン，熱交換器などの熱流体機器の性能を向上するために，必要不可欠である．

熱流動の支配方程式は質量，運動量，エネルギーの各保存式であり，偏微分方程式でそれぞれ表される．運動量保存則は非線形な偏微分方程式となるため，乱流の理論研究は解析が容易な理想的な流れ場にほぼ限られているのが現状である．一方で，計算機の発達はめざましく，乱流中のすべてのスケールの秩序構造を解像し，乱流をモデルを用いずに数値的に解く直接数値計算 (direct numerical simulation; DNS) が盛んに行われている．

## 2.5 壁面乱流の高精度数値計算

**問題の設定**

各種熱流体機器における壁面はその性能向上のため，非常に複雑な3次元形状で設計・製作されている．ここでは，問題を単純化し，流れ方向およびスパン方向に無限に広がる2枚の平行平板間を，平均圧力勾配によって駆動される非圧縮性乱流を考える．この流れのスペクトル法による高精度数値計算手法を求めよ．

基礎方程式は，デカルト座標系 ($xyz$ もしくは $x_1x_2x_3$ 座標系) で記述された無次元非圧縮性ナビエ–ストークス (Navier–Stokes) 方程式と連続の式である．

$$\frac{\partial u_i}{\partial t} = -\frac{\partial p}{\partial x_i} + h_i + \frac{1}{Re}\nabla^2 u_i \qquad (i=1,2,3) \quad (10)$$

$$\frac{\partial u_i}{\partial x_i} = 0 \quad (11)$$

ここで，$u_i$ は $i$ 方向の速度成分，$p$ は圧力であり，$h_i$ は次のような回転系の非線形項を表す．

$$h_i = \varepsilon_{ijk}u_j\omega_k - \left(\frac{1}{2}u_ju_j\right) \quad (12)$$

ここで，$\omega_i$ は $i$ 方向の渦度である．上記の方程式の各物理量は代表長さとして平行平板間距離の半分 (チャネル半幅)$h$ を，代表速度として摩擦速度 $u_\tau$ やバルク平均流速 $u_b$ を用いて無次元化される場合が多い．

境界条件としては，流れ ($x_1$) 方向およびスパン ($x_3$) 方向には周期境界条件を適用する．

$$u_i(x_1,x_2,x_3;t) = u_i(x_1+L_1,x_2,x_3;t) = u_i(x_1,x_2,x_3+L_3;t) \quad (13)$$

ここで，$L_1,L_3$ はそれぞれ計算領域の流れ方向，スパン方向の長さである．壁垂直 ($x_2$) 方向には壁面上ですべり無し境界条件を課す．

$$u_i(x_1,\pm 1,x_3;t) = 0 \quad (14)$$

**解説・解答**

ここでは，Kim ら[1] の手法にもとづいて，計算手法を導出する．

まず，式 (10) から，$\nabla^2 u_2$ と壁垂直方向渦度 ($\omega_2$) の偏微分方程式を導く．

$$\frac{\partial}{\partial t}\nabla^2 u_2 = h_v + \frac{1}{Re}\nabla^4 u_2 \quad (15)$$

$$\frac{\partial}{\partial t}\omega_2 = h_g + \frac{1}{Re}\nabla^2\omega_2 \quad (16)$$

連続の式 (11) を以下のように表記する．

$$f + \frac{\partial u_2}{\partial x_2} = 0 \quad (17)$$

ここで，

$$f \equiv \frac{\partial u_1}{\partial x_1} + \frac{\partial u_3}{\partial x_3}, \qquad \omega_2 \equiv \frac{\partial u_1}{\partial x_3} - \frac{\partial u_3}{\partial x_1} \tag{18}$$

$$h_v \equiv -\frac{\partial}{\partial x_2}\left(\frac{\partial h_1}{\partial x_1} + \frac{\partial h_3}{\partial x_3}\right) + \left(\frac{\partial^2}{\partial x_1^2} + \frac{\partial^2}{\partial x_3^2}\right) h_2, \quad h_g \equiv \frac{\partial h_1}{\partial x_3} - \frac{\partial h_3}{\partial x_1} \tag{19}$$

である．この手法では基礎方程式として式 (15)，式 (16) および式 (17) を用いる．また，これらの方程式に対して壁面上での境界条件は，すべり無し条件 (式 (14))，連続の式 (11) より，以下の通りである．

$$u_2(\pm 1) = 0, \quad \frac{\partial u_2}{\partial x_2}(\pm 1) = 0, \quad \omega_2(\pm 1) = 0 \tag{20}$$

基底関数として，流れ方向およびスパン方向には周期境界条件を課すためフーリエ級数展開を用いる．壁面でのディリクレ境界条件 (速度場はすべり無し条件) を満足させるために，ガウス–ロバット分割を用いたチェビシェフ–タウ法により離散化を行う．重み付き残差法を適用すると，熱伝導方程式と同様に時間 $t$ に関する常微分方程式を得られる．この問題は時間微分項を含むため，高精度な時間離散化法により時間積分を行う必要がある．ここでは，非線形項に 2 次精度アダムス–バッシュフォース (Adams–Bashforth) 法を，粘性項にクランク–ニコルソン (Crank–Nicolson) 法を時

(a) 上面図

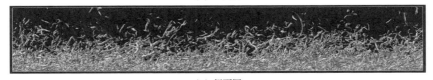

(b) 側面図

図1　平行平板間乱流中の微細渦構造

間積分に用いる．対流項から生じるエイリアス (alias) 誤差は 3/2 則を用いて除去する．$g \equiv \omega_2, \phi \equiv \nabla^2 u_2$ とすると，

$$(1 - \frac{\Delta t}{2Re}\nabla^2)g^{n+1} = \frac{\triangle}{2}(3h_g^n - h_g^{n-1}) + \left(1 + \frac{\Delta t}{2Re}\nabla^2 g^n\right) \quad (21)$$

$$g(x_2 = \pm 1) = 0 \quad (22)$$

および，

$$\left(1 - \frac{\Delta t}{2Re}\nabla^2\right)\phi^{n+1} = \frac{\triangle}{2}(3h_v^n - h_v^{n-1}) + \left(1 + \frac{\Delta t}{2Re}\nabla^2\phi^n\right) \quad (23)$$

$$\phi^{n+1} = \nabla^2 u_2^{n+1} \quad (24)$$

$$u_2^{n+1}(\pm 1) = \frac{\partial u_2^{n+1}}{\partial x_2}(\pm 1) = 0 \quad (25)$$

が求められる．

　このように支配方程式を空間および時間について高精度に離散化し，時間積分を行うことにより，乱流中のすべてのスケールの秩序構造を解像した乱流の直接数値計算が可能となる．図 1 に壁面近傍に存在する微細渦構造を可視化した例を示す．乱流は無秩序な乱れた流れではなく，秩序構造が存在し，それらが乱流運動量・熱輸送に重要な役割を果たしている．

　近年始まった GPU の汎用計算への応用や超並列スーパーコンピュータの誕生など計算機のハードウェアの発達は目覚ましく，さらに，プログラミングの最適化など計算技術のソフトウェアの発達も著しい．将来的には，このような乱流の直接数値計算を発展させることで，航空機やエンジン，熱交換器などの熱流体機器の完全シミュレーションも夢ではない．

〔店橋　護・福島直哉〕

□ 文　献
1)　J. Kim et al., *J. Fluid Mech.*, **177**, 133–166 (1987).

## 2.6　拡散渦を表す自己相似解

　物理現象に関与する諸量の次元に関する考察から，求めたい物理量に相似性が認められるとき，その物理量を支配する偏微分方程式には自己相似解 (self-similar solution) が存在し，偏微分方程式を常微分方程式に帰着できる場合がある．以下では，そのような場合に対する偏微分方程式の相似解による解法を紹介する．

　図 1 に示す $x$ 軸上に位置する渦管を考える．渦管の渦度は $x$ 方向成分 $\omega$ のみであ

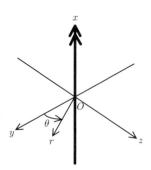

**図1** 軸対称拡散渦. 2 重矢印が直線状の渦管を表す.

り，その誘導する速度は周 ($\theta$) 方向成分 $u_\theta$ のみをもち，それらはいずれも $x$ 方向に一様であるとする．流れが非圧縮である場合には $u_\theta$ は半径 ($r$) 方向座標と時間 $t$ にのみ依存する．したがって，$x$ 方向渦度成分

$$\omega(r,t) = \frac{1}{r}\frac{\partial}{\partial r}(ru_\theta) \tag{1}$$

も $r, t$ のみの関数となるので，$\omega$ に対する方程式 (渦度方程式) は軸対称拡散方程式

$$\frac{\partial \omega}{\partial t} = \nu \left( \frac{\partial^2}{\partial r^2} + \frac{1}{r}\frac{\partial}{\partial r} \right) \omega \tag{2}$$

となり，渦の拡散を表す．ここに $\nu$ は流体の動粘性係数である．渦度方程式 (2) の初期条件として強さ $\Gamma$ で太さ無限小の渦糸

$$\omega(r; t=0) = \frac{\Gamma \delta(r)}{\pi r} \tag{3}$$

を与え ($2\pi \int_0^\infty \omega r dr = \Gamma$)，境界条件として $r=0$ で $\omega$ と $u_\theta$ が正則，$r \to \infty$ で $\omega = 0$ を課す．

◆ $\Pi$ 定理 ◆

理工学の対象となる諸現象にかかわる物理量の間の関係を考察する．この問題は

$$a = F(a_1, \cdots, a_k; b_1, \cdots, b_m) \tag{4}$$

の形の 1 つあるいは複数の関係を決定することに帰着する．ここに，$a$ は決定すべき物理量であり，$n = k + m$ 個の物理量の関数として表される．関数 $F$ の引数 $a_i (i=1, \cdots, k)$ は独立な次元をもち，一方，引数 $b_j (j=1, \cdots, m)$ の次元 $[b_j]$ は物理量 $a_i$ の次元 $[a_i]$ を用いて

$$[b_j] = \prod_{i=1}^{k} [a_i]^{\alpha_{ij}} \quad (j=1, \cdots, m) \tag{5}$$

と表せるものとする.

このとき,物理量 $a$ の次元 $[a]$ は,$a_i$ の次元 $[a_i]$ で

$$[a] = \prod_{i=1}^{k} [a_i]^{\alpha_i} \tag{6}$$

の形で表すことができる.また,物理量 $a$ は,物理量 $a_i$ と $m$ 個の無次元量

$$\Pi_j = \frac{b_j}{\prod_{i=1}^{k} a_i^{\alpha_{ij}}} \qquad (j = 1, \cdots, m) \tag{7}$$

を引数とする無次元関数 $f$ とにより

$$a = \prod_{i=1}^{k} a_i^{\alpha_i} f(\Pi_1, \cdots, \Pi_m) \tag{8}$$

と表すことができる.これは $\Pi$ 定理 ($\Pi$-theorem) とよばれ,次元解析 (dimensional analysis) の基礎を与える定理である.

### 問題の設定

渦度方程式 (2) の解を求める.

まず,$\Pi$ 定理 (8) を用いて,上で述べた拡散渦の渦度 $\omega$ と他の物理量との関係を示せ.

次に,その関係で示唆される形に偏微分方程式 (2) の解を仮定し,その解が従う常微分方程式を導出せよ.

上で求めた常微分方程式を解き,拡散渦の渦度 $\omega$ および周方向速度 $u_\theta$ を求めよ.

### 解説・解答

一般に,前述の境界条件下での渦度方程式 (2) の解は,時間 $t$,半径方向座標 $r$,渦の初期寸法 $l$,動粘性係数 $\nu$ に依存する.渦度およびこれらの物理量の次元は

$$[\omega] = \mathrm{T}^{-1}, \qquad [t] = \mathrm{T}, \qquad [r] = [l] = \mathrm{L}, \qquad [\nu] = \mathrm{L}^2 \mathrm{T}^{-1} \tag{9}$$

となる.ここに,時間と長さの単位 (基本単位) を T, L と表す.これらの中で独立な物理量として $t, \nu$ をとることができ,その他の物理量の次元は,$t, \nu$ を用いて

$$[\omega] = [t]^{-1}, \qquad [r] = [l] = [\nu t]^{1/2} \tag{10}$$

と表せる.したがって,$\Pi$ 定理 (8) により

$$\omega = F(t, \nu; r, l) = t^{-1} f\left(\frac{r}{(\nu t)^{1/2}}, \frac{l}{(\nu t)^{1/2}}\right) \tag{11}$$

となる.ここで,初期条件は太さ無限小の渦糸 ($l = 0$) であることを考慮すると,

$$\omega(r,t) = t^{-1} f\left(\frac{r}{(\nu t)^{1/2}}, 0\right) = t^{-1}\Omega(\eta) \tag{12}$$

と表すことができる．ここに，$\Omega$ は無次元関数であり，その引数 $\eta$ は $r/(\nu t)^{1/2}$ に比例する．ここでは，後の便宜のため $\eta = \frac{1}{2} r/(\nu t)^{1/2}$ とおく．式 (12) の形の渦度の，任意の時刻 $t > 0$ での $r$ に関する分布は相似であるので，この形の解は自己相似解とよばれる．$\Omega$ の引数 $\eta$ を相似変数 (similarity variable) という．渦度方程式 (2) の解として式 (12) の形を仮定する．自己相似解 (12) を式 (2) に代入すると，常微分方程式

$$\frac{d}{d\eta}\left(\eta \frac{d\Omega}{d\eta}\right) + \frac{d}{d\eta}\left(2\eta^2 \Omega\right) = 0 \tag{13}$$

が得られる．常微分方程式 (13) の $r = 0$ ($\eta = 0$) で正則な解は

$$\Omega = c e^{-\eta^2} \tag{14}$$

で与えられる．ここに $c$ は定数である．したがって，渦度は式 (12) を用いて

$$\omega = \frac{c}{t} e^{-\eta^2} = \frac{c}{t} \exp\left(-\frac{r^2}{4\nu t}\right) \tag{15}$$

と表される．渦軸 ($x$ 軸) に垂直な ($y, z$) 面におけるこの解の面積積分

$$2\pi \int_0^\infty \frac{c}{t} \exp\left(-\frac{r^2}{4\nu t}\right) r dr = 4\pi \nu c \tag{16}$$

は時間に依らず一定であり，渦の強さ $\Gamma$ に等しい．ゆえに，$c = \Gamma/(4\pi\nu)$ と決定され，結局拡散渦の渦度は

$$\omega = \frac{\Gamma}{4\pi\nu t} \exp\left(-\frac{r^2}{4\nu t}\right) \tag{17}$$

となる．この結果を用い，$u_\theta$ が $r = 0$ で正則であることを考慮して式 (1) を積分すると，

$$u_\theta = \frac{\Gamma}{2\pi r}\left[1 - \exp\left(-\frac{r^2}{4\nu t}\right)\right] \tag{18}$$

が得られる．

〔河原源太〕

## 2.7 強い渦による移流を受けるせん断流の近似解

〔熱・流体力学〕

微分方程式の最高階微分項が微小パラメータを含む場合には，その方程式の解を微小パラメータのべき級数で表す，いわゆる摂動法 (perturbation method) は適用できない．ここでは，このような通常の摂動法の適用が許されない微分方程式に対して近似解を構成する特異摂動法 (singular perturbation method) を紹介する．

図 1 に示すように，2.6 節で考察した強さ $\Gamma$ の軸対称拡散渦がせん断率 $S$ のせん断

## 2.7 強い渦による移流を受けるせん断流の近似解

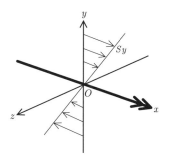

**図 1** 一様せん断流に平行に配置される軸対称拡散渦. 2 重矢印が直線状の渦管を表す.

流に平行に配置される場合を考える．流れの速度，温度および圧力は渦軸 ($x$) 方向に一様であり，渦の強さは十分大きい ($\Gamma/\nu \gg 1$) ものとする．拡散渦の渦度およびせん断流の速度の $x$ 方向成分，$\omega(r,t)$ および $u(r,\theta,t)$ に対する初期条件は，それぞれ渦糸 [2.6 節の式 (3)] および一様せん断流

$$u(r,\theta;t=0) = Sy = Sr\cos\theta \tag{1}$$

とする．ここに $(r,\theta)(y = r\cos\theta,\ z = r\sin\theta)$ は極座標である．この場合も，2.6 節と同様に $\omega$ は $u$ に依らず渦度方程式 (2) に従い，その解は自己相似解 [2.6 節の式 (17)] で与えられる．一方，$u$ はナビエ–ストークス (Navier–Stokes) 方程式

$$\frac{\partial u}{\partial t} + \frac{u_\theta}{r}\frac{\partial u}{\partial \theta} = \nu\left(\frac{\partial^2}{\partial r^2} + \frac{1}{r}\frac{\partial}{\partial r} + \frac{1}{r^2}\frac{\partial^2}{\partial \theta^2}\right)u \tag{2}$$

に従い，拡散渦の誘導する周方向速度 [2.6 節の式 18] で移流する．

初期条件 (1) の下での偏微分方程式 (2) の解が，変数分離形の自己相似解

$$u(r,\theta,t) = Sr\,\text{Re}\left[if(\eta)e^{-i\theta}\right] \tag{3}$$

により与えられるものとする．ここに $\eta = \frac{1}{2}r/(\nu t)^{1/2}$ は相似変数である．変数分離形 (3) を式 (2) に代入すると，$f$ に対する常微分方程式

$$\frac{d^2 f}{d\eta^2} + \left(2\eta + \frac{3}{\eta}\right)\frac{df}{d\eta} + i\frac{\Gamma}{2\pi\nu}H(\eta)f = 0 \tag{4}$$

が得られる．ここに，

$$H(\eta) = \frac{1 - e^{-\eta^2}}{\eta^2} \tag{5}$$

である．この方程式の境界条件は，$\eta = 0$ で $rf(\eta)$ が正則かつ $\eta \to \infty$ で $f = 1$ である [式 (1) を参照].

### ◆ WKB 展開 ◆

微小パラメータ $\varepsilon \ll 1$ を含む 2 階の常微分方程式

$$\varepsilon^2 \frac{d^2 g}{dx^2} = \left[ \sum_{n=0}^{\infty} \varepsilon^n Q_n(x) \right] g \tag{6}$$

の近似解について考えよう．この微分方程式では，微小パラメータが (最高階) 微分項に現れるため，通常の摂動法は適用できない．なぜなら，もし最高階微分項を無視して近似解を求めると，微分方程式が本来満足すべき境界条件を課せなくなってしまうからである．このような問題を特異摂動問題 (singular perturbation problem) という．この種の問題に対する $\varepsilon \ll 1$ での近似解は，特異摂動法により求めることができる．ここでは，線形微分方程式 (6) の近似解を WKB (Wentzel–Kramers–Brillouin) 展開により構成する．WKB 展開では，$\varepsilon \ll 1$ における解を，通常の摂動法のようにべき級数に展開するかわりに，

$$g(x) = \exp\left[ \varepsilon^{-1} \sum_{n=0}^{\infty} \varepsilon^n S_n(x) \right] \tag{7}$$

のように指数関数の肩でべき級数展開する．この展開を $x$ で微分すると

$$\frac{dg}{dx} = \varepsilon^{-1} \left( \sum_{n=0}^{\infty} \varepsilon^n \frac{dS_n}{dx} \right) \exp\left( \varepsilon^{-1} \sum_{n=0}^{\infty} \varepsilon^n S_n \right) \tag{8}$$

$$\frac{d^2 g}{dx^2} = \left[ \varepsilon^{-2} \left( \sum_{n=0}^{\infty} \varepsilon^n \frac{dS_n}{dx} \right)^2 + \varepsilon^{-1} \sum_{n=0}^{\infty} \varepsilon^n \frac{d^2 S_n}{dx^2} \right] \exp\left( \varepsilon^{-1} \sum_{n=0}^{\infty} \varepsilon^n S_n \right) \tag{9}$$

が得られる．これらを微分方程式 (6) に代入し，両辺の $\varepsilon$ のべき級数展開の各係数を等しくおくと，

$$\left( \frac{dS_0}{dx} \right)^2 = Q_0 \tag{10}$$

$$2 \frac{dS_0}{dx} \frac{dS_1}{dx} + \frac{d^2 S_0}{dx^2} = Q_1 \tag{11}$$

などが得られる．したがって，式 (10), (11) から

$$S_0(x) = \pm \int Q_0^{1/2} dx \tag{12}$$

$$S_1(x) = -\tfrac{1}{4} \ln Q_0 \pm \tfrac{1}{2} \int Q_0^{-1/2} Q_1 dx \tag{13}$$

が得られ，これらを式 (7) に代入すると，方程式 (6) の $\varepsilon \ll 1$ における近似解

$$g(x) = Q_0^{-1/4} \left[ C_1 \exp\left( \varepsilon^{-1} \int Q_0^{1/2} dx + \tfrac{1}{2} \int Q_0^{-1/2} Q_1 dx \cdots \right) \right.$$
$$\left. + C_2 \exp\left( -\varepsilon^{-1} \int Q_0^{1/2} dx - \tfrac{1}{2} \int Q_0^{-1/2} Q_1 dx \cdots \right) \right] \tag{14}$$

が求められる．定数 $C_1, C_2$ は境界条件から決定される．

### 問題の設定

強い拡散渦 ($\Gamma/\nu \gg 1$) に対して常微分方程式 (4) の近似解を求めよう．

まず，従属変数の変換
$$f(\eta) = \eta^{-3/2} e^{-\eta^2/2} g(\eta) \tag{15}$$
を用いて，方程式 (4) が，方程式 (6) と同形の
$$Re^{-1} \frac{d^2 g}{d\eta^2} = \left[ -iH(\eta) + Re^{-1} \left( \eta^2 + 4 + \frac{3}{4\eta^2} \right) \right] g = 0 \tag{16}$$
に書き換えられることを示せ．ここに，$Re = \Gamma/(2\pi\nu) \gg 1$ であり，この場合，方程式 (6) における微小パラメータは $\varepsilon = Re^{-1/2}$ となる．方程式 (16) では，方程式 (6) 同様，最高階微分項が微小パラメータを含むため，通常の摂動法は適用できない．

次に，$\eta$ の3つの範囲

領域 1      $\eta = O(Re^{-1/2})$
領域 2      $\eta = O(Re^0)$
領域 3      $\eta = O(Re^{1/4})$

において方程式 (16) の近似解 (一般解) を求めよ．ただし，領域 1 の解には原点 $\eta = 0$ での正則性を課せ．

上で求めた近似解に対して，領域 3 の解に遠方 $\eta \to \infty$ での $g$ (すなわち $f$) の境界条件を課した後に各領域の近似解を接合することにより，各領域での解を決定せよ．

### 解説・解答

一般に，微分方程式
$$\frac{d^2 f}{dx^2} + a(x) \frac{df}{dx} + b(x) f = 0 \tag{17}$$
は，
$$h(x) = \exp\left( -\tfrac{1}{2} \int a \, dx \right) \tag{18}$$
を用いて $f(x) = h(x) g(x)$ とおけば，$g$ に対する式 (6) と同形な方程式に帰着できる．方程式 (16) の導出については読者に任せたい．

次に方程式 (16) の近似解を求めよう．領域 1 では $\eta = O(Re^{-1/2})$ であるので，独立変数を $\eta = Re^{-1/2} \zeta$ と変換すると，式 (16) は $\zeta$ による微分方程式
$$\frac{d^2 g}{d\zeta^2} = \left[ -i + \frac{3}{4\zeta^2} + O(Re^{-1}) \right] g \tag{19}$$
に書き換えられる．この方程式の $\zeta = 0$ で正則な近似解は第 1 種ベッセル (Bessel) 関

数を用いて
$$g = c_1 \zeta^{1/2} J_1(e^{\pi i/4}\zeta) + O(Re^{-1}) \tag{20}$$
と表せる．ここに，$c_1$ は定数である．領域 2 では $\eta = O(Re^0)$ であるので，式 (16) は
$$Re^{-1}\frac{d^2 g}{d\eta^2} = \left[-iH(\eta) + O(Re^{-1})\right] g \tag{21}$$
となる．$\varepsilon = Re^{-1/2}$ とおき，この方程式に対して WKB 解 (14) を求めると
$$g = H(\eta)^{-1/4} \left[c_2 \exp\left(Re^{1/2}\gamma(\eta)\right) + c_3 \exp\left(-Re^{1/2}\gamma(\eta)\right)\right] + O(Re^{-1}) \tag{22}$$
が得られる．ここに，$c_2$, $c_3$ は定数であり，
$$\gamma(\eta) = e^{-\pi i/4} \int_0^\eta H(s)^{1/2} ds \tag{23}$$
である．領域 3 では $\eta = O(Re^{1/4})$ であるので，$\eta = Re^{1/4}\chi$ とおくと，式 (16) は
$$Re^{-1}\frac{d^2 g}{d\chi^2} = \left[\chi^{-2}(\chi^4 - i) + 4Re^{-1/2} + O(Re^{-1})\right] g \tag{24}$$
と書き換えられる．$\varepsilon = Re^{-1/2}$ とみなすと，この方程式に対する WKB 展開では，$Q_0 = \chi^{-2}(\chi^4 - i)$, $Q_1 = 4$ であるから，
$$\int Q_0^{1/2} d\chi = \int \chi^{-1}(\chi^4 - i)^{1/2} d\chi = \sigma(\chi) \tag{25}$$
$$\tfrac{1}{2}\int Q_0^{-1/2} Q_1 d\chi = 2\int \chi(\chi^4 - i)^{-1/2} d\chi = \ln\left[\chi^2 + (\chi^4 - i)^{1/2}\right] \tag{26}$$
となる．ここに
$$\sigma(\chi) = \tfrac{1}{2}e^{\pi i/4}\left[e^{-\pi i/4}(\chi^4 - i)^{1/2} - \arctan\left(e^{-\pi i/4}(\chi^4 - i)^{1/2}\right)\right] \tag{27}$$
であり，式 (26), (27) では積分定数をゼロとした．したがって，方程式 (24) に対する WKB 解 (14) は
$$g = e^{-\pi i/4}\chi^{1/2}(\chi^4 - i)^{-1/4}\left[c_4\left(\chi^2 + (\chi^4 - i)^{1/2}\right)\exp\left(Re^{1/2}\sigma(\chi)\right)\right.$$
$$\left. + c_5\left(\chi^2 + (\chi^4 - i)^{1/2}\right)^{-1}\exp\left(-Re^{1/2}\sigma(\chi)\right)\right] + O(Re^{-1}) \tag{28}$$
となる．

以上の近似解に現れる定数 $c_1, c_2, c_3, c_4, c_5$ を境界条件および各領域間の解の接合条件により決定する．$\chi \gg 1$ に対して
$$\sigma = \tfrac{1}{2}\chi^2 - \tfrac{1}{4}e^{\pi i/4}\pi + O(\chi^{-2}) \tag{29}$$
となるので，$\chi \gg 1$ における解 (28) は
$$g \approx 2c_4 e^{-\pi i/4} \exp\left(-\tfrac{1}{4}Re^{1/2}e^{\pi i/4}\pi\right)\chi^{3/2}\exp\left(\tfrac{1}{2}Re^{1/2}\chi^2\right) \tag{30}$$
と表される．この結果を境界条件 $f(\infty) = 1$ および式 (15) と比較すると

$$c_4 = \tfrac{1}{2} e^{\pi i/4} Re^{3/8} \exp\left(\tfrac{1}{4} Re^{1/2} e^{\pi i/4} \pi\right) \tag{31}$$

が得られる．$\chi \ll 1$ に対しては

$$\sigma = e^{-\pi i/4} \ln \chi + \rho - \tfrac{1}{4} e^{\pi i/4} \pi + O(\chi^4) \tag{32}$$

$$\rho = \tfrac{1}{2} e^{3\pi i/4} \ln 2 + 2^{-3/2} \left[\tfrac{1}{4}\pi + 1 + i\left(\tfrac{1}{4}\pi - 1\right)\right] \tag{33}$$

となるから，$\chi \ll 1$ での解 (28) は

$$\begin{aligned} g \approx \chi^{1/2} \Big[ & c_4 e^{-3\pi i/8} \exp\left(e^{-\pi i/4} Re^{1/2} \ln \chi + Re^{1/2} \rho - \tfrac{1}{4} Re^{1/2} e^{\pi i/4} \pi\right) \\ & + c_5 e^{\pi i/8} \exp\left(e^{3\pi i/4} Re^{1/2} \ln \chi - Re^{1/2} \rho + \tfrac{1}{4} Re^{1/2} e^{\pi i/4} \pi\right) \Big] \end{aligned} \tag{34}$$

と表せる．一方，領域 2 の解 (22) は，$\eta \gg 1$ において

$$g \approx \eta^{1/2} \left[ c_2 \exp\left(e^{-\pi i/4} Re^{1/2} (\ln \eta + \mu)\right) + c_3 \exp\left(e^{3\pi i/4} Re^{1/2} (\ln \eta + \mu)\right) \right] \tag{35}$$

と表せる．ここに

$$\mu = \int_0^1 H(s)^{1/2} ds + \int_1^\infty \left[H(s)^{1/2} - \frac{1}{s}\right] ds \tag{36}$$

である．近似解 (34), (35) を接合すると

$$c_2 = c_4 e^{-3\pi i/8} Re^{-1/8} \exp\left(-\tfrac{1}{4} Re^{1/2} e^{\pi i/4} \pi\right) \kappa(Re) \tag{37}$$

$$c_5 = c_3 e^{-\pi i/8} Re^{1/8} \exp\left(-\tfrac{1}{4} Re^{1/2} e^{\pi i/4} \pi\right) \kappa(Re) \tag{38}$$

を得る．ここに

$$\kappa(Re) = \exp\left[Re^{1/2}\left(e^{3\pi i/4} \ln Re^{1/4} + e^{3\pi i/4} \mu + \rho\right)\right] \tag{39}$$

である．したがって，式 (31) から

$$c_2 = \tfrac{1}{2} e^{-\pi i/8} Re^{1/4} \kappa(Re) \tag{40}$$

が得られる．$\eta \ll 1$ に対して解 (22) は

$$g \approx c_2 \exp\left(e^{-\pi i/4} Re^{1/2} \eta\right) + c_3 \exp\left(e^{3\pi i/4} Re^{1/2} \eta\right) \tag{41}$$

と表せる．一方，領域 1 の解 (20) は，$\zeta \gg 1$ において

$$g \approx c_1 (2\pi)^{-1/2} \left[ e^{5\pi i/8} \exp\left(e^{-\pi i/4} \zeta\right) + e^{-7\pi i/8} \exp\left(e^{3\pi i/4} \zeta\right) \right] \tag{42}$$

と表される．近似解 (41), (42) を接合すると

$$c_1 = c_2 (2\pi)^{1/2} e^{-5\pi i/8} \tag{43}$$

$$c_3 = c_1 (2\pi)^{-1/2} e^{-7\pi i/8} \tag{44}$$

を得る．したがって，式 (40) から

$$c_1 = \left(\tfrac{1}{2}\pi\right)^{1/2} e^{-3\pi i/4} Re^{1/4} \kappa(Re) \tag{45}$$

が得られ，式 (45), (44) より

$$c_3 = \tfrac{1}{2} e^{-13\pi i/8} Re^{1/4} \kappa(Re) \tag{46}$$

が，式 (46), (38) より

$$c_5 = -\tfrac{1}{2} e^{-7\pi i/4} Re^{3/8} \exp\left(-\tfrac{1}{4} Re^{1/2} e^{\pi i/4} \pi\right) \kappa(Re)^2 \tag{47}$$

が得られる．

以上の結果から，方程式 (16) の領域 1 ($\eta = Re^{-1/2}\zeta$)，領域 2，領域 3 ($\eta = Re^{1/4}\chi$) における近似解がそれぞれ式 (20), (22), (28) で与えられ，それらの解に現れる定数 $c_1, c_2, c_3, c_4, c_5$ が式 (45), (40), (46), (31), (47) により決定されることがわかる．

〔河原源太〕

## 2.8　結果から原因を推定する逆問題解析

〔熱・流体力学〕

### 逆に考え，逆に解く：逆問題の定義と分類

逆問題は順問題以外のものであると考えれば，順問題が何かということが明確な場合には，逆問題を明確に定義することができる．結果すなわち出力をもたらす入力は通常 1 個ではなく，複数個ある．これら入力の中に未知のものがあるときに，出力をもとに未知入力を推定するものが逆問題であるということになる．

ここでは，逆問題に関する上記の考え方に従い，逆問題としては具体的にどのような種類があるかについて，系統的に考え，逆問題を分類する．温度，電位，変形などで，現象を記述するために出てくる変数を $T$ で表す．この順解析を実施するためには，次のような情報が不可欠である．

(a) 対象としている物体などの領域 $D$ とその境界 $\partial D$ の位置と形状
(b) 変数 $T$ に関する現象を支配している法則
　　たとえば，次式のような支配方程式がこれにあたる．

$$L(\kappa)T = F \tag{1}$$

ここに $L$ は微分作用素，$\kappa$ は材料特性値，$F$ は領域内で定義されるソース項である．

(c) 変数 $T$ の初期の状態を表す初期条件，および境界 $\partial D$ における $T$ の状態を表す境界条件
(d) 領域 $D$ の内部で作用している負荷 $F$
(e) 材料特性 $\kappa$

もし，これら 5 個の条件すなわち入力のうちのいずれかが欠落していれば，順解析を行うことはできない．逆問題は順問題以外のものと考えると，場の問題では上記の (a) から (e) までのいずれかが未知であるときに，これらを推定しようとするものが逆問題である．上記の (a) から (e) と対応する逆問題としては，以下のものがある．

(a′) 対象としている物体などの領域 $D$ および境界 $\partial D$ の形状，あるいは物体内にある未知境界の同定 (境界/領域逆問題)
(b′) 変数 $T$ に関する現象を支配している法則あるいは微分作用素 $L$ の推定 (支配方程式逆問題)
(c′) 変数 $T$ の初期状態を表す初期条件の推定，あるいは境界 $\partial D$ における $T$ の状態を表す境界条件の推定 (初期値/境界値逆問題)
(d′) 領域 $D$ の内部で作用している負荷の推定 (負荷逆問題)
(e′) 材料特性の推定 (材料特性逆問題)

これらの逆問題の任意の組合せも逆問題である．このように，逆問題としては種々のものがある．一般に，順問題が何であるかを明確にしさえすれば，逆に考えることにより，種々の逆問題をつくり上げていくことができる．また，逆問題の分類ができる．上記の分類は，他の多くの問題に対しても適用でき，認知されてきている．

> 問題の設定

**パイプの外壁面からの内壁面の状態を推定する境界値逆問題** パイプ機器などの内部の状態がわからないことはよくある．その一例として図 1 のようなパイプの内部に高温流体が流れるときの内壁面の状態を，定常温度状態にある厚さ $h$ の板の外壁面の観測情報から内壁面の状態を推定することを考える．パイプの壁の厚さが薄いときには平板として近似することができる．板の長手方向に $x$ 座標を，厚さ方向に $y$ 座標を

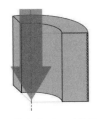

**図 1** パイプの外壁面からの内壁面の状態の推定

とる.

いま外壁面 ($y=0$) において温度勾配で与えられる流束 $q$ が一定値 $q_0$ をとり,温度 $T$ が長さ $L$ の周期で変化している場合に対し,内壁面 ($y=h$) における温度 $T$ の分布を推定せよ.

### 解説・解答

定常温度分布は次式のラプラスの式にしたがう.
$$\frac{\partial^2 T}{\partial x^2} + \frac{\partial^2 T}{\partial y^2} = 0 \tag{2}$$
外壁面 ($y=0$) において流束 $q$ が $q_0$ であることより,
$$q = \frac{\partial T}{\partial y} = q_0 \qquad (y=0) \tag{3}$$
温度 $T$ が長さ $L$ で周期的に変化することより,外壁面 ($y=0$) における温度 $T$ の分布を次のようにフーリエ級数により表すことができる.
$$T = \frac{b_0}{2} + \sum_{n=1}^{\infty} b_n \cos\left(\frac{2\pi nx}{L}\right) + \sum_{j=1}^{\infty} a_n \sin\left(\frac{2\pi nx}{L}\right) \qquad (y=0) \tag{4}$$
式 (2), (3) および (4) を満たす温度 $T$ の分布としては,次のものが考えられる.
$$\begin{aligned} T = q_0 y &+ \frac{b_0}{2} + \sum_{n=1}^{\infty} b_n \cos\left(\frac{2\pi nx}{L}\right) \cosh\left(\frac{2\pi ny}{L}\right) \\ &+ \sum_{n=1}^{\infty} a_n \sin\left(\frac{2\pi nx}{L}\right) \cosh\left(\frac{2\pi ny}{L}\right) \end{aligned} \tag{5}$$
したがって,内壁面 ($y=h$) では,
$$\begin{aligned} T = q_0 h &+ \frac{b_0}{2} + \sum_{n=1}^{\infty} b_n \cos\left(\frac{2\pi nx}{L}\right) \cosh\left(\frac{2\pi nh}{L}\right) \\ &+ \sum_{n=1}^{\infty} a_n \sin\left(\frac{2\pi nx}{L}\right) \cosh\left(\frac{2\pi nh}{L}\right) \end{aligned} \tag{6}$$
この式より,$n$ が大きいとき,言い換えれば細かく振動する成分が,指数関数的に拡大されることがわかる.

**逆問題の不適切性** 問題の解について,存在性,唯一性,安定性があるとき問題は適切であるといわれる.これらの要件の1つ以上のものが失われているとき,問題は不適切あるいは非適切であるという.上記の例で見られるように,逆問題では,細かな振動成分ほど,非常に大きく拡大される.このため,逆問題では,観測情報をそのまま用いて逆解析を行うと,解が発散したり,一意に決まらなかったりすることが多い.このため,細かな振動成分を取り除き,工学的に意味のある解を得るための適切化解法[1, 2] が用いられる. 〔久保司郎〕

□ 文 献
1) 久保司郎,逆問題 (培風館, 1992).
2) 久保司郎,応用数理,**16**, 45, 2006.

## 2.9 半導体におけるキャリア伝導

電気・電子工学

半導体において電荷の担い手は電子と正孔であり，電子は負電荷 $(-q)$ を，正孔は正電荷 $(q)$ を運ぶ．この半導体には，2種類の電流が流れる．

半導体に外部から電界 $(E)$ を加えると，定常状態において電子，正孔とも電界に比例する速度を得る．このときの比例係数を移動度 $(\mu)$ とよんでいる．この外部電界に比例した電流成分をドリフト電流とよぶ．また，電子あるいは正孔に濃度勾配があると，濃度勾配に比例した電荷の動きが生まれ，電流を生じる．この濃度勾配に比例した電流成分を拡散電流とよび，比例係数を拡散定数 $(D)$ とよんでいる．以上をまとめると，半導体中の電流密度の式は，

$$\left.\begin{array}{l} j_e = qn\mu_e E + qD_e \dfrac{dn}{dx} \\ j_h = qp\mu_h E - qD_h \dfrac{dp}{dx} \end{array}\right\} \quad (1)$$

により与えられる．ここで $n$ と $p$ は，それぞれ電子濃度および正孔濃度である．式(1)の右辺第1項がドリフト電流，第2項が拡散電流を表している．

半導体には，n形半導体とp形半導体が存在する．n形半導体では電子濃度が高く，正孔濃度は極端に低い．これとは逆にp形半導体では正孔濃度が高く，電子濃度が低い．濃度が高い方を多数キャリア，低い方を少数キャリアとよんでいる．半導体中のある微小空間における少数キャリアの時間的増減は，電流による流れ成分，濃度が熱平衡時の値に戻ろうとする再結合成分，光照射などにより電子–正孔対が発生する生成項よりなる．この少数キャリアの時間変化を表す式を少数キャリア連続の式とよび，上に述べた各項を数式で表現すると，下記に示す1次元の少数キャリア連続の式が得られる．

$$\left.\begin{array}{l} \dfrac{\partial n}{\partial t} = \dfrac{1}{q}\dfrac{\partial j_e}{\partial x} - \dfrac{n - n_0}{\tau_e} + G_e \\ \dfrac{\partial p}{\partial t} = -\dfrac{1}{q}\dfrac{\partial j_h}{\partial x} - \dfrac{p - p_0}{\tau_h} + G_h \end{array}\right\} \quad (2)$$

キャリア濃度の添字0は，熱平衡時の値を意味している．右辺第1項は流れ成分，第2項は再結合成分，第3項が生成項である．再結合成分は，キャリア濃度が時定数 $\tau$ で熱平衡時に戻ることを意味し，この時定数を寿命とよんでいる．式(2)に，式(1)の電流の式を代入すると，下記の少数キャリア連続の式が得られる．この式における右辺各項の意味を図1に示した．

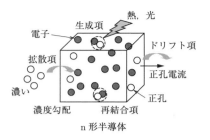

**図1** n形半導体中の微小領域における少数キャリアの増減 (正孔の連続の式の各項)

$$\left.\begin{array}{l}\dfrac{\partial n}{\partial t} = \mu_e E \dfrac{\partial n}{\partial x} + D_e \dfrac{\partial^2 n}{\partial x^2} - \dfrac{n-n_0}{\tau_e} + G \\[2mm] \dfrac{\partial p}{\partial t} = -\mu_h E \dfrac{\partial p}{\partial x} + D_h \dfrac{\partial^2 p}{\partial x^2} - \dfrac{p-p_0}{\tau_h} + G\end{array}\right\} \quad (3)$$

半導体デバイスの解析は，電流の式，少数キャリア連続の式，これに電荷と電位 (ポテンシャル) との関係を表すポアソンの式を用いて行う．ただし，それぞれが濃度，電界等に依存しているため，連立方程式となる．

### 問題の設定

図 2 に示すように，無限に長い 1 次元の n 形半導体の棒の端面に光が照射され，電子–正孔対が発生しているとする．このとき，定常時における半導体内部の正孔濃度分布および正孔電流を求めよ．ただし電子–正孔対の発生は端面のみで起こっており，端面での正孔濃度を $p^* + p_0$ とする．また，外部電界も印加されていないとする．

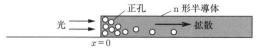

**図2** n形半導体端面に光が照射され，正孔濃度が増加している状態

### 解説・解答

n形半導体中における少数キャリアの濃度分布を求める問題であり，式 (3) の少数キャリア連続の式を用いる．定常状態であるため時間微分項は 0 となる．また，半導体内部において電子–正孔対の発生がなく，外部電界もないため，生成項および電界の値は 0 となる．以上より，以下の定数係数 2 階の常微分方程式が得られる．

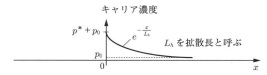

**図 3** n 形半導体の端面に光が当たっているときの正孔濃度分布

$$0 = D_h \frac{d^2 p}{dx^2} - \frac{p - p_0}{\tau_h} \tag{4}$$

これより正孔濃度は，$A, B$ を未定定数として，

$$p(x) = Ae^{-x/L_h} + Be^{x/L_h} + p_0 \tag{5}$$

と与えられる．ここで，$L_h = \sqrt{D_h \tau_h}$ とおいた．2 つの未定定数は，端面における境界条件 $p(0) = p^* + p_0$ と，無限遠点における境界条件 $p(\infty) = p_0$ より決められ，正孔の濃度分布として，

$$p(x) = p^* e^{-x/L_h} + p_0 \tag{6}$$

が求められる．また正孔電流は，式 (1) を用いることにより，

$$j_h(x) = qp^* \frac{D_h}{L_h} e^{-x/L_h} \tag{7}$$

となる．式 (6) の正孔濃度の分布を図 3 に示す．図より，正孔濃度は半導体の奥に向かって指数関数的に減少し，熱平衡時のキャリア濃度に漸近していくことがわかる．また，パラメータ $L_h$ の値が大きいほど少数キャリアである正孔は奥まで拡散する．すなわち拡散係数が大きいほど，また寿命が長いほど少数キャリアは奥まで拡散する．このパラメータ $L$ を拡散長とよんでいる．端面で発生した少数キャリアである正孔は，濃度勾配により半導体の奥に向かって拡散する．しかしながら拡散の途中で多数キャリアである電子と再結合し，その数は徐々に減少していく．これが，正孔濃度が奥に向かって指数関数的に減少する理由である．

次に正孔電流に着目すると，正孔電流も指数関数的に減少している．この正孔電流の減少は，電子–正孔の再結合による．この再結合により多数キャリアである電子が減少するため，n 形半導体内部では電荷の中性条件が保たれなくなる．そこで，減少した電子を補うために半導体の奥から端面に向かって電子が供給され，逆方向に電子電流が流れる．すなわち，減少した正孔電流をちょうど補う分だけ，電子電流が流れ，

**図 4** n 形半導体の端面に光が当たっているときの電流分布

両者を合わせた一定の電流が端面から半導体内部に向かって流れている．この様子を図4に示した．端面付近は正孔電流，半導体内部は電子電流と，2種類の電荷により全電流が運ばれることが半導体の電気伝導現象の特徴である．また全電流の大きさは，端面での少数キャリア濃度 $p^*$ に比例する．すなわち，少数キャリア濃度は外部から容易に変化させることが可能であり，それに伴い電流値を大きく変化できる．これが半導体の大きな特徴であり，ダイオードの整流性，トランジスタの増幅現象の基本となっている．

〔山田　明〕

## 2.10　半導体中のキャリアのパルス応答

（電気・電子工学）

半導体の伝導現象を表す式として電流の 2.9 節の式 (1) ならびに少数キャリア連続の式 (3) を導出し，簡単な問題を解くことにより，半導体の伝導現象の特徴を明らかにした．そこでは定常状態を扱ったために，2 階の定数係数常微分方程式を解いた．ここでは，パルス状のレーザ光により瞬間的にキャリアが生成したときの様子を考察する．

▶問題の設定◀

図1に示すように無限に長い1次元のn形半導体の棒の原点に $t=0$ のとき，瞬間的にレーザ光を照射した．その結果，内部で電子-正孔対が発生し，正孔濃度が $P+p_0$ になったとする．その後のキャリア濃度の分布を求めよ．ただし，半導体の棒に空間的に一様な電界 $E$ が印加されているものとする．

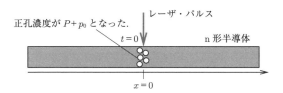

図1　無限に長い1次元のn形半導体の棒の原点に $t=0$ で瞬間的にレーザ光を照射した状態

▶解説・解答◀

n形半導体中における少数キャリア濃度分布を求める問題である．そこで式 (3) の少数キャリア連続の式を用いて解くことになる．$t=0$ 以降は，半導体内部において電子-正孔対の生成がないため生成項 $G$ は 0 となる．以上の条件をもとに少数キャリ

## 2.10 半導体中のキャリアのパルス応答

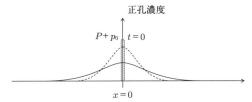

**図 2** パルス照射後の半導体内部のキャリア濃度の時間変化 (電界なし)

ア連続の式を整理すると，

$$\frac{\partial f}{\partial t} = -\mu_h E \frac{\partial f}{\partial x} + D_h \frac{\partial^2 f}{\partial x^2} - \frac{f}{\tau_h} \quad (1)$$

が得られる．ただし定数項を除くため，$f(x,t) = p(x,t) - p_0$ とおいた．初期条件より，$f(0,0) = P\delta(0,0)$ である．$f(x,t)$ は位置および時間に依存する．このため，この問題は定数係数 2 階の偏微分方程式を解くことになる．この方程式を解くために，$f(x,t)$ を $x$ に関してフーリエ変換する．変換した結果を $F(\omega, t)$ と表すと，式 (1) は下記の式のように変換できる．

$$\frac{dF}{dt} = i\omega \mu_h E F - \omega^2 D_h F - \frac{F}{\tau_h} \quad (2)$$

このとき，$f(\pm\infty, t) = 0$ となることを用いた．また，$i$ は虚数単位を表す．式 (2) は，常微分方程式であるため初期条件に注意しながら (初期条件もフーリエ変換する必要がある) $t$ に関して解くことが可能であり，結果は

$$F(\omega, t) = \frac{P}{\sqrt{2\pi}} e^{-t/\tau_h} e^{-\omega^2 D_h t + j\omega \mu_h E t} \quad (3)$$

となる．式 (3) を $\omega$ に関してフーリエ逆変換することで，求めるべき関数 $f(x,t)$ が得られる．式 (3) のフーリエ逆変換は，ガウス積分に変形できることに注意しながら計算を行うと，最終的なキャリア濃度の分布 $p(x,t)$ が得られる．結果は，

$$p(x,t) = \frac{P}{\sqrt{4\pi D_h t}} e^{-t/\tau_h} e^{-(x-\mu_h E t)^2/4D_h t} + p_0 \quad (4)$$

と表される．

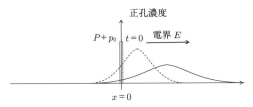

**図 3** パルス照射後の半導体内部のキャリア濃度の時間変化 (電界あり)

図 2 に電界がかかっていないときの，図 3 に電界が印加されているときの式 (4) の概略図を示す．式 (4) および図 2 より少数キャリアである正孔は，原点を中心に空間的にはガウス分布状に広がることがわかる．この広がりの幅は $\sqrt{2D_h t}$ であり，通常の拡散現象と同様，時間の 1/2 乗に比例した広がり幅を示す．また濃度のピークは，主に指数関数的に減少し，この減少の速さを決めるパラメータは，少数キャリアの寿命である．電界が印加されることによりガウス分布のピーク位置は，$\mu_h E$ の速度で電界方向に移動する．この値は，正孔のドリフト速度と同じ値である．すなわち，パルス照射後に半導体中を流れる電流を観測することにより，少数キャリアのドリフト速度を直接測定することが可能となる．この原理を用いて Haynes および Schockley は，1949 年に電子および正孔のドリフト移動度を測定している．現在この手法は，ヘインズ–ショックレー法として知られている． 〔山田 明〕

## 2.11 粉粒体の挙動と微分方程式

化学工学・生体工学

### 粉粒体動力学の数値計算

◆ 減衰振動子 ◆

理工系の教養の講義で波動の分野があれば誰でも習う減衰振動子．その微分方程式は

$$\ddot{x} + 2\gamma\dot{x} + {\omega_0}^2 x = 0$$

というものである．この方程式の解は $\gamma$ と $\omega_0$ の値によって異なるが特に $\gamma < \omega_0$ の減衰振動の場合の解が非弾性衝突球のモデル化に有用である．

粉粒体とは，砂，米，ビーズ玉のような小さな粒が多数集まって形成された集合体のことである．さらにここでは粒子間に結合力は働いておらず，自由に動き回れる集合体を考えるとしよう．このような集合体は固体でありながら，外力を加えることであたかも「流れる」としかいいようがない挙動を示すことが知られている．

しかし，その挙動は通常の流体の挙動とは大きく異なっており，以下のような非常に不可思議な挙動をとることが知られている．

(1) 通常の流体であれば，傾ければ必ず流れるが，粉粒体の場合は有限の角度まで

傾けなければ流れださない.
(2) 通常の流体が入った容器であれば, 底面に穴を開ければ必ず流れだすが, 粉粒体は粒の大きさよりかなり大きめの穴 (6〜7 倍程度) を開けなければ流れ出さない.
(3) 異種流体を 1 つの容器に入れてかき混ぜた場合 (水と油のようにかき混ぜた後放置すると分離してしまう場合はあるにせよ), 通常は混同されて一様になる. しかし, 異種粉粒体 (サイズ, 密度, 形状など) を攪拌すると場合により混ざるより分離が生じる. 時には重い物, 大きい物の方が上に来る場合さえある.
(4) 流体を縦長の容器に入れれば, 容器底面にかかる圧力は流体の高さ (深さ, あるいは, 厚み, というべきか) に比例して大きくなるが, 粉粒体は圧力を壁に逃がしてしまうために, ある程度以上深くなると底面にかかる圧力は一定になってしまい, 深さによらなくなる.

以上は, 流体と比べた場合の粉粒体の異様な挙動のごく一部である.

このような非常に不思議な挙動の多くは, しかし, ほぼ以下のような粉粒体のたった 2 つの性質の多体効果で生じているということが知られている.
(1) 粉粒体粒子は非弾性衝突をする.
(2) 粉粒体粒子間には静止摩擦力が働く.

実際, この 2 つをもった粒子を多数用意して数値計算を行うだけで粉粒体の不可思議な挙動の多くは再現できることが知られている. この 2 つさえ満たしていれば, 粉粒体の形状の複雑さ, 粒径の分布などは無視しても十分に複雑な挙動の多くを再現できる.

ここでは, このうち「粉粒体粒子は非弾性衝突する」という部分についてモデル化することを考えよう (図 1). 図のように質量 $m$ の粒子が同じ大きさの空間固定された粒子に正面衝突する時を考える. 粒子の重なり長さ $x$ がめり込み量とみなしたとき, この $x$ は仮想的なバネ定数 $k$ のばね $k$ とダッシュポット $\Gamma$ につながれているとする. ただし, めり込み量 $x$ がゼロのときは粒子が離れているとみなして, ばねもダッシュポットも作用しない, とみなそう. このとき, 粒子の従う運動方程式は

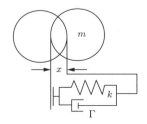

**図 1** 粉粒体粒子のモデル化

$$m\frac{d^2x}{dt^2} = -kx - \Gamma\frac{dx}{dt}$$

となる．ここで

$$\omega_0 = \sqrt{\frac{k}{m}}, \qquad \gamma = \frac{\Gamma}{2m}$$

という変数変換を行うと，この運動方程式は有名な減衰振動子の方程式になる．$\gamma, \omega_0$ を変えることで任意の反発係数 $e\,(<1)$ をもつ非弾性衝突球をモデル化することができる．

### 問題の設定

反発係数 $e(<1)$ の粉体粒子をモデル化するときの $\gamma, \omega_0$ を求めよ．

### 解説・解答

過減衰時の $x$ の時間依存性は

$$x(t) = A\exp(-\gamma t)\sin(\omega t + \phi)$$

と表せる．ただし $\omega = \sqrt{\omega_0{}^2 - \gamma^2}$ である．$t=0$ のとき $x=0, \dot{x}=0$ とすれば，半周期後，すなわち，$t = T/2 = \pi/\omega$ のときに再び $x=0$ となって粒子は離れる．したがって，

$$e = -\frac{\dot{x}(T/2)}{\dot{x}(0)}$$

とすれば，求める条件を満たす．計算してみると

$$e = \exp\left(-\frac{\gamma T}{2}\right) = \exp\left(-\frac{\gamma\pi}{\omega}\right)$$

であることがわかる．これを解いて

$$\omega_0{}^2 = \gamma^2\left[1 + \frac{\pi^2}{(\ln e)^2}\right]$$

を得る．このような関係を満たす $\gamma, \omega_0$ の組はすべて反発係数 $e$ の粉体粒子のモデルとなる．

ちなみに $T/2$ は球が衝突してから離れるまでの時間であり，$T$ が大きければモデル的には反発係数は同じでもより軟らかい物質ということになる． 〔田口善弘〕

□ 文 献
1) 粉体工学会 編，粉体シミュレーション入門 (産業図書，1998).
2) ジャック・デュラン (中西 秀，奥村 剛 訳)，粉粒体の物理学——砂と粉と粒子の世界への誘い (吉岡書店，2002).

## 2.12 リモデリングによる骨構造の力学適応

化学工学・生体工学

### 骨再構築解析のための数理モデリング

骨は，人体骨格系の構成要素であり，骨の主要な働きは，骨格として体を支える力学的な働きと，カルシウムなどミネラルの貯蔵庫としての働きである．器官としての骨は，外側にある緻密な皮質骨と，内側にあり多くの空孔を有する網目状の海綿骨の2つの組織に大別される．骨構造は常に生まれ変わりながら維持されており，古い骨が吸収され，その後を追うように新しい骨が形成されるという過程が，骨再構築 (リモデリング) である．それぞれの骨は部位や機能的要請に応じた適切な構造形態を有しており，特に海綿骨の網目構造は力学的要請に応じた最適性がある [ウルフ (Wolff) の法則] と理解されている．すなわち骨再構築における吸収と形成のバランスにより，骨の構造は適応的に維持されているが，再構築における骨吸収と骨形成のバランスが

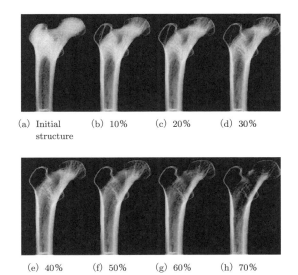

(a) Initial structure　(b) 10%　(c) 20%　(d) 30%

(e) 40%　(f) 50%　(g) 60%　(h) 70%

**図1** 日常荷重からの負荷レベル低減による廃用性骨梁構造変化の数理モデルにもとづくコンピュータ解析 (パーセントは負荷低減の程度を表す)[4]

崩れると骨量や骨質が低下し，骨粗鬆症などの病的な状態となる．このような骨の再構築や適応現象は，種々のスケールでの数理的な解析が進められている．

たとえば，海綿骨の詳細な骨梁構造を対象とした力学的刺激に対する骨梁形態リモデリングとして，表面リモデリングを直接に取り扱ういくつかの数理的モデルがあるが，ウルフの法則の詳細化であるメカノスタット理論[1]に立脚する最近の数理解析モデルでは，骨の詳細な3次元形状についてのコンピュータシミュレーションが実行可能となっている[2,3]．実際，図1は，臨床医学で用いられるX線CT画像の1画素を1立方体要素として3Dボクセル有限要素モデルを構成し，それにもとづく応力ひずみ解析とボクセル単位での骨の形成・吸収からなる骨リモデリングシミュレーションにより，廃用性の海綿骨構造の減少を解析した例であり，骨粗しょう症における骨の量的減少と，骨梁構造の特徴的な変化を再現することができるようになっている．

### 問題の設定

このような骨リモデリングを考える上で最も基本的な骨質の密度という単一の平均的なパラメータについて，骨構造形成制御を，骨–血液系におけるフィードバック過程からバイオフィードバックの観点から考察してみよう[5]．

骨のカルシウム化には，血清カルシウム，上皮小体ホルモン，ビタミンDなどが関与するが，骨リモデリング過程が長期間で行われることから，血液中の反応系物質と骨質の密度との2つに着目してその基本的な特性をモデル化することとして，血液中反応系物質の濃度を $\gamma$，骨質の密度を $\rho$ とし，2つの物質間の交換則に

(1) 骨質の密度の相対増加率は，反応系物質の濃度に比例するが，相対減少率は一定である
(2) 反応系物質の相対減少率は，骨質の密度にするが，相対増加率は一定である

と仮定する[5]．この骨リモデリングシステムのダイナミクスモデルを記述し，骨リモデリングの平衡点の近傍における解の特性について説明せよ．

### 解説・解答

仮定(1)および(2)より，このシステムのダイナミクスは

$$\frac{\dot{\rho}}{\rho} = -\varepsilon_1 + \kappa_1 \gamma \tag{1a}$$

$$\frac{\dot{\gamma}}{\gamma} = \varepsilon_2 - \kappa_2 \rho \tag{1b}$$

と記述される．ここで $\varepsilon_i, \kappa_i$ $(i=1,2)$ は外的要因に依存する定数である．これはロトカ–ボルテラの方程式となっており，システムの平衡点は $\dot{\rho}=0, \dot{\gamma}=0$ より，

$$\gamma_0 = \frac{\varepsilon_1}{\kappa_1} \tag{2a}$$

$$\rho_0 = \frac{\varepsilon_2}{\kappa_2} \tag{2b}$$

である．式 (1) から時間を消去し

$$(-\varepsilon_1 + \kappa_1\gamma)\frac{d\gamma}{\gamma} = (\varepsilon_2 - \kappa_2\rho)\frac{d\rho}{\rho} \tag{3}$$

積分すると

$$-\varepsilon_1 \ln\gamma + \kappa_1\gamma - \varepsilon_2 \ln\rho + \kappa_2\rho = c \tag{4}$$

なる反応系物質濃度 $\gamma$ と骨質密度 $\rho$ の空間における解軌道を得る．これは空間 $(\gamma, \rho)$ において，平衡点 $(\gamma_0, \rho_0)$ まわりの反時計回りの軌跡であり，個々の初期条件に積分定数 $c$ が対応する．

平衡点近傍で線形化すると，支配式 (1) は

$$\dot{\rho} = \rho_0(-\varepsilon_1 + \kappa_1\gamma) \tag{5a}$$

$$\dot{\gamma} = \gamma_0(\varepsilon_2 - \kappa_2\rho) \tag{5b}$$

となり，その解軌道は平衡点まわりの楕円

$$\frac{(\gamma - \gamma_0)^2}{(\kappa_2 E)^2/\varepsilon_2} + \frac{(\rho - \rho_0)^2}{(\kappa_1 E)^2/\varepsilon_1} = 1 \tag{6}$$

となる．周期 $T = 2\pi(\varepsilon_1\varepsilon_2)^{-1/2}$ は骨の環境と代謝に依存するものであり，$E$ は積分定数である．反応系物質濃度が平衡値を超える領域 $\gamma_0 = \varepsilon_1/\kappa_1 < \gamma$ では骨質密度は増加 ($\dot{\rho} > 0$) し，そのうちの $\rho_0 = \varepsilon_2/\kappa_2 < \rho$ なる領域においては増加が強化 ($\ddot{\rho} = \rho_0\kappa_1\dot{\gamma} > 0$) されていき，$\varepsilon_2/\kappa_2 > \rho$ で形成量が吸収量を上回る．一方，骨質密度の減少 ($\dot{\rho} < 0$) は領域 $\gamma < \gamma_0$ で生じ，そのうちの $\rho < \rho_0$ である領域では減少が強化される．これは本来非線形であるダイナミクス (1) の線形近似による考察であるが，骨リモデリングの平衡点の近傍における基本的かつ特徴的な特性を捉えることができ，骨の機能的適応に関する Pauwels の直感的説明 (たとえば文献[6]) への数理的な理解につながるものである．

〔田中正夫〕

□ 文 献

1) M. Frost, "Bone's mechanostat: A 2003 update," *The Anatomical Record*, Pt. A, 275(2), 1081–1101 (2003).
2) T. Adachi *et al.*, "Simulation of trabecular surface remodeling based on local stress nonuniformity," *JSME Int. J.*, Ser.C, **40** (4), 782–792 (1997).
3) J.Y. Kwon *et al.*, "Simulation model of trabecular bone remodeling considering effects of osteocyte apoptosis and targeted remodeling," *J. Biomech. Sci. Eng.*, **5** (5), 539–551 (2010).

4) J. Y. Kwon et al., "Computational study on trabecular bone remodeling in human femur under reduced weight-bearing conditions," *J. Biomech. Sci. Eng.*, **5** (5), 552–564 (2010).
5) T. Tateishi, "A mechanical aspect of functional adaptation of hard tissue," *Mater. Sci. Eng.*, **C1**, 11–16 (1993 ).
6) B. Kummer, "Basics of Pauwels' theory of the functional adaptation of bones," *Der Orthopade*, **24** (5), 387–393 (1995).

# 3

# 積 分 方 程 式

## 3.1 薄 翼 理 論

薄翼の空力特性は，積分微分方程式の解析解として求めることができる．

図1のような流速 $U_\infty$ の非粘性・非圧縮の一様流中に，迎角 $\alpha$ で置かれた厚みのない2次元薄翼を考える．$U$ は速度ベクトルである．点 $P(x,y)$ における境界条件は，流れが翼面のこう配 $dy/dx$ に沿うことから，$\phi$ は擾乱速度ポテンシャルとして，

$$\frac{dy}{dx} = \frac{U_\infty \sin\alpha + \dfrac{\partial\phi}{\partial y}}{U_\infty \cos\alpha + \dfrac{\partial\phi}{\partial x}} \approx \frac{U_\infty \sin\alpha + \dfrac{\partial\phi}{\partial y}}{U_\infty \cos\alpha} \tag{1}$$

迎角 $\alpha$ が小さく，翼が薄いと，式 (1) の条件を近似的に $P(x,y) \approx P(x,0)$ として，

$$\frac{\partial\phi(x,0)}{\partial y} = U_\infty \left(\frac{dy}{dx} - \alpha\right) \tag{2}$$

境界条件は $x$ 軸上で考える立場をとり，計算の単純化を行う．

薄翼理論では，翼は $x$ 軸上にある図2のような渦シートで置換する．翼上下面の速度の値の跳び $\gamma(x) = u(x,+0) - u(x,-0)$ でモデル化したものである．$\gamma(x)$ は渦とよばれ，速度の単位を有している．循環 $\Gamma$ (ここでは時計回りを正とする) の線密度としても定義され，

$$\Delta\Gamma = \gamma(x)\,\Delta x \tag{3}$$

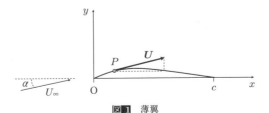

図1 薄翼

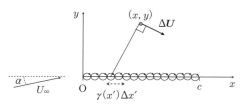

**図 2** 薄翼の渦モデル

図 2 の点 $(x, y)$ の，$\Delta\phi$ と攪乱速度成分 $(\Delta u, \Delta v)$ は，2 次元ラプラス方程式の解として

$$\Delta\phi(x, y) = -\frac{\Delta\Gamma(x')}{2\pi}\tan^{-1}\frac{y}{x-x'} \tag{4}$$

$$\Delta u = \frac{\partial\phi}{\partial x} = +\frac{\Delta\Gamma(x')}{2\pi}\frac{y}{(x-x')^2 + y^2} \tag{5}$$

$$\Delta v = \frac{\partial\Delta\phi}{\partial y} = -\frac{\Delta\Gamma(x')}{2\pi}\frac{x-x'}{(x-x')^2 + y^2} \tag{6}$$

翼全体からの寄与を加え合わせて，

$$\phi(x, y) = -\int_0^c \gamma(x')\tan^{-1}\frac{y}{x-x'}dx' \tag{7}$$

$$u(x, y) = +\frac{1}{2\pi}\int_0^c \gamma(x')\frac{y}{(x-x')^2 + y^2}dx' \tag{8}$$

$$v(x, y) = -\frac{1}{2\pi}\int_0^c \gamma(x')\frac{x-x'}{(x-x')^2 + y^2}dx' \tag{9}$$

翼表面 $(y = 0)$ では

$$u(x, \pm 0) = \frac{\partial\phi}{\partial x}(x, \pm 0) = \lim_{y\to\pm 0}+\frac{1}{2\pi}\int_0^c \gamma(x')\frac{y}{(x-x')^2 + y^2}dx' = \pm\frac{\gamma(x)}{2} \tag{10}$$

$$v(x, 0) = \frac{\partial\phi}{\partial y}(x, 0) = -\frac{1}{2\pi}\int_0^c \frac{\gamma(x')}{x-x'}dx' \tag{11}$$

式 (2) と式 (11) は同じものなので，薄翼理論の支配方程式は

$$-\frac{1}{2\pi}\int_0^c \frac{\gamma(x')}{x-x'}dx' = U_\infty\left(\frac{dy}{dx} - \alpha\right) \qquad (0 \leq x \leq c) \tag{12}$$

式 (12) の解を，実際の翼の流れに対応させるために，翼の後縁で，

$$\gamma(c) = 0 \tag{13}$$

式 (13) はクッタ条件で，数学的に式 (12) の解を 1 つに定める．

▶ 問題の設定 ◀

薄翼理論の積分微分方程式を利用して，2 次元翼の空力特性を求める．

### 解説・解答

グラウアート (Glauert)[1] に従い，式 (12) において次のような変数変換を行う．

$$x = \frac{c}{2}(1 - \cos\theta) \tag{14}$$

支配方程式 (12) と，式 (13) のクッタ条件は，

$$-\frac{1}{2\pi}\int_0^\pi \gamma(\theta')\frac{\sin\theta'}{\cos\theta' - \cos\theta}d\theta' = U_\infty\left(\frac{dy}{dx} - \alpha\right) \tag{15}$$

$$\gamma(\pi) = 0 \tag{16}$$

式 (15) は積分微分方程式であり，次のような級数解を仮定する．

$$\gamma(\theta) = 2U_\infty\left(A_0\frac{1+\cos\theta}{\sin\theta} + \sum_{n=1}^\infty A_n\sin n\theta\right) \tag{17}$$

$A_n\ (0 \leq n \leq \infty)$ は，求めるべき未知係数である．式 (17) の右辺括弧内の第 1 項は，平板の解である．

式 (17) を式 (15) に代入して，次の数学公式を利用する[2]．

$$\int_0^\pi \frac{\cos n\theta'}{\cos\theta' - \cos\theta}d\theta' = \pi\frac{\sin n\theta}{\sin\theta} \tag{18}$$

その結果，式 (15) は

$$-A_0 + \sum_{n=1}^\infty A_n\cos n\theta = \frac{dy}{dx} - \alpha \tag{19}$$

式 (19) の両辺に $\cos n\theta\ (0 \leq n \leq \infty)$ を掛けて，$\theta\ (0 \leq \theta \leq \pi)$ で積分すれば，

$$A_0 = \alpha - \frac{1}{\pi}\int_0^\pi \frac{dy}{dx}d\theta \tag{20}$$

$$A_n = \frac{2}{\pi}\int_0^\pi \frac{dy}{dx}\cos n\theta\, d\theta \tag{21}$$

翼表面こう配を，次のように級数表示する．係数 $B_n\ (0 \leq n \leq \infty)$ は既知数である．

$$\frac{dy}{dx} = \sum_{n=0}^\infty B_n\cos n\theta \tag{22}$$

式 (20)–(22) から，結局

$$A_0 = \alpha - B_0, \qquad A_n = B_n \qquad (n \geq 1) \tag{23}$$

翼面上の擾乱速度 $v$ は

$$\frac{v}{U_\infty} = \frac{dy}{dx} - \alpha = A_0 + \sum_{n=1}^\infty A_n\cos n\theta = -\alpha + \sum_{n=0}^\infty B_n\cos n\theta \tag{24}$$

ベルヌーイの式は，速度ベクトル

$$\boldsymbol{U} = \left(U_\infty\cos\alpha + \frac{\partial\phi}{\partial x}, U_\infty\sin\alpha + \frac{\partial\phi}{\partial y}\right)$$

を用いて

$$\frac{1}{2}\rho \boldsymbol{U}^2 + p = \frac{1}{2}\rho U_\infty{}^2 + p_\infty \tag{25}$$

式 (25) から近似的に

$$p - p_\infty \approx -\rho U_\infty \frac{\partial \phi}{\partial x} \tag{26}$$

翼面の上下面の圧力差 $\Delta p$ は

$$\Delta p \equiv p_l - p_u = \rho U_\infty \left( \left.\frac{\partial \phi}{\partial x}\right|_u - \left.\frac{\partial \phi}{\partial x}\right|_l \right) = \rho U_\infty \gamma \tag{27}$$

ここで，下付添字の $l$ は下面，$u$ は上面を示す．式 (27) より，薄翼近似での揚力は

$$L = \int_0^c \Delta p = \rho U_\infty \int_0^c \gamma\, dx = \rho U_\infty \Gamma \tag{28}$$

ポテンシャル流なので，抵抗 $D$ は発生せず，

$$D = 0 \tag{29}$$

たとえば平板翼の場合，式の上から式 (28) の $L$ は翼面に垂直に作用し，一様流に対して垂直でなく，迎角 $\alpha(\ll 1)$ だけ後傾して抵抗成分 $L\alpha$ が生じるはずである．これは，前縁部を回る流れによる負圧により $L\alpha$ 相当の推力分が発生し，結果として抵抗 $D$ は 0 になると解釈される．

式 (14), (17) より，

$$\Gamma = \int_0^c \gamma(x)\, dx = \int_0^\pi \gamma(\theta) \frac{c}{2} \sin\theta\, d\theta = \pi \left( A_0 + \frac{A_1}{2} \right) U_\infty c \tag{30}$$

式 (28) より，

$$L = \pi \left( A_0 + \frac{A_1}{2} \right) \rho U_\infty{}^2 c \tag{31}$$

また，前縁まわりの頭上げモーメント $M_0$ は，

$$\begin{aligned} M_0 &= -\int_0^c \Delta p\, x\, dx = -\rho U_\infty \int_0^c \gamma(x) x\, dx \\ &= -\rho U_\infty \int_0^\pi \gamma(\theta) \left(\frac{c}{2}\right)^2 (1 - \cos\theta) \sin\theta\, d\theta \\ &= -\frac{\pi}{4} \left( A_0 + A_1 - \frac{A_2}{2} \right) \rho U_\infty{}^2 c^2 \end{aligned} \tag{32}$$

式 (31), (32) より，分布した空気力によるモーメントが 0 となる風圧中心 (center of pressure) は，

$$x_{\text{cp}} = -\frac{M_0}{L} = \frac{c}{4} \frac{A_0 + A_1 - \dfrac{A_2}{2}}{A_0 + \dfrac{A_1}{2}} \tag{33}$$

揚力係数 $C_l$ は，式 (23) より

$$C_l = \frac{L}{\frac{1}{2}\rho U_\infty{}^2 c} = 2\pi \left( A_0 + \frac{A_1}{2} \right) = 2\pi \left( \alpha - B_0 + \frac{B_1}{2} \right) = 2\pi(\alpha - \alpha_0) \tag{34}$$

ここで，$\alpha_0$ は零揚力角で，
$$\alpha \equiv B_0 - \frac{B_1}{2} \tag{35}$$
式 (35) より，零揚力角は翼の形状で決まる．式 (34) より，揚力傾斜 $C_{l\alpha}$ は，
$$C_{l\alpha} \equiv \frac{\partial C_l}{\partial \alpha} = 2\pi \tag{36}$$
2 次元薄翼理論では，揚力傾斜は $2\pi$ で一定であり，実際の翼のよい近似になっている．式 (29) より，抵抗係数 $C_d$ はただちに，
$$C_d = \frac{D}{\frac{1}{2}\rho U_\infty^2 c} = 0 \tag{37}$$
前縁まわりの頭上げモーメント係数 $C_{m0}$ は，式 (32) から
$$\begin{aligned}C_{m0} &= \frac{M_0}{\frac{1}{2}\rho U_\infty^2 c^2} = -\frac{\pi}{2}\left(A_0 + A_1 - \frac{A_2}{2}\right) \\ &= -\frac{\pi}{2}\left(A_0 + \frac{A_1}{2}\right) + \frac{\pi}{4}(A_2 - A_1) = -\frac{C_l}{4} + \frac{\pi}{4}(A_2 - A_1)\end{aligned} \tag{38}$$
有次元で書けば，
$$M_0 = -x_{\mathrm{cp}}L = -\frac{c}{4}L + \left[-\left(x_{\mathrm{cp}} - \frac{c}{4}\right)L\right] \tag{39}$$
式 (23) より，式 (38), (39) の最右辺第 2 項は迎角 $\alpha$ に依存しない定数となる．$x_{\mathrm{ac}}$ まわりの頭上げモーメントは，
$$M_{\mathrm{ac}} = -(x_{\mathrm{cp}} - x_{\mathrm{ac}})L \tag{40}$$
と書けるので，
$$x_{\mathrm{ac}} = \frac{c}{4} \tag{41}$$
であれば，$M_{\mathrm{ac}}$ は式 (39) の最右辺第 2 項と同じ値であり，定数となる．このように，迎角 $\alpha$ が変化しても，モーメント $M_{\mathrm{ac}}$ は変化しないを空力中心とよび，薄翼理論では，25% 翼弦に位置する． 〔森下悦生〕

□ 文 献
1) J. Katz, and A. Plotkin, *Low-Speed Aerodynamics*, 2nd Ed., pp. 100–114 (Cambridge University Press, 2001).
2) J.D. Anderson, Jr., *Fundamentals of Aerodynamics*, 2nd Ed., pp. 266–282 (McGraw-Hill, 1991).

## 3.2 積分方程式にもとづく境界要素法による音響解析

(機械力学)

### 開空間へ放射される音波の音圧分布解析

図1aに示すように，角振動数 $\omega$ で調和振動して音を発生している物体がひとつ存在する音場を考える．なお，必ずしもこの物体表面全域が振動しているとは限らず，表面の一部分は静止状態でもよい．表面の任意の点 $e$ における外向きの単位法線ベクトルを $\boldsymbol{n}_e$ とする．またその法線ベクトル方向の粒子速度ベクトル (振動面に接している空気 (媒体) の粒子振動振幅である) を $\boldsymbol{v}_e$ とする．

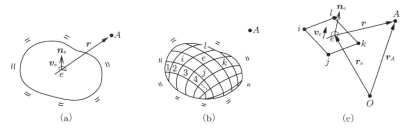

**図1** 無限音場中で振動している物体と BEM モデル化

開空間へのこの放射音による音圧分布を解析する音場の支配方程式は，ヘルムホルツの積分方程式として，

$$C(A)p(A) = \int_S \left[ j\rho\omega v_e G(r) - p(e)\frac{\partial G(r)}{\partial \boldsymbol{n}} \right] ds \tag{1}$$

と表される．ここで，積分領域 $S$ は振動して音を放射している物体の表面 (一般論としては音場空間を定義する境界面) である．$A$ は方程式で最終的に音圧を求めたい音場中の任意の点．$p(A)$ は音圧である．$C(A)$ は解析点特性係数 (lead coefficient) であり，音場内 (空間) では1，滑らかな境界面では0.5，任意の特性の境界面では $0 < C(A) < 1$ の適切な値を設定する必要がある．$r$ はそれら2点の距離を表す (ベクトル $\boldsymbol{r}$ は点 $e$ からの点 A の位置ベクトル)．$j$ は虚数単位，$\rho$ は音場媒体 (空気) 密度であり，$G(r)$ はグリーン関数で，3次元空間のグリーン関数は，

$$G(r) = \frac{1}{4\pi r}e^{-jkr} \tag{2}$$

である．ここで，$k$ は波数とよばれるパラメータであり，具体的には

$$k = \frac{\omega}{c} = \frac{2\pi}{\lambda} \tag{3}$$

と定義される便宜的なパラメータであり，定義式中において $c$ は音速，$\lambda$ は波長である．この積分方程式にもとづいた音響解析の数値解析法の一手法として境界要素法 (BEM: boundary element method) がある．

---

◆ 例題：境界要素法による音響解析の基本アルゴリズム ◆

図 1b に示すように，振動している実体の物体の表面を多数の平面要素の"境界要素"で近似モデル化する (境界要素モデル)．その多数の境界要素の数は $m$ 個として，$1, 2, \cdots, m$ 番と番号付けをする．その中の任意の $e$ 番目の境界要素について拡大して各種パラメータを説明しているのが図 1c である．$s_e$ は要素 $e$ 番の面積を表す．

境界要素法で音場の音圧を計算する段取りが下記に記述されている．その中で $a_{11}, a_{12}, a_{1m}, a_{mm}, b_{11}, b_{12}, b_{1m}, b_{mm}, g_{11}, g_{22}, g_{mm}, h_{A1}, h_{A2}, h_{Am}, w_{A1}, w_{A2}, w_{Am}$ と表現されている成分を図 1 中のパラメータとヘルムホルツの積分方程式中の表現数式などで明示せよ．

---

【境界要素法で音場の音圧を計算する段取り】

【第 1 ステップ】

音場を構成する境界要素表面の音圧を求めることが第 1 ステップである．すなわち，各境界要素の寸法は音波の波長よりも十分小さいとして，点 A を境界要素 $1, 2, \cdots m$ のそれぞれの中心に設定して積分方程式を立てる．$m$ 個の境界要素すべてに関して行列・ベクトル表現で一体的に表せば，

$$\frac{1}{2}\begin{bmatrix} p(1) \\ p(2) \\ \vdots \\ p(m) \end{bmatrix} = \begin{bmatrix} a_{11} & a_{12} & \cdots & a_{1m} \\ a_{21} & a_{22} & \cdots & a_{2m} \\ \vdots & \vdots & \ddots & \vdots \\ a_{m1} & a_{m2} & \cdots & a_{mm} \end{bmatrix} \begin{bmatrix} v(1) \\ v(2) \\ \vdots \\ v(m) \end{bmatrix} - \begin{bmatrix} b_{11} & b_{12} & \cdots & b_{1m} \\ b_{21} & b_{22} & \cdots & b_{2m} \\ \vdots & \vdots & \ddots & \vdots \\ b_{m1} & b_{m2} & \cdots & b_{mm} \end{bmatrix} \begin{bmatrix} p(1) \\ p(2) \\ \vdots \\ p(m) \end{bmatrix} \tag{4}$$

となる．したがって，

$$\left( \begin{bmatrix} g_{11} & 0 & \cdots & 0 \\ 0 & g_{22} & \cdots & 0 \\ \vdots & \vdots & \ddots & \vdots \\ 0 & 0 & \cdots & g_{mm} \end{bmatrix} + \begin{bmatrix} b_{11} & b_{12} & \cdots & b_{1m} \\ b_{21} & b_{22} & \cdots & b_{2m} \\ \vdots & \vdots & \ddots & \vdots \\ b_{m1} & b_{m2} & \cdots & b_{mm} \end{bmatrix} \right) \begin{bmatrix} p(1) \\ p(2) \\ \vdots \\ p(m) \end{bmatrix}$$
$$= \begin{bmatrix} a_{11} & a_{12} & \cdots & a_{1m} \\ a_{21} & a_{22} & \cdots & a_{2m} \\ \vdots & \vdots & \ddots & \vdots \\ a_{m1} & a_{m2} & \cdots & a_{mm} \end{bmatrix} \begin{bmatrix} v(1) \\ v(2) \\ \vdots \\ v(m) \end{bmatrix} \tag{5}$$

の式変形を経て

$$\begin{bmatrix} p(1) \\ p(2) \\ \vdots \\ p(m) \end{bmatrix} = \left( \begin{bmatrix} g_{11} & 0 & \cdots & 0 \\ 0 & g_{22} & \cdots & 0 \\ \vdots & \vdots & \ddots & \vdots \\ 0 & 0 & \cdots & g_{mm} \end{bmatrix} + \begin{bmatrix} b_{11} & b_{12} & \cdots & b_{1m} \\ b_{21} & b_{22} & \cdots & b_{2m} \\ \vdots & \vdots & \ddots & \vdots \\ b_{m1} & b_{m2} & \cdots & b_{mm} \end{bmatrix} \right)^{-1}$$
$$\begin{bmatrix} a_{11} & a_{12} & \cdots & a_{1m} \\ a_{21} & a_{22} & \cdots & a_{2m} \\ \vdots & \vdots & \ddots & \vdots \\ a_{m1} & a_{m2} & \cdots & a_{mm} \end{bmatrix} \begin{bmatrix} v(1) \\ v(2) \\ \vdots \\ v(m) \end{bmatrix} \tag{6}$$

と求めることができる.

【第 2 ステップ】

第 1 ステップで音場を構成するすべての境界要素表面での音圧が得られたので，その結果と，題意から与えられる粒子速度を入力として，境界要素から離れた音場空間中の多数位置の点 A での音圧を次々に求めればよい．すなわち，式 (1) にもとづいて

$$p(A) = \begin{bmatrix} h_{A1} & h_{A2} & \cdots & h_{Am} \end{bmatrix} \begin{bmatrix} v(1) \\ v(2) \\ \vdots \\ v(m) \end{bmatrix} - \begin{bmatrix} w_{A1} & w_{A2} & \cdots & w_{Am} \end{bmatrix} \begin{bmatrix} p(1) \\ p(2) \\ \vdots \\ p(m) \end{bmatrix} \tag{7}$$

**解説・解答**

$$a_{11} = \int_{s_1} \frac{j\rho\omega}{4\pi|\boldsymbol{r}_1 - \boldsymbol{r}_1|} e^{-jk|\boldsymbol{r}_1 - \boldsymbol{r}_1|} ds$$

## 3.2 積分方程式にもとづく境界要素法による音響解析

$$a_{12} = \int_{s_2} \frac{j\rho\omega}{4\pi|\boldsymbol{r}_1 - \boldsymbol{r}_2|} e^{-jk|\boldsymbol{r}_1 - \boldsymbol{r}_2|} ds$$

$$a_{1m} = \int_{s_m} \frac{j\rho\omega}{4\pi|\boldsymbol{r}_1 - \boldsymbol{r}_m|} e^{-jk|\boldsymbol{r}_1 - \boldsymbol{r}_m|} ds$$

$$a_{mm} = \int_{s_m} \frac{j\rho\omega}{4\pi|\boldsymbol{r}_m - \boldsymbol{r}_m|} e^{-jk|\boldsymbol{r}_m - \boldsymbol{r}_m|} ds$$

$$b_{11} = \int_{s_1} \frac{-jk|\boldsymbol{r}_1 - \boldsymbol{r}_1| - 1}{4\pi|\boldsymbol{r}_1 - \boldsymbol{r}_1|^2} e^{-jk|\boldsymbol{r}_1 - \boldsymbol{r}_1|} \cdot \left( \frac{\boldsymbol{r}_1 - \boldsymbol{r}_1}{|\boldsymbol{r}_1 - \boldsymbol{r}_1|} \cdot \boldsymbol{n}_1 \right) ds$$

ここで，( $\cdot$ ) は内積を表す.

$$b_{12} = \int_{s_2} \frac{-jk|\boldsymbol{r}_1 - \boldsymbol{r}_2| - 1}{4\pi|\boldsymbol{r}_1 - \boldsymbol{r}_2|^2} e^{-jk|\boldsymbol{r}_1 - \boldsymbol{r}_2|} \cdot \left( \frac{\boldsymbol{r}_1 - \boldsymbol{r}_2}{|\boldsymbol{r}_1 - \boldsymbol{r}_2|} \cdot \boldsymbol{n}_2 \right) ds$$

$$b_{1m} = \int_{s_m} \frac{-jk|\boldsymbol{r}_1 - \boldsymbol{r}_m| - 1}{4\pi|\boldsymbol{r}_1 - \boldsymbol{r}_m|^2} e^{-jk|\boldsymbol{r}_1 - \boldsymbol{r}_m|} \cdot \left( \frac{\boldsymbol{r}_1 - \boldsymbol{r}_m}{|\boldsymbol{r}_1 - \boldsymbol{r}_m|} \cdot \boldsymbol{n}_m \right) ds$$

$$b_{mm} = \int_{s_m} \frac{-jk|\boldsymbol{r}_m - \boldsymbol{r}_m| - 1}{4\pi|\boldsymbol{r}_m - \boldsymbol{r}_m|^2} e^{-jk|\boldsymbol{r}_m - \boldsymbol{r}_m|} \cdot \left( \frac{\boldsymbol{r}_m - \boldsymbol{r}_m}{|\boldsymbol{r}_m - \boldsymbol{r}_m|} \cdot \boldsymbol{n}_m \right) ds$$

$$g_{11} = \frac{1}{2}$$

$$g_{22} = \frac{1}{2}$$

$$g_{mm} = \frac{1}{2}$$

$$h_{A1} = \int_{s_1} \frac{j\rho\omega}{4\pi|\boldsymbol{r}_A - \boldsymbol{r}_1|} e^{-jk|\boldsymbol{r}_A - \boldsymbol{r}_1|} ds$$

$$h_{A2} = \int_{s_2} \frac{j\rho\omega}{4\pi|\boldsymbol{r}_A - \boldsymbol{r}_2|} e^{-jk|\boldsymbol{r}_A - \boldsymbol{r}_2|} ds$$

$$h_{Am} = \int_{s_m} \frac{j\rho\omega}{4\pi|\boldsymbol{r}_A - \boldsymbol{r}_m|} e^{-jk|\boldsymbol{r}_A - \boldsymbol{r}_m|} ds$$

$$w_{A1} = \int_{s_1} \frac{-jk|\boldsymbol{r}_A - \boldsymbol{r}_1| - 1}{4\pi|\boldsymbol{r}_A - \boldsymbol{r}_1|^2} e^{-jk|\boldsymbol{r}_A - \boldsymbol{r}_1|} \cdot \left( \frac{\boldsymbol{r}_A - \boldsymbol{r}_1}{|\boldsymbol{r}_A - \boldsymbol{r}_1|} \cdot \boldsymbol{n}_1 \right) ds$$

$$w_{A2} = \int_{s_2} \frac{-jk|\boldsymbol{r}_A - \boldsymbol{r}_2| - 1}{4\pi|\boldsymbol{r}_A - \boldsymbol{r}_2|^2} e^{-jk|\boldsymbol{r}_A - \boldsymbol{r}_2|} \cdot \left( \frac{\boldsymbol{r}_A - \boldsymbol{r}_2}{|\boldsymbol{r}_A - \boldsymbol{r}_2|} \cdot \boldsymbol{n}_2 \right) ds$$

$$w_{Am} = \int_{s_m} \frac{-jk|\boldsymbol{r}_A - \boldsymbol{r}_m| - 1}{4\pi|\boldsymbol{r}_A - \boldsymbol{r}_m|^2} e^{-jk|\boldsymbol{r}_A - \boldsymbol{r}_m|} \cdot \left( \frac{\boldsymbol{r}_A - \boldsymbol{r}_m}{|\boldsymbol{r}_A - \boldsymbol{r}_m|} \cdot \boldsymbol{n}_m \right) ds \qquad (8)$$

なお，$a_{11}$ など，そのままの単純な計算では分母がゼロになり，特異となる成分の計算については，コーシーの主値の論理を使って行う．

# 4

## 関数と級数展開

## 4.1 パラレルマニピュレータの変位解析

機械力学

　パラレルマニピュレータ (図 1) は，エンドエフェクタが取り付けられる出力リンクとベースの間に複数のリンクとジョイントから構成される連鎖 (連結連鎖とよぶ) が複数個並列に配置された形式のロボットマニピュレータである．複数の連結連鎖によって出力リンクが支持されていること，アクチュエータをベース上あるいはベース周辺に設置可能であり可動部が軽量であることなどから，高精度・高速度・高出力のロボットとして，加工機，各種のモーションシミュレータ，測定機などへの適用がなされている．

　パラレルマニピュレータでは，連結連鎖を構成するジョイントは必ずしも能動ジョイント (アクチュエータにより駆動されるジョイント) である必要はなく，受動ジョイントの方が数的には多い場合が多い．このような特徴から，パラレルマニピュレータにおいては，アクチュエータの変位からエンドエフェクタの変位を解析的に計算することは，リンクを能動ジョイントにより直列に連結したシリアルマニピュレータに比

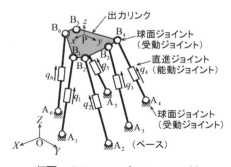

**図 1** パラレルマニピュレータの一例

べて格段に難しい．このような問題を多項式に帰着させる方法を考える．

◆ 三角関数の半正接公式 ◆

角 $\phi$ に対して，次のように変数 $t$ を定義するとき，

$$t = \tan\frac{\phi}{2} \tag{1}$$

角 $\phi$ の余弦および正弦関数は，変数 $t$ により次式のように表される．

$$\cos\phi = \frac{1-t^2}{1+t^2}, \quad \sin\phi = \frac{2t}{1+t^2} \tag{2}$$

これらの式により，角度変数 $\phi$ に関する三角関数を含む式を多項式に変換することができる．たとえば，

$$\cos\phi + 2\sin\phi = 1$$

は

$$\frac{1-t^2}{1+t^2} + 2\frac{2t}{1+t^2} = 1$$

すなわち，

$$t^2 - 2t = 0$$

となる．よって，解は $t = 0, 2$，すなわち $\phi = 0, 126.87°$ となる．

◆ シルベスター (Sylvester) の消去法 ◆

たとえば，次のような変数 $x$ および $t$ に関する連立方程式

$$A_1(x)t^2 + B_1(x)t + C_1(x) = 0 \tag{3}$$
$$A_2(x)t^2 + B_2(x)t + C_2(x) = 0 \tag{4}$$

が与えられた場合に，変数 $x$ だけの方程式を導きたいとする．

式 (3) および (4) の両辺に $t$ を乗じると次式を得る．

$$A_1(x)t^3 + B_1(x)t^2 + C_1(x)t = 0 \tag{5}$$
$$A_2(x)t^3 + B_2(x)t^2 + C_2(x)t = 0 \tag{6}$$

$t_1 = 1, t_2 = t, t_3 = t^2, t_4 = t^3$ とし，式 (3–6) をまとめて表記すると次式のようになる．

$$\begin{bmatrix} 0 & A_1 & B_1 & C_1 \\ 0 & A_2 & B_2 & C_2 \\ A_1 & B_1 & C_1 & 0 \\ A_2 & B_2 & C_2 & 0 \end{bmatrix} \begin{bmatrix} t_4 \\ t_3 \\ t_2 \\ t_1 \end{bmatrix} = \begin{bmatrix} 0 \\ 0 \\ 0 \\ 0 \end{bmatrix} \tag{7}$$

上式が $\begin{bmatrix} t_4 & t_3 & t_2 & t_1 \end{bmatrix}^{\mathsf{T}} = \begin{bmatrix} 0 & 0 & 0 & 0 \end{bmatrix}^{\mathsf{T}}$ 以外の解をもつためには，係数行列の行列式の値は 0 でなければならない．すなわち，

$$\begin{vmatrix} 0 & A_1 & B_1 & C_1 \\ 0 & A_2 & B_2 & C_2 \\ A_1 & B_1 & C_1 & 0 \\ A_2 & B_2 & C_2 & 0 \end{vmatrix} = 0 \tag{8}$$

上式を展開・整理すれば，未知数 $x$ だけの式を得ることができる．

### 問題の設定

図 2 に示す 3 自由度平面パラレルマニピュレータを考える．このマニピュレータの機構は，3 つの連結連鎖，ベースおよび出力リンクからなる．各連結連鎖は，ベース側から，回転ジョイント，直進ジョイントおよび回転ジョイントによりリンクが結合されて構成される．直進ジョイントが能動ジョイントでありアクチュエータにより駆動される．その他のジョイントは受動ジョイントである．O–$XY$ および $B_1$–$xy$ をそれぞれベース座標系および出力リンクに固定された動座標系とする．ベース上の点 $A_1, A_2, A_3$ および出力リンク上の点 $B_1, B_2, B_3$ の座標 $A_1(X_{A1}, Y_{A1})$，$A_2(X_{A2}, Y_{A2})$，$A_3(X_{A3}, Y_{A3})$ および $B_2(x_{B2}, y_{B2})$，$B_3(x_{B3}, y_{B3})$ がこの機構の機構定数である．入力変位を直進ジョイントの変位 $a_i = \overline{A_i B_i}$ ($i = 1, 2, 3$)，出力変位を点 $B_1$ の位置 $B_1(X_{B1}, Y_{B1})$ および出力リンクの姿勢角 $\phi = \angle B_2 B_1 X$ で表す．また，$A_i$ における回転ジョイントの角変位を $\theta_i$ ($i = 1, 2, 3$) と表す．

このマニピュレータは 3 自由度であるので，3 つの入力変位 $q_i$ が与えられると機構の形状，すなわちすべてのジョイント変位および出力リンクの位置・姿勢が定まる．

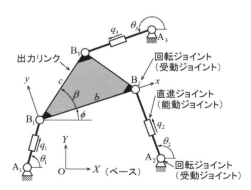

**図 2** 3 自由度平面パラレルマニピュレータ

この計算を 1 変数の多項式に帰着するとともに，入力変位に対する出力変位を求める手順を示せ．

**解説・解答**

点 $B_i$ の座標について，以下の式が成り立つ．

$$\left.\begin{array}{l} X_{B1} = X_{A1} + q_1 \cos\theta_1 \\ Y_{B1} = Y_{A1} + q_1 \sin\theta_1 \end{array}\right\} \quad (9)$$

$$\left.\begin{array}{l} X_{B2} = X_{A2} + q_2 \cos\theta_2 = X_{B1} + b\cos\phi \\ Y_{B2} = Y_{A2} + q_2 \sin\theta_2 = Y_{B1} + b\sin\phi \end{array}\right\} \quad (10)$$

$$\left.\begin{array}{l} X_{B3} = X_{A3} + q_3 \cos\theta_3 = X_{B1} + c\cos(\beta+\phi) \\ Y_{B3} = Y_{A3} + q_3 \sin\theta_3 = Y_{B1} + c\sin(\beta+\phi) \end{array}\right\} \quad (11)$$

式 (9) を式 (10) および式 (11) に代入して次式を得る．

$$\left.\begin{array}{l} X_{A2} + q_2 \cos\theta_2 = X_{A1} + q_1\cos\theta_1 + b\cos\phi \\ Y_{A2} + q_2 \sin\theta_2 = Y_{A1} + q_1\sin\theta_1 + b\sin\phi \end{array}\right\} \quad (12)$$

$$\left.\begin{array}{l} X_{A3} + q_3 \cos\theta_3 = X_{A1} + q_1\cos\theta_1 + c\cos(\beta+\phi) \\ Y_{A3} + q_3 \sin\theta_3 = Y_{A1} + q_1\sin\theta + c\sin(\beta+\phi) \end{array}\right\} \quad (13)$$

式 (12) より $\theta_2$ を消去して

$$e_{11} \cos\phi + e_{12} \sin\phi + e_{13} = 0 \quad (14)$$

$$\left.\begin{array}{l} e_{11} = 2bq_1\cos\theta_1 + 2b(X_{A1} - X_{A2}) \\ e_{12} = 2bq_1\sin\theta_1 + 2b(Y_{A1} - Y_{A2}) \\ e_{13} = 2q_1(X_{A1} - X_{A2})\cos\theta_1 + 2q_1(Y_{A1} - A_{A2})\sin\theta_1 \\ \qquad + (X_{A1} - X_{A2})^2 + (Y_{A1} + Y_{A2})^2 + q_1{}^2 - q_2{}^2 + b^2 \end{array}\right\} \quad (15)$$

を得る．同様に式 (13) より $\theta_3$ を消去して

$$e_{21}\cos\phi + e_{22}\sin\phi + e_{23} = 0 \quad (16)$$

$$\left.\begin{array}{l} e_{21} = 2cq_1\cos\beta\cos\theta_1 + 2cq_1\sin\beta\sin\theta_1 \\ \qquad + 2c(X_{A1} - X_{A3})\cos\beta + 2c(Y_{A1} - Y_{A3})\sin\beta \\ e_{22} = -2cq_1\sin\beta\cos\theta_1 + 2cq_1\cos\beta\sin\theta_1 \\ \qquad - 2c(X_{A1} - X_{A3})\sin\beta + 2c(Y_{A1} - Y_{A3})\cos\beta \\ e_{23} = 2q_1(X_{A1} - X_{A3})\cos\theta_1 + 2q_1(Y_{A1} - Y_{A3})\sin\theta_1 \\ \qquad + (X_{A1} - X_{A3})^2 + (Y_{A1} - Y_{A3})^2 + q_1{}^2 - q_3{}^2 + c^2 \end{array}\right\} \quad (17)$$

を得る.
$$t = \tan\frac{\phi}{2}$$
として半正接公式を用いると,式 (14) および式 (16) は次のように表される.
$$f_{11}t^2 + f_{12}t + f_{13} = 0 \tag{18}$$
$$f_{21}t^2 + f_{22}t + f_{23} = 0 \tag{19}$$
なお,
$$f_{11} = e_{13} - e_{11}, \quad f_{12} = 2e_{12}, \quad f_{13} = e_{11} + e_{13}$$
$$f_{21} = e_{23} - e_{21}, \quad f_{22} = 2e_{22}, \quad f_{23} = e_{21} + e_{23}$$
である.式 (18) および (19) の連立方程式にシルベスターの消去法を適用すると,次式

$$\begin{bmatrix} 0 & f_{11} & f_{12} & f_{13} \\ 0 & f_{21} & f_{22} & f_{23} \\ f_{11} & f_{12} & f_{13} & 0 \\ f_{21} & f_{22} & f_{23} & 0 \end{bmatrix} \begin{bmatrix} t^3 \\ t^2 \\ t \\ 1 \end{bmatrix} = \begin{bmatrix} 0 \\ 0 \\ 0 \\ 0 \end{bmatrix} \tag{20}$$

の係数行列の行列式が 0 である必要がある.すなわち,

$$\begin{aligned} \begin{vmatrix} 0 & f_{11} & f_{12} & f_{13} \\ 0 & f_{21} & f_{22} & f_{23} \\ f_{11} & f_{12} & f_{13} & 0 \\ f_{21} & f_{22} & f_{23} & 0 \end{vmatrix} &= -(f_{11}f_{23} - f_{13}f_{21})^2 - (f_{12}f_{21} - f_{11}f_{22})(f_{12}f_{23} - f_{13}f_{22}) \\ &= -4[(e_{11}e_{23} - e_{13}e_{21})^2 + (e_{12}e_{23} - e_{13}e_{22})^2 \\ &\quad - (e_{11}e_{22} - e_{12}e_{21})^2] \\ &= 0 \end{aligned} \tag{21}$$

である.さらに,
$$\left.\begin{aligned} e_{11} &= A_{11}\cos\theta_1 + B_{11}\sin\theta_1 + C_{11} \\ e_{12} &= A_{12}\cos\theta_1 + B_{12}\sin\theta_1 + C_{12} \\ e_{13} &= A_{13}\cos\theta_1 + B_{13}\sin\theta_1 + C_{13} \end{aligned}\right\} \tag{22}$$

$$A_{11} = 2bq_1, \quad B_{11} = 0, \quad C_{11} = 2b(X_{A1} - X_{A2})$$
$$A_{12} = 0, \quad B_{12} = 2bq_1, \quad C_{12} = 2b(Y_{A1} - Y_{A2})$$
$$A_{13} = 2q_1(X_{A1} - X_{A2}), \quad B_{13} = 2q_1(Y_{A1} - Y_{A2})$$
$$C_{13} = (X_{A1} - X_{A2})^2 + (Y_{A1} - Y_{A2})^2 + q_1{}^2 - q_2{}^2 + b^2$$

$$\left.\begin{array}{l}e_{21} = A_{21}\cos\theta_1 + B_{21}\sin\theta_1 + C_{21}\\ e_{22} = A_{22}\cos\theta_1 + B_{22}\sin\theta_1 + C_{22}\\ e_{23} = A_{23}\cos\theta_1 + B_{23}\sin\theta_1 + C_{23}\end{array}\right\} \quad (23)$$

$$A_{21} = qcq_1\cos\beta, \quad B_{21} = 2cq_1\sin\beta$$
$$C_{21} = 2c(X_{A1} - X_{A3})\cos\beta + 2c(Y_{A1} - Y_{A3})\sin\beta$$
$$A_{22} = -2cq_1\sin\beta, \quad B_{22} = 2cq_1\cos\beta$$
$$C_{22} = -2c(X_{A1} - X_{A3})\sin\beta + 2c(Y_{A1} - Y_{A3})\cos\beta$$
$$A_{23} = 2q_1(X_{A1} - X_{A3}), \quad B_{23} = 2q_1(Y_{A1} - Y_{A3})$$
$$C_{23} = (X_{A1} - X_{A2})^2 + (Y_{A1} - Y_{A2})^2 + q_1^2 - q_2^2 + b^2$$

とし，再度変数 $s$ を

$$s = \tan\left(\frac{\theta_1}{2}\right)$$

のように定義し，半正接公式を適用して式 (21) に代入すると次式を得る．

$$(D_{11}s^2 + E_{11}s + F_{11})^2(D_{23}s^2 + E_{23}s + F_{23})^2$$
$$+ (D_{13}s^2 + E_{13}s + F_{13})^2(D_{21}s^2 + E_{21}s + F_{21})^2$$
$$- 2(D_{11}s^2 + E_{11}s + F_{11})(D_{23}s^2 + E_{23}s + F_{23})(D_{13}s^2 + E_{13}s + F_{13})$$
$$\times (D_{21}s^2 + E_{21}s + F_{21}) + (D_{12}s^2 + E_{12}s + F_{12})^2(D_{23}s^2 + E_{23}s + F_{23})^2$$
$$+ (D_{13}s^2 + E_{13}s + F_{13})^2(D_{22}s^2 + E_{22}s + F_{22})^2 - 2(D_{12}s^2 + E_{12}s + F_{12})$$
$$\times (D_{23}s^2 + E_{23}s + F_{23})(D_{13}s^2 + E_{13}s + F_{13})$$
$$\times (D_{22}s^2 + E_{22}s + F_{22}) - (D_{11}s^2 + E_{11}s + F_{11})^2(D_{22}s^2 + E_{22}s + F_{22})^2$$
$$- (D_{12}s^2 + E_{12}s + F_{12})^2(D_{21}s^2 + E_{21}s + F_{21})^2$$
$$+ 2(D_{11}s^2 + E_{11}s + F_{11})(D_{22}s^2 + E_{22}s + F_{22})$$
$$\times (D_{12}s^2 + E_{12}s + F_{12})(D_{21}s^2 + E_{21}s + F_{21}) = 0 \quad (24)$$

なお，

$$D_{jk} = -A_{jk} + C_{jk}, \quad E_{jk} = 2B_{jk}, \quad F_{jk} = A_{jk} + C_{jk} \quad (j=1,2; \ k=1,2,3)$$

である．
　この式は $s$ に関する 6 次方程式である．この式が最終的な式であり，これを解くことでまず $s$，すなわち $\theta_1$ が求められる．この結果を式 (9) に代入して点 $B_1$ の位置が求められ，さらに式 (18) あるいは式 (19) の 2 次方程式を解くことにより $t$ が求められ，$\phi$ が求められる．なお，$s$ から $\theta_1$，$t$ から $\phi$ を求める際には，次のように余弦と

正弦の条件式をともに用いる．

$$\cos\phi = \frac{1-t^2}{1+t^2}, \qquad \sin\phi = \frac{2t}{1+t^2}$$

以上より，式 (18) と式 (19) は 2 次方程式であるがこれらの式は共通の解を有するので，この機構の順変位解析は最大 6 個の解をもつことになる． 〔武田行生〕

## 4.2 2液界面で起こる波動

熱・流体力学

### サラダドレッシング

サラダドレッシングを朝食のサラダに振り掛けるときの動作について考察してみよう．冷蔵庫から取り出したばかりの容器の中には，油と酢の間に界面ができていて，混ざり合ってはいない．そこで，蓋を抑えて容器を上下に振ると，油と酢は混ざりあって界面はなくなる．この動作を数学的に表してみよう．

> ◆ ベッセル関数 ◆
> 
> ベッセル関数は，円筒座標系で記述されたラプラス方程式あるいはヘルムホルツ方程式の解を求めるときに登場する．実例としては，円筒導波管における電磁波，円柱物体の熱伝導，膜の振動，円筒容器内にできた界面の波動などの解析に用いられる．

### 問題の設定

油と酢のような混ざり合わない密度の異なる 2 種類の液体の界面にできる波動を定式化せよ．

### 解説・解答

図 1 において，添字 $a, b$ はそれぞれ，油と酢を表す．液体の内部では連続の式が成り立つので，円筒座標系でラプラス方程式を表すと，

$$\frac{\partial^2 \Phi}{\partial r^2} + \frac{1}{r}\frac{\partial \Phi}{\partial r} + \frac{1}{r^2}\frac{\partial^2 \Phi}{\partial \theta^2} + \frac{\partial^2 \Phi}{\partial z^2} = 0 \tag{1}$$

ここで，$r, \theta, z$ 方向の速度成分は，

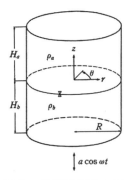

**図1** 2液界面振動系モデル

$$u = \frac{\partial \Phi}{\partial r}, \qquad v = \frac{1}{r}\frac{\partial \Phi}{\partial \theta}, \qquad w = \frac{\partial \Phi}{\partial z} \tag{2}$$

である．次に，連続の式を満足する速度ポテンシャルとして，以下の変数分離解を採用する．

- $a$層については，

$$\Phi_a = \sum_{m=0}^{\infty}\sum_{n=1}^{\infty} J_m(\lambda_{mn} r)\frac{\cosh \lambda_{mn}(z-H_a)}{\cosh \lambda_{mn} H_a}(C_1 \sin m\theta + C_2 \cos m\theta)T(t) \tag{3}$$

- $b$層については，

$$\Phi_b = \sum_{m=0}^{\infty}\sum_{n=1}^{\infty} J_m(\lambda_{mn} r)\frac{\cosh \lambda_{mn}(z+H_b)}{\cosh \lambda_{mn} H_b}(B_1 \sin m\theta + B_2 \cos m\theta)T(t) \tag{4}$$

ただし，式(3)，(4)中の$J_m$は，第1種$m$階ベッセル関数で，その概形は図2に示すような形である．

境界条件としては，円筒容器の側面での条件と界面での条件の2種類の条件がある．まず，円筒容器の側面では，法線方向速度成分が0となることが必要なので，非粘性

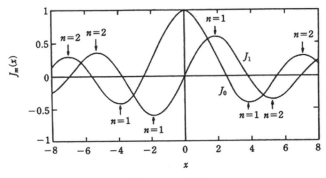

**図2** ベッセル関数

を仮定すれば,

$$u = \frac{\partial \Phi}{\partial r} = 0 \text{ から } \left. \frac{dJ_m(\lambda_{mn}r)}{dr}\right|_{r=R} = 0 \tag{5}$$

界面 ($z = \eta$) では,以下に示す,2つの条件が課せられる.

- 力学的条件 (圧力の一致)

$$\rho_a \left( \frac{\partial \Phi_a}{\partial t} + (g - a\omega^2 \cos \omega t)\eta \right) = \rho_b \left( \frac{\partial \Phi_b}{\partial t} + (g - a\omega^2 \cos \omega t)\eta \right) \tag{6}$$

- 運動学的条件 (速度の一致)

$$\frac{\partial \eta}{\partial t} = \frac{\partial \Phi_a}{\partial z} = \frac{\partial \Phi_b}{\partial z} \tag{7}$$

以上を考慮すれば,最終的には,時間関数成分に関しては,次式を得る.

$$\frac{d^2 T}{dt^2} + (1+G)(g - a\omega^2 \cos \omega t)\frac{\lambda_{mn} \tanh H_a \tanh \lambda_{mn} H_b}{\tanh \lambda_{mn} H_a + G \tanh \lambda_{mn} H_b} T = 0 \tag{8}$$

ただし,$G = \rho_a / \rho_b$ である.

ここで,固有角振動数を求めるために,加振振幅 $a = 0$ と置くと,式 (8) は次式のように変形でき,1自由度振動系の自由振動の運動方程式となる.

$$\frac{d^2 T}{dt^2} + (1+G)g\frac{\lambda_{mn} \tanh H_a \tanh \lambda_{mn} H_b}{\tanh \lambda_{mn} H_a + G \tanh \lambda_{mn} H_b} T = 0 \tag{9}$$

したがって,固有角振動数は,

$$\omega_0^2 = (1-G)g\frac{\lambda_{mn} \tanh \lambda_{mn} H_a \tanh \lambda_{mn} H_b}{\tanh \lambda_{mn} H_a + G \tanh \lambda_{mn} H_b} \tag{10}$$

となる.これを式 (8) に代入すると,

$$\frac{d^2 T}{dt^2} + \omega_0^2 \left(1 - \frac{a\omega^2}{g} \cos \omega t \right) T = 0 \tag{11}$$

このように,復元力が周期的に変化する式となる.復元力項に時間に依存した項を含む振動系はパラメータ励振 (係数励振) 振動系とよばれ,$\omega$ が $\omega_0$ の 2 倍となる場合に容易に不安定となること知られている.

すなわち,効率よくかき混ぜるためには,界面の固有振動数の 2 倍の振動数で上下に振ることが秘訣なのである.

〔金子成彦〕

## 4.3 氷による水の冷却

熱・流体力学

有界領域における偏微分方程式の解は,変数分離法などを用いて固有関数系による級数展開の形式で体系的に整理される場合が多い.一方,境界の定められていない無

限空間の場合にはこの手法は一般的にはうまくいかない．ここでは，無限空間の場合の微分方程式の解を求めるのにしばしば有効であるフーリエ変換による解法を紹介する．はじめに具体的な例として，無限空間 $-\infty < x < \infty$ において，初期温度分布が与えられており，さらに発熱の分布がある場合の解をフーリエ変換により解く手法を説明する．次に，問題例として容器に入った水を，氷を用いて冷やす場合のように相変化を伴う系における問題の定式化について説明する．

---

◆ フーリエ変換による熱伝導方程式の解法 ◆

熱源の分布 $q(t,x)$ のある場合の熱伝導方程式

$$\rho C \frac{\partial T}{\partial t} = \lambda \frac{\partial^2 T}{\partial x^2} + q(t,x) \tag{1}$$

を考える．ここで，$\rho [\mathrm{kg/m^3}]$ は密度，$C[\mathrm{J/(kg \cdot K)}]$ は比熱，$\lambda\ [\mathrm{W/(m \cdot K)}]$ は熱伝導率，$T[\mathrm{K}]$ は温度である．

時刻 $t=0$ での温度分布が，$T(0,x) = T_0(x)$ $(-\infty < x < \infty)$ で与えられるとき，時刻 $t$，位置 $x$ における温度分布を，フーリエ変換を用いて得ることができる．

---

温度 $T(t,x)$ に関して，ここでは時間 $t$ に関してではなく，空間 $x$ に関して次のようにフーリエ変換する．

$$\hat{T}(t,k) = \frac{1}{\sqrt{2\pi}} \int_{-\infty}^{\infty} T(t,x)\, e^{-ikx} dx$$

この変換により，与式 (1) は次式のように変換される．

$$\left( \rho C \frac{\partial}{\partial t} + \lambda k^2 \right) \hat{T}(t,k) = \hat{q}(t,k) \tag{2}$$

ただし，$\hat{q}(t,k)$ は $q(t,x)$ のフーリエ変換を表す．また，初期条件は，$\hat{T}(0,k) = \hat{T}_0(k)$ となる．式 (2) は，時間に関する常微分方程式とみることができる．非同次 1 階線形の常微分方程式 (2) を，この初期条件のもとで解くと，

$$\hat{T}(t,k) = \hat{T}_0(k)\, e^{-\alpha k^2 t} + \int_0^t \hat{Q}(s,k)\, e^{-\alpha k^2 (t-s)} ds \tag{3}$$

を得ることができる．ただし，ここで，

$$\alpha \equiv \frac{\lambda}{\rho C}, \qquad \hat{Q} \equiv \frac{\hat{q}}{\rho C}$$

とした．

したがって，温度場 $T(t,x)$ を得るには，この式を空間方向にフーリエ逆変換すれば良い．

式 (3) の右辺第 1 項はフーリエ変化された 2 つの関数の積 ($\hat{T}_0(k)$ と $e^{-\alpha k^2 t}$) になっている．したがって，次の畳込み積分の関係を利用できる．

$$\mathcal{F}\{f_1(t) \otimes f_2(t)\} = \mathcal{F}\{f(t)\}\mathcal{F}\{f_2(t)\}$$

ここで，

$$f_1(t) \otimes f_2(t) \equiv \frac{1}{\sqrt{2\pi}} \int_{-\infty}^{\infty} f_1(\tau) f_2(t-\tau) d\tau$$

この関係とガウス関数のフーリエ変換の関係式

$$\mathcal{F}\{e^{-\beta x^2}\} = \sqrt{\frac{1}{2\beta}} e^{-k^2/4\beta}$$

を用いると，

$$\mathcal{F}\{\hat{T}(k)e^{-\alpha k^2 t}\} = \frac{1}{\sqrt{2\pi}} \int_{-\infty}^{\infty} T_0(0,y) \sqrt{\frac{1}{2\alpha t}} e^{-(x-y)^2/4\alpha t} dy$$

式 (3) の右辺第 2 項

$$\int_0^t \hat{Q}(s,k) e^{-\alpha k^2 (t-s)} ds$$

は，

$$\mathcal{F}^{-1}\{\hat{T}_2(t,k)\} = \frac{1}{\sqrt{2\pi}} \int_{-\infty}^{\infty} \int_0^t \hat{Q}(s,k) e^{-\alpha k^2 (t-s)} ds \, e^{ikx} dk$$

$$= \frac{1}{\sqrt{2\pi}} \int_0^t \int_{-\infty}^{\infty} \hat{Q}(s,k) (k,s) e^{-\alpha k^2 (t-s)} e^{ikx} dk \, ds$$

と積分の順序を入れ替え，$k$ に関する積分に対して畳込み積分を実施すると，

$$\frac{1}{\sqrt{2\pi}} \int_{-\infty}^{\infty} Q(s,y) e^{-\alpha (x-y)^2 (t-s)} dy = \mathcal{F}^{-1}\{\hat{Q}\}(s,k) e^{-\alpha k^2 (t-s)}$$

を得る．この関係と，$\alpha \equiv \lambda/\rho C$, $Q \equiv q/\rho C$ を考慮して，

$$G(t,x) \equiv \sqrt{\frac{1}{4\pi\alpha t}} \exp\left(-\frac{x^2}{4\alpha t}\right) = \sqrt{\frac{\rho C}{4\pi\lambda t}} \exp\left(-\frac{\rho C}{\lambda} \frac{x^2}{4t}\right) \quad (4)$$

とおくと，

$$T(t,x) = \int_{\infty}^{\infty} T_0(y) G(t,x-y) \, dy + \frac{1}{\rho C} \int_0^t \int_{-\infty}^{\infty} q(s,y) G(t-s,x-y) \, dy \, ds \quad (5)$$

を得る．この式の右辺第 1 項は初期値の影響，第 2 項は発熱分布の影響を表し，

$$G(t,x) \equiv \sqrt{\frac{1}{4\pi\alpha t}} \exp\left(-\frac{x^2}{4\alpha t}\right)$$

は，無限空間における熱伝導方程式のグリーン関数になっているのがわかる．

### ◆ 相変化を伴う熱伝導問題の定式化 ◆

相変化を伴う問題では，界面で潜熱 (融解熱，蒸発熱) の発生がある．$\rho[\mathrm{kg/m^3}]$ を密度，$C[\mathrm{J/(kg \cdot K)}]$ を比熱，$\lambda[\mathrm{W/(m \cdot K)}]$ を熱伝導率，$T[\mathrm{K}]$ を温度，$L[\mathrm{J/kg}]$ を潜熱とし，固相，液相を表す添字をそれぞれ S, L とする．また，界面の位置を $x = X$，融点を $T_\mathrm{M}$ とする．氷のような固相が，水のような液相に融解する熱伝導問題を 1 次元で定式化することを考える．いま，初期条件として，界面の位置を $x = 0$, $x < 0$ に固相，$x > 0$ に液相がある場合を考える．このときの支配方程式および界面での境界条件は，以下のようになる．

支配方程式:

1次元熱伝導方程式

$$\rho_\mathrm{S} C_\mathrm{S} \frac{\partial T_\mathrm{S}}{\partial t} = \lambda_\mathrm{S} \frac{\partial^2 T_\mathrm{S}}{\partial x^2} \quad \text{(固相側)}, \qquad \rho_\mathrm{L} C_\mathrm{L} \frac{\partial T_\mathrm{L}}{\partial t} = \lambda_\mathrm{L} \frac{\partial^2 T_\mathrm{L}}{\partial x^2} \quad \text{(液相側)} \tag{6}$$

境界条件 (固相と液相の界面):

$x = X(t)$ で,

$$T_\mathrm{S} = T_\mathrm{L} = T_\mathrm{M} \qquad \text{(界面で温度が連続かつ融点に一致)} \tag{7}$$

$$\lambda_\mathrm{S} \frac{\partial T_\mathrm{S}}{\partial x} - \rho L v_\mathrm{F} = \lambda_\mathrm{L} \frac{\partial T_\mathrm{L}}{\partial x} \qquad \text{(界面での潜熱の発生を考慮)} \tag{8}$$

ここで，$v_\mathrm{F}$ は界面の移動速度で，$v_\mathrm{F} = dX/dt \; (\leq 0)$ で与えられる．

---

界面の位置は時間とともに移動するが，温度は，融点で変化しないことより，界面に乗った系で現象を記述することを考える．静止した座標系 $(x, t)$ から，固液界面の移動速度で移動する座標系 $(x^*, t^*)$ へ変換する場合，

$$t^* = t, \qquad x^* = x - X(t) \tag{9}$$

とおくと，微分演算子は，

$$\frac{\partial}{\partial t} = \frac{\partial t^*}{\partial t} \frac{\partial}{\partial t^*} + \frac{\partial x^*}{\partial t} \frac{\partial}{\partial x^*} = \frac{\partial}{\partial t^*} - v_\mathrm{F} \frac{\partial}{\partial x^*}, \qquad \frac{\partial}{\partial x} = \frac{\partial t^*}{\partial x} \frac{\partial}{\partial t^*} + \frac{\partial x^*}{\partial x} \frac{\partial}{\partial x^*} = \frac{\partial}{\partial x^*}$$

となる．すなわち，固液界面の速度とともに移動する座標系で，

支配方程式:

$$\rho_\mathrm{S} C_\mathrm{S} \left( \frac{\partial T_\mathrm{S}}{\partial t^*} - v_\mathrm{F} \frac{\partial T_\mathrm{S}}{\partial x^*} \right) = \lambda_\mathrm{S} \frac{\partial^2 T_\mathrm{S}}{\partial x^{*2}} \qquad \text{(固相側)} \tag{10}$$

$$\rho_\mathrm{L} C_\mathrm{L} \left( \frac{\partial T_\mathrm{L}}{\partial t^*} - v_\mathrm{F} \frac{\partial T_\mathrm{L}}{\partial x^*} \right) = \lambda_\mathrm{L} \frac{\partial^2 T_\mathrm{L}}{\partial x^{*2}} \qquad \text{(液相側)} \tag{11}$$

境界条件:

$x^* = 0$ で,

$$T_{\mathrm{S}} = T_{\mathrm{L}} = T_{\mathrm{M}}, \qquad \lambda_{\mathrm{S}} \frac{\partial T_{\mathrm{S}}}{\partial x^*} - \rho L v_{\mathrm{F}} = \lambda_{\mathrm{L}} \frac{\partial T_{\mathrm{L}}}{\partial x^*} \tag{12}$$

となる．静止座標系 $(x, t)$ による定式化との違いは，界面の位置が時間に依存せず，常に $x^* = 0$ にある一方，もともとの熱伝導方程式は形を変えて，$v_{\mathrm{F}}(\partial T/\partial x^*)$ に比例する項が左辺第 2 項に現れている．

さて，境界条件

$$\lambda_{\mathrm{S}} \frac{\partial T_{\mathrm{S}}}{\partial x^*} - \rho L v_{\mathrm{F}} = \lambda_{\mathrm{L}} \frac{\partial T_{\mathrm{L}}}{\partial x^*}$$

より，

$$v_{\mathrm{F}} = -\frac{1}{\rho L} \left( \lambda_{\mathrm{L}} \frac{\partial T_{\mathrm{L}}}{\partial x^*} - \lambda_{\mathrm{S}} \frac{\partial T_{\mathrm{S}}}{\partial x^*} \right) \bigg|_{x=X} \tag{13}$$

すなわち，$v_{\mathrm{F}}$ は，温度の関数となっている．この関係により，$v_{\mathrm{F}}(\partial T/\partial x^*)$ の項は温度 $T$ に関して非線形項となっている．したがって，界面で相変化がある問題は，もとの支配方程式が熱伝導方程式のように線形の問題であっても基本的に非線形の問題となり，解析的にきれいな形で解けることが保証されていない．ただし，ある境界条件のもとでは解が得られ，そのような例については，文献[1]に例が与えられている．

> 問題の設定

図 1 に示すように水の中に氷を入れて冷却するような系を考える．氷の温度はほぼ $0°\mathrm{C}$ になっていると考え，氷の融解とともに水が冷えていく系を考えてみる．簡単のため，1 次元問題を考え，初期条件として氷の温度を $0°\mathrm{C}$，水の温度を $10°\mathrm{C}$ とする．水の融点を $0°\mathrm{C}$ とすると，融点が $0°\mathrm{C}$ なので，この場合は氷の中は温度が $0°\mathrm{C}$ で一定のまま，界面で氷が溶けながら水が冷やされることになる．すなわち，固相側の熱伝導方程式を解く必要はなく，界面で発生する潜熱を考慮して液相側の熱伝導方程式を解けばよい．この問題は次式のように定式化できる．

支配方程式：1 次元熱伝導方程式 (液相側のみ)

$$\rho_{\mathrm{L}} C_{\mathrm{L}} \frac{\partial T}{\partial t} = \lambda_{\mathrm{L}} \frac{\partial^2 T_{\mathrm{L}}}{\partial x^2} \tag{14}$$

**図 1** グラスの中の氷 (氷の融解による水の冷却の例)

水と氷の界面における境界条件 $x = X(t)$ で

$$T_L = 0 \qquad (界面で融点) \tag{15}$$

$$-\rho L v_F = \lambda_L \frac{\partial T_L}{\partial x} \qquad (潜熱を考慮) \tag{16}$$

これらの式に対して，水の密度 $\rho_L = 10^3 \text{kg/m}^3$，比熱 $C_L = 4.2 \times 10^3 \text{J/(kg·K)}$，融解潜熱 $L = 334 \times 10^3 \text{J/kg}$，熱伝導率 $\lambda = 0.58 \text{W/(m·K)}$ とし，適切な近似を施して，温度分布の時空間発展を求めよ．

### 解説・解答

この場合も式 (14) に座標系の変換 ($t^* = t$, $x^* = x - X(t)$) を施し，界面とともに移動する座標系で記述すると以下のようになる．

支配方程式：熱伝導方程式 (液相側のみ)

$$\rho_L C_L \left( \frac{\partial T_L}{\partial t^*} - v_F \frac{\partial T_L}{\partial x^*} \right) = \lambda_L \frac{\partial^2 T_L}{\partial x^{*2}}$$

すなわち，

$$\rho_L C_L \frac{\partial T_L}{\partial t^*} = \rho_L C_L v_F \frac{\partial T_L}{\partial x^*} + \lambda_L \frac{\partial^2 T_L}{\partial x^{*2}} \tag{17}$$

境界条件

$x^* = 0$ で

$$T_L = 0 \tag{18}$$

$$\lambda_L \frac{\partial T_L}{\partial x^*} = -\rho_L L v_F \tag{19}$$

$x^* \to \infty$ で

$$T_L = 10 \tag{20}$$

さて，ここで式 (17) の右辺第 1 項 $\rho_L C_L v_F (\partial T_L / \partial x^*)$ と第 2 項 $\lambda_L (\partial^2 T_L / \partial x^{*2})$ のオーダーを比較してみる．境界条件 (19) より，

$$v_F = -\frac{1}{\rho_L L} \left( \lambda_L \frac{\partial T_L}{\partial x^*} \right) \bigg|_{x^*=0} \tag{21}$$

この式を用いると，式 (17) の右辺第 1 項，第 2 項は，

$$O \left( \rho_L C_L v_F \frac{\partial T_L}{\partial x^*} \right) = O \left( \frac{C_L \lambda_L}{L} \frac{(\Delta T)^2}{(\Delta x)^2} \right) \tag{22}$$

$$O \left( \lambda_L \frac{\partial^2 T_L}{\partial x^{*2}} \right) = \lambda_L \frac{\Delta T}{(\Delta x)^2} \tag{23}$$

したがって，両項の比は次式となる．

$$\frac{O \left( \rho_L C_L v_F \frac{\partial T_L}{\partial x^*} \right)}{O \left( \lambda_L \frac{\partial^2 T_L}{\partial x^{*2}} \right)} = \frac{C_L \Delta T}{L} \tag{24}$$

$L = 334 \times 10^3 \,\mathrm{J/kg}$, $C_\mathrm{L} = 4.2 \times 10^3 \,\mathrm{J/(kg \cdot K)}$, 温度差 $\Delta T = 10\,\mathrm{K}$ とすると

$$\gamma = \frac{C_\mathrm{L} \Delta T}{L} = \frac{(4.2 \times 10^3) \times 10}{334 \times 10^3} \simeq 0.12 \quad (\ll 1) \tag{25}$$

この $\gamma$ は比熱による熱分と潜熱の分の比を表し，この値が十分小さければ，式 (17) の右辺第 1 項は，第 2 項に比べれば十分小さいと近似し，線形の熱伝導方程式

$$\rho_\mathrm{L} C_\mathrm{L} \frac{\partial T_\mathrm{L}}{\partial t^*} = \lambda_\mathrm{L} \frac{\partial^2 T}{\partial x^{*2}} \tag{26}$$

を境界条件 (15), (16) のもとで解けばよい．その後で，$(x^*, t^*)$ の移動座標系を $(x, t)$ の静止座標系に戻して解を求めればよい．すなわち，$x = x^* + X(t)$ とすればよい．

式 (26) を，境界条件 (18), (20) のもとで解くのは，$0 \leq x^*$ の半無限空間における熱伝導方程式の解を求めることになるが，式 (10) で示した無限空間の解を利用できる．すなわち，式 (5) の解を $x \to x^*$ と読み替えて，発熱項を 0, 初期温度分布を $x^* \leq 0$ では $-T_\mathrm{L0}$ (一定), $0 \leq x^*$ では，$T_\mathrm{L0}$ としてやればよい．すなわち，初期温度分布は次式で与えられる．

$$T_0(x^*) = T_\mathrm{L0} H(x^*) - T_\mathrm{L0}[1 - H(x^*)] = T_\mathrm{L0}[2H(x^*) - 1] \tag{27}$$

ここで，$H(x^*)$ はステップ関数 (ヘビサイド関数) で

$$H(x^*)| = \begin{cases} 0 & (x < 0) \\ 1/2 & (x = 0) \\ 1 & (0 < x) \end{cases}$$

これを用いると，

$$G(t^*, x^*) \equiv \sqrt{\frac{1}{4\pi \alpha t^*}} \exp\left(-\frac{x^{*2}}{4\alpha t^*}\right) \quad \left(\alpha \equiv \frac{\lambda_\mathrm{L}}{\rho_\mathrm{L} C_\mathrm{L}}\right)$$

として，

$$\begin{aligned}
T(t^*, x^*) &= \int_{-\infty}^{\infty} T_0(y) \, G(x^* - y, t^*) \, dy \\
&= T_\mathrm{L0} \sqrt{\frac{1}{4\pi \alpha t^*}} \int_{-\infty}^{\infty} [2H(y) - 1] e^{-(x^*-y)^2/4\alpha t^*} dy \\
&= T_\mathrm{L0} \sqrt{\frac{1}{4\pi \alpha t^*}} \left\{-\int_{-\infty}^{0} \exp\left[-\frac{(x^*-y)^2}{4\alpha t^*}\right] dy + \int_{0}^{\infty} \exp\left[-\frac{(x^*-y)^2}{4\alpha t^*}\right] dy \right\} \\
&= T_\mathrm{L0} \sqrt{\frac{1}{4\pi \alpha t^*}} \int_{0}^{\infty} \left\{\exp\left[-\frac{(x^*-y)^2}{4\alpha t^*}\right] - \exp\left[-\frac{(x^*+y)^2}{4\alpha t^*}\right] \right\} dy
\end{aligned} \tag{28}$$

ここで，右辺第 1 項に

$$\xi = \frac{x^* - y}{2\sqrt{\alpha t^*}}$$

2 項目に
$$\xi = \frac{x^* + y}{2\sqrt{\alpha t^*}}$$
の変数変換を施すと，
$$\text{式 (28)} = T_{L0} \frac{2}{\sqrt{\pi}} \int_0^{x^*/2\sqrt{\alpha t}} \exp(-\xi^2)\, d\xi$$
となる．すなわち，
$$T(t^*, x^*) = T_{L0} \frac{2}{\sqrt{\pi}} \int_0^{x^*/2\sqrt{\alpha t}} \exp(-\xi^2)\, d\xi$$
を得る．ここで，$t^* = t$, $x^* = x - X(t)$ より，
$$T(t, x) = T_{L0} \frac{2}{\sqrt{\pi}} \int_0^{(x-X)/2\sqrt{\alpha t}} \exp(-\xi^2)\, d\xi$$
この問題では，$T_{L0} = 10\,\text{K}$, $\alpha \simeq 1.38 \times 10^{-7}\,\text{m}^2/\text{s}$ となる．

また，
$$X(t) = X(0) + \int_0^t v_F\, dt = -\frac{\lambda_L}{\rho_L L} \int_0^t \left(\frac{\partial T_L}{\partial x}\right)\bigg|_{x=X} dt = -\frac{2 T_{L0}}{L} \sqrt{\frac{\lambda_L C_L t}{\pi \rho_L}}$$

$T_{L0} = 10\,\text{K}$, $\rho_L = 10^3\,\text{kg/m}^3$, $C_L = 4.2 \times 10^3\,\text{J/(kg·K)}$, $L = 334 \times 10^3\,\text{J/kg}$ を代入すると，$X(t) = -5.2\sqrt{t} \times 10^{-5}\,\text{m}$ を得る．　　　　　　　　　〔高木　周〕

□ 文　献

1) H. S. Carslaw and J. C. Jaeger, *Conduction of Heat in Solids*, 2nd Ed. (Oxford Science Publications, 1946).

## 4.4　投影粒子画像流速計

〘熱・流体力学〙

ここでは，相関関数を用いた類似性に関する評価方法について述べる．応用例として流体速度計測法の1つである，粒子画像流速計の原理について説明する．

◆ 相関関数 ◆

関数 $f$ および $g$ を変数 $x$ の関数とする．ある区間における相互相関関数 $C(x')$ は，$C(x') = \overline{f(x)g(x+x')}$ で与えられる．ここで，$\overline{f(x)}$ は関数 $f$ の区間における平均を表す．正規化相互相関関数は

$$R(x') = \frac{\overline{f(x)g(x+x')}}{\sqrt{\overline{f(x)^2}}\sqrt{\overline{g(x)^2}}} \tag{1}$$

で与えられ，距離 $x'$ における相関係数を与える．$f(x) = g(x)$ の場合，$C(x') = \overline{f(x)f(x+x')}$ は自己相関関数である．

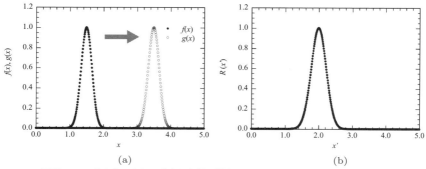

**図1** (a) $f(x)$ と $g(x)$ の分布が相似の場合の例．(b) $f(x)$ と $g(x)$ の相互相関関数．

$f(x)$ と $g(x)$ が図 1a のように与えられたとする．$f(x)$ と $g(x)$ は形状が同じで，最大値をとる位置はそれぞれ $x = 1.5$ と $x = 3.5$ である．これらの関数について，正規化相互相関関数を算出すると図 1b のようになる．この結果は，$f(x)$ と $g(x)$ は $x' = 2.0$ で最も相関が高く，その位置での相関係数が 1 であることから，$f(x)$ と $g(x)$ は $\Delta x = 2.0$ だけずれているだけで相似分布であることがわかる．次に，図 2a のように $f(x)$ と $g(x)$ の分布が異なる場合を考える．$f(x)$ と $g(x)$ が最大値をとる位置は図 1 の場合と同様である．この相互相関関数は図 2b のようになり，相関関数の最

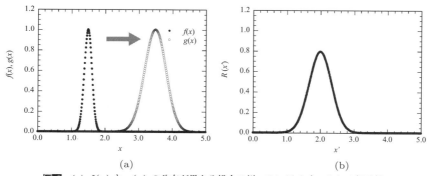

**図2** (a) $f(x)$ と $g(x)$ の分布が異なる場合の例．(b) $f(x)$ と $g(x)$ の相互相関関数．

大値は $x' = 2.0$ で約 0.8 と図1の例より小さな値を示す．すなわち，図2a の $f(x)$ と $g(x)$ では，$x' = 2.0$ で最も類似した形状となるが，分布形状は完全には一致しない．相関関数を応用することで，物理現象の動的特性を評価できる．たとえば，ある波 $f(x)$ が $x$ 方向に伝播し，$dt$ 後に $g(x)$ となったとする．$f(x)$ と $g(x)$ の相関関数が $dx$ の位置でピークを示したとすれば，この波の伝播速度は $dx/dt$ と求められる．

## 粒子画像流速計

粒子画像流速計 (particle image velocimetry; PIV) は，流れ場に混入させた微小なトレーサ粒子をシート状のパルス光 (主にレーザ光) により連続的に照射し，その散乱光の撮影画像を解析することにより，流れ場の2次元的な速度分布を算出する手法である．最も一般的な方法では，カメラの1度の露光に対して1度パルス光を照射し，連続する画像に相互相関法を適用して速度ベクトルを算出する．異なる時刻に得られた画像をいくつかの検査領域に分割し，それぞれの検査領域において相互相関関数を算出し，相関関数が最大となる位置を検出する．その位置から，その検査領域内の流体の平均的な移動方向と移動量を得る．

### 問題の設定

$\Delta t$ だけ異なる時刻において撮影された2枚の粒子画像が与えられている．図3はそれぞれの画像の一部を拡大して示したものであり，白く明るい領域が粒子からの散乱光を示している．この領域では，粒子群は流体の運動にのって右上方向に移動している．このような2組の粒子画像から流体速度を算出する方法を求めよ．

### 解説・解答

図3のような流体速度を求める検査領域内の粒子画像をそれぞれ $f(x,y), g(x,y)$

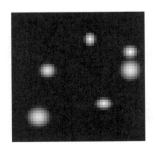

(a) $t = t_0$  (b) $t = t_0 + \Delta t$

図3 時刻の異なる散乱光画像の拡大図

とする．式 (1) の正規化相互相関関数を 2 次元に拡張すると，

$$R(x', y') = \frac{\overline{f(x,y)g(x+x', y+y')}}{\sqrt{\overline{f(x,y)^2}}\sqrt{\overline{g(x,y)^2}}} \quad (2)$$

となる．ここで，画像は離散データであるため，式 (2) を離散的に書き直すと，相互相関関数 $R(x'_m, y'_n)$ は次のようになる．

$$R(x'_m, y'_n) = \frac{\sum_i \sum_j f(x_i, y_j)g(x_i+x'_m, y_j+y'_n)}{\sqrt{\sum_i \sum_j f(x_i,y_j)^2}\sqrt{\sum_i \sum_j g(x_i,y_j)^2}} \quad (3)$$

この相関関数において，原点から $R(x'_m, y'_n)$ が最大値をとる位置までの距離を移動量 $(\Delta x, \Delta y)$ とし，これを時間間隔 $\Delta t$ で割ることにより各検査領域における速度ベクトル $(u, v)$ を得る．ここで，相関関数から与えられる移動量 $(\Delta x, \Delta y)$ は，離散化画像データの解像度以下の精度を持ちえない．これを改善するには，離散的に与えられた相関関数に対して 3-point Gaussian 近似を施す方法などがある．

相関関数を式 (3) から直接算出すると通常は膨大な計算量を必要とする．これに要する計算時間を短縮するために高速フーリエ変換 (fast Fourier transform; FFT) を利用した相関関数の算出法が一般的に用いられている．各検査領域における $f(x_i, y_j)$，$g(x_i, y_j)$ のフーリエ係数はそれぞれ

$$\hat{f}(k_x, k_y) = \frac{1}{N_x N_y} \sum_{k=0}^{N_y-1} \sum_{j=0}^{N_x-1} f(x_j, y_k) e^{-ik_x x_j} e^{-ik_y y_k} \quad (4)$$

$$\hat{g}(k_x, k_y) = \frac{1}{N_x N_y} \sum_{k=0}^{N_y-1} \sum_{j=0}^{N_x-1} g(x_j, y_k) e^{-ik_x x_j} e^{-ik_y y_k} \quad (5)$$

と求められる．これらのフーリエ係数からクロスパワースペクトルを次のように得ることができる．

$$\hat{C}(k_x, k_y) = \hat{f}(k_x, k_y)\hat{g}^*(k_x, k_y) \quad (6)$$

ここで上付の $*$ は複素共役を表す．この $\hat{C}(k_x, k_y)$ に逆フーリエ変換 (IFFT) を施す

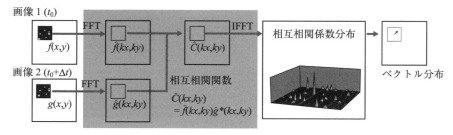

**図 4** PIV による速度算出の概念図と図 3 の画像から求められる相互相関関数

ことにより，相互相関関数 $C(x', y')$ が得られる．この手順を図 4 に示すが，これを全計測領域に対して適用することで 2 次元面内の速度分布を短時間のうちに得ることができる． 〔店橋　護・志村祐康・福島直哉〕

## 4.5　流体の速度計測と数値解析で生じるエイリアス誤差

熱・流体力学

　テレビ CM などで自動車が走行している映像が映し出された場合，本来は前進している自動車のタイヤが逆回転しているように見えることがある．同じように，テレビにコンピュータのモニター画面が映し出された場合も，コンピュータ画面がゆっくりと走査更新されているようにみえることがある．これらの本来の現象とは異なる周波数が現れることをエイリアス誤差とよぶ．

### 打切り誤差とエイリアス誤差

　多くの物理現象では，時間的にあるいは空間的に物理量が変動する場合は少なくない．そのような物理量を何らかの方法で計測する場合，計測機器の周波数と実際の物理現象が含んでいる周波数が異なると，実際とは異なる周波数を検出してしまう．
　区間 $[0, 2\pi]$ で定義されるある物理量 $u(x)$ を考え，その厳密なフーリエ級数展開は，

$$u(x) = \sum_{k=-\infty}^{\infty} \hat{u}(k) \exp(ikx) \quad (1)$$

と与えられるとする．ここで，$k$ は波数，$\hat{u}(k)$ は厳密なフーリエ係数である．次に，離散点

$$x_j = \frac{2\pi j}{N} \quad (j = 0, \cdots, N-1) \quad (2)$$

を考え，この離散点上での物理量 $u(x_j)$ を用いて離散フーリエ変換したとする．この場合に得られるフーリエ係数 $\tilde{u}(k)$ は

$$\tilde{u}(k) = \frac{1}{N} \sum_{j=0}^{N-1} u(x_j) \exp(-ikx_j) \quad (3)$$

である．ここで，$\tilde{u}(k)$ と $\hat{u}(k)$ は必ずしも一致しない．この差は有限な離散点で連続な変数を補間したことによるものであり，これを補間誤差とよぶ．$N$ 点で分解できる波数は $-N/2 \leq k \leq N/2 - 1$ であり，これよりも高い波数の変動は分解できない．これを打切り誤差とよぶ．さらに，この場合 $-N/2 \leq k \leq N/2 - 1$ の範囲内でも，$\hat{u}(k)$ と $\tilde{u}(k)$ は一致しないが，次のような離散逆フーリエ変換を行うと

$$u^N(x_j) = \sum_{k=-N/2}^{N/2-1} \tilde{u}(k) \exp(ikx_j) \tag{4}$$

となり，$u^N(x_j) = u(x_j)$ が成り立つ．式 (1) と式 (4) から，$\tilde{u}(k)$ を $\hat{u}(k)$ を用いて厳密に表現すると

$$\tilde{u}(k) = \hat{u}(k) + \sum_{\substack{m=-\infty \\ m \neq 0}}^{\infty} \hat{u}(k + Nm) \tag{5}$$

となる．式 (5) の右辺第 2 項をエイリアス誤差とよぶ．

◆ **離散フーリエ変換の誤差** ◆
エイリアス誤差が含まれるため，補間誤差は打切り誤差よりも常に大きくなる．

エイリアス誤差は，図 1 に示す例によって容易に理解できる．たとえば，(a) のように $u(x)$ が $k = 10$ の正弦関数であったとして，これを $N = 8$ 点でサンプリングしたとする．サンプリング点は図中 ● で示されている．この場合，点線で表されている $k = 2$ の正弦関数とサンプリング点上の物理量とは区別することはできない．同様に (b) に示す $k = -6$ の正弦関数とも区別することはできない．これは式 (5) の右辺第

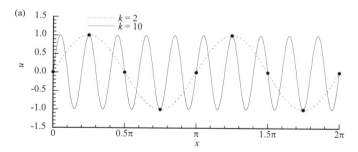

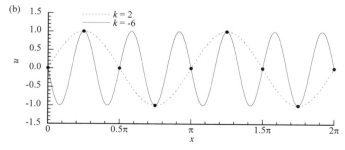

**図 1** 同じサンプル点上で一致する 3 つの異なる波数の変動

## 4.5 流体の速度計測と数値解析で生じるエイリアス誤差

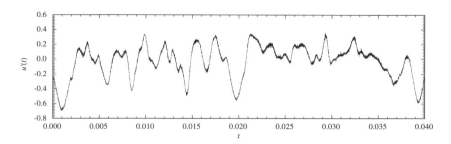

**図 2** 熱線流速計によって計測される乱流変動の時系列変化の例

2 項において，$k = 2$, $N = 8$ とした場合の $m = 1$ と $m = -1$ に対応している．このように，実際には高波数 (時間変動であれば高周波数) の現象が低波数 (時間変動であれば低周波数) の現象に見えてしまう．

### 問題の設定

流体力学分野では，流体速度の計測に高時間分解能な熱線流速計とよばれる計測法が頻繁に用いられる．図 2 は熱線流速計で 100 kHz のサンプリング周波数で計測された速度変動の一部を示している．乱流状態にある流体の速度は，非常に幅の広い周波数範囲にわたって変動を有している．このような速度データからパワースペクトルを求めよ．

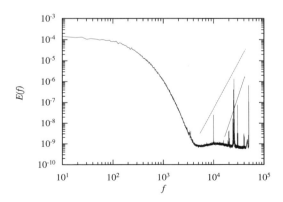

**図 3** 熱線流速計によって計測された速度のパワースペクトル

### 解説・解答

図 3 は次のように定義されるパワースペクトルを示している.
$$E(f) = \frac{1}{2}\hat{u}(f)\hat{u}^*(f) \tag{6}$$
ここで, $f$ は周波数, 上付 $*$ は複素共役を示す.

> ◆ パーセバルの定理 ◆
> パワースペクトルの全周波数範囲にわたる積分値は, 速度変動のエネルギーと一致する.

図 3 から計測対象の乱流は 6 kHz 程度まで有意な変動を有していることがわかる. ここで, 6 kHz 以上のスペクトルはノイズであるが, いくつか鋭いラインスペクトルが存在している. これらのラインスペクトルは周波数の増加に対して両対数グラフ上で一定の勾配で増加している. 図 4 は図 2 に示した速度変動の時間変化を拡大したものである. 図 2 では比較的良い分解能で計測されているように見えた速度はサンプリングごとに激しく変動しており, 矩形波や三角波のように見える. これらはアナログ–デジタル (AD) 変換時に生じた最終ビットの誤差と予測される.

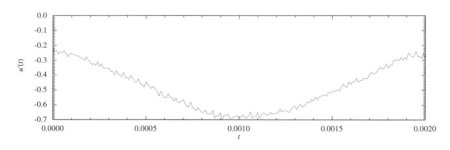

**図 4** サンプル点ごとに変動する誤差を含む乱流変動の時系列変化の例

> ◆ 矩形波などのフーリエ係数 ◆
> 矩形波などのフーリエ係数は, 波数の増加に対して $1/n$ や $1/n^2$ の関数で減少する.

矩形波などのフーリエ級数の特性を考慮に入れると, 図 3 のラインスペクトルがエイリアス誤差であることは容易に予測でき, これらを消去しない限り正しい速度変動

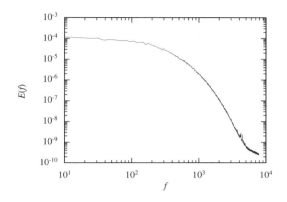

**図 5** エイリアス誤差が除去された流体速度のパワースペクトル

は得ることができない．ここで，このような誤差はすべての AD 変換器で生じる訳ではないことには注意が必要である．

　図 3 に示したように，この例の速度変動は約 6 kHz まで有意なエネルギーを有している．当然ながら，サンプリング周波数が 6 kHz 以下の場合，打切り誤差とそれに伴うエイリアス誤差が生じる．たとえ，サンプリング周波数を 6 kHz 程度に設定しても，この場合のエイリアス誤差は使用した AD 変換器の特性であるので，サンプル点ごとに生じる誤差は消えない．このため，エイリアス誤差が流体速度が本来有している周波数範囲にまで及んでしまう．したがって，エイリアス誤差が速度の周波数範囲まで及ばない程度高い周波数で計測を行い，何らかの方法でエイリアス誤差を除去する．この例のように，有意な速度変動の周波数範囲とエイリアス誤差が生じる周波数範囲が分離されている場合は，移動平均操作 (トップハットフィルタ) やローパスフィルタを施すことで，比較的容易にエイリアス誤差を消去することができる．図 5 は 12.5 kHz のトップハットフィルタを施した後に，6.25 kHz のローパスフィルタ (フーリエ空間内でシャープカットオフフィルタ) を施して得られたパワースペクトルを示している．

　乱流状態の流体速度を正しく計測するために，サンプリング周波数を設定する必要がある．上述のような打切り誤差とエイリアス誤差を抑制するためには，非常に高い時間分解能で計測を行う必要がある．しかし，実際に計測を行う前にどの程度の周波数範囲の変動が速度場に含まれているかを正確に予測できない場合が多いため，計測を行いながら，最終的なサンプリング周波数を決定する試行錯誤的な手続きが必要となる．乱流運動の特性を考えると，計測周波数を変化させながら各周波数に含まれる乱流変動のエネルギーを確認しなければならない．適切なサンプリング周波数の設定とエイリアス誤差の除去により，乱流の速度を高精度に取得することが可能となり，

そのような結果を用いてはじめて乱流統計量などの解析が可能となる.　　〔店橋　護〕

## 4.6　開水路の水面形状

熱・流体力学

河川の水位などに関連した開水路の水面形状を決める問題は，3次方程式となり数値的に解を求めるが，最近ではテキスト[1,2]や文献[3,4]に解析解を利用する方法も紹介されている．

**問題の設定**

矩形断面の開水路における水深や流速を与える3次方程式の解析解を求めよ．

**解説・解答**

図1のような，水路幅 $B$，水深 $h$，水路床高 $\Delta z$ の矩形断面を有する開水路について，連続の式は，

$$Q = vhB \tag{1}$$

ここで，$Q$ は流量，$v$ は流速である．単位質量の流体運動エネルギーを重力加速度の大きさ $g$ で割った速度ヘッドと，水深の和である比エネルギー $E\ (= E_1 - \Delta z)$ は，

$$\frac{v^2}{2g} + h = E \tag{2}$$

ここで，$E_1$ は上流の比エネルギーである．式 (2) で流速 $v$ を未知数とすると，

$$v^3 - 2gEv + 2\frac{gQ}{B} = 0 \tag{3}$$

水深 $h$ を未知数とすると，

$$h^3 - Eh^2 + \frac{Q^2}{2gB} = 0 \tag{4}$$

$a, b, c$ を定数係数とする一般的な3次方程式

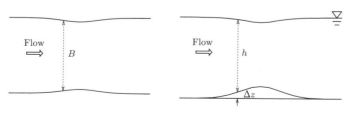

**図1**　矩形断面流路 (水路幅 $B$，水深 $h$，水路床高 $\Delta z$)

## 4.6 開水路の水面形状

$$x^3 + ax^2 + bx + c = 0 \tag{5}$$

の解は[1,5]，

$$x = 2\sqrt{-\frac{p}{3}}\cos\frac{\delta}{3} - \frac{a}{3} \tag{6}$$

$$x = 2\sqrt{-\frac{p}{3}}\cos\frac{\delta + 2\pi}{3} - \frac{a}{3} \tag{7}$$

$$x = 2\sqrt{-\frac{p}{3}}\cos\frac{\delta + 4\pi}{3} - \frac{a}{3} \tag{8}$$

ここで

$$p = b - \frac{a^2}{3}, \qquad q = 2\left(\frac{a}{3}\right)^3 - \left(\frac{a}{3}\right)b + c \tag{9}$$

$$\cos\delta = -\frac{\frac{q}{2}}{\sqrt{-\frac{p^3}{3^3}}} \geq -1 \tag{10}$$

$x = v$ として式 (3) と式 (5) を対比させれば，

$$v = 2\sqrt{\frac{2}{3}gE}\cos\frac{\delta - 2\pi}{3} \quad (\leq v_c) \tag{11}$$

$$v = 2\sqrt{\frac{2}{3}gE}\cos\frac{\delta}{3} \quad (\geq v_c) \tag{12}$$

$$v = -2\sqrt{\frac{2}{3}gE}\cos\frac{\delta - \pi}{3} \quad (< 0) \tag{13}$$

$$\cos\delta \equiv -\sqrt{D} \quad \left(\frac{\pi}{2} \leq \delta \leq \pi = \delta_c\right) \tag{14}$$

$$D = \frac{\left(\frac{3}{2}\right)^3 \frac{Q^2}{gB^2}}{E^3} \leq 1 \tag{15}$$

ここで，添字 c は臨界条件 $v = \sqrt{gh}$ である．

式 (2) から

$$h = E - \frac{v^2}{2g} \tag{16}$$

となるので式 (11)–(13) から，水深の解析解は次のように得られる．

$$h = \frac{E}{3}\left(1 + 2\cos\frac{2\delta - \pi}{3}\right) \quad (\geq h_c) \tag{17}$$

$$h = \frac{E}{3}\left(1 - 2\cos\frac{2\delta}{3}\right) \quad (h \leq h_c) \tag{18}$$

$$h = \frac{E}{3}\left(1 - 2\cos\frac{2\delta - 2\pi}{3}\right) \quad (\leq 0) \tag{19}$$

$x = h$ としても同じ解が得られる．フルード数 $Fr = v/\sqrt{gh}$ は，$v$ と $h$ の解より，

$$Fr = \frac{2\sqrt{2}\cos\dfrac{\delta - 2\pi}{3}}{\sqrt{1 + 2\cos\dfrac{2\delta - \pi}{3}}} \quad (\leq 1) \quad \left( = \frac{-1 + \sqrt{3}\tan\dfrac{\delta}{3}}{\sqrt{1 + \sqrt{3}\tan\dfrac{\delta}{3}}} \right) \tag{20}$$

$$Fr = \frac{2\sqrt{2}\cos\dfrac{\delta}{3}}{\sqrt{1 - 2\cos\dfrac{2\delta}{3}}} \quad (\geq 1) \quad \left( = \frac{2\sqrt{2}\cos\dfrac{\delta}{3}}{\sqrt{3 - 4\cos^2\dfrac{\delta}{3}}} \right) \tag{21}$$

$$Fr = \frac{-2\sqrt{2}\cos\dfrac{\delta - \pi}{3}}{\sqrt{1 - 2\cos\dfrac{2\delta - 2\pi}{3}}} \quad (虚数) \quad \left( = \frac{-1 - \sqrt{3}\tan\dfrac{\delta}{3}}{\sqrt{1 - \sqrt{3}\tan\dfrac{\delta}{3}}} \right) \tag{22}$$

式 (13), (19), (22) は非物理的な解である. 式 (15)$D \leq 1$ の条件は, 比エネルギー $E$ が臨界値以上であることに対応する.

等流 (一様な流れ) の場合 ($\Delta z = 0, \Delta B = 0$),

$$D = \frac{\left(\dfrac{3}{2}\right)^3 \dfrac{A^2}{gB^2}}{E^3} = \frac{E_c^{\,3}}{E^3} \leq 1 \tag{23}$$

水路床高さ $\Delta z$ が変化する場合 ($\Delta z \neq 0, \Delta B = 0$),

$$D = \frac{\left(\dfrac{3}{2}\right)^3 \dfrac{Q^2}{gB^2}}{E^3} = \frac{E_c^{\,3}}{E^3} = \frac{(\Delta E_1 - \Delta z_c)^3}{(E_1 - \Delta z)^3} \leq 1 \tag{24}$$

水路幅 $B$ が変化する場合 ($\Delta z = 0, \Delta B \neq 0$),

$$E = E_1 = E_c = \frac{3}{2}h_c \tag{25}$$

となっているので, $Q = vhB = v_c h_c B_c = g^{1/2} h_c^{\,3/2} B_c$ より

$$D = \frac{\left(\dfrac{3}{2}\right)^3 \dfrac{Q^2}{gB^2}}{E^3} = \frac{\left(\dfrac{3}{2}h_c\right)^3 \dfrac{B_c^{\,2}}{B^2}}{E^3} = \frac{E_c^{\,3}}{E^3}\frac{B_c^{\,2}}{B^2} = \left(\frac{B_c}{B}\right)^2 \leq 1 \tag{26}$$

水路床高, 幅が同時に変化する場合 ($\Delta z \neq 0, \Delta B \neq 0$)

$$\begin{aligned}D &= \frac{\left(\dfrac{3}{2}\right)^3 \dfrac{Q^2}{gB^2}}{E^3} = \frac{\left(\dfrac{3}{2}h_c\right)^3 \dfrac{B_c^{\,2}}{B^2}}{E^3} \\ &= \frac{E_c^{\,3}}{E^3}\frac{B_c^{\,2}}{B^2} = \left(\frac{E_1 - \Delta z_c}{E_1 - \Delta z}\right)^3 \left(\frac{B_c}{B}\right)^2 \leq 1\end{aligned} \tag{27}$$

式 (27) が最も一般性のある条件である.

$$h_c = \left(\frac{Q^2}{bB_c^{\,2}}\right)^{1/3} = \left[\frac{Fr_1^{\,2}}{(B_c/B_1)^2}\right]^{1/3} h_1 \tag{28}$$

と書けるので，流量 $Q$ が一定として

$$E_1 = \frac{v_1{}^2}{2g} + h_1 = \frac{Q^2}{2gh^2B^2} + h + \Delta z = \frac{Q^2}{2gh_\mathrm{c}{}^2B_\mathrm{c}{}^2} + h_\mathrm{c} + \Delta z_\mathrm{c} \tag{29}$$

より，

$$\frac{\Delta z_\mathrm{c}}{h_1} = \left(\frac{Fr_1{}^2}{2} + 1\right) - \frac{3}{2}\left[\frac{Fr_1{}^2}{(B_\mathrm{c}/B_1)^2}\right]^{1/3} \tag{30}$$

あるいは，

$$\frac{B_\mathrm{c}}{B_1} = \frac{\left(\dfrac{3}{2}\right)^{3/2} Fr_1}{\left(1 + \dfrac{Fr_1{}^2}{2} - \dfrac{\Delta z_\mathrm{c}}{h_1}\right)^{3/2}} \tag{31}$$

式 (29) を微分すると

$$\left(1 - \frac{Q^2}{gh^3B^2}\right)dh - \frac{Q^2}{gh^2B^3}dB + d(\Delta z) = 0 \tag{32}$$

$v = \sqrt{gh}$ となる流れの臨界条件では $Fr = 1$ であり，式 (32) の左辺第 1 項は 0 となるので，臨界条件では

$$-\frac{Q^2}{gh^2B^3}dB + d(\Delta z) = 0 \tag{33}$$

式 (32) が満たされる最も単純な場合は

$$dB = d(\Delta z) = 0 \tag{34}$$

で，水路床高 $\Delta z$ が極値の場合，水路幅 $B$ も極値となる．

　与えられた流量 $Q$ と上流側の条件では，$D > 1$ となって解が存在しない場合がある．同じ流量 $Q$ を流すためには，臨界に達する部分で $D = 1$ となるように，上流の条件を変化 (水位上昇) させることが必要となる．〔森下悦生〕

□ 文　献
1) 有田正光, 中井正則, 水理学演習, pp. 189–192 (東京電機大学出版局, 1999).
2) H. Chanson, *The Hydraulics of Open Channel Flow: An Introduction*, 2nd Ed., pp. 139–140 (Elsevier, 2004).
3) A. Abdulrahman, "Direct Solutions to Problems of Open-Channel Transitions: Rectangular Channels," *J. Irrig. and Drain. Engrg.*, **134**, 533–537 (2008).
4) E. Morishita, "Discussions of "Direct Solutions to Problems of Open-Channel Transitions: Rectangular Channels" by Abdulrahaman Abdulrahaman, *J. Irrig. and Drain. Engrg.*, **135**, 704–706 (2009).
5) 日本機械学会, 機械工学便覧 A2 数学, p. A2-4 (1986).

## 4.7 共振・フィルタ・移相回路

(電気・電子工学)

任意の実数 $\theta$ に対する三角関数 $\sin\theta$ と $\cos\theta$ は，自然対数の底 $e$ と，複素数 $j$ ($j^2 = -1$) を用いて，

$$e^{j\theta} = \cos\theta + j\sin\theta \tag{1}$$

と表すことができ，これはオイラーの等式として知られている．オイラーの等式を用いると，2 つの波の振幅の比や位相の差を簡単に表現でき，振動現象を取り扱う際にきわめて便利なので，電気工学や機械工学などの幅広い分野で多用される．

まず，最大振幅 $A$，角周波数 $\omega = 2\pi f$ で振動する正弦波振動 $v = A\cos\omega t$ は，

$$Ae^{j\omega t} (= A\cos\omega t + jA\sin\omega t) \tag{2}$$

の実部 $\text{Re}(Ae^{j\omega t})$ として表すことができる．

次に，指数関数の性質から，$v$ に $e^{j\phi}$ を乗ずることで，加法定理を導くことができる．すなわち，

$$Ae^{j\omega t}e^{j\phi} = Ae^{j(\omega t+\phi)} = A\cos(\omega t + \phi) + jA\sin(\omega t + \phi) \tag{3}$$

のように，初期位相を $\phi$ だけ早められることが示される [*1)]．

ここで，$Ae^{j\phi}$ をひとまとまりにして，複素数 $\hat{A}$:

$$Ae^{j\phi} = (A\cos\phi) + j(A\sin\phi) = a + jb = \hat{A} \tag{4}$$

であると考えることで，$\hat{A}e^{j\omega t}$ によって，最大振幅 $A$，初期位相 $\phi$，角周波数 $\omega$ の正弦波振動を表すことができる．

> 問題の設定

図 1 は，抵抗，コイル，キャパシタを直列接続した回路である．この回路に周波数 $f$ の正弦波交流電圧 $V_{\text{in}}$ を印加したとき，回路に流れこむ電流 $I_{\text{in}}$ は周波数に依存して変化し，共振周波数 $f_0$ において最大値をとる．この現象を直列共振とよぶ．直列共振回路に単一周波数 $V_{\text{in}} = V_0\, e^{j\omega t}$ を印加するとき，電圧と電流との比 (インピーダンス) $Z = V/I$ の周波数特性を求めよ．

---

[*1)] $\phi$ を負にすることで，初期位相を遅らせることも，もちろん可能である．

### 4.7 共振・フィルタ・移相回路

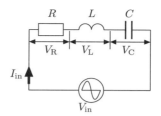

**図 1** 直列共振回路

## 解説・解答

### 解答準備
キルヒホッフの 2 法則を用いて方程式を立て，解く．

**第 1 法則 (電流則：KCL)** 回路中の任意の接点において，流入・流出する電流の符号付き総和はゼロとなる．したがって，本問のように枝分かれのない回路では電流値は任意の点で等しい．$I$ はすべての素子で同一．

**第 2 法則 (電圧則：KVL)** 回路中の任意の閉路において，起電力と電圧降下の符号付き総和はゼロとなる．したがって，本問のような直列回路では，印加電圧 $= \Sigma$ (素子の端子電圧) となる．

$$V_{\text{in}} = V_R + V_L + V_C \tag{5}$$

抵抗，コイル，キャパシタ単体の電圧電流特性はそれぞれ，$V_R = RI$，$V_L = L\, dI/dt$，$I = C\, dV_C/dt$ である．

一般的には，以上 3 式を式 (5) に代入することで微分方程式が定まり，これを解けばよいが，電気工学では電源を投入してから十分時間が経過した定常状態を主に取り扱い，初期条件に依存する項は減衰して無視できるので，その瞬間での「振幅の比」と「位相の差」に注目することで演算を楽に行うことができる．

たとえば，抵抗，コイル，キャパシタのそれぞれについて，電圧と電流との比:インピーダンス $Z = V/I$ を求めると，以下のようになる．

抵抗：
$R$ に $V_R = V_0\, e^{j\omega t}$ を印加すると，電流
$$I_R = \frac{V_0\, e^{j\omega t}}{R} \tag{6}$$
が流れる．したがって，インピーダンス $Z_R$ は，
$$Z_R = \frac{V_R}{I_R} = \frac{V_0\, e^{j\omega t}}{(V_0\, e^{j\omega t})/R} = R \tag{7}$$
つまり，電流と電圧の振幅比は $R$，電流と電圧の位相差はゼロ (同相)．

キャパシタ:

$C$ に $V_\mathrm{C} = V_0\, e^{j\omega t}$ を印加すると,電流

$$I_\mathrm{C} = C\, \frac{dV_\mathrm{C}}{dt} = j\omega\, CV_0\, e^{j\omega t} \tag{8}$$

が流れる.

したがって,インピーダンス $Z_\mathrm{C}$ は,

$$Z_\mathrm{C} = \frac{V_\mathrm{C}}{I_\mathrm{C}} = \frac{V_0\, e^{j\omega t}}{j\omega\, CV_0\, e^{j\omega t}} = \frac{1}{j\omega\, C} \tag{9}$$

つまり,振幅比は $1/\omega C$,電流の位相は電圧に対して $90°$ 進む.

コイル:

$L$ に電流 $I_\mathrm{L} = I_0\, e^{j\omega t}$ を印加すると,両端に電圧

$$V_\mathrm{L} = L\, \frac{dI_\mathrm{L}}{dt} = j\omega\, L\, I_0\, e^{j\omega t} \tag{10}$$

が発生する.

したがって,インピーダンス $Z_\mathrm{L}$ は

$$Z_\mathrm{L} = \frac{V_\mathrm{L}}{I_\mathrm{L}} = \frac{j\omega\, LI_0\, e^{j\omega t}}{I_0\, e^{j\omega t}} = j\omega\, L \tag{11}$$

つまり,振幅比は $\omega L$,電流の位相は電圧に対して $90°$ 遅れる.

## 解答

上記 $R$, $L$, $C$ の解析結果を直列共振回路に適用する.

ある瞬間に,回路に電流 $I = \hat{I}_0\, e^{j\omega t}$ が流れていたとすると,$R$, $L$, $C$ の両端に生ずる電圧はそれぞれ,

$$V_\mathrm{R} = Z_\mathrm{R} I = R\, \hat{I}_0\, e^{j\omega t} \tag{12}$$

$$V_\mathrm{C} = Z_\mathrm{C} I = \frac{1}{j\omega\, C}\, \hat{I}_0\, e^{j\omega t} \tag{13}$$

$$V_\mathrm{L} = Z_\mathrm{L} I = j\omega\, L\, \hat{I}_0\, e^{j\omega t} \tag{14}$$

となる.上記 3 式を式 (5) に代入すると,

$$V_0 e^{j\omega t} = V_\mathrm{R} + V_\mathrm{L} + V_\mathrm{C} = Z_\mathrm{R} I + Z_\mathrm{L} I + Z_\mathrm{C} I = \left(R + \frac{1}{j\omega C} + j\omega L\right)\hat{I}_0\, e^{j\omega t} \tag{15}$$

したがって,

$$Z(\omega) = \frac{V}{I} = \frac{V_0\, e^{j\omega t}}{\hat{I}_0\, e^{j\omega t}} = \left(R + \frac{1}{j\omega C} + j\omega L\right) = R + j\left(\omega L - \frac{1}{\omega C}\right) \tag{16}$$

となる.

複素数に関する性質:$Z = a + jb$ の大きさ $|Z| = \sqrt{a^2 + b^2}$,偏角 $\angle Z = \tan^{-1}(b/a)$ より,直列共振回路のインピーダンスは,

## 4.7 共振・フィルタ・移相回路

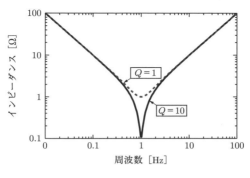

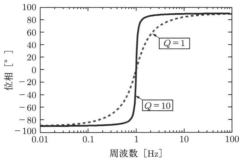

**図 2** 直列共振回路のインピーダンス $Z$ の大きさと偏角

**大きさ**

$$|Z| = \sqrt{R^2 + \left(\omega L - \frac{1}{\omega C}\right)^2} \tag{17}$$

**偏角**

$$\angle Z = \tan^{-1} \frac{\left(\omega L - \dfrac{1}{\omega C}\right)}{R} \tag{18}$$

となる.

インピーダンスの周波数特性を図示すると図 2 のようになる.

$$\omega_0 L = \frac{1}{\omega_0 C} \tag{19}$$

となる周波数: 共振周波数 $f_0$:

$$f_0 = \frac{\omega_0}{2\pi} = \frac{1}{2\pi\sqrt{LC}} \tag{20}$$

を中心として, 3 つの特徴的な傾向を示すことがわかる.

**容量性領域** ($f < f_0$)

$\omega L < (1/\omega C)$ となり, キャパシタによって電流が阻止される. 周波数が上

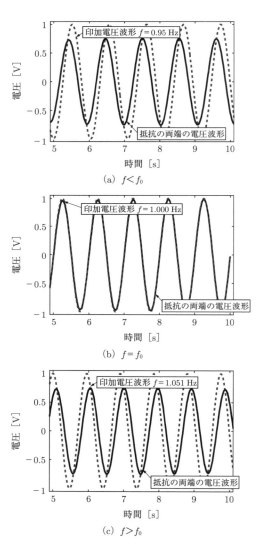

**図 3** 共振の前後における直列共振回路の抵抗両端の電圧 (電子回路シミュレータ SPICE による過渡解析結果)

昇するにつれてインピーダンスは減少する (電流が流れやすくなる). 電流の位相は電圧よりも進む (図 3a).

**共振周波数** ($f = f_0$)

$\omega L = (1/\omega C)$ となり，キャパシタとコイルとに流れる電流がちょうど打ち消し合い，外部からは抵抗分だけに電流が流れこんでいるように観測される．電流と電圧の位相が等しくなる (図 3b).

**誘導性領域** ($f > f_0$)

$\omega L > (1/\omega C)$ となり，コイルによって電流が阻止される．周波数が上昇するにつれてインピーダンスは増加する (電流が流れにくくなる). 電流の位相は電圧よりも遅れる (図 3c).

さらに，共振点における $\omega_0 L (= 1/\omega_0 C)$ と $R$ との比を性能指数 (quality factor) または単に $Q$ 値と称する．

$$Q = \frac{\omega_0 L}{R} = \frac{1}{\omega_0 C R} = \frac{1}{2\pi R}\sqrt{\frac{L}{C}} \tag{21}$$

$Q$ 値は見方によってさまざまな解釈が可能である．

(1) 共振周波数 $\omega_0$ における，コイル (またはキャパシタ) と抵抗とそれぞれの両端に発生する電圧の振幅比 $V_L/V_R$：  共振時の電流を $\hat{I}_0 e^{j\omega_0 t}$ とすると，$V_L = j\omega_0 L \hat{I}_0 e^{j\omega_0 t}$, $V_R = R\hat{I}_0 e^{j\omega_0 t}$ であるから，$V_L/V_R = j\omega_0 L/R = jQ$. したがって，$Q$ の大きな共振回路では，抵抗にかかってる電圧よりもはるかに大きな電圧が $C$ ならびに $L$ の両端に生じていることがわかる．共振現象という名称の由来はここにある．このことは，図 4 に示すように，各素子の両端に加わっている電圧の時間波形を観測すると明らかである．$Q = 10$ の回路において，10 倍の振幅比が得られている．

(2) 共振周波数 $\omega_0$ における，キャパシタ (またはコイル) 端電圧 $V_C$ と電源電圧 $V_0$

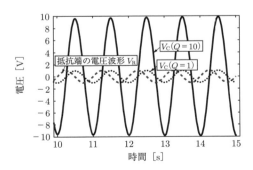

**図 4** 抵抗端の電圧 $V_R$ とキャパシタ端の電圧抵抗端の電圧 $V_C$ との比較 (電子回路シミュレータ SPICE による過渡解析結果)

との振幅比 $V_C/V_0$：　$\omega = \omega_0$ において $V_C = -V_L$. したがって $V_R = V_0 e^{j\omega_0 t}$ である (電源からは抵抗成分しか見えない) ので, 数学的には前項と同値である. 物理的には, 共振によって $L$ と $C$ にエネルギーを蓄えることによって, $C$ または $L$ から, 印加した電圧よりも大きな電圧を取り出すことができるという, 電子回路の実用上重要な意味がある.

(3) 共振の鋭さを示す指標：　共振の鋭さを評価する指標として, 共振回路の合成インピーダンス $Z$ の, 実部と虚部との値が等しくなる周波数 [*2] $\omega_1$, $\omega_2$ の周波数差 $\Delta\omega$ の $\omega_0$ に対する割合 $\omega_0/(\omega_1 - \omega_2)$ をとる.

$$\left(\omega L - \frac{1}{\omega C}\right) = \pm R \tag{22}$$

$$(\omega^2 CL - 1) = \pm \omega CR \tag{23}$$

$$\omega^2 CL \mp \omega CR - 1 = 0 \tag{24}$$

$$\omega = \frac{\pm CR \pm \sqrt{C^2 R^2 + 4CL}}{2CL} \tag{25}$$

このうち $\omega < 0$ (2つある) を落とすと,

$$\omega_1 = \frac{\sqrt{C^2 R^2 + 4CL} + CR}{2CL} \tag{26}$$

$$\omega_2 = \frac{\sqrt{C^2 R^2 + 4CL} - CR}{2CL} \tag{27}$$

両者の差をとると

$$\Delta\omega = \omega_1 - \omega_2 = \frac{2CR}{2CL} = \frac{R}{L} \tag{28}$$

したがって,

$$\frac{\omega_0}{\Delta\omega} = \frac{\omega_0 L}{R} = Q \tag{29}$$

であることが示された. この事実は, 周波数特性を測定するだけで, 使用した素子の理想からのずれ具合を議論することができることを示しており, こちらも実用上重要である.

〔三田吉郎〕

---

[*2] このとき振幅は $1/\sqrt{2}$ 倍になる. デシベル値に変換して「$-3\,\text{dB}$ 落ち」とよぶ.

# 5

# 線 形 代 数

## 5.1 特異値分解による行列のランクと線形方程式の解構造の分析

機械力学

### リンク構造のメカニズムと安定性

　軸方向の力 (軸力) のみを伝達する棒材 (部材) を，自由に回転できる接合部 (ピン節点) で接続した構造をトラスという．十分な数の部材を適切に組合わせて支持したトラスは安定であり，建築や機械の分野のさまざまな構造で利用される．一方，外力を与えず，部材が伸縮せず変形できる不安定な変形モードをメカニズムといい，メカニズムをもつトラスをリンク機構という．リンク機構は，機械構造物において，変形の大きさや方向を変化させるために用いられる．たとえば，図 1 のリンクの機構では，節点 a を移動させて節点 b に指定した変位を与える．このような構造が不安定で，変形過程で外力が不要であるあることは理解しやすいが，複雑な構造の場合，安定性を判別するのは困難であり，特異値分解を有効に利用して判別することができる．

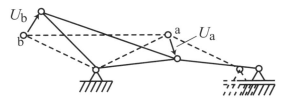

**図 1** リンク機構の例

◆ 特異値分解 ◆
　正方行列とは限らない一般の長方行列のランクなどの特性を判別するための方

法として，特異値分解がある．これを用いて，リンク機構の安定性を判別し，メカニズムを求めるための手法を解説する．

図2に示すように，節点 $k$ に複数の部材が接続するときの力の釣り合いを考える．節点 $k$ の座標を $(X_k, Y_k, Z_k)$ とし，節点 $k$ と節点 $i$ を接続する部材の諸量を下添字 $ik$ で表す．部材 $ik$ の軸力を $N_{ik}$，方向余弦ベクトル (節点 $i$ から節点 $k$ に向かう単位ベクトル) を $c_{ik}$ とする．また，節点 $k$ に作用する荷重ベクトルを $P_k$，節点 $k$ に接続する部材の集合を $K$ とすると，節点 $k$ での釣り合い式は以下のようになる．

$$\sum_{i \in K} c_{ik} N_{ik} = P_i \tag{1}$$

ベクトル $c_{ik}$ の各成分を，トラス全体の部材と節点について適切に符号を考慮して並べた行列を $C$，軸力を並べたベクトルを $N$，構造全体の外力ベクトルを $P$ とすると，釣り合い式は以下のようになる．

$$CN = P \tag{2}$$

行列 $C$ を釣り合い行列という．また，境界条件は適切に導入され，上式は，自由節点のみの釣り合いを表しているものとする．たとえば，図3のような構造で，白丸は自由節点，黒丸はピン支点である．$P = 0$ で釣り合い式 (2) を満たすような軸力ベクトルを，自己釣り合い軸力モードという．

節点変位のベクトルを $U$，部材の伸びのベクトルを $d$ として，これらの関係を

$$d = DU \tag{3}$$

のように書く．上式を満たす $U$ と $d$ を仮想変位と考えると，仮想仕事式は以下のようになる．

$$N^\mathsf{T} d = P^\mathsf{T} U \tag{4}$$

式 (3), (4) より，

$$(N^\mathsf{T} D - P^\mathsf{T}) U = 0 \tag{5}$$

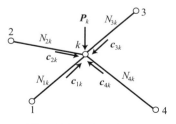

図2 節点と部材の接続関係

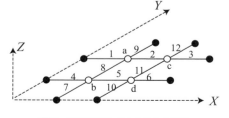

図3 平面形状を有するリンク機構

を得る．上式が任意の $U$ に対して成立するので，
$$N^\mathsf{T} D = P^\mathsf{T} \tag{6}$$
である．したがって，式 (2), (6) より，$D = C^\mathsf{T}$ となり，
$$C^\mathsf{T} U = 0 \tag{7}$$
が成立するとき，伸びのない変形すなわちメカニズムが存在する．

### 問題の設定

釣り合い行列の特異値分解を用いて，トラスの自己釣り合い軸力モードとメカニズムを求めよ．

### 解説・解答

トラスの部材数を $m$，変位の自由度を $n$ とすると，釣り合い行列 $C$ のサイズは $n \times m$ である．$C$ のランク (独立な行ベクトルあるいは列ベクトルの数) を $r$ とすると，$C^\mathsf{T}$ のランクも $r$ である．

$C$ を以下のように特異値分解する．
$$C = S\Omega R^\mathsf{T} \tag{8}$$
ここで，$R$ は $m \times m$，$S$ は $n \times n$ の直交行列であり，それぞれの行と列は，$C$ の右特異ベクトルおよび左特異ベクトルである．$\Omega$ は対角項が特異値であるような対角行列である．

$S$ と $R$ が直交行列なので，$S^{-1} = S^\mathsf{T}$，$R^{-1} = R^\mathsf{T}$ が成立し，式 (8) より次式が成り立つ．
$$S^\mathsf{T} C = \Omega R^\mathsf{T}, \quad C^\mathsf{T} R = S\Omega \tag{9}$$
$C$ がフルランクのとき，$r$ は $m$ と $n$ の小さい方に一致する．フルランクでないとき，次式を満たすような $m-r$ 個のベクトル $R_i$ $(i = r+1, \ldots, m)$ と $n-r$ 個のベクトル $S_i$ $(i = r+1, \ldots, n)$ が存在する．
$$CR_i = 0, \quad C^\mathsf{T} S_i = 0 \tag{10}$$
$C$ は釣り合い行列なので，$R_i$ は，外力なしで存在する非ゼロの自己釣り合い軸力モードであり，$m-r$ は不静定次数である．一方，式 (7), (10) より，$S_i$ は軸変形なしで存在する非ゼロの変位モードであり，$n-r$ は不安定次数 (メカニズムの数) である．

図 3 は，空間内に存在する平面形状のリンク機構を示している．自由節点数は 4 なので $n = 12$ であり，部材数 $m$ は 12 である．行列 $C$ のランクは 8 であり，不安定次数と不静定次数はともに 4 である．

メカニズムは，節点 a, b, c, d のそれぞれが上下方向に移動するモードである．また，直線上に存在する 3 つの部材 (1,2,3), (4,5,6), (7,8,9), (10,11,12) のそれぞれに同一の軸力を与える軸力ベクトルは，自己釣り合い力軸力モードである．〔大崎　純〕

## 5.2 パラレルマニピュレータの速度解析

(機械力学)

パラレルマニピュレータ (図 1) は，エンドエフェクタが取り付けられる出力リンクとベースの間に複数のリンクとジョイントから構成される連鎖 (連結連鎖とよぶ) が複数個並列に配置された形式のロボットマニピュレータである．複数の連結連鎖によって出力リンクが支持されていること，アクチュエータをベース上あるいはベース周辺に設置可能であり可動部が軽量であることなどから，高精度・高速度・高出力のロボットとして，加工機，各種のモーションシミュレータ，測定機などへの適用がなされている．

パラレルマニピュレータでは，連結連鎖を構成するジョイントは必ずしも能動ジョイント (アクチュエータにより駆動されるジョイント) である必要はなく，受動ジョイントの方が数的には多い場合が多い．このような特徴から，パラレルマニピュレータにおいては，アクチュエータの速度からエンドエフェクタの速度を求める式を導出することは，リンクを能動ジョイントにより直列に連結したシリアルマニピュレータに比べて，容易ではない．この問題をベクトルの内積および外積を用いて解決する方法を考える．

### 問題の設定

図 1 に示したパラレルマニピュレータがある位置・姿勢をとっているとき，入力速度

$$\dot{\boldsymbol{q}} = \begin{bmatrix} \dot{q}_1 & \dot{q}_2 & \dot{q}_3 & \dot{q}_4 & \dot{q}_5 & \dot{q}_6 \end{bmatrix}^\mathsf{T}$$

と出力速度

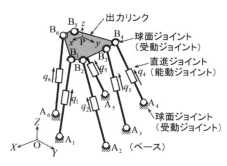

**図 1** パラレルマニピュレータの一例

## 5.2 パラレルマニピュレータの速度解析

$$V = \begin{bmatrix} v_P^{\mathsf{T}} & \omega^{\mathsf{T}} \end{bmatrix}^{\mathsf{T}}$$

の関係を次式のように $6 \times 6$ 行列 $J$ (ヤコビ行列という) により表すとき,

$$\dot{q} = JV_P \tag{1}$$

ヤコビ行列 $J$ は変位情報のみによって表すことができる.なお,$v_P$ は出力節上の点 $P$ (代表点) の速度,$\omega$ は出力節の角速度を表す.それぞれ 3 次元のベクトルである.また,次のようにベクトル (O–XYZ 座標系で表現) を定義し,これらはすべて既知とする.

$b_i$ : 点 $P$ から見た点 $B_i$ の位置ベクトル ($i = 1, 2, \cdots, 6$)
$i$ : $X$ 軸方向の単位ベクトル
$j$ : $Y$ 軸方向の単位ベクトル
$k$ : $Z$ 軸方向の単位ベクトル
$t_i$ : $A_iB_i$ 方向の単位ベクトル ($i = 1, 2, \cdots, 6$)

図 1 のパラレルマニピュレータについて,ヤコビ行列 $J$ を求めよ.

#### 解説・解答

出力節の速度と点 $B_i$ の速度 $v_{B_i(P)}$ の関係は次式のように表される.

$$v_{B_i(P)} = v_P + \omega \times b_i \tag{2}$$

一方,球対偶 $A_i$ における $X, Y$ および $Z$ 軸まわりの角速度をそれぞれ $\omega_{X_i}, \omega_{Y_i}$ および $\omega_{Z_i}$ と表すとき,点 $B_i$ の速度 $v_{B_i(B)}$ は次式のように表される.

$$\begin{aligned}
v_{B_i(B)} &= \omega_{X_i} i \times (\overline{A_iB_i} t_i) + \omega_{Y_i} j \times (\overline{A_iB_i} t_i) + \omega_{Z_i} k \times (\overline{A_iB_i} t_i) + \dot{q}_i t_i \\
&= \overline{A_iB_i}(\omega_{X_i} i + \omega_{Y_i} j + \omega_{Z_i} k) \times t_i + \dot{q}_i t_i
\end{aligned} \tag{3}$$

$v_{B_i(P)}$ と $v_{B_i(B)}$ は等しいから,次式が成り立つ.

$$v_P + \omega \times b_i = \overline{A_iB_i}(\omega_{X_i} i + \omega_{Y_i} j + \omega_{Z_i} k) \times t_i + \dot{q}_i t_i \tag{4}$$

上式の両辺について,$t_i$ と内積をとると,左辺は

$$\begin{aligned}
t_i \cdot (v_P + \omega \times b_i) &= t_i \cdot v_P + t_i \cdot (\omega \times b_i) = t_i \cdot v_P + \omega \cdot (b_i \times t_i) \\
&= t_i \cdot v_P + (\omega \cdot (b_i) \times t_i)
\end{aligned} \tag{5}$$

右辺は

$$\begin{aligned}
& \overline{A_iB_i} t_i \cdot [(\omega_{X_i} i + \omega_{Y_i} j + \omega_{Z_i} k) \times t_i + \dot{q} t_i] \\
&= \overline{A_iB_i} t_i \cdot [(\omega_{X_i} i + \omega_{Y_i} j + \omega_{Z_i} k) \times t_i] + \dot{q}_i t_i \cdot t_i = \dot{q}_i
\end{aligned} \tag{6}$$

となるから,次式を得る.

$$t_i^\top v_P + (b_i \times t_i)^\top \omega = \dot{q}_i \tag{7}$$

上式を $i = 1, 2, \cdots, 6$ についてまとめると次式を得る．

$$\begin{bmatrix} t_1^\top & (b_1 \times t_1)^\top \\ t_2^\top & (b_2 \times t_2)^\top \\ t_3^\top & (b_3 \times t_3)^\top \\ t_4^\top & (b_4 \times t_4)^\top \\ t_5^\top & (b_5 \times t_5)^\top \\ t_6^\top & (b_6 \times t_6)^\top \end{bmatrix} \begin{bmatrix} v_P \\ \omega \end{bmatrix} = \begin{bmatrix} \dot{q}_1 \\ \dot{q}_2 \\ \dot{q}_3 \\ \dot{q}_4 \\ \dot{q}_5 \\ \dot{q}_6 \end{bmatrix} \tag{8}$$

したがって，ヤコビ行列 $J$ は次式のように表される．

$$J = \begin{bmatrix} t_1^\top & (b_1 \times t_1)^\top \\ t_2^\top & (b_2 \times t_2)^\top \\ t_3^\top & (b_3 \times t_3)^\top \\ t_4^\top & (b_4 \times t_4)^\top \\ t_5^\top & (b_5 \times t_5)^\top \\ t_6^\top & (b_6 \times t_6)^\top \end{bmatrix} \tag{9}$$

〔武田行生〕

## 5.3 冗長自由度をもつロボットの運動制御

機械力学　計測・制御工学

### 冗長ロボットマニピュレータの速度制御

人間の腕を模擬して回転関節によりリンクを直列に結合し，各関節にアクチュエータを配置したロボットマニピュレータにおいて，手先の運動の自由度よりもジョイントの数が大きい場合，冗長自由度があるといい，このようなロボットを冗長ロボットマニピュレータとよぶ．冗長ロボットマニピュレータは，同じ手先の位置と姿勢を実現する形状が種々にとれるため，手先に与えられた運動を実現しつつ障害物を回避する等，器用な動きが実現できる．ここでは，このロボットの手先の速度が与えられた場合に，アクチュエータの速度を計算することを考える．

ロボットマニピュレータの運動制御では，一般に，関節の入力速度 $\dot{\boldsymbol{\theta}}$ と出力速度 $\dot{\boldsymbol{r}}$ との関係を表すヤコビ行列 $J$ を求め，その逆行列を用いて所望の出力速度を得るための関節入力速度を次式のように求める．

## 5.3 冗長自由度をもつロボットの運動制御

$$\dot{r} = J\dot{\theta} \quad \rightarrow \quad \dot{\theta} = J^{-1}\dot{r} \tag{1}$$

ここで，マニピュレータの運動空間の自由度と入力自由度 (= 関節の数) をそれぞれ $M$, $N$ とすると，ヤコビ行列 $J$ は $M \times N$ 行列となる．冗長自由度がないマニピュレータは $N = M$ であるため，入出力関係を記述する方程式と未知数の数は等しく，式 (1) を用いて出力速度に対する入力速度を求めることができる．しかし，冗長ロボットマニピュレータの場合 ($N > M$) は未知数の数が方程式の数を上回るためヤコビ行列は横長となり，式 (1) のように逆行列を求めることができない．そこで，次のように式 (1) の逆ヤコビ行列をムーア–ペンローズ (Moore–Penrose) の擬似逆行列 $J^+$ に置き換えて書くと，関節速度の 2 乗和を最小化する解が得られる．

$$\dot{\theta} = J^+\dot{r}, \qquad J^+ = J^\mathsf{T}(JJ^\mathsf{T})^{-1} \tag{2}$$

さらに，ヤコビ行列の補空間 $(I - J^+J)$ を用いて式 (2) を修整することで，$\dot{\theta}$ の一般解が得られる．

$$\dot{\theta} = J^+\dot{r} + (I - J^+J)\boldsymbol{a} \tag{3}$$

ここに，$\boldsymbol{a}$ は任意のベクトルであり，任意の評価関数やベクトルを代入することができる．ここでは，図 1 に示すように，4 つの回転関節によりリンクが直列に結合した平面 4R マニピュレータを取り上げ，式 (3) にもとづく速度制御問題を考える．

### 問題の設定

図 1 に示す平面 4R マニピュレータの手先 $P_\mathrm{E}$ および中間点 $P_\mathrm{M}$ ($J_2$ と $J_3$ の中点) の速度と各回転関節の角速度の関係は次のように表される．

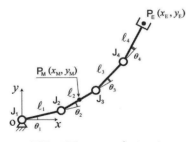

**図 1** 平面 4R マニピュレータ

$$\dot{\boldsymbol{r}}_{\mathrm{E}} = \begin{bmatrix} -\dot{\theta}_1 l_1 \sin\theta_1 - \left(\sum_{n=1}^{2}\dot{\theta}_n\right) l_2 \sin\left(\sum_{n=1}^{2}\theta_n\right) - \left(\sum_{n=1}^{3}\dot{\theta}_n\right) l_3 \sin\left(\sum_{n=1}^{3}\theta_n\right) \\ \dot{\theta}_1 l_1 \cos\theta_1 + \left(\sum_{n=1}^{2}\dot{\theta}_n\right) l_2 \cos\left(\sum_{n=1}^{2}\theta_n\right) + \left(\sum_{n=1}^{3}\dot{\theta}_n\right) l_3 \cos\left(\sum_{n=1}^{3}\theta_n\right) \end{bmatrix}$$

$$\begin{aligned} &\quad -\left(\sum_{n=1}^{4}\dot{\theta}_n\right) l_4 \sin\left(\sum_{n=1}^{4}\theta_n\right) \\ &\quad +\left(\sum_{n=1}^{4}\dot{\theta}_n\right) l_4 \cos\left(\sum_{n=1}^{4}\theta_n\right) \end{aligned}$$

$$= \begin{bmatrix} -(y_{\mathrm{E}}-y_1) & -(y_{\mathrm{E}}-y_2) & -(y_{\mathrm{E}}-y_3) & -(y_{\mathrm{E}}-y_4) \\ x_{\mathrm{E}}-x_1 & x_{\mathrm{E}}-x_2 & x_{\mathrm{E}}-x_3 & x_{\mathrm{E}}-x_4 \end{bmatrix} \begin{bmatrix} \dot{\theta}_1 \\ \dot{\theta}_2 \\ \dot{\theta}_3 \\ \dot{\theta}_4 \end{bmatrix}$$

$$= J_{\mathrm{E}} \dot{\boldsymbol{\theta}}_{\mathrm{E}} \tag{4}$$

$$\dot{\boldsymbol{r}}_{\mathrm{M}} = \begin{bmatrix} -\left(\dfrac{y_2+y_3}{2}-y_1\right) & -\left(\dfrac{y_3+y_2}{2}\right) \\ \left(\dfrac{x_2+x_3}{2}-x_1\right) & \left(\dfrac{x_3-x_2}{2}\right) \end{bmatrix} \begin{bmatrix} \dot{\theta}_1 \\ \dot{\theta}_2 \end{bmatrix} = J_{\mathrm{M}} \dot{\boldsymbol{\theta}}_{\mathrm{M}} \tag{5}$$

ここに，行列 $J_{\mathrm{E}}$, $J_{\mathrm{M}}$ は $P_{\mathrm{E}}$ と $P_{\mathrm{M}}$ のヤコビ行列である．式 (4), (5) を変形すると，次の関係が得られる．これらは手先と中間点の目標速度を達成するための関節角速度を得る式である．

$$\dot{\boldsymbol{r}}_{\mathrm{E}} = J_{\mathrm{E}} \dot{\boldsymbol{\theta}}_{\mathrm{E}} \quad \rightarrow \quad \dot{\boldsymbol{\theta}}_{\mathrm{E}} = J_{\mathrm{E}}^{+} \dot{\boldsymbol{r}}_{\mathrm{E}} \tag{6}$$

$$\dot{\boldsymbol{r}}_{\mathrm{M}} = J_{\mathrm{M}} \dot{\boldsymbol{\theta}}_{\mathrm{M}} \quad \rightarrow \quad \dot{\boldsymbol{\theta}}_{\mathrm{M}} = J_{\mathrm{M}}^{-1} \dot{\boldsymbol{r}}_{\mathrm{M}} \tag{7}$$

これらの逆行列を用いて，手先の目標運動と計測点の障害物回避を同時に達成する関節速度を求めてみる．式 (6) で求めた関節速度は，式 (4) を満足する解のうち，各関節の速度の 2 乗和を最小化する解であるが，さらにヤコビ行列の補空間を用いることにより主目的 (ここでは手先の目標速度) の達成を阻害することなく修整することができる．すなわち，手先の目標速度に対する関節速度を求めるための逆速度解析の一般解が次式のように書ける．

$$\dot{\boldsymbol{\theta}} = J_{\mathrm{E}}^{+} \dot{\boldsymbol{r}}_{\mathrm{E}} + (I - J_{\mathrm{E}}^{+} J_{\mathrm{E}}) \boldsymbol{a} \tag{8}$$

ここに，式 (8) の $\boldsymbol{a}$ は式 (3) と同じ任意のベクトルである．$\boldsymbol{a}$ に式 (7) で求めた中間点の障害物回避のための関節速度ベクトルを代入すると，2 つの目的を同時に達成する関節入力速度が次式 (9) のように得られる．

$$\dot{\boldsymbol{\theta}} = J_{\mathrm{E}}^{+} \dot{\boldsymbol{r}}_{\mathrm{E}} + (I - J_{\mathrm{E}}^{+} J_{\mathrm{E}}) \dot{\boldsymbol{\theta}}_{\mathrm{M}} = J_{\mathrm{E}}^{+} \dot{\boldsymbol{r}}_{\mathrm{E}} + (I - J_{\mathrm{E}}^{+} J_{\mathrm{E}}) J_{\mathrm{M}}^{-1} \dot{\boldsymbol{r}}_{\mathrm{M}} \tag{9}$$

式 (9) を用いて，平面 4R マニピュレータの障害物回避を行ってみよう．ここでは，マ

ニピュレータの初期姿勢として $\boldsymbol{\theta}_0 = (20, -30, -30, -30)^\mathsf{T}$ [deg] を与え，このときの手先位置を始点とし，そこから $y$ 軸正方向に 300 mm 離れた終点との間を結ぶ直線軌道に手先を追随させる．手先の各時刻における目標位置は，次式 (10) で定義される 5 次両停留関数により与える．

$$\boldsymbol{r}_{\mathrm{Ed}}(\hat{t}) = \boldsymbol{r}_{\mathrm{E}0} + (\boldsymbol{r}_{\mathrm{E}1} - \boldsymbol{r}_{\mathrm{E}0})(6\hat{t}^5 - 15\hat{t}^4 + 10\hat{t}^3) \tag{10}$$

また，手先の目標速度は式 (11) のように差分により与える．

$$\Delta \boldsymbol{r}_{\mathrm{Ed}} = \boldsymbol{r}_{\mathrm{Ed}}(\hat{t}) - \boldsymbol{r}_{\mathrm{Ed}}(\hat{t} - \Delta \hat{t}) \tag{11}$$

ここに，$\boldsymbol{r}_{\mathrm{Ed}}, \boldsymbol{r}_{\mathrm{E}0}, \boldsymbol{r}_{\mathrm{E}1}$，および $\hat{t}$ は，各時刻における手先の目標位置，目標軌道の始点・終点座標および正規化時間 $(0 \leq \hat{t} \leq 1)$ である．リンクの長さはすべて 100 mm とする．そして，障害物は $(50, 80)$ [mm] の位置にあり，これを第 2 リンクの中点においた中間点が回避するものとする．

関節角変位の時間変化とロボットマニピュレータの姿勢の変化を求めて図示せよ．

### 解説・解答

結果を図 2 に示す．同図には，障害物回避を行わなかった場合の結果も比較のために示した．障害物回避の有無にかかわらず，マニピュレータの運動開始時の姿勢は点線で示すものとなる．その後，手先が目標軌道をたどるのに伴い，マニピュレータは障害物に接近し，回避を考慮しない場合には破線で示す終端姿勢となり，障害物に衝突する．一方，回避を考慮した場合は，破線で示す終端姿勢となり，障害物との衝突が避けられている．障害物回避がある場合・ない場合とも，終端姿勢における手先の

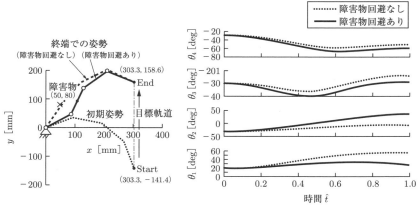

(a) 障害物回避の有無による姿勢の変化　　(b) 関節角変位の変化

**図 2** 平面 4R マニピュレータの障害物回避軌道

位置は，目標軌道の終点で一致しているが，各関節の角変位の時間軌道は図 2b に示すように異なっている．このように，冗長マニピュレータでは，その冗長性を有効に利用することで主目的 (手先の目標軌道の獲得) の達成を阻害することなく関節入力を修整し，副目的 (障害物回避) も達成することが可能である． 〔武田行生〕

## 5.4 ベクトル積の応用：人工衛星の軌道と相対軌道

〔機械力学〕

### 人工衛星の軌道

地球の重力による人工衛星の運動方程式は

$$m\ddot{\bm{R}} = -\frac{GMm}{R^3}\bm{R}$$

で与えられる．ここで $\bm{R}$ は地球の中心から人工衛星の重心までの位置ベクトル，$\ddot{\bm{R}}$ は $\bm{R}$ の時間に関する 2 回微分，$m$ は人工衛星の質量，$R = |\bm{R}|$，$G$ は万有引力定数，$M$ は地球の質量とする．地球の重力定数を $\mu = GM$ とおくと方程式

$$\ddot{\bm{R}} + \frac{\mu}{R^3}\bm{R} = 0 \tag{1}$$

が得られる．はじめに式 (1) により人工衛星の軌道面を決定し，軌道の方程式を導出する．$\bm{R}$ と 式 (1) のベクトル積をとると

$$\bm{R} \times \ddot{\bm{R}} + \bm{R} \times \frac{\mu}{R^3}\bm{R} = 0$$

となり，

$$\frac{d}{dt}(\bm{R} \times \dot{\bm{R}}) = 0$$

が得られる．これより角運動量ベクトルは

$$\bm{h} \equiv \bm{R} \times \dot{\bm{R}} = 定数ベクトル$$

となり，その保存則が得られる．$\bm{R}$ と $\dot{\bm{R}}$ により決まる平面は定数ベクトル $\bm{h}$ に垂直となる．この平面は慣性系に固定されており，軌道面とよばれる．したがって人工衛星の運動は軌道面に拘束される．式 (1) と $\bm{h}$ のベクトル積をとると

$$\ddot{\bm{R}} \times \bm{h} + \frac{\mu}{R^3}\bm{R} \times \bm{h} = 0$$

となり，

$$\frac{d}{dt}(\dot{\bm{R}} \times \bm{h} - \frac{\mu}{R}\bm{R}) = 0$$

が得られる．ここで
$$R \times h = R \times (R \times \dot{R}) = (R \cdot \dot{R})R - (R \cdot R)\dot{R} = R\dot{R}R - R^2\dot{R}$$
を用いた．この第2の等式はベクトル積の性質
$$a \times (b \times c) = b(c \cdot a) - c(a \cdot b)$$
より得られる．したがって
$$\dot{R} \times h - \frac{\mu}{R}R = \mu e \quad (\text{定数ベクトル}) \tag{2}$$
とおける．$R$ と式 (2) の内積をとると
$$R \cdot (\dot{R} \times h) - R \cdot \frac{\mu}{R}R = R \cdot \mu e$$
となる．またベクトル積の性質
$$a \cdot (b \times c) = b \cdot (c \times a) = c \cdot (a \times b)$$
より $R \cdot (\dot{R} \times h) = h \cdot (R \times \dot{R}) = h^2$ であるから
$$h^2 - \mu R = \mu R e \cos \theta$$
となる．ここで $h = |h|$ は角運動量であり，$e = |e|$ は離心率とよばれる．$\theta$ は $R$ と $e$ のなす角であり真近点離角とよばれる．軌道方程式は円錐曲線
$$R = \frac{h^2/\mu}{1 + e \cos \theta} \tag{3}$$
となり，$0 < e < 1$ のとき楕円，$e = 1$ のとき放物線，$e > 1$ のとき双曲線である．とくに $e = 0$ のとき円軌道となる．これは，太陽と惑星の運動ではケプラーの第1法則を表している．

## 相対軌道とフォーメーション

次に半径 $R_0$ の円軌道上の主衛星 (leader) とその近傍の従衛星 (follower) の相対運動方程式を求めよう．遠心力と重力の釣り合いから円軌道の角速度は $\omega = (\mu/R_0{}^3)^{1/2}$ となる．相対運動を考察するために図1のように右手回転座標系 O–$\{i, j, k\}$ を導入する．ここで O は主衛星の重心，$i$ は動径 ($R_0$) 方向の単位ベクトル，$j$ は主衛星の飛行方向の単位ベクトル，$k$ はそれらに直交する．このとき角速度ベクトルは，回転軸方向右ねじの進む向きと定義するので $\omega k$ となり，単位ベクトルの速度は $\omega k$ とそれ自身のベクトル積で与えられるので
$$\frac{d}{dt}i = \boldsymbol{\omega} \times i = \omega j, \quad \frac{d}{dt}j = \boldsymbol{\omega} \times j = -\omega i, \quad \frac{d}{dt}k = \boldsymbol{\omega} \times k = 0 \tag{4}$$
が得られる．$r$ を主衛星に対する従衛星の位置ベクトルとし，$r = xi + yj + zk$ と

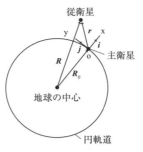

**図1** 円軌道上の主衛星

おく．このとき主衛星，従衛星の位置ベクトルは $\boldsymbol{R_0} = R_0 \boldsymbol{i}$, $\boldsymbol{R} = \boldsymbol{R_0} + \boldsymbol{r}$ となる．

### 問題の設定

座標 $\{x, y, z\}$ を用いて従衛星の相対運動方程式を求めよ．

### 解説・解答

式 (4) を用いると
$$\ddot{\boldsymbol{R}} = [\ddot{x} - 2\omega\dot{y} - \omega^2(R_0+x)]\boldsymbol{i} + (\ddot{y} + 2\omega\dot{x} - \omega^2 y)\boldsymbol{j} + \ddot{z}\boldsymbol{k}$$
となる．これを式 (1) に代入すると相対運動方程式
$$\ddot{x} - 2\omega\dot{y} - \omega^2(R_0+x) = -\frac{\mu}{R^3}(R_0+x)$$
$$\ddot{y} + 2\omega\dot{x} - \omega^2 y = -\frac{\mu}{R^3}y$$
$$\ddot{z} = -\frac{\mu}{R^3}z$$
が得られる．ここで $R = [(R_0+x)^2 + y^2 + z^2]^{1/2}$ である．

原点 $x = y = z = 0$ で線形化すると
$$\ddot{x} - 2\omega\dot{y} - 3\omega^2 x = 0, \quad \ddot{y} + 2\omega\dot{x} = 0, \quad \ddot{z} + \omega^2 z = 0$$
となり，この方程式はヒルの方程式または HCW (Hill–Clohessy–Wiltshire) 方程式として知られている．$z$ に関する軌道面外運動と $x, y$ による軌道面内運動は独立である．この方程式は陽に解けて
$$x(t) = 2c + a\cos(\omega t + \alpha), \quad y(t) = d - 3nct - 2a\sin(\omega t + \alpha)$$
$$z(t) = b\cos(\omega t + \beta)$$
とパラメータ表示できる．$c = 0$ のとき周期解となり，軌道面内 ($x$–$y$ 平面内) の軌跡は楕円となる．従衛星をこの周期軌道に乗せるフォーメーション形成や周期軌道から別の周期軌道に移行するフォーメーション再構成などが研究されている[1]〔市川　朗〕

□ 文 献
1) R. Jifuku, A. Ichikawa and M. Bando, "Optimal Pulse Strategy for Relative Orbit Transfer Along a Circular Orbit," *Journal of Guidance, Control, and Dynamics* **33**, 1239–1251 (2011).

## 5.5　行列の固有値解析と振動の固有周波数

機械力学

### 多自由度振動系の固有振動数・固有モード解析

　振動は，決まった周波数，決まった形で発生することが多い．これらを固有振動数と固有モードとよぶが，振動の解析においては，それを求めることが重要である．その解法に行列の固有値解析が活用されている．図1に示すような，多自由度振動系とよばれる，複数の質量 (ここでは3つとし，それぞれ $m_1, m_2, m_3$ とする) がばね (それぞれのばね定数を $k_1, k_2, k_3, k_4$ とする) によってつながれた系を考える．左から各質量の変位を $x_1, x_2, x_3$ とする．この系の運動方程式は，以下の常微分方程式となる．

$$M\frac{d^2\boldsymbol{x}}{dt^2} = \boldsymbol{K}\boldsymbol{x} \tag{1}$$

ただし，

$$\boldsymbol{M} = \begin{bmatrix} m_1 & 0 & 0 \\ 0 & m_2 & 0 \\ 0 & 0 & m_3 \end{bmatrix} \tag{2}$$

$$\boldsymbol{K} = \begin{bmatrix} -k_1 - k_2 & k_2 & 0 \\ k_2 & -k_2 - k_3 & k_3 \\ 0 & k_3 & -k_3 - k_4 \end{bmatrix} \tag{3}$$

$$\boldsymbol{x} = \begin{bmatrix} x_1 & x_2 & x_3 \end{bmatrix}^\mathsf{T} \tag{4}$$

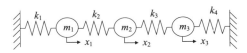

**図1**　多自由度振動系

◆ **固有値問題** ◆

$n$ 次正方行列 $\boldsymbol{B}$ に対し,以下の式を満たす零ベクトルでないベクトル $\boldsymbol{v}$ が存在するとき,$\beta$ を行列 $\boldsymbol{B}$ の固有値,$\boldsymbol{v}$ を $\beta$ に属する固有ベクトルとよぶ.

$$\boldsymbol{Bv} = \beta\boldsymbol{v}$$

この式は $n$ 行 $n$ 列の単位行列 $E$ を用いて以下のようにも書ける.

$$(\beta\boldsymbol{E} - \boldsymbol{B})\boldsymbol{v} = \boldsymbol{0}$$

ここで,$\boldsymbol{v}$ が自明ではない解,すなわち,$\boldsymbol{v} \neq \boldsymbol{0}$ である解をもつ条件は,$\beta\boldsymbol{E} - \boldsymbol{B}$ の行列式が以下の式を満たすときである.

$$\det(\beta - \boldsymbol{B}) = 0$$

この式を満たす $\beta$ が行列 $\boldsymbol{B}$ の固有値となる.また,このときの自明でない解 $\boldsymbol{v}$ が $\beta$ に属する固有ベクトルとなる.

固有値と固有ベクトルを求めることを固有値問題とよぶが,弦の運動には固有値問題が深く関係していることが知られていた.一般的な線形系の振動の固有振動数および固有モードの存在を説明することができるため,多自由度振動系の固有振動数・固有モード解析に利用されている.

### 問題の設定

質量 $m_1, m_2, m_3$ をすべて $1\,\mathrm{kg}$,ばね定数 $k_1, k_2, k_3, k_4$ をすべて $100\,\mathrm{N/m}$ とするとき,この系の固有振動数と固有モードを求めよ.

### 解説・解答

一般解を以下の形に仮定する.

$$\boldsymbol{x} = \boldsymbol{A}e^{\alpha t} \tag{5}$$

これを,式 (1) に代入する.

$$\boldsymbol{M}\alpha^2\boldsymbol{A}e^{\alpha t} = \boldsymbol{K}\boldsymbol{A}e^{\alpha t} \tag{6}$$

式 (6) が恒等的に成立する条件は,単位行列 $E$ を用いると,以下の通りである.

$$(\alpha^2\boldsymbol{E} - \boldsymbol{M}^{-1}\boldsymbol{K})\boldsymbol{A} = \boldsymbol{0} \tag{7}$$

ここで,$\alpha^2$ と $\boldsymbol{A}$ を求めることは,行列 $\boldsymbol{M}^{-1}\boldsymbol{K}$ の固有値と固有ベクトルを求めることに等しい.

## 5.5 行列の固有値解析と振動の固有周波数

ここで,

$$\boldsymbol{M}^{-1}\boldsymbol{K} = \begin{bmatrix} \dfrac{-k_1 - k_2}{m_1} & \dfrac{k_2}{m_1} & 0 \\ \dfrac{k_2}{m_2} & \dfrac{-k_2 - k_3}{m_2} & \dfrac{k_3}{m_2} \\ 0 & \dfrac{k_3}{m_3} & \dfrac{-k_3 - k_4}{m_3} \end{bmatrix} = \begin{bmatrix} -200 & 100 & 0 \\ 100 & -200 & 100 \\ 0 & 100 & -200 \end{bmatrix} \tag{8}$$

である.式 (7) が自明でない解 $\boldsymbol{A}$ をもつ条件は以下の通りである.

$$\det(\alpha^2 \boldsymbol{E} - \boldsymbol{M}^{-1}\boldsymbol{K}) = 0 \tag{9}$$

これより,

$$(200 + \alpha^2)^3 - 20000(200 + \alpha^2) = 0 \tag{10}$$

よって,

$$\alpha^2 = -200, \ -200 \pm 100\sqrt{2} \tag{11}$$

となる.さて,$\alpha^2 = -200$ に属する固有ベクトル

$$\boldsymbol{a}_2 = \begin{bmatrix} a_{21} & a_{22} & a_{23} \end{bmatrix}^\mathsf{T}$$

は,式 (7) より,以下の式を満たす自明でない解である.

$$\begin{bmatrix} 0 & -100 & 0 \\ -100 & 0 & -100 \\ 0 & -100 & 0 \end{bmatrix} \begin{bmatrix} a_{21} \\ a_{22} \\ a_{23} \end{bmatrix} = \begin{bmatrix} 0 \\ 0 \\ 0 \end{bmatrix} \tag{12}$$

これより,固有ベクトル $A_2$ は,任意の $a_2$ を用いて以下のように表される.

$$\boldsymbol{a}_2 = a_2 \begin{bmatrix} 1 & 0 & -1 \end{bmatrix}^\mathsf{T} \tag{13}$$

同様に,$\alpha^2 = -200 - 100\sqrt{2}$,$\alpha^2 = -200 + 100\sqrt{2}$ に属する固有ベクトル $\boldsymbol{a}_1 = \begin{bmatrix} a_{11} & a_{12} & a_{13} \end{bmatrix}^\mathsf{T}$,$\boldsymbol{a}_3 = \begin{bmatrix} a_{31} & a_{32} & a_{33} \end{bmatrix}^\mathsf{T}$ は以下のように求められる.

$$\boldsymbol{a}_1 = a_1 \begin{bmatrix} 1 & \sqrt{2} & 1 \end{bmatrix}^\mathsf{T} \tag{14}$$

$$\boldsymbol{a}_3 = a_3 \begin{bmatrix} 1 & -\sqrt{2} & 1 \end{bmatrix}^\mathsf{T} \tag{15}$$

これより,一般解は以下のように求まる.ただし,$a_1, a_2, a_3, b_1, b_2, b_3$ を未定定数とし,$i$ を虚数単位とする.

$$\boldsymbol{x} = a_1 \begin{bmatrix} 1 \\ \sqrt{2} \\ 1 \end{bmatrix} (e^{i10\sqrt{2-\sqrt{2}}t} + b_1 e^{-i10\sqrt{2-\sqrt{2}}t}) + a_2 \begin{bmatrix} 1 \\ 0 \\ -1 \end{bmatrix} (e^{i10\sqrt{2}t} + b_2^{-i10\sqrt{2}t})$$

$$+ a_3 \begin{bmatrix} 1 \\ -\sqrt{2} \\ 1 \end{bmatrix} (e^{i10\sqrt{2+\sqrt{2}}t} + b_3 e^{-i10\sqrt{2+\sqrt{2}}t}) \tag{16}$$

さて，テイラーの定理より

$$e^{i\theta} = \cos\theta + i\sin\theta \tag{17}$$

なので，固有角周波数は低い順に，$10\sqrt{2-\sqrt{2}}\,\mathrm{rad/s}$, $10\sqrt{2}\,\mathrm{rad/s}$, $10\sqrt{2+\sqrt{2}}\,\mathrm{rad/s}$ となり，$A_1, A_2, A_3$ がそれぞれの固有角振動数で振動しているときの各質量の振幅の比，すなわち，固有モードとなっていることがわかる． 〔中野公彦〕

## 5.6 モールの応力円

材料力学

### 傾斜した面の応力

現実機器構造に用いられている構造材料は，大きな橋梁や航空宇宙機器，自動車，半導体に至るまで，原子の複雑な集合である．これらの構造の単位面積あたりの内力を応力 (stress) とよぶ[1]．

薄板の平面応力状態を考え，$x$–$y$ 直角座標系の応力 $\sigma_x, \sigma_y, \tau_{xy}$ が与えられているとする (図 1 参照)．$x$ 軸と角度 $\theta$ をなす法線を有する $\xi$ 軸を基準とする $\xi$–$\eta$ 座標系の応力を求める場合を考える．

応力の釣り合いの式から次式が得られる[1]．

$$\sigma_\xi = \sigma_y \sin^2\theta + \sigma_x \cos^2\theta + 2\tau_{xy}\sin\theta\cos\theta \tag{1}$$

$$\tau_{\xi\eta} = \sigma_y \sin\theta\cos\theta - \sigma_x \sin\theta\cos\theta + \tau_{xy}(\cos^2\theta - \sin^2\theta) \tag{2}$$

$\xi$ 軸と直交する $\eta$ 軸の垂直応力は式 (1) の $\theta$ を $(\theta+\pi/2)$ に変更することで次式が得られる．

$$\sigma_\eta = \sigma_y \cos^2\theta + \sigma_x \sin^2\theta - 2\tau_{xy}\sin\theta\cos\theta \tag{3}$$

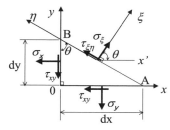

図 1　傾斜した面の応力の釣り合い

応力 $\sigma_\xi, \sigma_\eta, \tau_{\xi\eta}$ と $\sigma_x, \sigma_y, \tau_{xy}$ をベクトル表記して,$x$–$y$ 座標系から $\xi$–$\eta$ 座標系への応力変換を書き直すと次式となる.

$$\begin{pmatrix} \sigma_\xi \\ \sigma_\eta \\ \sigma_{\xi\eta} \end{pmatrix} = \begin{bmatrix} \cos^2\theta & \sin^2\theta & 2\sin\theta\cos\theta \\ \sin^2\theta & \cos^2\theta & -2\sin\theta\cos\theta \\ -\sin\theta\cos\theta & \sin\theta\cos\theta & \cos^2\theta - \sin^2\theta \end{bmatrix} \begin{pmatrix} \sigma_x \\ \sigma_y \\ \sigma_{xy} \end{pmatrix}$$

$$= \begin{bmatrix} T_\sigma \end{bmatrix} \begin{pmatrix} \sigma_x \\ \sigma_y \\ \sigma_{xy} \end{pmatrix} \tag{4}$$

この行列 $[T_\sigma]$ を応力の変換行列とよぶ.

## モールの応力円

三角関数の 2 倍角の公式を用いて式 (1), (2) を書き換える.

$$\sigma_\xi = \sigma_y \sin^2\theta + \sigma_y \cos^2\theta + 2\tau_{xy}\sin\theta\cos\theta$$
$$= \frac{1}{2}(\sigma_x + \sigma_y) + \frac{1}{2}(\sigma_x - \sigma_y)\cos 2\theta + \tau_{xy}\sin 2\theta \tag{5}$$

$$\tau_{\xi\eta} = \sigma_y \sin\theta\cos\theta - \sigma_x \sin\theta\cos\theta + \tau_{xy}(\cos^2\theta - \sin^2\theta)$$
$$= -\frac{1}{2}(\sigma_x - \sigma_y)\sin 2\theta + \tau_{xy}\cos 2\theta \tag{6}$$

式 (5), (6) を用いて

$$\sigma_\xi = \frac{1}{2}(\sigma_x + \sigma_y) + \frac{1}{2}(\sigma_x - \sigma_y)\cos 2\theta + \tau_{xy}\sin 2\theta$$

ゆえに

$$\left[\sigma_\xi - \frac{1}{2}(\sigma_x + \sigma_y)\right]^2 = \left[\frac{1}{2}(\sigma_x - \sigma_y)\cos 2\theta + \tau_{xy}\sin 2\theta\right]^2 \tag{7}$$

$$(\tau_{\xi\eta})^2 = \left[-\frac{1}{2}(\sigma_x - \sigma_y)\sin 2\theta + \tau_{xy}\cos 2\theta\right]^2 \tag{8}$$

式 (7) と (8) を加算すると次式が得られる.

$$\left[\sigma_\xi - \frac{1}{2}(\sigma_x + \sigma_y)\right]^2 + (\tau_{\xi\eta})^2 = \left(\frac{\sigma_x - \sigma_y}{2}\right)^2 \tag{9}$$

式 (9) は $\sigma_\xi, \tau_{\xi\eta}$ を変数とすると円の方程式になっている.これをモールの応力円 (Mohr's stress circle) という.

## ベクトルの回転による解釈 (1 次変換)

式 (5) から,次式が得られる.

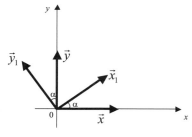
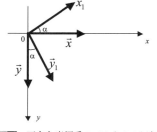

**図 2** 単位ベクトルの回転    **図 3** 下向き座標系のベクトルの回転

$$\sigma_\xi - \frac{1}{2}(\sigma_x + \sigma_y) = \frac{1}{2}(\sigma_x - \sigma_y)\cos 2\theta + \tau_{xy}\sin 2\theta \tag{10}$$

式 (10) を行列形式にまとめると次式が得られる.

$$\left\{ \begin{array}{c} \sigma_\xi - \dfrac{\sigma_x + \sigma_y}{2} \\ \tau_{xy} \end{array} \right\} = \begin{bmatrix} \cos 2\theta & \sin 2\theta \\ -\sin 2\theta & \cos 2\theta \end{bmatrix} \left\{ \begin{array}{c} \dfrac{\sigma_x - \sigma_y}{2} \\ \tau_{xy} \end{array} \right\} \tag{11}$$

ここで, 図 2 に示す単位ベクトルの回転を考える. 直角座標系が図 2 に示すように設置されていれば, 角度 $\alpha$ の回転で, 単位ベクトル $\boldsymbol{x} = (1,0)$ は $\boldsymbol{x}_1 = (\cos\alpha, \sin\alpha)$ に変換される. 同様に $\boldsymbol{y} = (0,1)$ は $\boldsymbol{y}_1 = (-\sin\alpha, \cos\alpha)$ に変換される. よって, 図 2 の座標系では, ベクトル $\boldsymbol{a}$ を角度 $\alpha$ だけ回転させる 1 次変換は次の式となる.

$$\boldsymbol{a}_1 = \begin{bmatrix} \cos\alpha & \sin\alpha \\ -\sin\alpha & \cos\alpha \end{bmatrix} \boldsymbol{a} \tag{12}$$

式 (11) の行列は, 1 行 2 列の $\sin\alpha$ の符号が異なるだけで式 (12) の回転行列と類似している. そこで, 座標系を図 3 のように設置し直してみる.

このとき, $\boldsymbol{x} = (1,0)$ は $\boldsymbol{x}_1 = (\cos\alpha, -\sin\alpha)$ に変換され, $\boldsymbol{y} = (0,1)$ は $\boldsymbol{y}_1 = (\sin\alpha, \cos\alpha)$ に変換される. つまり, 座標系を図 3 のように選択すると, ベクトルの回転の 1 次変換は次式となる.

$$\boldsymbol{a}_1 = \begin{bmatrix} \cos\alpha & \sin\alpha \\ -\sin\alpha & \cos\alpha \end{bmatrix} \boldsymbol{a} \tag{13}$$

これは式 (11) と同じである.

式 (11) の意味することを考えてみる. 与えられた応力場は $\sigma_x, \sigma_y, \tau_{xy}$ であり, 求めたい値は $\sigma_\xi, \tau_{\xi\eta}$ である. ここで, $\sigma_x, \sigma_y$ は与えられた条件であるので, $\sigma_\xi$ ではなく, $[\sigma_\xi - (\sigma_x + \sigma_y)/2]$ を求めてもよい. このとき, $\tau_{\xi\eta}$ を下向きに縦軸, $[\sigma_\xi - (\sigma_x + \sigma_y)/2]$ を横軸とすると, 式 (11) は垂直応力の差の半分とせん断応力を成分とするベクトルを角度 $2\theta$ だけ回転させることを意味している. これを図 4 に示す.

法線が $x$ 軸と $\theta$ だけ傾いた面の応力は, $x$–$y$ 座標系の垂直応力の差の半分とせん断

## 5.6 モールの応力円

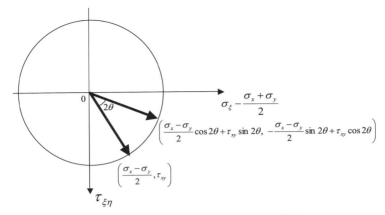

**図 4** モールの応力円のベクトル回転による説明

応力をベクトルとして $2\theta$ だけ回転した円上 にある．これがモールの応力円の図式解法の数学的説明である．ほとんどの材料力学の教科書には，モールの応力円を描く際に，なぜせん断応力軸を下向きにとるか説明されていない．その理由は，下向きにすればベクトルの回転となるからである．

### 問題の設定
応力が最大または最小となる主応力面ではせん断応力がゼロとなることを説明せよ．

### 解説・解答
$\sigma_\xi$ が最大，最小となるのは $[\sigma_\xi - (\sigma_x + \sigma_y)/2]$ が最大，最小となる点である．式 (11) から，ベクトル $((\sigma_x - \sigma_y)/2, \tau_{xy})$ の回転であるので，最大，最小となるのは，$\tau_{\xi\eta}$ 軸がゼロとなる場合であることは明らかである．

これを数学的に解く方法は材料力学の教科書に多く記載されているのでここでは省略する．

### 問題の設定
主応力方向 ($\sigma_\xi$ が最大，最小となる方向) は $90°$ 異なることを説明せよ．

### 解説・解答
$[\sigma - (\sigma_x + \sigma_y)/2]$ の軸とモール円が交わる点が主応力方向となる．このため，2つの主応力方向は必ず $2\theta = 180°$ 異なる．つまり，$90°$ 異なっている． 〔轟　章〕

## □ 文　献

1) 荒井政大, 図解 はじめての材料力学 (KS 理工学専門書) (講談社, 2012).

## 5.7　ステレオ投影粒子画像流速計

熱・流体力学

　ここでは, 画像のひずみを修正する方法として写像について述べる. 応用例として, 流体速度の計測に頻繁に用いられている粒子画像流速計 (particle image velocimetry; PIV) で行われる画像補正について説明する.

> ◆ 写像 ◆
> 　ある集合 A の任意の点 $a$ から集合 B の任意の点 $b$ への対応 $(b = f(a))$ を写像という. 逆に, 集合 B から集合 A へ一対一に対応するならば, $b = f(a)$ の逆写像が可能であり, $a = g(b)$ が存在する.

### ステレオ投影粒子画像流速計

　通常の PIV では 2 次元平面内の流体速度 2 成分を, これを拡張したステレオ PIV では 2 次元平面内の速度 3 成分を計測できる. ステレオ PIV では, ステレオ投影された 2 組の粒子画像それぞれに対して粒子の平均移動量を見積もる. ただし, 撮影に用いるレンズの被写界深度は有限な値をもつことから, ステレオ投影させるために撮影系の配置を工夫する必要があり, 通常は計測領域全域に焦点が合うように注意が払われる.

　撮影系の配置方法により, ステレオ PIV の多くは translation system と rotational system (angular displacement system) の 2 方式に分類される. ここでは, rotational system について説明する. 図 1a は rotational system の概念図を示しているが, この方式では 2 台のカメラの光軸をそれぞれ被計測面に直交する方向に対して任意の角度をもつように配置する. さらに, 各カメラの画像面, 各カメラに装着されているレンズ面および被計測面の延長線が一点で交わるように配置する. これはシャインプルーフ (Scheimpflug) 条件とよばれており, 概念図を図 1b に示す. レンズ面を $x$ 軸にとり, レンズの視線方向を $z$ 軸とする. ここで, $z$ 軸と被計測面との交点を $O'(0, -d_o)$, $z$ 軸と画像面との交点を $O''(0, d_i)$ とする. 被計測面上の任意の点 A' を $(x_o, -z_o)$ と

## 5.7 ステレオ投影粒子画像流速計

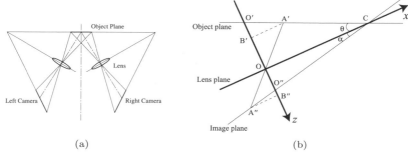

**図1** (a) rotational system の概念図. (b) シャインプルーフ条件の概念図.

し，その点の画像面上への投影を $A''(-x_i, z_i)$ とする．$d_o$, $x_o$, $z_o$, $d_i$, $x_i$, $z_i$ はすべて正値である．計測平面上の任意の点 $z_o$ と対応する画像面上の点 $z_i$ に対して，

$$\frac{1}{z_o} + \frac{1}{z_i} = \frac{1}{d_o} + \frac{1}{d_i} \left( = \frac{1}{f} \right) \tag{1}$$

の関係が成り立つ．ここで，$f$ はレンズの焦点距離である．これは，画像面上のすべての点で焦点が合っていることを意味するが，撮影倍率は $z_i/z_o$ は位置に依存するため画像にはひずみが生じてしまう．

### 問題の設定

画像のひずみを写像を利用して補正することで，ステレオ PIV における流体速度3成分の算出法を求めよ．

### 解説・解答

ステレオ投影された2組の粒子画像から2次元平面内の速度3成分を算出するため

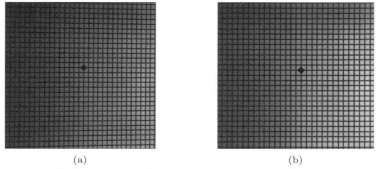

**図2** 格子画像．(a) シャインプルーフ条件により撮影された格子画像．(b) 2次元補正法を施した格子画像．

に，2次元補正法を利用する．被計測面上に被写体として正方格子を配置し，図 2a に示すような格子画像をシャインプルーフ条件で撮影する．前述のように正方格子は画像面上では歪んでおり，これを写像を用いて補正する．左右 2 台のカメラの画像面上の原点を一致させるために，被写体の正方格子には原点検出のためのマーカー (黒丸) が配置されている．原点と格子の交点を検出することで，被計測面座標 $\boldsymbol{x}$ と画像面座標 $\boldsymbol{X}$ との写像関数 $f(\boldsymbol{x})$ を同定する．ここで，原点と格子の交点を検出するために 4.4 節で示した相互相関法を応用する．すなわち，理想的な交点を模擬する十字型のパターンを用意し，局所的に相関係数を求め，相関係数分布の極大点を検出する．原点は十字型にマーカーを追加したパターンを用いることで用意に検出できる．交点位置の $\boldsymbol{x}_i$ とその画像面座標 $\boldsymbol{X}_i$ との対応表を作成する．この方法の場合，離散的な交点情報から写像関数を同定するため，写像関数の関数形をあらかじめ与える必要がある．

最も簡単な写像関数は 1 次関数であるが，収差のような非線形のひずみは補正できない．このため，次のような 3 次関数を用いる．

$$
\begin{aligned}
X = & a_1 x^3 + a_2 y^3 + a_3 x^2 y + a_4 x y^2 + a_5 x^2 \\
& + a_6 y^2 + a_7 x y + a_8 x + a_9 y + a_{10}
\end{aligned} \tag{2}
$$

$$
\begin{aligned}
Y = & b_1 x^3 + b_2 y^3 + b_3 x^2 y + b_4 x y^2 + b_5 x^2 \\
& + b_6 y^2 + b_7 x y + b_8 x + b_9 y + b_{10}
\end{aligned} \tag{3}
$$

これらの関数の係数は，最小二乗法によって決定する．図 2b はこの 2 次元補正法によって補正された格子画像を示している．ほぼ正方格子となるように格子画像が補正されていることがわかる．この写像関数を左右のカメラそれぞれに対して同定し，それらを用いて粒子画像を補正する．

次に，補正された粒子画像に 4.4 節で記した PIV アルゴリズムを適用することで粒子群の移動量を算出する．PIV 計測では有限な厚さのレーザシート光が用いられるため，左右のカメラ画像から算出される移動量は必ずしも一致しない．これはレーザシート内で厚さ方向に粒子が移動するためである．それぞれのカメラ画像から得られる移動量を $(\Delta x_\text{L}, \Delta y_\text{L})$, $(\Delta x_\text{R}, \Delta y_\text{R})$ として，幾何学的関係からレーザシート内の 3 次元移動量 $(\Delta x, \Delta y, \Delta z)$ を再構築する．

図 3 はレンズ，投影面および粒子の幾何学的関係を示している．このカメラ配置は視点交差法とよばれており，レーザシートは $x$ 軸の負の方向から入射される．点 O を原点として，L, R を左右それぞれのレンズの中心位置とする．A, B はそれぞれ時刻 $t, t + \Delta t$ における粒子の位置であり，$\text{A}_i(x_i, y_i)$, $\text{B}_i(x_i + \Delta x_i, y_i + \Delta y_i)$ $(i = \text{R, L})$ は左右のカメラによる粒子の投影位置である．幾何学的な関係から，粒子の投影位置は次のように与えられる．

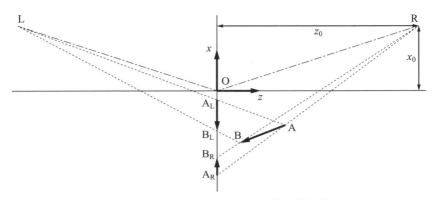

**図3** ステレオ投影における移動量の幾何学的関係

$$\overrightarrow{OA_L} = \begin{pmatrix} x_0 + \dfrac{z_0}{z_0 + z}(x - x_0) \\ \dfrac{z_0}{z_0 + z} y \\ 0 \end{pmatrix} = \begin{pmatrix} x_L \\ y_L \\ 0 \end{pmatrix} \quad (4)$$

$$\overrightarrow{OA_R} = \begin{pmatrix} x_0 + \dfrac{z_0}{z_0 - z}(x - x_0) \\ \dfrac{z_0}{z_0 - z} y \\ 0 \end{pmatrix} = \begin{pmatrix} x_R \\ y_R \\ 0 \end{pmatrix} \quad (5)$$

式 (4) と式 (5) より，投影面から実際の粒子位置への写像は，

$$\begin{pmatrix} x \\ y \\ z \end{pmatrix} = \begin{pmatrix} x_0 + \dfrac{2(x_R - x_0)(x_L - x_0)}{x_R + x_L - 2x_0} \\ \dfrac{2 y_R y_L}{y_R + y_L} \\ \dfrac{x_R - x_L}{x_R + x_L - 2x_0} z_0 \end{pmatrix} \quad (6)$$

となる．これを全微分するか，あるいは時刻 $t$ と同様に時刻 $t + \Delta t$ における関係を用いることで3次元移動量 $(\Delta x, \Delta y, \Delta z)$ を求め，時間間隔 $\Delta t$ で除することにより速度ベクトル $(u, v, w)$ を算出する． 〔店橋　護・志村祐康・福島直哉〕

## 5.8　CGキャラクタをデザインする細分割モデリング

3次元CGでは，物体を多面体によって表現している．したがって滑らかな曲面形状

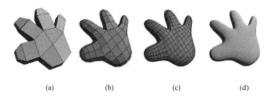

**図 1** カトマル–クラーク細分割曲面. (a) 初期多面体, (b) 1 回細分割, (c) 2 回細分割, (d) 極限曲面.

を表すためには，多数の小さい多角形からなる多面体で近似する必要がある．細分割曲面という技術は，一言でいえば，多面体をどんどん分割してゆくことによって形を滑らかにしてゆく方法である．図 1 はその 1 つの例でカトマル–クラーク (Catmull–Clark) 細分割曲面といわれるものである．

この細分割という処理には数学的な裏付けがあり，細分割を無限回繰り返すと，その極限において滑らかな曲面に収束することが証明できる．もちろんコンピュータでは無限回の細分割をすることはできないが，収束が速いので図 1 のように数回の細分割でも実用上十分に滑らかな形をつくることができる．

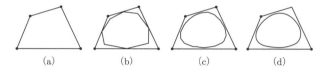

**図 2** 3 次 B スプライン細分割曲線の例. (a) 初期多角形, (b) 1 回細分割, (c) 2 回細分割, (d) 極限曲線.

図 2 のように多角形を細分割することによって滑らかな曲線を生成することもできる．これを細分割曲線というが，その原理は細分割曲面と基本的に同じであるので，ここでは文献[1]に従って細分割曲線について述べることにする．

細分割はある規則に従って分割を繰り返すもので，その例を図 3 に示す．

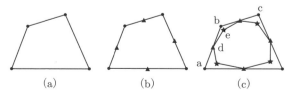

**図 3** 3 次 B スプライン細分割曲線の細分割規則. (a) 初期多角形, (b) 分割ステップ, (c) スムージングステップ.

# 朝倉書店〈数学関連書〉ご案内

### 朝倉数学大系1　解析的整数論Ⅰ —素数分布論—
本橋洋一著
A5判 272頁 定価（本体4800円＋税）（11821-6）

今なお未解決の問題が数多く残されている素数分布について、一切の仮定無く必要不可欠な知識を解説。〔内容〕素数定理／指数和／短区間内の素数／算術級数中の素数／篩法Ⅰ／一次元篩Ⅰ／篩法Ⅱ／平均素数定理／最小素数定理／一次元篩Ⅱ

### 朝倉数学大系2　解析的整数論Ⅱ —ゼータ解析—
本橋洋一著
A5判 372頁 定価（本体6600円＋税）（11822-3）

Ⅰ巻（素数分布論）に続きリーマン・ゼータ函数論に必須な基礎知識を綿密な論理性のもとに解説。〔内容〕和公式Ⅰ／保型形式／保型表現／和公式Ⅱ／保型$L$函数／Zeta-函数の解析／保型$L$函数の解析／補遺（Zeta-函数と合同部分群）／未解決問題

### 朝倉数学大系3　ラプラシアンの幾何と有限要素法
浦川肇著
A5判 272頁 定価（本体4800円＋税）（11823-0）

ラプラシアンに焦点を当て微分幾何学における数値解析を詳述。〔内容〕直線上の2階楕円型微分方程式／ユークリッド空間上の様々な微分方程式／リーマン多様体とラプラシアン／ラプラス作用素の固有値問題／等スペクトル問題／有限要素法／他

### 朝倉数学大系4　逆問題 —理論および数理科学への応用—
堤正義著
A5判 264頁 定価（本体4800円＋税）（11824-7）

応用数理の典型分野を多方面の題材を用い解説。〔内容〕メービウス逆変換の一般化／電気インピーダンストモグラフィーとCalderonの問題／回折トモグラフィー／ラプラス方程式のコーシー問題／ラドン変換／非適切問題の正則化／カルレマン型評価

### 朝倉数学大系5　シュレーディンガー方程式Ⅰ
谷島賢二著
A5判 344頁 定価（本体6300円＋税）（11825-4）

自然界の量子力学的現象を記述する基本方程式の数理物理的基礎から応用まで解説〔内容〕関数解析の復習と量子力学のABC／自由Schrödinger方程式／調和振動子／自己共役問題／固有値と固有関数／付録：補間空間, Lorentz空間

### 朝倉数学大系6　シュレーディンガー方程式Ⅱ
谷島賢二著
A5判 288頁 定価（本体5300円＋税）（11826-1）

自然界の量子力学的現象を記述する基本方程式の数理物理的基礎から応用までを解説〔内容〕解の存在と一意性／Schrödinger方程式の基本解／散乱問題・散乱の完全性／散乱の定常理論／付録：擬微分作用素／浅田・藤原の振動積分作用素

### 朝倉数学大系7　境界値問題と行列解析
山本哲朗著
A5判 272頁 定価（本体4800円＋税）（11827-8）

境界値問題の理論的・数値解析的基礎を紹介する入門書。〔内容〕境界値問題ことはじめ／2点境界値問題／有限差分法／有限要素近似／Green行列／離散化原理／固有値問題／最大値原理／2次元境界値問題の基礎および離散近似

### 数理工学ライブラリー1　計算幾何学
杉原厚吉著
A5判 216頁 定価（本体3700円＋税）（11681-6）

図形に関する情報の効率的処理のための技術体系である計算幾何学を図も多用して詳述。〔内容〕その考え方／超ロバスト計算原理／交点列挙とアレンジメント／ボロノイ図とドロネー図／メッシュ生成／距離に関する諸問題／図形認識問題

### 数理工学ライブラリー2　離散凸解析と最適化アルゴリズム
室田一雄・塩浦昭義著
A5判 224頁 定価（本体3700円＋税）（11682-3）

解きやすい離散最適化問題に対して統一的な枠組を与える新しい理論体系「離散凸解析」を平易に解説しその全体像を示す。〔内容〕離散最適化問題とアルゴリズム（最小木, 最短路など）／離散凸解析の概要／離散凸最適化のアルゴリズム

### 数理工学ライブラリー3　情報論的学習とデータマイニング
山西健司著
A5判 180頁 定価（本体3000円＋税）（11683-0）

膨大な情報の海の中から価値有る知識を抽出するために、機械学習やデータマイニングに関わる数理的手法を解説。〔内容〕情報論的学習理論（確率的コンプレキシティの基礎・拡張と周辺）／データマイニング応用（静的データ・動的データ）

# 現代基礎数学

新井仁之・小島定吉・清水勇二・渡辺 治編集

## 1. 数学の言葉と論理
渡辺 治・北野晃朗・木村泰紀・谷口雅治著
A5判 228頁 定価(本体3300円+税) (11751-6)

数学は科学技術の共通言語といわれる。では、それを学ぶには？英語などと違い、語彙や文法は簡単であるがちょっとしたコツや注意が必要で、そこにつまづく人も多い。本書は、そのコツを学ぶための書、数学の言葉の使い方の入門書である。

## 3. 線形代数の基礎
和田昌昭著
A5判 176頁 定価(本体2800円+税) (11753-0)

線形代数の基礎的内容を、計算と理論の両面からやさしく解説した教科書。独習用としても配慮。〔内容〕連立1次方程式と掃き出し法／行列／行列式／ユークリッド空間／ベクトル空間と線形写像の一般論／線形写像の行列表示と標準化／付録

## 4. 線形代数と正多面体
小林正典著
A5判 224頁 定価(本体3300円+税) (11754-7)

古代から現代まで奥深いテーマであり続ける正多面体を、幾何・代数の両面から深く学べる。群論の教科書としても役立つ。〔内容〕アフィン空間／凸多面体／ユークリッド空間／球面幾何／群／群の作用／準同型／群の構造／正多面体／他

## 7. 微積分の基礎
浦川 肇著
A5判 228頁 定価(本体3300円+税) (11757-8)

1変数の微積分、多変数の微積分の基礎を平易に解説。計算力を養い、かつ実際に使えるよう配慮された理工系の大学・短大・専門学校の学生向け教科書。〔内容〕実数と連続関数／1変数関数の微分／1変数関数の積分／偏微分／重積分／級数

## 8. 微積分の発展
細野 忍著
A5判 180頁 定価(本体2800円+税) (11758-5)

ベクトル解析入門とその応用を目標にして、多変数関数の微分積分を学ぶ。扱う事柄を精選し、焦点を絞って詳しく解説する。〔内容〕多変数関数の微分／多変数関数の積分／逆関数定理・陰関数定理／ベクトル解析入門／ベクトル解析の応用

## 9. 複素関数論
柴 雅和著
A5判 244頁 定価(本体3600円+税) (11759-2)

数学系から応用系まで多様な複素関数論の学習者の理解を助ける教科書。基本的内容に加えて早い段階から流体力学の章を設ける独自の構成で厳密さと明快さの両立を図り、初歩からやや進んだ内容までを十分カバーしつつ応用面も垣間見せる。

## 12. 位相空間とその応用
北田韶彦著
A5判 176頁 定価(本体2800円+税) (11762-2)

物理学や各種工学を専攻する人のための現代位相空間論の入門書。連続体理論をフラクタル構造など離散力学系との関係の中で新しい結果を用いながら詳しく解説。〔内容〕usc写像／分解空間／弱い自己相似集合（デンドライトの系列）／他

## 13. 確率と統計
藤澤洋徳著
A5判 224頁 定価(本体3300円+税) (11763-9)

具体例を動機として確率と統計を少しずつ創っていくという感覚で記述。〔内容〕確率と確率空間／確率変数と確率分布／確率変数の変数変換／大数の法則と中心極限定理／標本と統計的推測／点推定／区間推定／検定／線形回帰モデル／他

## 14. 離散構造
小島定吉著
A5判 180頁 定価(本体2800円+税) (11764-6)

離散構造は必ずしも連続的でない対象を取り扱う数学の幅広い分野と関連している。いまだ体系化されていないこの分野の学部生向け教科書として数え上げ、グラフ、初等整数論の三つの話題を取り上げ、離散構造の数学的な扱いを興味深く解説。

## 15. 数理論理学
鹿島 亮著
A5判 224頁 定価(本体3300円+税) (11765-3)

論理、とくに数学における論理を研究対象とする数学の分野である数理論理学の入門書。ゲーデルの完全性定理・不完全性定理をはじめとした数理論理学の基本結果をわかりやすくかつ正確に説明しながら、その意義や気持ちを伝える。

## 21. 非線形偏微分方程式
柴田良弘・久保隆徹著
A5判 224頁 定価(本体3300円+税) (11771-4)

近年著しい発展を遂げている、調和解析的方法を用いた非線形偏微分方程式への入門書。本書では、応用分野のみならず数学自体へも多くの豊かな成果をもたらすNavier-Stokes方程式の理論を、筆者のオリジナルな結果も交えて解説する。

## 基礎数理講座
初めて学ぶ学生から，再び基礎をじっくりと学びたい人々のための叢書

### 1. 数理計画
刀根 薫著
A5判 248頁 定価（本体4300円+税）（11776-9）

理論と算法の緊密な関係につき，問題の特徴，問題の構造，構造に基づく算法，算法を用いた解の実行，といった流れで平易に解説。〔内容〕線形計画法／凸多面体と線形計画法／ネットワーク計画法／非線形計画法／組合せ計画法／包絡分析法

### 2. 確率論
高橋幸雄著
A5判 288頁 定価（本体3600円+税）（11777-6）

難解な確率の基本を，定義・定理を明解にし，例題および演習問題を多用し実践的に学べる教科書〔内容〕組合せ確率／離散確率空間／確率の公理と確率空間／独立確率変数と大数の法則／中心極限定理／確率過程／離散時間マルコフ連鎖

### 3. 線形代数汎論
伊理正夫著
A5判 344頁 定価（本体6400円+税）（11778-3）

初心者から研究者まで，著者の長年にわたる研究成果の集大成を満喫。〔内容〕線形代数の周辺／行列と行列式／ベクトル空間／線形方程式系／固有値／行列の標準形と応用／一般逆行列／非負行列／行列式とPfaffianに対する組合せ論的接近法

### 4. 数理モデル
柳井 浩著
A5判 224頁 定価（本体3900円+税）（11779-0）

物事をはっきりと合理的に考えてゆくにはモデル化が必要である。本書は，多様な分野を扱い，例題および図を豊富に用い，個々のモデル作りに多くのヒントを与えるものである。〔内容〕相平面／三角座標／累積図／漸化過程／直線座標／付録

### 5. グラフ理論 ―連結構造とその応用―
茨木俊秀・永持 仁・石井利昌著
A5判 324頁 定価（本体5800円+税）（11780-6）

グラフの連結度を中心にした概念を述べ，具体的な問題を解くアルゴリズムを実践的に詳述〔内容〕グラフとネットワーク／ネットワークフロー／最小カットと連結度／グラフのカット構造／最大隣接順序と森分解／無向グラフの最小カット／他

### 6. Rで学ぶ統計解析
伏見正則・逆瀬川浩孝著
A5判 248頁 定価（本体3900円+税）（11781-3）

Rのプログラムを必要に応じ示し，例・問題を多用しながら，詳説した教科書。〔内容〕記述統計解析／実験的推測統計／確率論の基礎知識／推測統計の確率モデル／標本分布／統計的推定問題／統計的検定問題／推定・検定／回帰分布／分散分析

## 開かれた数学
進展めざましい分野の躍動を，やさしく明快に伝える

### 1. リーマンのゼータ関数
松本耕二著
A5判 228頁 定価（本体3800円+税）（11731-8）

ゼータ関数，$L$関数の「原型」に肉迫。〔内容〕オイラーとリーマン／関数等式と整数点での値／素数定理／非零領域／明示公式と零点の個数／値分布／オーダー評価／近似関数等式／平均値定理／二乗平均値と約数問題／零点密度／臨界線上の零点

### 2. 数論アルゴリズム
中村 憲著
A5判 196頁 定価（本体3200円+税）（11732-5）

符号理論や暗号理論との関係から，脚光を浴びている数論アルゴリズムを初歩から系統的かつ総合的に解説した入門書。〔内容〕四則計算と冪／初等数論アルゴリズム／格子，多項式，有限体／素数判定／整数分解問題／離散対数問題／擬似乱数

### 3. 箱玉系の数理
時弘哲治著
A5判 192頁 定価（本体3200円+税）（11733-2）

著者が中心で進めてきた箱玉系研究の集大成。〔内容〕セルオートマトン／ソリトン／箱玉系／KP階層の理論／離散KP方程式／箱玉系と超離散Kd-V方程式／箱玉系と超離散方程式／周期箱玉系／可解格子模型と箱玉系／一般化された箱玉系

### 4. 曲線とソリトン
井ノ口順一著
A5判 192頁 定価（本体3200円+税）（11734-9）

曲線の微分幾何学とソリトン方程式のコンパクトな入門書。「曲線を求める」ことに力点を置き，微分積分学と線形代数の基礎を学んだ読者に微分方程式と微分幾何学の交錯する面白さを伝える。各トピックにやさしい解説と具体的な応用例。

### 5. ベーテ仮説と組合せ論
国場敦夫著
A5判 224頁 定価（本体3600円+税）（11735-6）

量子可積分系の先駆者であるハンス・ベーテの手法（ベーテ仮説）は，超弦理論を含む広い応用を持つ。本書では組合せ論の観点からベーテ仮説を発展・展開させた理論を解説する。現代物理学の数理的手法の魅力を伝える好著。

## 高等数学公式便覧
河村哲也 監訳 井元 薫 訳
菊判 248頁 定価（本体4800円＋税）（11138-5）

各公式が，独立にページ毎の囲み枠によって視覚的にわかりやすく示され，略図も多用しながら明快に表現され，必要に応じて公式の使用法を例を用いながら解説。表・裏頁に重要な公式を掲載，豊富な索引付き。〔内容〕数と式の計算／幾何学／初等関数／ベクトルの計算／行列，行列式，固有値／数列，級数／微分法／積分法／微分幾何学／各変数の関数／応用／ベクトル解析と積分定理／微分方程式／複素数と複素関数／数値解析／確率，統計／金利計算／二進法と十六進法／公式集

## 応用数理ハンドブック
日本応用数理学会監修
薩摩順吉・大石進一・杉原正顯 編
B5判 704頁 定価（本体24000円＋税）（11141-5）

数値解析，行列・固有問題の解法，計算の品質，微分方程式の数値解法，数式処理，最適化，ウェーブレット，カオス，複雑ネットワーク，神経回路と数理脳科学，可積分系，折紙工学，数理医学，数理政治学，数理設計，情報セキュリティ，数理ファイナンス，離散システム，弾性体力学の数理，破壊力学の数理，機械学習，流体力学，自動車産業と応用数理，計算幾何学，数論アルゴリズム，数理生物学，逆問題，などの30分野から260の重要な用語について2〜4頁で解説したもの。

## 関　数　事　典
河村哲也 監訳
B5判 704頁 定価（本体22000円＋税）（11136-1）

本書は，総計64の関数を図示し，関数にとって重要な定義や性質，級数展開，関数を特徴づける公式，他の関数との関係式を直ちに参照できるようになっている。また，特定の関数に関連する重要トピックスに対して簡潔な議論を施してある。〔内容〕定数関数／階乗関数／ゼータ数と関連する関数／ベルヌーイ数／オイラー数／2項係数／1次関数とその逆関数／修正関数／ヘビサイド関数とディラック関数／整数べき／平方根関数とその逆数／非整数べき関数／半楕円関数とその逆数／他

## 朝倉 数学ハンドブック［基礎編］
飯高　茂・楠岡成雄・室田一雄 編
A5判 816頁 定価（本体20000円＋税）（11123-1）

数学は基礎理論だけにとどまらず，応用方面への広がりをもたらし，ますます重要になっている。本書は理工系とくに専門にこだわらず工学系の学生が知っていれば良いことを主眼として，専門のみならず専門外の内容をも理解できるように平易に解説した基礎編である。〔内容〕集合と論理／線形代数／微分積分学／代数学（群，環，体）／ベクトル解析／位相空間／位相幾何／曲線と曲面／多様体／常微分方程式／複素関数／積分論／偏微分方程式／関数解析／積分変換・積分方程式

## 朝倉 数学ハンドブック［応用編］
飯高　茂・楠岡成雄・室田一雄 編
A5判 632頁 定価（本体16000円＋税）（11130-9）

数学は最古の学問のひとつでありながら，数学をうまく応用することは現代生活の諸部門で極めて大切になっている。基礎編につづき，本書は大学の学部程度で学ぶ数学の要点をまとめ，数学を手っ取り早く応用する必要がありエッセンスを知りたいという学生や研究者，技術者のために，豊富な講義経験をされている執筆陣でまとめた応用編である。〔内容〕確率論／応用確率論／数理ファイナンス／関数近似／数値計算／数理計画／制御理論／離散数学とアルゴリズム／情報の理論

ISBN は 978-4-254- を省略

（表示価格は2014年10月現在）

## 朝倉書店
〒162-8707　東京都新宿区新小川町6-29
電話　直通(03) 3260-7631　FAX(03) 3260-0180
http://www.asakura.co.jp　eigyo@asakura.co.jp

## 5.8 CG キャラクタをデザインする細分割モデリング

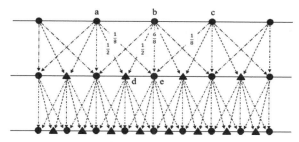

**図4** 奇頂点と偶頂点における細分割前後の依存関係とスムージングの内分比[1)]

(1) 初期多角形を与える (図 3a).
(2) 分割ステップ (規則 A)：多角形の各辺に，新しい頂点 (奇頂点，図 3b の ▲) をつくり，辺を 2 つに分ける.
(3) スムージングステップ (規則 B)：元からあった頂点 (偶頂点，図 3 の ●) の位置を動かす (図 3c で ● を ★ に動かす).
(4) (2), (3) を繰り返す.

この細分割で頂点が増えていく様子を図 4 のように表す．なお，図 3 と 4 とで頂点 a, b, c, d, e, f は対応している．スムージングにおいて，頂点の座標値は次の規則で計算される.

- 規則 A：奇頂点 (図中の d) は辺 (図中の ab) の中点 (つまり内分比は，$\frac{1}{2} : \frac{1}{2}$)
- 規則 B：偶頂点 (図中の e) は，その元の頂点 (図中の b) と，その左右の頂点 (図中の a, c) との重み付き平均 (重みは，$\frac{1}{8} : \frac{6}{8} : \frac{1}{8}$).

そして，この図の中央の部分の 5 つの点からなる点列で計算されるところだけに注目したのが図 5 である．ここではこの点列を五点列とよぶことにする．初期多角形の五点列から，細分割後の五点列が計算でき，さらに細分割を行うと，その五点列から次の五点列へと次々と計算できる.

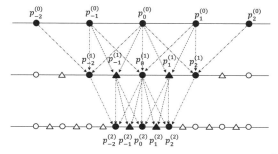

**図5** 五点列に注目した細分割過程における頂点間の依存関係[1)]

そこで，図 5 のように五点列の点にインデックスをつけ，五点列を
$$\boldsymbol{P}^{(0)} = \left(p_{-2}^{(0)}, p_{-1}^{(0)}, p_0^{(0)}, p_1^{(0)}, p_2^{(0)}\right)^\mathsf{T}$$
のように表す．ここで，$\boldsymbol{P}^{(0)}$ の各要素が 2 次元の位置ベクトルであることに注意されたい．上添字の (0) は，初期多角形であることを示している．この五点列に対して細分割を行ってつくられる新しい五点列に対しては，図のように，
$$\boldsymbol{P}^{(1)} = \left(p_{-2}^{(1)}, p_{-1}^{(1)}, p_0^{(1)}, p_1^{(1)}, p_2^{(1)},\right)^\mathsf{T}$$
とする．上添字の (1) は，1 回細分割を行ったことを示す．同様にして，細分割を繰り返した場合の五点列にインデックスを付けることにする．

この五点列が細分割規則によってどのように変化するかを調べれば，細分割曲線全体のふるまいを調べることができる．まず上述の規則 A, B を具体的に書けば，

- 規則 A：奇頂点
$$p_{-1}^{(1)} = \frac{1}{2}(p_{-1}^{(0)} + p_0^{(0)}), \qquad p_1^{(1)} = \frac{1}{2}(p_0^{(0)} + p_1^{(0)})$$

- 規則 B：偶頂点
$$p_{-2}^{(1)} = \frac{1}{8}(p_{-2}^{(0)} + 6p_{-1}^{(0)} + p_0^{(0)})$$
$$p_0^{(1)} = \frac{1}{8}(p_{-1}^{(0)} + 6p_0^{(0)} + p_1^{(0)})$$
$$p_2^{(1)} = \frac{1}{8}(p_0^{(0)} + 6p_1^{(0)} + p_2^{(0)})$$

となる．これらを整理して行列の形で書くと，
$$\boldsymbol{P}^{(1)} = \begin{pmatrix} p_{-2}^{(1)} \\ p_{-1}^{(1)} \\ p_0^{(1)} \\ p_1^{(1)} \\ p_2^{(1)} \end{pmatrix} = \frac{1}{8} \begin{pmatrix} 1 & 6 & 1 & 0 & 0 \\ 0 & 4 & 4 & 0 & 0 \\ 0 & 1 & 6 & 1 & 0 \\ 0 & 0 & 4 & 4 & 0 \\ 0 & 0 & 1 & 6 & 1 \end{pmatrix} \begin{pmatrix} p_{-2}^{(0)} \\ p_{-1}^{(0)} \\ p_0^{(0)} \\ p_1^{(0)} \\ p_2^{(0)} \end{pmatrix} = \boldsymbol{S}\boldsymbol{P}^{(0)}$$

この右辺の行列を細分割行列 $\boldsymbol{S}$ という．さらに，$N$ 回の細分割後の五点列 $\boldsymbol{P}^{(N)}$ は，
$$\boldsymbol{P}^{(N)} = \boldsymbol{S}\boldsymbol{P}^{(N-1)} = \boldsymbol{S}^2 \boldsymbol{P}^{(N-2)} = \cdots = \boldsymbol{S}^N \boldsymbol{P}^{(0)}$$

そこで，無限回の細分割，すなわち $N \to \infty$ に対する $\boldsymbol{S}^N \boldsymbol{P}^{(0)}$ の極限を求めてみる．$\boldsymbol{S}$ の固有値を $\lambda_0, \lambda_1, \lambda_2, \lambda_3, \lambda_4$ と固有ベクトルを $\boldsymbol{E} = [\boldsymbol{e}_0, \boldsymbol{e}_1, \boldsymbol{e}_2, \boldsymbol{e}_3, \boldsymbol{e}_4]$ とする．五点列 $\boldsymbol{P}^{(0)}$ は固有ベクトルの線形結合で表すことができるので，係数を $c_i$ として，

$$\boldsymbol{P}^{(0)} = c_0 \boldsymbol{e}_0 + c_1 \boldsymbol{e}_1 + c_2 \boldsymbol{e}_2 + c_4 \boldsymbol{e}_4 = \boldsymbol{E} \begin{pmatrix} c_0 \\ c_1 \\ c_2 \\ c_3 \\ c_4 \end{pmatrix} \qquad (1)$$

## 5.8 CG キャラクタをデザインする細分割モデリング

ここで，$P^{(0)}$ の各要素が 2 次元の位置ベクトルであり，固有ベクトルの要素は実数であることから，係数 $c_i$ は 2 次元の位置ベクトルであることに注意されたい．またそれは次式によって決めることができる．

$$\begin{pmatrix} c_0 \\ c_1 \\ c_2 \\ c_3 \\ c_4 \end{pmatrix} = \boldsymbol{E}^{-1} \boldsymbol{P}^{(0)} \tag{2}$$

以上の準備の下に，$\boldsymbol{P}^{(N)}$ を計算してみる．固有値・固有ベクトルの関係 $\boldsymbol{S}\boldsymbol{e}_i = \lambda_i \boldsymbol{e}_i$ から $\boldsymbol{S}^{(N)}\boldsymbol{e}_i = \lambda_i^N \boldsymbol{e}_i$ となり，また式 (1) を用いると

$$\begin{aligned} \boldsymbol{P}^{(N)} &= \boldsymbol{S}^N \boldsymbol{P}^{(0)} = \boldsymbol{S}^N (c_0 \boldsymbol{e}_0 + c_1 \boldsymbol{e}_1 + c_2 \boldsymbol{e}_2 + c_3 \boldsymbol{e}_3 + c_4 \boldsymbol{e}_4) \\ &= c_0 \lambda_0^N \boldsymbol{e}_0 + c_1 \lambda_1^N \boldsymbol{e}_1 + c_2 \lambda_2^N \boldsymbol{e}_2 + c_3 \lambda_3^N \boldsymbol{e}_3 + c_4 \lambda_4^N \boldsymbol{e}_4 \end{aligned} \tag{3}$$

ここで $N \to \infty$ として，五点列の極限 $\boldsymbol{P}^{(\infty)}$ を求める．計算は省略するが，$\boldsymbol{S}$ の固有値は

$$(\lambda_0, \lambda_1, \lambda_2, \lambda_3, \lambda_4) = \left(1, \frac{1}{2}, \frac{1}{4}, \frac{1}{8}, \frac{1}{8}\right)$$

となり，$\lambda_0$ 以外の固有値の絶対値は 1 より小さい．また，

$$\boldsymbol{e}_0 = \begin{pmatrix} 1 & 1 & 1 & 1 & 1 \end{pmatrix}^\mathsf{T}$$

となるので，

$$\begin{aligned} \boldsymbol{P}^{(\infty)} &= \lim_{n \to \infty} \boldsymbol{S}^N \boldsymbol{P}^{(0)} = c_0 \boldsymbol{e}_0 \\ &= \begin{pmatrix} 1 & 1 & 1 & 1 & 1 \end{pmatrix}^\mathsf{T} = \begin{pmatrix} c_0 & c_0 & c_0 & c_0 & c_0 \end{pmatrix}^\mathsf{T} \end{aligned}$$

つまり，$N \to \infty$ の極限において，五点列はすべて $c_0$ という 1 点に収束する．$c_0$ は，$\boldsymbol{E}^{-1}$ を求め，式 (2) を使って計算することができ，次のようになる．

$$c_0 = \frac{1}{6}(p_{-1}^{(0)} + 4p_0^{(0)} + p_1^{(0)})$$

つまり，初期多角形の五点列は，すべて $c_0 = \frac{1}{6}(p_{-1}^{(0)} + 4p_0^{(0)} + p_1^{(0)})$ という点に収束する．これを，五点列の中央の頂点 $p_0^{(0)}$ の極限の点とみなすと，初期多角形のすべての頂点で五点列が定義できることから，このような極限の点は初期多角形のすべての頂点について存在することがわかる．さらに，1 回細分割を行った多角形を初期多角形とみなせば，そのすべての頂点についても極限の点が存在する．このようにして，細分割の極限が曲線に収束することがわかる．

### 問題の設定

細分割曲線は滑らかな曲線であるから，接ベクトルが存在する．初期多角形 $p_0^{(0)}$ が

収束する点 $p_0^{(\infty)}$ における接ベクトルを求めよ．

#### 解説・解答

式 (3) において $c_0$ が原点になるように座標系をとると，

$$\boldsymbol{P}^{(N)} = c_1\lambda_1^N \boldsymbol{e}_1 + c_2\lambda_2^N \boldsymbol{e}_2 + c_3\lambda_3^N \boldsymbol{e}_3 + c_4\lambda_4^N \boldsymbol{e}_4$$

$$= \lambda_1^N \left[ c_1 \boldsymbol{e}_1 + c_2 \left(\frac{\lambda_2}{\lambda_1}\right)^N \boldsymbol{e}_2 + c_2 \left(\frac{\lambda_3}{\lambda_1}\right)^N \boldsymbol{e}_3 + c_2 \left(\frac{\lambda_4}{\lambda_1}\right)^N \boldsymbol{e}_4 \right]$$

$\lambda_1 > \lambda_2 > \lambda_3 = \lambda_4$ であるので，$N$ が大きくなると，右辺では括弧内の第 2 項から第 4 項が幾何級数的に 0 に近づく．そのため第 1 項が支配的になる．$N$ が大きくなったときの $\boldsymbol{P}^{(N)}$ を，固有ベクトル $\boldsymbol{e}$ の具体的な値を使って書き下すと，

$$\boldsymbol{P}^{(N)} \approx \lambda_1^N c_1 \boldsymbol{e}_1 = \lambda_1^N c_1 \begin{pmatrix} -1 & -\frac{1}{2} & 0 & \frac{1}{2} & 1 \end{pmatrix}^{\mathsf{T}}$$

$$= \lambda_1^N \begin{pmatrix} -c_1 & -\frac{1}{2}c_1 & 0 & \frac{1}{2}c_1 & c_1 \end{pmatrix}^{\mathsf{T}}$$

この右辺は $N$ が大きくなると，五点列の 5 つの頂点が，原点 ($c_0 = p_0^{(\infty)}$) を通り，ベクトル $c_1$ に平行な直線の上に並んでいること，すなわち，$p_0^{(\infty)}$ における細分割曲線の接ベクトルが $c_1$ となることを示している．$c_1$ は，$c_0$ と同様にして式 (2) を使って計算することができ，$c_1 = p_1^{(0)} - p_{-1}^{(0)}$ となる．つまり接ベクトルは，$p_0^{(0)}$ の両隣の点を結んだベクトルに等しくなる． 〔鈴木宏正〕

□ 文 献
1) Subdivision for Modeling and Animation, *ACM SIGGRAPH 2000*, Course Note No. 23 (2000).

## 5.9 リアプノフの安定定理

|計測・制御工学|

　リアプノフの安定定理は，状態空間表現されたシステムに対して平衡状態が安定 (漸近安定) であるかどうかを判定する一般的な方法を与える．たとえば，人型ロボットが目標の姿勢で安定に静止できるか，捕食関係にある種の数のバランスが保持されるのか，土星の輪がいつまでも土星本体のまわりに今のように存在し続けるかなど，工学的なシステムから物理的なシステムまで非常に広範な用途に利用可能である．

◆ **状態空間表現と平衡状態** ◆

多くのシステムは次のベクトル値の 1 階の微分方程式でその特性を記述，または近似的に表現することができる．

$$\frac{d}{dt}x(t) = f(x(t), t)$$

$$x(t) = \begin{bmatrix} x_1(t) \\ x_2(t) \\ \vdots \\ x_n(t) \end{bmatrix} \in R^n, \quad f(x(t), t) = \begin{bmatrix} f_1(x(t), t) \\ f_2(x(t), t) \\ \vdots \\ f_n(x(t), t) \end{bmatrix} \in R^n \quad (1)$$

ここで，$t$ は時間を表す変数で，$x(t)$ を状態ベクトルといい，この微分方程式を状態方程式という (上の式で，記号 $R^n$ は対応する変数が $n$ 次元ベクトルでその要素が実数であることを示すものである)．この微分方程式において

$$f(x_e, t) = 0 \quad (2)$$

を満たす定数ベクトル $x_e$ を平衡状態という．

この状態空間表現を用いると，リアプノフの安定定理の 1 つは次のように記述される．

◆ **リアプノフの安定定理** ◆

式 (1) で表されるシステムの右辺が時間の陽な関数でないとき，$x(t)$ の連続時間微分可能な関数 $V(x)$ が存在して，$x_e$ の近傍で以下の条件を満たすとき $x_e$ は漸近安定である．

(1) $V(x_e) = 0$ かつ $V(x(t)) > 0$ $(x(t) \neq x_e)$
(2) $dV/dt(x_e) = 0$ かつ $dV/dt(x(t)) < 0$ $(x(t) \neq x_e)$

ただし，$x_e$ が漸近安定であるとは平衡状態の近傍の初期状態からのすべての解 $x(t)$ が $\lim_{x \to \infty} \|x(t) - x_e\|$ となることである．ここで，上記の条件をすべて満たす関数をリアプノフ関数という．

**問題の設定**

図 1 に示される単振り子を考える．

このシステムの運動方程式は次式で表される．

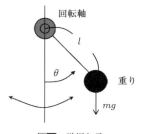

**図 1** 単振り子

$$I\ddot{\theta}(t) + D\dot{\theta}(t) + mgl\sin(\theta(t)) = 0 \tag{3}$$

ここで，$I, D, m, l, g$ はそれぞれ，棒と重りを合わせた回転軸まわりの慣性モーメント，粘性係数，重りの質量，棒の長さ，重力加速度である．この運動方程式に対して，$x_1(t) := \theta(t), x_2(t) := \dot{\theta}(t)$ と定義し，状態ベクトルを

$$x(t) := \begin{bmatrix} x_1(t) \\ x_2(t) \end{bmatrix} \tag{4}$$

と定義すると，式 (3) は次の状態方程式に書き直すことができる．

$$\frac{d}{dt}x(t) = \begin{bmatrix} x_2 \\ -\dfrac{D}{I}x_2 - \dfrac{mgl}{I}\sin x_1 \end{bmatrix} =: \begin{bmatrix} x_2 \\ -a_2 x_2 - a_1 \sin x_1 \end{bmatrix} \tag{5}$$

ここで，$a_1 := mgl/I, a_2 := D/I$ は正の定数であることに注意する．定義より平衡状態は

$$\begin{bmatrix} 0 \\ 0 \end{bmatrix} = \begin{bmatrix} x_2 \\ -a_2 x_2 - a_1 \sin x_1 \end{bmatrix} \tag{6}$$

を満たすものであるので，

$$x_{\mathrm{e}} = \begin{bmatrix} 0 \pm 2n\pi \\ 0 \end{bmatrix}, \quad \begin{bmatrix} \pi \pm 2n\pi \\ 0 \end{bmatrix} \quad (n \text{ は任意の整数}) \tag{7}$$

となる．ここで，リアプノフの安定定理を用いて $x_{\mathrm{e}} = \begin{bmatrix} 0, 0 \end{bmatrix}^{\mathsf{T}}$ の漸近安定性を判定せよ．

### 解説・解答

経験的にこの平衡状態は漸近安定であることはわかるが，これをリアプノフの安定定理を使って示してみる．リアプノフ関数をエネルギー関数にとるとうまくいく場合が多いので，全力学的エネルギー $H$ の定数倍をリアプノフ関数の候補として考えてみる (以後式を簡単にするために，時間の関数である表記 $(t)$ は省略する)．

## 5.9 リアプノフの安定定理

$$H = I\frac{\dot{\theta}^2}{2} + mgl(1 - \cos\theta) = Ix_2^2 + mgl(1 - \cos\theta)$$
$$= I\left[x_2^2 + \frac{mgl(1 - \cos x_1)}{I}\right] = I[x_2^2 + a_1(1 - \cos x_1)] \tag{8}$$

より

$$V(x) := \frac{x_2^2}{2} + a_1(1 - \cos x_1) \tag{9}$$

とする．この関数は $|x_1| < 2\pi$ の範囲で定理の条件 (1) を満たす．次に時間微分を考えると

$$\dot{V} = x_2 \dot{x}_2 + a_1(\sin x_1)\dot{x}_1$$
$$= x_2(-a_2 x_2 - a_1 \sin x_1) + a_1(\sin x_1)x_2 = -a_2 x_2^2 \tag{10}$$

となり，一見条件 (2) を満たしているように見える．しかし，式 (10) の値は $x_e$ 以外にも任意の $(x_1, 0)$ に対してゼロとなるため条件を満たしていない．条件をすべて満たすものを見つけるために式 (9) のリアプノフ関数を次のように変形する．

$$V(x) = \frac{1}{2}\begin{bmatrix} x_1 & x_2 \end{bmatrix}\begin{bmatrix} 0 & 0 \\ 0 & 1 \end{bmatrix}\begin{bmatrix} x_1 \\ x_2 \end{bmatrix} + a_1(1 - \cos x_1) \tag{11}$$

上式では行列の要素に 0 の部分があるので，ここにパラメータを設定することにより条件を満たすように変形することを考え，次のものを考える．

$$V(x) = \frac{1}{2}\begin{bmatrix} x_1 & x_2 \end{bmatrix}\begin{bmatrix} p_1 & p_2 \\ p_2 & 1 \end{bmatrix}\begin{bmatrix} x_1 \\ x_2 \end{bmatrix} + a_1(1 - \cos x_1) \tag{12}$$

ここで，2 次形式は行列の対称部分が本質的であることから，パラメータ数を少なくするためにも対称行列としている．また，エネルギーのアナロジーから，行列で表される 2 次形式の部分は状態がゼロベクトルでないときには正となるように，行列を正定行列の範囲で考える．そのためには，シスベスターの判別条件より $p_1 > 0$, $p_1 - p_2^2 > 0$ でなければならない．

この関数の時間微分を考えると次のようになる．

$$\dot{V} = p_1 x_1 \dot{x}_1 + p_2 \dot{x}_1 x_2 + p_2 x_1 \dot{x}_2 + x_2 \dot{x}_2 + a_1(\sin x_1)\dot{x}_1$$
$$= p_1 x_1 x_2 + p_2 x_2 x_2 + p_2 x_1(-a_2 x_2 - a_1 \sin x_1)$$
$$\quad + x_2(-a_2 x_2 - a_1 \sin x_1) + a_1(\sin x_1)x_2$$
$$= (p_1 - a_2 p_2)x_1 x_2 + (p_2 - a_2)x_2^2 - p_2 a_1 x_1 \sin x_1 \tag{13}$$

となる．$-x_1 \sin x_1$ は $|x_1| < \pi$ の範囲では負であることに注意すると，$x_1 x_2$ は符号が不定なので係数をゼロとするように，$x_2^2$ は非負なので $p_2 - a_2$ が負となるように考えると，以下の条件を同時に満たすようにすればよいことがわかる．

$$p_1 - a_2 p_2 = 0, \quad p_2 - a_2 < 0 \quad p_1 - p_2^2 > 0 \tag{14}$$

この条件を満たす1つの選び方として

$$p_2 = \frac{a_2}{2}, \qquad p_1 = \frac{a_2^2}{2} \tag{15}$$

とすると,

$$\dot{V} = -\frac{a_2 x_2^2}{2} - \frac{a_1 a_2 x_1 \sin x_1}{2} \tag{16}$$

となり,$V(x)$ は $|x_1| < \pi$ の範囲で定理の条件を満たす.したがって,考えている平衡状態は漸近安定となる.

この例で見たように,リアプノフの安定定理は一般のシステムの漸近安定性を示すことができる反面,リアプノフの安定条件を満たすようなリアプノフ関数を探すことは結構面倒である.そのため,できるだけ式 (10) のような半負定の条件だけから漸近安定性を判定できる方が望ましい.そのために,条件 (2) を下記の (2)′ のように変更し,条件 (3) を加えた次のラサールの安定定理が導かれている.

(1)　$V(x_e) = 0$ かつ $V(x(t)) > 0$ $(x(t) \neq x_e)$
(2)′　$dV/dt(x_e) = 0$ かつ $dV/dt(x(t)) \leq 0$
(3)　$dV/dt(x(t)) \equiv 0$ を仮定したとき,微分方程式の解は $x(t) = x_e$ のみ

これを用いると式 (9) のリアプノフ関数を用いて $x_e$ の漸近安定性を示すことができる.

〔山北昌毅〕

## 5.10　量子井戸中のエネルギー準位

電気・電子工学

### 隣接する 2 つの量子井戸が形成するエネルギー準位

電子などの運動を記述する量子力学は,力学でありながら古典力学とは大きく異なり,電子は状態で記述され,おのおのの力学量は演算子を用いて求める[1].電子の状態を表す関数を波動関数とよぶ.ここでは,記号の簡略化のため,ディラックのブラケット記法を用いる.すなわち,波動関数を $\varphi(x)$, $\psi(x)$, 演算子を $A$ として,波動関数 $\varphi(x)$ を $|\varphi\rangle$,その複素共役 $\varphi^*(x)$ を $\langle\varphi|$,また,波動関数どうしの積分 $\int \varphi^*(x)\psi(x)\,dx$ を $\langle\varphi|\psi\rangle$,演算子を挟んだ積分 $\int \varphi^*(x) A \psi(x)\,dx$ を $\langle\varphi|A|\psi\rangle$ として表記する.これらの記号を用いて,量子力学の基本概念を簡単に述べる.

## 5.10 量子井戸中のエネルギー準位

波動関数の絶対値の2乗 $|\varphi(x)|^2 = \varphi^*(x)\varphi(x)$ は，電子の存在確率[*1]を表す．電子は全空間のどこかに存在するため，存在確率を全空間で積分した値 $\int |\varphi(x)|^2 dx = \langle\varphi|\varphi\rangle$ は1となる．波動関数が $\langle\varphi|\varphi\rangle = 1$ を満たすとき，波動関数は規格化されているという．電子がある波動関数で表される状態に存在するとき，その電子がもつ物理量[*2]は下記の積分を用いた平均操作(期待値)で与えられる．

$$\langle A \rangle = \frac{\langle\varphi|A|\varphi\rangle}{\langle\varphi|\varphi\rangle} \tag{1}$$

このとき $A$ は，物理量に対応する演算子である．また，波動関数が規格化されているとき，式 (1) は簡単に $\langle A \rangle = \langle\varphi|A|\varphi\rangle$ と表される．一般に波動関数に演算子を演算した結果は，もとの関数とは異なる関数となる．しかしながら，波動関数を演算子に演算した結果が，もとの波動関数の定数倍になることがある．すなわち，

$$A|\varphi\rangle = a|\varphi\rangle \tag{2}$$

の関係が成り立つとき，波動関数 $\varphi(x)$ を演算子 $A$ に対する固有関数，定数 $a$ を固有値とよぶ．波動関数が演算子の固有関数になっているとき，物理量の期待値は，式 (2) を式 (1) に代入することにより $\langle A \rangle = a$ と求められる．すなわち，観測して測定される物理量の期待値は，固有値と等しくなる．

典型的な演算子はエネルギー演算子であり，記号的には $H$ を用いて表され，ハミルトニアンとよばれている．興味がある多くの問題において解くべき事柄は，電子があるポテンシャル中を運動するときの電子の波動関数およびエネルギー値である．すなわち，与えられたポテンシャルを用いてハミルトニアン $H$ を構成し，

$$H|\varphi\rangle = E|\varphi\rangle \tag{3}$$

となる波動関数 $\varphi(x)$，そのときのエネルギーの固有値 $E$ を求めることになる．ひとたび波動関数が求められると，たとえば1次元の運動量演算子は $-i\hbar(\partial/\partial x)$ であるため，$x$ 方向の運動量の平均値 $\langle p_x \rangle$ は，

$$\langle p_x \rangle = \langle\varphi|p_x|\varphi\rangle = -i\hbar \int \varphi^*(x) \frac{\partial}{\partial x} \varphi(x) \, dx \tag{4}$$

を計算することにより求めることができる．ここで波動関数 $\varphi(x)$ は，規格化されているとした．

### 問題の設定

図 1a に示す1次元の井戸型ポテンシャルに電子が束縛されているとする．井戸型ポテンシャルを表すハミルトニアンを $H_0$，電子のエネルギー値を $\varepsilon$，波動関数を $|\varphi_1\rangle$

---

[*1] 粒子を空間のある点に観測する確率．
[*2] 位置や速度などの物質が持つ観測可能な属性．

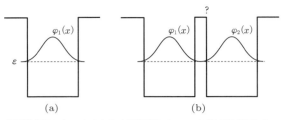

**図 1** 井戸型ポテンシャル (a) および隣接した 2 つの井戸型ポテンシャル (b)

とする. すなわち $H_0|\varphi_1\rangle = \varepsilon|\varphi_1\rangle$ が成立している. この井戸型ポテンシャルに対してもう 1 つ同じ構造の井戸型ポテンシャルが隣接し, 2 つの井戸型ポテンシャルが存在するとき (図 1b) の電子エネルギー $E$ および波動関数 $|\psi\rangle$ を求めよ. ただし波動関数 $|\psi\rangle$ は, 右側の井戸に束縛された電子の波動関数 $|\varphi_1\rangle$ と左側の井戸に束縛された電子の波動関数 $|\varphi_2\rangle$ との線形和 $|\psi\rangle = a|\varphi_1\rangle + b|\varphi_2\rangle$ によって近似できるものとする. また, $|\varphi_1\rangle$ および $|\varphi_2\rangle$ は規格化されており, 井戸は離れているため波動関数どうしの重なりは小さく, $\langle\varphi_1|\varphi_2\rangle = \langle\varphi_2|\varphi_1\rangle = 0$ とする.

### 解説・解答

求めるべきものは隣接した井戸中の電子の波動関数 $|\psi\rangle$, およびエネルギー $E$ である. ただし $|\psi\rangle$ は, $|\varphi_1\rangle$ および $|\varphi_2\rangle$ の線形和 $a|\varphi_1\rangle + b|\varphi_2\rangle$ で近似できる. したがって, 線形和の係数 $a, b$ およびエネルギー $E$ を求めることになる. 全ハミルトニアンを $H$ とおくと, 波動関数とエネルギーとの間には, 次の関係が成立する.

$$H|\psi\rangle = E|\psi\rangle \tag{5}$$

$|\psi\rangle$ は個々の井戸中の波動関数の線形和 $a|\varphi_1\rangle + b|\varphi_2\rangle$ で与えられるとしたため, 式 (5) は,

$$H|\psi\rangle = H(a|\varphi_1\rangle + b|\varphi_2\rangle) = aH|\varphi_1\rangle + bH|\varphi_2\rangle = E|\psi\rangle \tag{6}$$

と表される. ここで, $H|\varphi_1\rangle, H|\varphi_2\rangle$ を求める必要がある. 左の井戸型ポテンシャルの状態から見て $H$ は, 単独の井戸型ポテンシャル $H_0$ に右の井戸型ポテンシャルが隣接したことによる摂動 [*3] $H'$ を加えたものと近似され, $H = H_0 + H'$ となる. したがって,

$$H|\varphi_1\rangle = (H_0 + H')|\varphi_1\rangle = H_0|\varphi_1\rangle + H'|\varphi_1\rangle = \varepsilon|\varphi_1\rangle + H'|\varphi_1\rangle \tag{7}$$

と求められる. 対称性から $H|\varphi_2\rangle$ が同様な手続きにより求められ, 式 (6) は,

$$a\varepsilon|\varphi_1\rangle + b\varepsilon|\varphi_2\rangle + aH'|\varphi_1\rangle + bH'|\varphi_2\rangle = aE|\varphi_1\rangle + bE|\varphi_2\rangle \tag{8}$$

---

*3) 主要項 (この場合は $H_0$) に対して小さな摂乱が存在するとき, その小さな摂乱項を摂動とよぶ.

と展開される．解説で述べたように $|\varphi_1\rangle$, $|\varphi_2\rangle$ は関数である．しかし左から $\langle\varphi_1|$ を演算してブラケットを閉じると積分となり，積分した結果は数となる．そこで，式 (8) に左から $\langle\varphi_1|$ および $\langle\varphi_2|$ をそれぞれ演算する．結果は，

$$\left.\begin{array}{l} a\varepsilon + a\langle\varphi_1|H'|\varphi_1\rangle + b\langle\varphi_1|H'|\varphi_2\rangle = aE \\ b\varepsilon + a\langle\varphi_2|H'|\varphi_1\rangle + b\langle\varphi_2|H'|\varphi_2\rangle = bE \end{array}\right\} \quad (9)$$

となる．ここで，規格化条件ならびに波動関数の重なりは小さいことを用いた．$\langle\varphi_1|H|\varphi_1\rangle$ あるいは $\langle\varphi_1|H|\varphi_2\rangle$ などは，少なくとも数である．そこで，$\langle\varphi_1|H|\varphi_1\rangle = \langle\varphi_2|H|\varphi_2\rangle = -\alpha$, $\langle\varphi_1|H|\varphi_2\rangle = \langle\varphi_2|H|\varphi_1\rangle = -\beta$ とおき，その物理的意味は結果から考察する．すると式 (9) は，行列の形にまとめることが可能となり，

$$\begin{bmatrix} \varepsilon - \alpha & -\beta \\ -\beta & \varepsilon - \alpha \end{bmatrix} \begin{bmatrix} a \\ b \end{bmatrix} = E \begin{bmatrix} a \\ b \end{bmatrix} \quad (10)$$

と表される．式 (10) を用いて，$a$ および $b$ を求めることになるが，これは行列の固有値問題である．したがって，通常の手続きを踏むことにより解くことができる．結果は，$E_- = \varepsilon - \alpha - \beta$ のとき，

$$\begin{bmatrix} a \\ b \end{bmatrix} = \frac{1}{\sqrt{2}} \begin{bmatrix} 1 \\ 1 \end{bmatrix}$$

$E_+ = \varepsilon - \alpha + \beta$ のとき

$$\begin{bmatrix} a \\ b \end{bmatrix} = \frac{1}{\sqrt{2}} \begin{bmatrix} 1 \\ -1 \end{bmatrix}$$

と，2つの解を得ることができる．すなわち，エネルギーが $E_- = \varepsilon - \alpha - \beta$ のときの波動関数は，

$$\psi_-(x) = \frac{\varphi_1(x) + \varphi_2(x)}{\sqrt{2}}$$

エネルギーが $E_+ = \varepsilon - \alpha + \beta$ のときの波動関数は

$$\psi_+(x) = \frac{\varphi_1(x) - \varphi_2(x)}{\sqrt{2}}$$

と求めることができる．この電子のエネルギー状態を図 2 に示す．

エネルギー準位は，$\varepsilon - \alpha$ を中心に上下に $\pm\beta$ 離れて存在する．ハミルトニアンを同

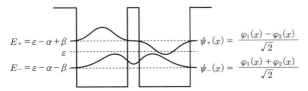

**図2** 隣接した井戸型ポテンシャル中のエネルギーおよび波動関数

じ波動関数で挟んで積分した量は，エネルギーを意味する．また，$H'$ は隣のポテンシャルからの摂動エネルギーを表している．これより $\langle \varphi_1 | H' | \varphi_1 \rangle$（あるいは $\langle \varphi_2 | H' | \varphi_2 \rangle$）は，隣の井戸型ポテンシャルからの影響により，電子エネルギーが単独の井戸型ポテンシャルよりも $\alpha$ だけ減少することを表す．$\beta$ はハミルトニアンを違う波動関数で挟んで積分しており，対応する古典的な物理量はなく，量子力学的な干渉項であり，共鳴積分とよばれている．この共鳴積分項により2つの同じエネルギー準位 $\varepsilon - \alpha$ が，よりエネルギーが低い状態と，よりエネルギーが高い状態へと分離する．エネルギーが低い状態を結合性軌道，エネルギーが高い状態を反結合性軌道とよんでいる．

　この隣接した井戸型ポテンシャルの問題を，2つの水素原子と水素分子に対応させて考える．単独の井戸型ポテンシャルに捕獲されている電子状態が水素原子に対応する．この水素原子に隣接してもう1つの水素原子が近接すると，隣接した2つの井戸型ポテンシャルの問題と等価になり，水素原子のエネルギー準位は結合性軌道と反結合性軌道に分離する．それぞれの水素原子の電子は，エネルギー的に低い結合性軌道をスピンを逆向きにして占める．以上より，2つの水素原子が単独に存在するよりも，水素分子を形成した方がエネルギー的に安定になることが定性的に説明できる．また化学結合の起源は量子力学的な干渉効果，共鳴積分であることがわかる．ここで用いた，波動関数を線形和により近似する手法を LCAO(Linear Combination of Atomic Orbitals) 法または原子軌道結合法とよんでいる． 〔山田　明〕

□ 文　献
1) 岸野正剛著, 納得しながら量子力学 (朝倉書店, 2013).

# 6

# 手 法

## 6.1 円軌道上のフォーメーションと低燃費制御

計測・制御工学

### フィードバック制御の設計法

はじめに線形システムのフィードバック制御設計法を紹介する．線形システムとその評価関数を

$$\dot{\boldsymbol{x}} = A\boldsymbol{x} + B\boldsymbol{u}, \quad \boldsymbol{x}(0) = \boldsymbol{x}_0 \in R^n, \quad \boldsymbol{u} \in R^m$$

$$\boldsymbol{z} = C\boldsymbol{x} \in R^p$$

$$J(\boldsymbol{u}; \boldsymbol{x}_0) = \int_0^\infty [|\boldsymbol{z}(t)|^2 + \boldsymbol{u}^\mathsf{T}(t) R \boldsymbol{u}(t)] \, dt$$

とする．ここで $|\boldsymbol{z}|^2 = \boldsymbol{z}^\mathsf{T}\boldsymbol{z}$, $R > 0$ (正定すなわち $\boldsymbol{u}^\mathsf{T} R \boldsymbol{u} > 0\ \forall \boldsymbol{u} \neq 0$) とする．許容制御 $\boldsymbol{u}$ は 2 乗可積分でその応答 $\boldsymbol{x}$ も 2 乗可積分かつ $\lim_{t\to\infty} \boldsymbol{x}(t) = 0$ となるものとする．この $J$ を最小にする問題を，現代制御では最適レギュレータ問題という．$X \geq 0$ がリッカチ方程式

$$A^\mathsf{T} X + X A + C^\mathsf{T} C - X B R^{-1} B^\mathsf{T} X = 0 \tag{1}$$

の解で，$A - BR^{-1}B^\mathsf{T} X$ が安定 (すべての固有値の実部が負) であるとする．このとき $X$ を式 (1) の安定化解といい，フィードバック制御

$$\bar{\boldsymbol{u}} = -R^{-1} B^\mathsf{T} X \boldsymbol{x}$$

が最適解となる．

### 問題の設定

$\boldsymbol{x}^\mathsf{T}(t) X \boldsymbol{x}(t)$ を微分して式 (1) を用いることにより，上のフィードバックが最適で

あることを示せ.

**解説・解答**

$u$ を任意の許容制御, $x$ をその応答とすると

$$\frac{d}{dt}\bm{x}^\mathsf{T}(t)X\bm{x}(t) = (Ax+Bu)^\mathsf{T}X\bm{x} + \bm{x}^\mathsf{T}X(A\bm{x}+B\bm{u})$$
$$= \bm{x}^\mathsf{T}(A^\mathsf{T}X+XA)\bm{x} + \bm{u}^\mathsf{T}B^\mathsf{T}X\bm{x} + \bm{x}^\mathsf{T}XB\bm{u}$$
$$= \bm{x}^\mathsf{T}(XBR^{-1}B^\mathsf{T}X - C^\mathsf{T}C)\bm{x} + \bm{u}B^\mathsf{T}X\bm{x} + \bm{x}^\mathsf{T}XB\bm{u}$$
$$= -\bm{x}^\mathsf{T}C^\mathsf{T}C\bm{x} - \bm{u}^\mathsf{T}R\bm{u} + (\bm{u}+R^{-1}B^\mathsf{T}X\bm{x})^\mathsf{T}R(\bm{u}+R^{-1}B^\mathsf{T}X\bm{x})$$

となる. この式を $t=0$ から $T$ まで積分すると

$$\bm{x}^\mathsf{T}(T)X\bm{x}(T) - \bm{x}_0 X\bm{x}_0 = -\int_0^T (|\bm{z}|^2 + \bm{u}^\mathsf{T}R\bm{u})\,dt + \int_0^T \bm{v}R\bm{v}\,dt$$

となる. ここで $\bm{v} = \bm{u} + R^{-1}B^\mathsf{T}X\bm{x}$ である. $T\to\infty$ の極限をとると

$$J(\bm{u};\bm{x}_0) = \int_0^\infty [|\bm{z}(t)|^2 + \bm{u}(t)R\bm{u}(t)]\,dt$$
$$= \bm{x}_0^\mathsf{T}X\bm{x}_0 + \int_0^T \bm{v}^\mathsf{T}R\bm{v}\,dt \geq \bm{x}_0^\mathsf{T}X\bm{x}_0$$

が得られる. ここで等号は $\bm{v}=0$ すなわち $\bm{u}=\bar{\bm{u}}=-R^{-1}B^\mathsf{T}X\bm{x}$ のとき成立する. したがって状態フィードバック $\bar{\bm{u}}$ が最適制御となる. リッカチ方程式 (1) が安定化解をもつための十分条件として, 階数の条件 $r(B\ AB\cdots A^{n-1}B)=n$ かつ $r(C^\mathsf{T}\ A^\mathsf{T}C^\mathsf{T}\cdots(A^\mathsf{T})^{n-1}C^\mathsf{T})=n$ が知られている. このときシステムは可制御, 可観測であるという. $X$ はハミルトン行列

$$H = \begin{bmatrix} A & -BR^{-1}B^\mathsf{T} \\ -C^\mathsf{T}C & -A^\mathsf{T} \end{bmatrix}$$

の固有ベクトルから計算できる[1].

## 円軌道上のフォーメーション

5.4 節の HCW 方程式の右辺に制御入力 $(u_x, u_y, u_z)$ を追加し, 状態ベクトルを $\bm{x}=[x,y,\dot{x},\dot{y},z,\dot{z}]^\mathsf{T}$, 制御ベクトルを $\bm{u}=[u_x,u_y,u_z]^\mathsf{T}$ とおくと, HCW 方程式は 1 階の連立微分方程式

$$\dot{\bm{x}} = A\bm{x} + B\bm{u}, \quad \bm{x}(0) = \bm{x}_0$$

で表すことができる. 入力 $\bm{u}=0$ のとき, HCW 方程式の $x,z$ は常に周期関数であり, $y$ は $c=2x_0+\dot{y}_0/n=0$ のとき周期関数となる. このときの $x$–$y$ 平面上の軌道

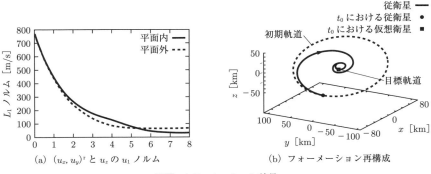

**図 1** シミュレーション結果

は楕円となる (図 1b の外側と内側の楕円参照).

HCW 方程式の周期解への移行をフォーメーション形成といい，この移行を低燃費で行うことを考えよう．目標軌道に仮想的な人工衛星を置き，その運動を

$$\dot{\boldsymbol{x}}_f = A\boldsymbol{x}_f, \qquad \boldsymbol{x}_f(0) = \boldsymbol{x}_{f0}$$

とする．$\boldsymbol{x}_{f0}$ は目標の周期軌道を与える初期値である．従衛星の軌道と目標軌道の誤差 $\boldsymbol{e} = \boldsymbol{x} - \boldsymbol{x}_f$ の方程式は

$$\dot{\boldsymbol{e}} = A\boldsymbol{e} + B\boldsymbol{u}, \qquad \boldsymbol{e}(0) = \boldsymbol{x}_0 - \boldsymbol{x}_{f0} \tag{2}$$

となる．HCW システムは可制御であるので $(C, A)$ を可観測としフィードバック制御 $\bar{\boldsymbol{u}} = -R^{-1}B^{\mathsf{T}}X\boldsymbol{e}$ を用いると $\boldsymbol{e}(t)$ は漸近的に 0 に収束する．HCW システムでは，$A$ の固有値がすべて虚軸上にあり，$R$ を大きくすると $X$ は 0 行列に収束し $\bar{\boldsymbol{u}}$ の 2 乗積分は 0 に収束する[2]．以下 $R$ のパラメータを変化させて低燃費フィードバックの設計を行う．

#### 低燃費制御

主衛星の円軌道の高度を 400 km とすると $\omega = 1.1314 \times 10^{-3}$ rad/s, 軌道周期は $T = 5554$ s となる．ただし，地球の半径を 6378 km, 地球の重力定数を $\mu = 3.986 \times 10^5$ km$^3$/s$^2$ とした．従衛星と仮想衛星の初期条件を

$$\boldsymbol{x}_0 = [\ -50.00 \quad 0.0000 \quad 0.0000 \quad 0.1131 \quad -50.00 \quad 0.0000\ ]$$

$$\boldsymbol{x}_{f0} = [\ -5.000 \quad 0.0000 \quad 0.0000 \quad 0.01131 \quad -5.000 \quad 0.0000\ ]$$

とする．これは主衛星と従衛星の距離は $x$ 方向，$z$ 方向とも 50 km であることを示している．一方，目標軌道では両者の距離は $x$ 方向，$z$ 方向とも最大 5 km となる．式 (1)

の重み行列は，対角行列 $Q = \mathrm{diag}[1,1,0,0,1,0] \times 10^{-7}$, $R = \mathrm{diag}[10^r, 10^r, 10^{r_z}]$ とした．システム (2) にフィードバック $\bar{u} = -B^{\mathsf{T}} X e$ を適用する．図 1a はそれぞれ $(x, y)$ 平面内の入力，$z$ 方向の入力の絶対積分 ($L_1$ ノルム) を $r(r_z)$ の関数として表している．入力の 2 乗積分は 0 に収束することが知られているが，入力の $L_1$ ノルムも単調に減少している．燃料消費は $L_1$ ノルムに比例するので，$r(r_z)$ を大きくすると燃費は良くなるが，その分目標軌道への収束時間が長くなる．$r = 6, r_z = 5$ とすると収束までの時間は 3 周期以下となる．図 1b は，このときの従衛星の相対軌道を示している．

〔市川 朗〕

□ 文 献
1) M. Green and D. J. N. Limebeer, *Linear Robust Control* (Prentice Hall, 1994).
2) A. Ichikawa, "Null Controllability with Vanishing Energy for Discrete-time Systems," *Systems & Control Letters*, **57** (1), 34–38 (2008).

## 6.2　目的関数近似による最適化

(材料力学) (経営工学)

### 応答近似法による最適設計

最適設計 (optimal design) において設計すべき変数 (design variables) の変化による目的関数 (objective function) の変化を評価することは頻繁に発生する．構造物の最適設計などのように大きな構造物を有限要素法を用いて解析している場合や，航空機のフラッタ解析などで流体と構造の連成解析をしている場合など，その目的関数の評価は大きな計算コストがかかる．また，微小な設計変数の変動によって目的関数が急激に変化するために設計空間で微分不可能となる場合がある．このような場合，設計空間を近似関数に置き換える手法がよく用いられる[1〜4]．本章では関数近似法として応答曲面法を取り上げる．

### 応答曲面法[5]

応答曲面法 (response surface methodology; RSM) とは品質工学の分野で広く用いられているプロセス最適化の手法であり，実験計画 (design of experiments; DOE) と近似曲面への回帰，近似曲面を用いた最適化からなる．応答曲面法における応答曲面とは設計変数 $x_i$ $(i = 1, 2, \cdots, k)$ に対する目的関数 $y$ の集合であり，一般に次式で表される．

$$y = f(x_1, x_2, \cdots, x_k) + \varepsilon \tag{1}$$

ここで $\varepsilon$ は誤差である．関数 $f$ は特に定められていないが，一般に多項式 (polynomials) が用いられる場合が多い．1 次多項式の場合には式 (1) は次のようになる．

$$y = \beta_0 + \sum_{i=1}^{k} \beta_i x_i \tag{2}$$

この式は線形重回帰となる．2 次の多項式 (quadratic polynomials) の場合，次式となる．

$$y = \beta_0 + \sum_{i=1}^{k} \beta_i x_i + \sum_{i=1}^{k} \beta_{ii} x_i{}^2 + \sum_{i<j}^{k} \beta_{ij} x_i x_j \tag{3}$$

関数には 3 次, 4 次の多項式も用いることができる．

**最小二乗回帰**

2 次多項式を例に式 (2) の未知係数の推定法を示す．一般に応答曲面の係数は最小二乗法が用いられる．

回帰式の係数 $\beta$ の推定に用いる実験点の組数を $n$，変数の数を $k$ とすると，回帰モデルは行列表示で次式になる．

$$\boldsymbol{y} = \boldsymbol{X}\boldsymbol{\beta} + \boldsymbol{\varepsilon} \tag{4}$$

$$\boldsymbol{y} = \begin{Bmatrix} y_1 \\ y_2 \\ \vdots \\ y_n \end{Bmatrix}, \quad \boldsymbol{X} = \begin{bmatrix} 1 & x_{11} & x_{12} & \cdots & x_{1k} \\ 1 & x_{21} & x_{22} & \cdots & x_{2k} \\ \vdots & \vdots & \vdots & \ddots & \vdots \\ 1 & x_{n1} & x_{n2} & \cdots & x_{nk} \end{bmatrix}, \quad \boldsymbol{\beta} = \begin{Bmatrix} \beta_0 \\ \beta_1 \\ \vdots \\ \beta_k \end{Bmatrix}, \quad \boldsymbol{\varepsilon} = \begin{Bmatrix} \varepsilon_1 \\ \varepsilon_2 \\ \vdots \\ \varepsilon_n \end{Bmatrix}$$

ここで，$\boldsymbol{\varepsilon}$ は回帰誤差である．誤差 2 乗を最小にする条件から，係数 $\boldsymbol{\beta}$ の推定量 $\boldsymbol{b}$ が次式で与えられる．

$$\boldsymbol{b} = (\boldsymbol{X}^\mathsf{T}\boldsymbol{X})^{-1}\boldsymbol{X}^\mathsf{T}\boldsymbol{y} \tag{5}$$

$\boldsymbol{b}$ の共分散行列 $V(b) = \mathrm{cov}(b_i, b_j)$ は次式で表される．

$$V(\boldsymbol{b}) = \sigma^2 (\boldsymbol{X}^\mathsf{T}\boldsymbol{X})^{-1} \tag{6}$$

ここで，$\sigma^2$ は $\boldsymbol{y}$ の誤差分散である．$i$ 番目の点での応答 $y_i$ と $\boldsymbol{y}$ の推定値 $\hat{y}_i$ から式 (7) で推定される．

分散 $\sigma^2$ の最尤推定値は次式で表される．

$$\sigma^2 = \frac{\sum_{i=1}^{k}(y_i - \hat{y}_i)}{n - k - 1} \tag{7}$$

回帰式の適合度を表す自由度調整済み決定係数 $R_a{}^2$ は次式で表される．

**表1** $t$ 分布表

| 自由度 | $t$ 値 | 自由度 | $t$ 値 |
|---|---|---|---|
| 1 | 12.71 | 12 | 2.18 |
| 2 | 4.03 | 14 | 2.14 |
| 3 | 3.18 | 16 | 2.12 |
| 4 | 2.78 | 18 | 2.19 |
| 5 | 2.57 | 20 | 2.09 |
| 6 | 2.45 | 30 | 2.04 |
| 7 | 2.36 | 40 | 2.02 |
| 8 | 2.31 | 60 | 2.00 |
| 9 | 2.26 | 120 | 1.98 |
| 10 | 2.23 | $\infty$ | 1.96 |

$$R_a{}^2 = \frac{(\boldsymbol{y}^t\boldsymbol{y} - \boldsymbol{b}^t\boldsymbol{X}^t\boldsymbol{y})/(n-k-1)}{\left[\boldsymbol{y}^t\boldsymbol{y} - \left(\sum_{i=1}^{n} y_i\right)^2/n\right]/(n-1)} \qquad (8)$$

自由度調整済み決定係数は1以下で高いほどよい近似である.

回帰式中の係数は回帰係数の $t$ 検定でその有意性判定を実施することができる. 回帰式の $j$ 番目の係数 $\beta_j = 0$ という仮説を立て, 検定する. これは $j$ 番目の変数が回帰式に寄与していないという仮説である. この $t$ 値は次式で表される.

$$t_0 = \frac{b_j}{\sqrt{\hat{\sigma}^2 C_{ij}}} \qquad (9)$$

ここで, $C_{jj}$ は式(8)の $jj$ 成分である. この仮説は $t_0$ の絶対値が $t_{\alpha/2, n-k-1}$ より大きいときに否決される. $t_{\alpha/2, n-k-1}$ は自由度 $n-k-1$, 信頼係数 $1-\alpha$ の $t$ 分布の値であり, $\alpha = 0.05$ (95% 検定) の例を表1で示す.

回帰係数の $t_0$ は回帰モデルによって異なるため, 回帰係数の $t$ 検定は係数の削減や追加をするごとに計算する. 適切な回帰モデルを求める手法にはいくつかあるが, その1つである後退消去法では, 全係数の回帰モデルで回帰後, すべての変数について $t$ 検定を実施し, 不要な変数と判定された中から最も $t$ 値の小さい変数を1つ削除し, 再度 $t$ 値を計算してさらに回帰を悪化させる不要な係数を削除し, 回帰を悪化させる変数がなくなるまでこの作業を続ける.

**問題の設定**

表2で与えられる $x_1, x_2$ の応答 $\boldsymbol{y}$ の応答曲面を2次多項式で求めよ.

**解説・解答**

2変数の2次多項式は次式となる.

$$y = \beta_0 + \beta_1 x_1 + \beta_2 x_2 + \beta_3 x_1{}^2 + \beta_4 x_2{}^2 + \beta_5 x_1 x_2$$

## 6.2 目的関数近似による最適化

**表2** データ

| | $x_1$ | $x_2$ | $y$ | | $x_1$ | $x_2$ | $y$ |
|---|---|---|---|---|---|---|---|
| 1 | $-1$ | $-1$ | 16.2 | 7 | $-1$ | 0 | 10.2 |
| 2 | $-1$ | 1 | 7.5 | 8 | 1 | 0 | 5.2 |
| 3 | $-1$ | 0 | 10.2 | 9 | 0 | 0 | 4.8 |
| 4 | $-1$ | 0.5 | 13.2 | 10 | 0 | 1 | 6 |
| 5 | 1 | $-1$ | $-4.2$ | 11 | 0 | 0.5 | 5 |
| 6 | 1 | 1 | 15.6 | 12 | 0.5 | 0.5 | 9.5 |

**表3** 回帰係数 ($R_a^2 = 0.8655$)

| | $b_0$ | $b_1$ | $b_2$ | $b_3$ | $b_4$ | $b_5$ |
|---|---|---|---|---|---|---|
| 推定値 | 4.37 | $-2.97$ | 3.04 | 4.50 | $-0.12$ | 6.86 |
| $t$ | 3.42 | $-3.96$ | 3.2 | 3.09 | 1.35 | 6.89 |

それぞれの係数の推定値 $b_i$ と $t$ 値は表3になる.

$\alpha = 0.05$ の $t$ 検定を行うと, 自由度は $12 - 5 - 1 = 6$ であるので, $t_{0.025,6} = 2.45$ となり, $b_4$ が不要と判断される. そこで, $x_2^2$ を削除したモデルを用いて再び回帰する. このときの係数の推定値と $t$ 値を表4に示す.

**表4** 改善した回帰係数 ($R_a^2 = 0.8845$)

| | $b_0$ | $b_1$ | $b_2$ | $b_3$ | $b_5$ |
|---|---|---|---|---|---|
| 推定値 | 4.33 | $-2.98$ | 3.03 | 4.48 | 6.86 |
| $t$ | 3.89 | $-4.35$ | 3.47 | 3.39 | 7.44 |

表4から, $b_4$ 削除によって全体の $t$ 値が変化していることがわかる. 自由度調整済み決定係数は 0.8655 から 0.8845 に上昇している. 自由度は $12 - 4 - 1 = 7$ であるので, $t_{0.025,7} = 2.36$ となり, すべての係数は採用され, 回帰式が表4で決定される.

### 実験計画

実験計画法はより良い回帰式を得るための実験値を集める手法である. 実験計画法はすでに品質工学の分野で広く用いられている[7,8]. ここでは応答曲面を求める場合に限定して解説する. 式(8)で, 回帰式の係数の分散を小さくするには, $\sigma^2$ と $(\boldsymbol{X}^\mathsf{T}\boldsymbol{X})^{-1}$ の対角成分を小さくすれば良いことがわかる. $\sigma^2$ は応答 $y$ に関連するが, $(\boldsymbol{X}^\mathsf{T}X)^{-1}$ は実験点の座標だけに起因しており, この $(\boldsymbol{X}^\mathsf{T}\boldsymbol{X})^{-1}$ の対角成分を最小化すれば, 回帰係数分散を相対的に最小化可能である. すべての実験計画では, この $(\boldsymbol{X}^\mathsf{T}\boldsymbol{X})^{-1}$ の対角成分を最小化することを目的としている.

$D$ 最適基準はモーメント行列の行列式を最大化する実験計画の最適化基準である.

$$\mathrm{Max}\,|\boldsymbol{M}| \tag{10}$$

座標が $-1$ から 1 に正規化されている場合,$D$ 最適性の優劣を表す $D_{\text{eff}}$ ($D$-efficiency) は次式で定義される.

$$D_{\text{eff}} = \frac{(\text{Det}\,[\boldsymbol{M}^{\mathsf{T}}\boldsymbol{M}])^{1/p}}{n} \tag{11}$$

ここで,$p$ は未知係数の数である.$D_{\text{eff}}$ は最大値が 1 となり,大きいほど良い実験計画となる.

一般に逆行列の各成分にはその行列の行列式の逆数が掛けられる.$D$ 最適基準は $(\boldsymbol{M}^{\mathsf{T}}\boldsymbol{M})$ 行列の行列式を最大化することで $(\boldsymbol{M}^{\mathsf{T}}\boldsymbol{M})^{-1}$ 行列の全成分を相対的に最小化している.これによって,$D$ 最適基準はモーメント行列の対角成分だけでなく,共分散成分も含んでいる.つまり $D$ 最適基準は係数全体の分散を均等に最小化させている.実際の多くの計算機による実験計画アプリケーションでは $D$ 最適基準が用いられている.

### 問題の設定

Micorsoft®Excel®のソルバー機能を用いて次の応答曲面の最小値を求めよ.

$$y = 1 + 0.5x_1 - 2x_2 - 0.2{x_1}^2 + 3{x_2}^2 + 0.4x_1 x_2 \qquad (0 \le x_1,\ x_2 \le 1)$$

### 解説・解答

Excel のセル A, B, C に表 5 のとおりに代入する.

**表 5**

|   | A | B | C |
|---|---|---|---|
| 1 | X1 | X2 | Y |
| 2 | 0.5 | 0.5 | =1+0.5*A2-2*B2-0.2*A2*A2+3*B2*B2+0.4*A2*B2 |

セル A2 は変数 $x_1$,セル B2 は変数 $x_2$,セル C2 は応答 $y$ である.ツールメニューのソルバーを起動し(ソルバーはデフォルトではインストールされないので追加インストールが必要),目的セルを C2,変化させるセルを A2:B2 とする.最小ボタンをチェックする.制約条件の追加を指定し,A2 $\le$ 1,A2 $\le$ 0,B2 $\le$ 1,B2 $\ge$ 0 を入力して実行ボタンを押す.

最小値は $x_1 = 0$,$x_2 = 0.33333$,$y = 0.66667$ となる. 〔轟 章〕

□ 文 献

1) P. N. Harrison, R. Le Riche and R. T. Haftka, "Design of Stiffened Composite Panels by Genetic Algorithm and Response Surface Approximations," *AIAA-95-1163-CP*, 58 (1995).

2) 柏村孝義, 白鳥正樹, 干 強, 実験計画法による非線形問題の最適化—統計的設計支援システム (朝倉書店, 1998).
3) 座古 勝, 高野直樹, 辻上哲也, 竹田憲生, "繊維強化複合材料の剛性設計のための GA の効率的適用", 材料, **45** (1), 1316-1321 (1996).
4) 轟 章, R. T. Haftk, "積層パラメータを変数とした座屈荷重応答曲面を用いた遺伝的アルゴリズムによる複合材料積層構成最適化", 日本機械学会論文集 (A 編), **64–621**, 1138–1145 (1998).
5) R. H. Myers and D. C. Montgomery, *Response Surface Methodology: Process and Product Optimization Using Designed Experiments* (John Wiley & Sons. Inc., 1995).
6) 中野 馨 監修, 入門と実習 ニューロコンピュータ (技術評論社, 1989).
7) 田口玄一, 実験計画法 上・下 (丸善, 1962).
8) 奥野忠一, 芳賀敏郎, 実験計画法 (培風館, 1969).
9) 日本機械学会編, 構造・材料の最適設計 (技報堂, 1989).
10) 山川 宏, 最適化デザイン (計算力学と CAE シリーズ 9) (培風館, 1993).
11) R. T. Hafkta and Z. Gurdal, *Elements of Structural Optimization* ( Kluwer Academic Publishers, 1993).

## 6.3 構造最適化における最適化理論

材料力学 建築・土木・設計

**最適性の 1 次の必要条件と, その条件からの最適構造の探索**

構造最適化は, 力学的なモデルと最適化の理論にもとづき構造物の最適な形態および形状を得る方法である. ここでは, トラス要素にもとづく力学モデルから, 最適構造案を得るための最適性の 1 次の必要条件 [カルーシュ–クーン–タッカー (Karush–Kuhn–Tucker; KKT) 条件] から導き, その最適性の必要条件から最適構造を得る最適化基準法について概説する.

### 問題の設定

いま, $n$ 個のトラス要素でモデル化された構造物の静的な変形状態において, 剛性を最大化する問題を考える. 各トラス要素要素は, 弾性変形をし, それぞれの要素内に生じるひずみは線形無限小ひずみとする. この構造物の境界 $\Gamma_u$ 上の節点を完全固定し, 境界 $\Gamma_f$ 上の節点に荷重を負荷する. この時の荷重ベクトルを $\boldsymbol{f}$, 変位ベクトルを $\boldsymbol{u}$, 構造物の剛性マトリクスを $\boldsymbol{K}$ とすれば, 釣り合いの方程式は次式となる.

$$\boldsymbol{K}\boldsymbol{u} = \boldsymbol{f} \tag{1}$$

上式で示す釣り合いの状態で, 境界 $\Gamma_f$ 上の節点に荷重に対して, 構造物の剛性を最

大化する構造設計案を得る最適性の必要条件を求めよ．さらに，それから最適解を求める手続きを示せ．

**解説・解答**

剛性を最大化したい場合，一般的に目的関数には，次式に示すひずみエネルギーの2倍であるエネルギーノルムと等価となる平均コンプライアンスを $l$ 用いる．

$$l = \bm{f}^\mathsf{T}\bm{u} = 2\left(\frac{1}{2}\bm{u}^\mathsf{T}\bm{K}\bm{u}\right) \tag{2}$$

いま，荷重ベクトル $\bm{f}$ は設計変数によらず一定とすれば，この平均コンプライアンス $l$ を最小化すれば，変位ベクトルを最小化ことができる．

次に，設計変数の設定方法について考えてみよう．$i$ 番目のトラス要素に対して，0から1までの値をとる正規化された設計変数 $\rho_i$ を設定する．この設計変数を用いれば，たとえばトラス要素の場合，断面積 $A_i$ は，

$$A_i = \rho_i A_{\max} \tag{3}$$

と表すことができる．ここで，$A_{\max}$ は最大断面積である．

次に，制約条件について考えてみよう．構造物の総体積は，総重量に直接関連し，経済性の観点などから，ある限られた値以下である方がよい．そこで，ここでは総体積 $V$ に関する次式の制約条件を設定する．

$$g = V - V^\mathrm{U} \leq 0 \tag{4}$$

ここで，$V^\mathrm{U}$ は総体積の上限値である．

以上のことから，$n$ 個のトラス要素で構成されている構造物に対して最適化問題をまとめると，次式のようになる．

$$\underset{\rho_i}{\operatorname{maximize}}\, l = \bm{f}^\mathsf{T}\bm{u}$$

subject to

$$g = V - V^\mathrm{U} \leq 0$$
$$0 \leq \rho_i \leq 1 \quad (i = 1, 2, \cdots, n) \tag{5}$$

次に，ラグランジアン $L$ を

$$L = \bm{f}^\mathsf{T}\bm{u} + \Lambda(V - V^\mathrm{U}) + \sum_{i=1}^{n}\left[\lambda_i^\mathrm{L}(-\rho_i) + \lambda_i^\mathrm{U}(\rho_i - 1)\right] \tag{6}$$

と定義する．ここで，$\Lambda$, $\lambda_i^\mathrm{L}$, $\lambda_i^\mathrm{U}$ はラグランジュの未定乗数である．これより，上式の最適性の1次の必要条件 (KKT 条件) を導出すると，次式となる．

$$\frac{\partial L}{\partial \rho_i} = -\bm{u}^\mathsf{T}\frac{\partial \bm{K}}{\partial \rho_i}\bm{u} + \Lambda\frac{\partial V}{\partial \rho_i} - \lambda_i^\mathrm{L} + \lambda_i^\mathrm{U} = 0 \quad (i = 1, 2, \cdots, n) \tag{7}$$

$$\frac{\partial L}{\partial \Lambda} = V - V^{\mathrm{U}} \leq 0 \tag{8}$$

$$\frac{\partial L}{\partial \lambda_i^{\mathrm{L}}} = -\rho_i \leq 0 \quad (i = 1, 2, \cdots, n) \tag{9}$$

$$\frac{\partial L}{\partial \lambda_i^{\mathrm{U}}} = \rho_i - 1 \leq 0 \quad (i = 1, 2, \cdots, n) \tag{10}$$

$$\Lambda(V - V^{\mathrm{U}}) = 0 \tag{11}$$

$$\lambda_i^{\mathrm{L}}(-\rho_i) = 0 \quad (i = 1, 2, \cdots, n) \tag{12}$$

$$\lambda_i^{\mathrm{U}}(\rho_i - 1) = 0 \quad (i = 1, 2, \cdots, n) \tag{13}$$

$$\Lambda \geq 0, \quad \lambda_i^{\mathrm{L}} \geq 0, \quad \lambda_i^{\mathrm{U}} \geq 0 \quad (i = 1, 2, \cdots, n) \tag{14}$$

上式の意味を考えてみよう．式 (9) と式 (10) が活性でないとすれば，$\lambda_i^{\mathrm{L}} = \lambda_i^{\mathrm{U}} = 0$ となるので，式 (7) は，

$$\frac{\partial L}{\partial \rho_i} = -\boldsymbol{u}^{\mathsf{T}} \frac{\partial \boldsymbol{K}}{\partial \rho_i} \boldsymbol{u} + \Lambda \frac{\partial V}{\partial \rho_i} = 0 \quad (i = 1, 2, \cdots, n) \tag{15}$$

となる．また通常

$$-\boldsymbol{u}^{\mathsf{T}} \frac{\partial \boldsymbol{K}}{\partial \rho_i} \boldsymbol{u} < 0, \quad \frac{\partial V}{\partial \rho_i} > 0 \tag{16}$$

であるから，$\Lambda > 0$ になる．すなわち，最適解は内部停留点ではなく，体積制約が活性となる点にあることがわかる．このことは，物理的にも妥当である．一般に剛性は設計変数の値が大きければ大きいほど増加するので，必ず体積制約の上限値が活性になるようにして，最適構造が得られる．

上式の KKT 条件を解けば，最適解の候補が得られ，その候補の 2 次の十分性を確認すれば，局所的最適解であるといえる．しかしながら，実際の設計問題では，解析的にその手順により最適解を求めることは不可能で，何らかの数値計算法により求めることになる．ここでは，ヒューリスティックスを用いて KKT 条件から最適解を求める最適化基準法について説明する．前述のように，式 (9) と式 (10) が活性でないとすれば，式 (15) が成立するから，

$$\frac{\boldsymbol{u}^{\mathsf{T}}(\partial \boldsymbol{K}/\partial \rho_i)\boldsymbol{u}}{\Lambda(\partial V/\partial \rho_i)} = 1 \quad (i = 1, 2, \cdots, n) \tag{17}$$

となる．最適化の過程では上式は成立しないので，$k$ 番目の繰返しにおいては，

$$\frac{\boldsymbol{u}^{(k)\mathsf{T}}(\partial \boldsymbol{K}^{(k)}/\partial \rho_i^{(k)})\boldsymbol{u}^{(k)}}{\Lambda^{(k)}(\partial V/\partial \rho_i^{(k)})} = A_i^{(k)} \quad (i = 1, 2, \cdots, n) \tag{18}$$

と表し，設計変数を以下の再帰式にて更新する．

$$\rho_i^{(k+1)} = \rho_i^{(k)}(A_i^{(k)})^\eta \quad (i = 1, 2, \cdots, n) \tag{19}$$

ここで，変数の上付の文字 $k$ は，$k$ 番目の繰返しを意味する．$\eta$ は定数で通常 0.75 程

度に設定する．これにより，$A_i^{(k)}$ は，繰返し計算により 1 に近づき，最適性の条件を満足するようになる．

ただ，上の再帰式では，更新の段階で設計変数の上限値と下限値を超えてしまう場合がある．なぜなら，式 (9) と式 (10) が活性でないという条件のもとに，再帰式を導出しているからである．そこで，式 (19) を修正して，次式のように設計変数の上限値と下限値を超えないように設計変数を更新する．

$$\rho_i^{(k+1)} = \mathrm{Min}\left\{\mathrm{Max}\left\{\rho_i^{\mathrm{L}(k)}, \left(A_i^{(k)}\right)^\eta\right\}, \rho_i^{\mathrm{U}(k)}\right\}$$

$$= \begin{cases} \rho_i^{\mathrm{L}(k)} & \rho_i^{(k)}\left(A_i^{(k)}\right)^\eta \leq \rho_i^{\mathrm{L}(k)} \\ \rho_i^{(k)}\left(A_i^{(k)}\right)^\eta & \rho_i^{\mathrm{L}(k)} < \rho_i^{(k)}\left(A_i^{(k)}\right)^\eta < \rho_i^{\mathrm{U}(k)} \\ \rho_i^{\mathrm{U}(k)} & \rho_i^{(k)}\left(A_i^{(k)}\right)^\eta \geq \rho_i^{\mathrm{U}(k)} \end{cases} \quad (20)$$

ここで，$\rho_i^{\mathrm{L}(k)}$ と $\rho_i^{\mathrm{U}(k)}$ は，$\varsigma$ を 0 から 1 の間の適当な定数として，次式のようにムーブリミットを設けた範囲内でのみ更新できるようにする．

$$\rho_i^{\mathrm{L}(k)} = \mathrm{Max}\left\{(1-\varsigma)\rho_i^{(k)}, 0\right\} \quad (21)$$

$$\rho_i^{\mathrm{U}(k)} = \mathrm{Min}\left\{(1+\varsigma)\rho_i^{(k)}, 1\right\} \quad (22)$$

なお，式 (18) の $\Lambda^{(k)}$ は，二分割法などで各繰返し過程において求める．以上の最適性基準法は，剛性最大化問題，すなわち平均コンプライアンス最小化問題では非常に高い収束性を示す． 〔西脇眞二〕

## 6.4 変分法による最適構造の求め方

(材料力学)(建築・土木・設計)

**梁構造設計を対象とした，変分法にもとづく最適性の 1 次の条件の導出**

連続体で構成される構造物の最適化を考える際には，理論的には無限個の設計変数を取り扱うことになる．たとえば，図 1 に示す梁の問題を考えてみよう．

図に示したように，板厚 $t$ は，$x$ の関数として，連続に変化するので，設計変数は無限個ということになり，さらに梁の体積 $V$ は，

$$V = \int_0^l t(x)\,dx \quad (1)$$

となり，汎関数として定式化される．ここで汎関数とは，ある特定した領域において，

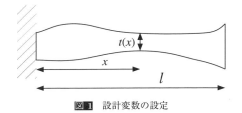

**図 1** 設計変数の設定

その領域内のある値に写像される関数が，実数値であるものである．式 (1) では，特定した領域は $0$ から $l$ までの実数の範囲で，関数値はその間における $0$ から $l$ までの積分値であるから，実数値となるので汎関数であるといえる．ちなみに，

$$V = \int_0^x t(x)\,dx \tag{2}$$

は関数であって，汎関数でないことに気をつけてほしい．

では，このような汎関数の導関数はどのように求めるのであろうか．汎関数の導関数を求めるには，通常の微分操作を拡張し，次式の操作を行う．すなわち，いま，ある汎関数 $J$ とし，設計変数を $d$ とすれば，

$$\lim_{\epsilon \to 0} \frac{J(d+\epsilon\delta d) - J(d)}{\epsilon} = DJ(d)(\delta d) = \left.\frac{\partial J(d+\epsilon\delta d)}{\partial \epsilon}\right|_{\epsilon=0} \tag{3}$$

により，導関数を求める．上の微分操作は，ガトー (Gâteaux) 微分，あるいは G-differential とよばれ，通常の微分操作を一般化したものである．そしてこの微分操作は，いわゆる変分をとる操作と同じである．なお，上式の $\delta d$ は任意の値の変数である．このガトー微分を用いて，以下の最適化問題の最適性の 1 次の必要条件 (KKT 条件) を導出する．いま，設計変数を $d$ とし，目的関数 $J$ を不等式制約汎関数 $G \leq 0$ のもと，最小化する場合を考える．ラグランジアンを $L$

$$L = J + \mu G \tag{4}$$

とし，KKT 条件を導くと次式となる．

$$DL(d)(\delta d) = DJ(d)(\delta d) + \mu DG(d)(\delta d) = 0 \tag{5}$$

$$G \leq 0,\ \mu G = 0,\ \mu \geq 0 \tag{6}$$

ここで，$\mu$ は，ラグランジュの未定乗数である．

### 問題の設定

図 2 に示す長さ $l$ の梁の左端を完全固定し，右端の中心に鉛直荷重 $P$ を作用させたときに，総重量が $W_0$ 以下で，右端の鉛直方向の変位 $u$ を最小化したい．梁の断面は長方形で，幅は $b(x)$，高さは $h$ で一定とする．また，梁のヤング率は $E$，重量密度は

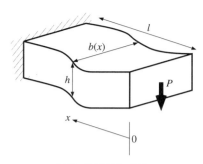

**図 2** 設計問題の設定

$\rho$ とする.なお,座標系 $x$ は,定式化の簡略化のため,荷重負荷位置の梁の右端の位置を $0$ に設定する.このときの最適性の 1 次の必要条件 (KKT 条件) を導き,最適解を求めよ.

### 解説・解答

まず,目的汎関数 $J$ たる梁の右端の鉛直方向の変位 $u$ をカスチリアーノ定理より求める.梁の断面 2 次モーメントは $I(x) = b(x)h^3/12$ で,梁に作用するモーメントは $Px$ であるから,

$$J = u = \frac{\partial}{\partial P}\left(\frac{1}{2}\int_0^l \frac{(Px)^2}{EI(x)}\,dx\right) = \frac{12P}{Eh^3}\int_0^l \frac{x^2}{b(x)}\,dx \tag{7}$$

となる.梁の総重量を $W$ とすれば,制約汎関数 $G$ は次式となる.

$$G = W - W_0 = \int_0^l \rho b(x) h\,dx - W_0 \le 0 \tag{8}$$

よって,ラグランジアン $L$ を

$$L = J + \mu(W - W_0) \tag{9}$$

として,KKT 条件を導出すると,次式となる.

$$\begin{aligned}
DL(b)(\delta b) &= DJ(b)(\delta b) + \mu DW(b)(\delta b) \\
&= -\frac{12P}{Eh^3}\int_0^l \frac{x^2}{b(x)^2}\delta b(x)\,dx + \mu\left(\int_0^l \rho\delta b(x) h\,dx\right) \\
&= \int_0^l \left(-\frac{12P}{Eh^3}\frac{x^2}{b(x)^2} + \mu\rho h\right)\delta b(x)\,dx = 0 \quad (\forall \delta b(x))
\end{aligned} \tag{10}$$

$$G = \int_0^l \rho b(x) h\,dx - W_0 \le 0, \quad \mu\left(\int_0^l \rho b(x) h\,dx - W_0\right) = 0 \quad (\mu \ge 0) \tag{11}$$

式 (10) は,任意の $\delta b$ で成立するから,次式が得られる.

$$-\frac{12P}{Eh^3}\frac{x^2}{b(x)^2} + \mu\rho h = 0 \tag{12}$$

式 (11) から，$\mu = 0$，すなわち $G < 0$ となり不等式制約が活性でない場合，式 (12) より，

$$-\frac{12P}{Eh^3}\frac{x^2}{b(x)^2} = 0 \tag{13}$$

となるが，上式の左辺は $0$ にならないので矛盾する．

$\mu > 0$，すなわち $G = 0$ となり不等式制約が活性な場合，式 (12) より，

$$b(x) = \frac{2\sqrt{3}\sqrt{P}}{\sqrt{\mu\rho Eh^2}}x \tag{14}$$

となる．上式を，$G = 0$ に代入すると，

$$\int_0^l \rho b(x) h\, dx - W_0 = \frac{\sqrt{3\rho P}}{\sqrt{\mu E h}}l^2 - W_0 = 0 \tag{15}$$

となり，これから

$$\mu = \frac{3\rho P l^4}{Eh^2 W_0^2} \tag{16}$$

となる．よって，最適解の候補は，

$$b(x) = \frac{2W_0}{\rho h l^2}x \tag{17}$$

となるが，この場合はこれが最適解となる．これからわかるように，最適解では梁の総重量の制約条件が活性になり，座標 $x$ に関して線形な形状な場合に最適となる．

〔西脇眞二〕

## 6.5　変分法による汎関数の最小化

(材料力学) (建築・土木・設計)

### 膜の釣り合い形状と極小曲面

　建築構造や宇宙構造で用いられる膜構造は，面内の剛性に比べて面外の曲げやせん断に対する剛性の小さい構造である．したがって，形状を維持して外力に抵抗するためには，初期張力を導入し，幾何学的非線形性を利用して剛性を確保しなければならない．その際，張力の分布によって形状は変化し，面内力のみで釣り合うことのできる形状は限定される．また，材料の強度やしわの発生を考慮すると，面内のせん断力が存在しない一様な張力分布で曲面を形成するのが望ましい．このような曲面を等張

力曲面という．

> ◆ 変分法 ◆
> 曲面の面積，外力を受ける連続体のひずみエネルギーなどのように，関数の積分などで，関数から実数あるいは複素数へ変換する写像を汎関数といい，それを最小化あるいは最大化する関数を求める方法を変分法という．また，変分法によって導かれる原理を変分原理という．これを用いて，等張力曲面が面積最小曲面と等しく，その平均曲率がいたるところで 0 であることを示す．

図 1 のような 3 次元空間内で，パラメータ $u,v$ で定義された曲面 $\boldsymbol{X}(u,v)$ を考える．たとえば球面の緯度や経度はパラメータであり，一般に，パラメータの単位量は，空間の単位長さには対応しない．$\boldsymbol{X}(u,v)$ を $u,v$ で微分して得られる接線ベクトルを $\boldsymbol{X}_u, \boldsymbol{X}_v$ のように表記し，第 1 基本量 $E(u,v), F(u,v), G(u,v)$ を接線ベクトルの内積を用いて次式で定義する．

$$E = \boldsymbol{X}_u \cdot \boldsymbol{X}_u, \qquad F = \boldsymbol{X}_u \cdot \boldsymbol{X}_v, \qquad G = \boldsymbol{X}_v \cdot \boldsymbol{X}_v \tag{1}$$

これらを用いて，曲面の面積は，

$$S = \iint \sqrt{EG - F^2}\, du\, dv \tag{2}$$

のように表される．

曲面の単位法線ベクトルを $\boldsymbol{n}$ とすると，$\boldsymbol{n}$ は接線ベクトルと直交するので，

$$\boldsymbol{X}_u \cdot \boldsymbol{n} = \boldsymbol{X}_v \cdot \boldsymbol{n} = 0 \tag{3}$$

が成立する．また，これらの $u,v$ に関する微分係数も 0 なので，次式を得る．

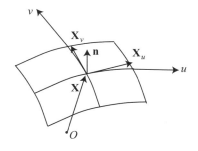

図 1　曲面の座標，接線ベクトルと法線ベクトル

$$(\boldsymbol{X}_u \cdot \boldsymbol{n})_u = \boldsymbol{X}_{uu} \cdot \boldsymbol{n} + \boldsymbol{X}_u \cdot \boldsymbol{n}_u = 0$$
$$(\boldsymbol{X}_u \cdot \boldsymbol{n})_v = \boldsymbol{X}_{uv} \cdot \boldsymbol{n} + \boldsymbol{X}_u \cdot \boldsymbol{n}_v = 0$$
$$(\boldsymbol{X}_v \cdot \boldsymbol{n})_u = \boldsymbol{X}_{uv} \cdot \boldsymbol{n} + \boldsymbol{X}_v \cdot \boldsymbol{n}_u = 0$$
$$(\boldsymbol{X}_v \cdot \boldsymbol{n})_v = \boldsymbol{X}_{vv} \cdot \boldsymbol{n} + \boldsymbol{X}_v \cdot \boldsymbol{n}_v = 0$$
(4)

ところで,曲面の曲率を評価するためには,$\boldsymbol{X}$ を $u, v$ で 2 回微分したベクトルが必要になる.それらの法線方向成分で定義される第 2 基本量を $L(u,v)$, $M(u,v)$, $N(u,v)$ とし,式 (4) を用いて次式で定義する.

$$L = \boldsymbol{X}_{uu} \cdot \boldsymbol{n} = -\boldsymbol{X}_u \cdot \boldsymbol{n}_u$$
$$M = \boldsymbol{X}_{uv} \cdot \boldsymbol{n} = -\boldsymbol{X}_u \cdot \boldsymbol{n}_v = -\boldsymbol{X}_v \cdot \boldsymbol{n}_u$$
$$N = \boldsymbol{X}_{vv} \cdot \boldsymbol{n} = -\boldsymbol{X}_v \cdot \boldsymbol{n}_v$$
(5)

曲面の法線を含む平面で曲面を切断して得られる曲線の曲率は,平面の方向によって異なる.平面を法線のまわりに回転させたときの曲率の最大値と最小値を主曲率といい,$\kappa_1, \kappa_2$ で表す.ガウス曲率 $K$ と平均曲率 $H$ は,主曲率の積と平均で定義され,第 1 基本量と第 2 基本量を用いて次のように表される.

$$K = \frac{LN - M^2}{EG - F^2}, \qquad H = \frac{GL + EN - 2FM}{2(EG - F^2)} \tag{6}$$

たとえば,図 2 に示すシャーク (Scherk) の曲面は

$$\boldsymbol{X} = (u, v, \log(\cos v / \cos u)) \tag{7}$$

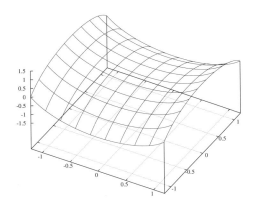

**図 2** 平均曲率が 0 の極小曲面の例 (シャークの曲面)

で与えられ，法線ベクトル $\boldsymbol{X}_u \times \boldsymbol{X}_v$ の大きさを $A$ とすると，

$$E = 1 + \tan^2 u, \quad F = -\tan u \tan v, \quad G = 1 + \tan^2 v$$
$$L = 1/(A\cos^2 u), \quad M = 0, \quad N = -1/(A\cos^2 v) \tag{8}$$
$$K = -1/[A^2(1 - \sin^2 u \sin^2 v)], \quad H = 0$$

となる．したがって，この曲面の平均曲率は至るところで 0 である．

### 問題の設定

平均曲率が 0 である曲面が，面積を最小にする極小曲面であり，さらに，等しい張力で釣り合うことのできる等張力曲面であることを，変分原理を用いて示せ．

### 解説・解答

空間内で指定された閉じた境界を覆う曲面 $\boldsymbol{X}(u,v)$ を基準とし，この曲面からの法線方向への変化を $\delta\boldsymbol{X} = \delta h \boldsymbol{n}$ で与える．すなわち，変化後の曲面を $\boldsymbol{X}^*(u,v)$ とすると，

$$\boldsymbol{X}^* = \boldsymbol{X} + \delta h \boldsymbol{n} \tag{9}$$

である．曲面の面積は，式 (2) で与えられるので，その変分は，

$$\delta S = \iint \frac{\delta E G + \delta G E - 2\delta F F}{2\sqrt{EG - F^2}} \, du \, dv \tag{10}$$

となる．式 (3), (5) を用いると，$E, F, G$ の変分は次のようになる．

$$\delta E = 2\delta\boldsymbol{X}_u \cdot \boldsymbol{X}_u = 2\delta h_u \boldsymbol{n} \cdot \boldsymbol{X}_u + 2\delta h \boldsymbol{n}_u \cdot \boldsymbol{X}_u = -2\delta h L$$
$$\delta F = \delta\boldsymbol{X}_u \cdot \boldsymbol{X}_v + \delta\boldsymbol{X}_v \cdot \boldsymbol{X}_u$$
$$= \delta h \boldsymbol{n}_u \cdot \boldsymbol{X}_v + \delta h_u \boldsymbol{n} \cdot \boldsymbol{X}_v + \delta h \boldsymbol{n}_v \cdot \boldsymbol{X}_u + \delta h_v \boldsymbol{n} \cdot \boldsymbol{X}_u \tag{11}$$
$$= -2\delta h M$$
$$\delta G = 2\delta\boldsymbol{X}_v \cdot \boldsymbol{X}_v = 2\delta h_v \boldsymbol{n} \cdot \boldsymbol{X}_v + 2\delta h \boldsymbol{n}_v \cdot \boldsymbol{X}_v = -2\delta h N$$

したがって，

$$\delta S = -\iint \frac{GL + EN - 2FM}{\sqrt{EG - F^2}} \delta h \, du \, dv \tag{12}$$

となる．また，指定された境界では $\delta h = 0$ である．以上より，面積を最小にする極小曲面で，面積汎関数の第 1 変分が 0 となって停留するための必要十分条件は，式 (12) の分子が 0，すなわち平均曲率が 0 となることである．

次に，図 3 のような曲面の微小要素が薄い膜で形成されるものとし，面内力の釣り合いを考える．ここで，表現を簡単にするため，主曲率方向の弧長パラメータ (単位量が曲面の単位量に等しいパラメータ) $x, y$ を用いる．また，図 3 では，面内に分布

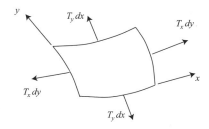

**図 3** 微小要素の釣り合い

する力の合力を一つのベクトルで表現している．

曲面は $x$ 方向には下に凸で，その曲率の絶対値を $\kappa_x$ とし，$y$ 方向には上に凸で，その曲率の絶対値を $\kappa_y$ とすると，$x$ 方向の力 $T_x$ のなす角度は $\kappa_x dx$，$y$ 方向の力 $T_y$ のなす角度は $\kappa_y dy$ なので，法線方向の力の和 $P_z$ は，

$$\begin{aligned} P_z &= T_x dy \cdot \kappa_x\, dx - T_y\, dx \cdot \kappa_y\, dy \\ &= (T_x \kappa_x - T_y \kappa_y)\, dx\, dy \end{aligned} \tag{13}$$

となる．したがって，主方向に同じ大きさの張力 $T_x = T_y$ が作用して釣り合い条件を満たすような等張力曲面では，$\kappa_x - \kappa_y = 0$ となり，平均曲率が 0 でなければならないことがわかる． 〔大崎 純〕

## 6.6　軸対称衝突噴流の計測と最小二乗法

〔熱・流体力学〕

### 軸対称衝突噴流の壁面主流加速率の同定

平壁面に垂直に衝突する軸対称噴流の壁面主流加速率を平壁面に配置した静圧分布計測点データから同定する．

図 1 のように，軸対称噴流が定常状態で平壁面に垂直に衝突しているとき，壁面上のよどみ点近傍では主流 (壁面上に形成される薄い境界層のすぐ外側の流れ) はよどみ点からの距離に比例して加速することが理論的にわかっている．すなわち，よどみ点から壁面に沿った距離を $r$ とすると，その位置での主流速度 $u(r)$ は $u(r) = ar$ と表される．したがって，その位置の壁面で静圧 $p(r)$ を測定すると境界層のすぐ外側の圧力がそのまま及んで

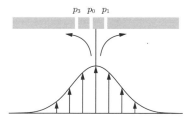

**図 1** 軸対称噴流が平壁面上に垂直に衝突する様子と静圧測定点

$$p(r) = p_* - \frac{1}{2}\rho u(r)^2 = p_* - \frac{1}{2}\rho(ar)^2 \tag{1}$$

となる．この理論式と壁面に設置した複数の測定点における静圧計測データから加速率 $a$ を同定する問題である．

---

◆ **線形最小二乗法** ◆

図 1 に示すように，完全軸対称に 5 点の計測点 (座標系設定は図中のとおり) の例題として解説する．問題は，測定点 0 番の位置と噴流の中心軸が完全に一致させることは困難であって，同図に描かれているように，噴流中心軸は測定点 0 から未知量の $(x_*, y_*)$ だけずれているとする．

この未知のずれ (ただし小さい) を考慮して主流加速率を同定するのに線形最小二乗法を利用する．

---

### 問題の設定

図 2 に示す直角座標系 O–$xy$ の設定で，軸対称の測定点 5 点で計測される静圧を $p_i$ ($i = 0, 1, \cdots, 4$) とする．これより，測定点中心軸からの軸対称噴流の中心軸のずれ量 $(x_*, y_*)$ と主流加速率 $a$ を同定せよ．

### 解説・解答

この種の問題は最小二乗法で解くことになる．題意の条件において，よどみ点での静圧を $p_*$ として，壁面上の任意の位置 $(x, y)$ における静圧を $p_{x,y}$ と表せば，理論的にその圧力は

$$\begin{aligned} p_{x,y} &= p_* - \frac{1}{2}\rho a^2 \left[(x - x_*)^2 + (y - y_*)^2\right] \\ &= p_* - A\left[(x - x_*)^2 + (y - y_*)^2\right] \end{aligned} \tag{2}$$

と記述できる．ここで，$A = \frac{1}{2}\rho a^2$ と置き換えている．この式をさらに次のように展

## 6.6 軸対称衝突噴流の計測と最小二乗法

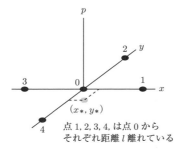

点 1, 2, 3, 4, は点 0 から
それぞれ距離 $l$ 離れている

**図 2** 平壁面上での測定点配置と座標系および噴流よどみ点の原点からのずれ

開し, $x_*$ および $y_*$ は計測面積領域寸法に比べて小さいと仮定してその 2 次成分は微小として無視して線形化近似する.

$$
\begin{aligned}
p_{x,y} &= p_* - A\left[(x-x_*)^2 + (y-y_*)^2\right] \\
&= p_* - Ax^2 + 2Axx_* - Ay^2 + 2Ayy_* \\
&= 1 + \begin{bmatrix} -(x^2+y^2) & x & y \end{bmatrix} \begin{bmatrix} p_* \\ A \\ 2Ax_* \\ 2Ay_* \end{bmatrix} \\
&= \begin{bmatrix} 1 & -(x^2+y^2) & x & y \end{bmatrix} \begin{bmatrix} p_* \\ z_1 \\ z_2 \\ z_3 \end{bmatrix}
\end{aligned}
\tag{3}
$$

ここで, $z_1 = A$, $z_2 = 2Ax_*$, $z_3 = 2Ay_*$ と未知変数を簡易媒介変数に置き換えている.

この式にもとづいて, 図2のとおりの5点計測では最小二乗法のための次の連立方程式が成立する.

$$
\begin{bmatrix} p_0 \\ p_1 \\ p_2 \\ p_3 \\ p_4 \end{bmatrix} = \begin{bmatrix} 1 & 0 & 0 & 0 \\ 1 & -l^2 & l & 0 \\ 1 & -l^2 & 0 & l \\ 1 & -l^2 & -l & 0 \\ 1 & -l^2 & 0 & -l \end{bmatrix} \begin{bmatrix} p_* \\ z_1 \\ z_2 \\ z_3 \end{bmatrix}
\tag{4}
$$

そこで, 最小二乗法で未知ベクトルは

$$\begin{bmatrix} p_* \\ z_1 \\ z_2 \\ z_3 \end{bmatrix} = \left( \begin{bmatrix} 1 & 0 & 0 & 0 \\ 1 & -l^2 & l & 0 \\ 1 & -l^2 & 0 & l \\ 1 & -l^2 & -l & 0 \\ 1 & -l^2 & 0 & -l \end{bmatrix}^\mathsf{T} \begin{bmatrix} 1 & 0 & 0 & 0 \\ 1 & -l^2 & l & 0 \\ 1 & -l^2 & 0 & l \\ 1 & -l^2 & -l & 0 \\ 1 & -l^2 & 0 & -l \end{bmatrix} \right)^{-1}$$

$$\begin{bmatrix} 1 & 0 & 0 & 0 \\ 1 & -l^2 & l & 0 \\ 1 & -l^2 & 0 & l \\ 1 & -l^2 & -l & 0 \\ 1 & -l^2 & 0 & -l \end{bmatrix}^\mathsf{T} \begin{bmatrix} p_0 \\ p_1 \\ p_2 \\ p_3 \\ p_4 \end{bmatrix}$$

$$= \begin{bmatrix} 1 & \dfrac{1}{l^2} & 0 & 0 \\ \dfrac{1}{l^2} & \dfrac{5}{4l^4} & 0 & 0 \\ 0 & 0 & \dfrac{1}{2l^2} & 0 \\ 0 & 0 & 0 & \dfrac{1}{2l^2} \end{bmatrix} \begin{bmatrix} 1 & 0 & 0 & 0 \\ 1 & -l^2 & l & 0 \\ 1 & -l^2 & 0 & l \\ 1 & -l^2 & -l & 0 \\ 1 & -l^2 & 0 & -l \end{bmatrix}^\mathsf{T} \begin{bmatrix} p_0 \\ p_1 \\ p_2 \\ p_3 \\ p_4 \end{bmatrix}$$

$$= \begin{bmatrix} p_0 \\ \dfrac{1}{l^2} p_0 - \dfrac{1}{4l^2} \sum_{k=1}^{4} p_k \\ \dfrac{1}{2l} p_1 - \dfrac{1}{2l} p_3 \\ \dfrac{1}{2l} p_2 - \dfrac{1}{2l} p_4 \end{bmatrix} \tag{5}$$

で求められる.したがって,

$$p_* = p_0$$
$$a = \sqrt{\dfrac{2}{\rho} \left( \dfrac{1}{l^2} p_0 - \dfrac{1}{4l^2} \sum_{k=1}^{4} p_k \right)}$$
$$x_* = \dfrac{\dfrac{1}{2l} p_1 - \dfrac{1}{2l} p_3}{2 \left( \dfrac{1}{l^2} p_0 - \dfrac{1}{4l^2} \sum_{k=1}^{4} p_k \right)} \tag{6}$$
$$y_* = \dfrac{\dfrac{1}{2l} p_2 - \dfrac{1}{2l} p_4}{2 \left( \dfrac{1}{l^2} p_0 - \dfrac{1}{4l^2} \sum_{k=1}^{4} p_k \right)}$$

と得られる.

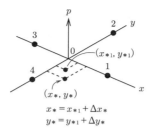

**図3** 精度向上のための最小二乗法2回目繰り返し時の未知パラメータ設定

この結果は第1線形近似解であるので，求まったよどみ点のずれ座標 $(x_*, y_*)$ を第1近似解として $(x_{*1}, y_{*1})$ の定数として扱い，同じ最小二乗法をもう一度繰り返す．そうすることで解析精度を向上させることができる．すなわち，2回目の最小二乗法は図3に示すように，真のよどみ点ずれ座標 $(x_*, y_*)$ と第1近似解のずれ座標 $(x_{*1}, y_{*1})$ との差分座標 $(\Delta x_*, \Delta y_*)$ を求めるべき未知数として

$$\begin{aligned}
p_{x,y} &= p_* - A\left[\{x - (x_{*1} + \Delta x_*)\}^2 + \{y - (y_{*1} + \Delta y_*)\}^2\right] \\
&= p_* - A(x^2 - 2xx_{*1} + x_{*1}^2) - 2A(x - x_{*1})\Delta x_* \\
&\quad - A(y^2 - 2yy_{*1} + y_{*1}^2) - 2A(y - y_{*1})\Delta y_* \\
&= \begin{bmatrix} 1 & -(x^2 - 2xx_{*1} + x_{*1}^2 + y^2 - 2yy_{*1} + y_{*1}^2) & (x - x_{*1}) & (y - y_{*1}) \end{bmatrix} \\
&\quad \times \begin{bmatrix} p_* \\ A \\ 2A\Delta x_* \\ 2A\Delta y_* \end{bmatrix}
\end{aligned} \tag{7}$$

の静圧に関する方程式にもとづいて最小二乗法を実行すればよい． 〔吉田英生〕

## 6.7 雑音の除去

計測・制御工学　電気・電子工学

### カルマン・フィルタ/最小分散推定

システムを制御する際やシステムの将来の挙動を予測する際に，現在のシステムの状態がどのようになっているかを知ることは非常に重要である．しかし，複雑なシステムの場合，センサによって状態量がすべて観測される場合は少なく，またすべての

状態量を観測できるようにセンサを取り付けるのは経済的でない場合も多い．そのような場合には，対象のシステムの挙動を記述した微分方程式や差分方程式で与えられるシステムのモデルを用いて，測定できる情報から状態量を推定する状態推定器 (オブザーバ) が用いられる．しかし，状態が確率的な挙動を示したり，観測値に確率的なノイズが含まれるときには，誤差の収束の速さや，誤差の期待値だけではなく，誤差の分散も小さくするように推定する必要がある．なぜなら，確率変数の推定の場合，誤差の分散が無限大でも，誤差の期待値はゼロとなることは可能であり，このような推定値は不確定性が無限大でありまったく無意味である．そのため，推定を行うときに誤差の期待値をゼロにする不偏推定性だけではなくて，誤差の分散を最小にする最小分散性が要求される．動的なシステムに対して，各時刻の観測値から状態に対する最小分散推定値を微分方程式や漸化式の形で与えるのがカルマン・フィルタ (Kalman filter) である．カルマン・フィルタは 1960 年代の初頭に提案されたが，1960 年代後半に月面着陸を達成したアポロ計画では，地球から遠くはなれた宇宙空間を航行する宇宙船の位置を推定するのにカルマン・フィルタが効果的に用いられた．もしカルマン・フィルタがなかったら計画は失敗していたかもしれないとまでいわれている．

---

**◆ 最小分散推定 ◆**

2 つの確率変数 $X, Y$ があり，それらの間に相関があるとき，$Y$ の観測値が $y$ であったときに同時に生起された $X$ の値を推定することを考える．つまり，同時に $(x, y)$ の組が生起されるが，$y$ だけを見せられて，その時同時に生起された $x$ の値をできるだけ正確に当てる問題を考える．このとき，$x$ の推定値を $\hat{X}$ とすると，問題は期待値 $E\{\|\hat{X} - X\|^2\}$ を最小化する $\hat{X}$ を求めることとなる．そのような最小分散推定値は，下記の条件付き期待値により与えられる．

$$\hat{X} = E\{X | Y = y\} \tag{1}$$

---

この最小分散推定の式は，$X, Y$ の同時確率密度関数がどのようなものでも成り立つものである．ただし，一般の同時確率密度関数の場合には，同時確率密度関数のパラメータと $Y$ の実現値 $y$ により最小分散推定値を解析的に表現することは難しい．しかし，同時確率密度関数が正規分布に従うときには，解析的に簡潔に表すことができる．実際，$X \in R^n, Y \in R^p$ の同時確率密度関数が

$$p(X, Y) = \frac{1}{(2\pi)^{n/2}\sqrt{\det(\Sigma)}} \exp\left\{-\frac{1}{2}\begin{bmatrix}(X-\mu_x)^\mathsf{T} & (Y-\mu_y)^\mathsf{T}\end{bmatrix} \Sigma^{-1} \begin{bmatrix}X-\mu_x \\ Y-\mu_y\end{bmatrix}\right\}$$

ただし，

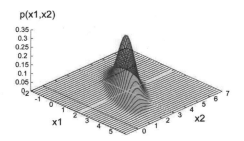

**図 1** 正の相関をもつ 2 次元の正規分布

$$E\left\{\begin{bmatrix} X - \mu_x \\ Y - \mu_y \end{bmatrix} \begin{bmatrix} X - \mu_x & Y - \mu_y \end{bmatrix}\right\}$$

$$= \begin{bmatrix} E\{(X-\mu_x)(X-\mu_x)^\mathsf{T}\} & E\{(X-\mu_x)(Y-\mu_y)^\mathsf{T}\} \\ E\{(Y-\mu_y)(X-\mu_x)^\mathsf{T}\} & E\{(Y-\mu_y)(Y-\mu_y)^\mathsf{T}\} \end{bmatrix}$$

$$=: \begin{bmatrix} \Sigma_{xx} & \Sigma_{xy} \\ \Sigma_{xy}^\mathsf{T} & \Sigma_{yy} \end{bmatrix} = \Sigma \tag{2}$$

と表される場合には,

$$E\{X|Y=y\} = \mu_x + \Sigma_{xy}\Sigma_{yy}^{-1}(y - \mu_y) \tag{3}$$

となる. ただし, $\mu_x, \mu_y$ はそれぞれ $X, Y$ の期待値である.

この関係式を動的システムに適用したのがカルマン・フィルタである. 具体的には, 次の離散時間の時変線形システムを考える.

$$\begin{aligned} x_{k+1} &= A_k x_k + B_k u_k + v_k \\ y_k &= C_k x_k + w_k \end{aligned} \tag{4}$$

ただし, $k$ は離散時刻のインデックスで, $v_k, w_k$ は互いに独立な平均値ゼロの白色ノイズで

$$E\left\{\begin{bmatrix} v_k \\ w_k \end{bmatrix} \begin{bmatrix} v_t^\mathsf{T} & w_t^\mathsf{T} \end{bmatrix}\right\} = \begin{bmatrix} Q_k & 0 \\ 0 & R_k \end{bmatrix} \delta(k-t) \tag{5}$$

を満たす. また, $\delta(\ )$ はクロネッカーのデルタ関数で引数がゼロのとき 1 で, そのほかの場合は 0 となる関数である. このシステムに対するカルマン・フィルタは次式で与えられる.

[予測ステップ]

$$\begin{aligned} \hat{x}_{k+1|k} &= A_k \hat{x}_{k|k} + B_k u_k \\ P_{k+1|k} &= A_k P_{k|k} A_k^\mathsf{T} + Q_k \end{aligned} \tag{6}$$

[更新ステップ]

$$W_k = P_{k|k-1}C_k^\mathsf{T}(C_k P_{k|k-1}C_k^\mathsf{T}+R_k)^{-1} \quad (\text{カルマン・ゲイン})$$
$$\hat{x}_{k|k} = \hat{x}_{k|k-1} + W_k(y_k - C_k\hat{x}_{k|k-1}) \tag{7}$$
$$P_{k|k} = P_{k|k-1} - W_k C_k P_{k|k-1}$$

ただし，$k \geq 0$ で $\hat{x}_{0|-1}$ と $P_{0|-1}$ は事前に与えられているとする．また，下付の添字 $k|t$ は時刻 $t$ までの観測情報を用いた際の時刻 $k$ の推定値を表しており，$\hat{x}_{k+1|k}, \hat{x}_{k|k}$ はそれぞれ，時刻 $k$ までの観測情報を用いた時刻 $k+1, k$ の $x$ の推定値ならびに予測値を表し，$P_{k|k} = E\{(\hat{x}_{k|k}-x_k)(\hat{x}_{k|k}-x_k)^\mathsf{T}\}$ は $\hat{x}_{k|k}$ の状態推定誤差の共分散行列である．

### 問題の設定

時不変線形システムに対して定常なノイズが入っているとする．このとき，時刻 $k$ の推定値を用いて時刻 $k+1$ の出力を予測することを考える．このとき，十分時間が経った後の定常での出力の予測誤差の共分散を計算せよ．

### 解説・解答

時刻 $k+1$ の出力の予測値は
$$\hat{y}_{k+1} = C\hat{x}_{x+1|k} \tag{8}$$
により与えられる．したがって出力誤差は
$$y_{k+1} - \hat{y}_{k+1|k} = C(x_{k+1} - \hat{x}_{k+1|k}) \tag{9}$$
となるので，この誤差の共分散行列は
$$E\{(y_{k+1}-\hat{y}_{k+1|k})(y_{k+1}-\hat{y}_{k+1|k})^\mathsf{T}\} = CE\{(x_{k+1-\hat{x}_{k+1|k}})(x_{k+1}-\hat{x}_{k+1|k})^\mathsf{T}\}C^\mathsf{T}$$
$$= CP_{k+1|k}C^\mathsf{T} \tag{10}$$

となる．よって，$P_{k+1|k}$ の定常状態での値を計算すればよい．定常状態では $P_{k+1|k} = P_{k|k-1}$ であるので，その値を $P$ とし，式 (6) の 2 番目の式に式 (7) の 3 番目の式を代入すると $P$ は次式を満たさなければならない．

$$P = APA^\mathsf{T} + Q - APC^\mathsf{T}(CPC^\mathsf{T}+R)^{-1}CPA^\mathsf{T} \tag{11}$$

この方程式を解析的に解くことは一般に難しいが数値計算的に解くことはやさしい．簡単な場合として，システムの次元が 1 の場合を考えて，$A = a, C = c, Q = q, R = r$ の場合は，$P$ に関する 2 次方程式となる．$P$ は分散であるので，正の解だけを考えて
$$P = \frac{(a^2-1)r + c^2 q + \sqrt{[(a^2-1)r+c^2q]^2 + 4c^2qr}}{2c^2} \tag{12}$$
となり簡単に解くことができる．たとえば，$a = 0.9, c = 1, q = 1, r = 1$ とすると，

$P = 1.48$ となる．一方，観測値を用いないでオープンループの推定を行うとすると，観測値による補正を行わないことになるので，補正のゲインゼロと等価であるので式 (11) での右辺第 3 項をゼロにして，

$$P = APA^\mathsf{T} + Q \tag{13}$$

を解くと $P = 5.26$ となり，カルマン・フィルタを使うことにより予測誤差の分散を 4 分の 1 程度に小さく抑えることができることがわかる．

上記では，システムは時不変線形システムでパラメータが正確にわかっており，外乱の統計的な性質が正規性であるとしている．非線形システムへの拡張は古くから行われており，各時刻で近似線形化を用いて，時変線形システムのカルマン・フィルタの関係式を用いる拡張カルマン・フィルタが産業界でもよく用いられてきた．しかし，拡張カルマン・フィルタでは，非線形変換 $f(\ )$ に対して

$$E\{f(x)\} = f(E\{x\}) \tag{14}$$

の等号が成り立つこと，状態方程式が滑らかでヤコビ行列が計算可能であることを要求している．しかし，実際の応用でこれらの性質が成り立たない場合には，拡張カルマン・フィルタの推定値の誤差の期待値がゼロにならなかったり (オフセットをもったり)，不安定になる要因であった．これに対して，近年では計算機のパワーを利用して，平均値や分散情報など統計的性質からその分布を代表する複数の代表点 (シグマ点とかパーティクル (粒子) とよばれる) を利用した無香料カルマン・フィルタ (unscented Kalman filter; UKF) や立体求積カルマン・フィルタ (cubature Kalman filter; CKF) などが提案され実際に応用されるようになってきている．一方で，パーティクルを多数利用した一般的な手法であるパーティクルフィルタ (粒子フィルタ) という計算量が大きいフィルタも提案され，盛んに研究されている．現状では，実際に用いる計算機の性能とのトレードオフで，いくつかのフィルタを実装してみて，性能の良いものを選択するのが現実的である． 〔山北昌毅〕

□ 文　献
1) 片山　徹, 新版応用カルマンフィルタ (朝倉書店, 2000).
2) 山北昌毅, "UKF って何?", システム制御情報学会誌, **50** (7), 261–266 (2006).
3) 片山　徹, 非線形カルマンフィルタ (朝倉書店, 1992).

## 6.8　排出権取引の取引価格

〔経営工学〕

地球温暖化防止のため，温室効果ガス (GHG) 排出の大幅な削減が求められている．

その政策手段として,キャップアンドトレード制度 (排出権取引制度,排出量取引制度,emission trading) が欧州連合 (EU) や東京都などで導入されている.排出権取引制度が現実に効率的な排出削減策として機能するためには,さまざまな前提条件が成り立つ必要があるが,ここでは,最も重要な条件である効率性,すなわち,少ない費用で最大の効果をあげることについて論じる.

## 排出権取引制度の効率性

排出権取引制度の理論的な特徴は,二酸化炭素をはじめとする環境汚染物質の地域全体 (東京都のような自治体,国,欧州などさまざま広さがある) のある量の排出削減を行う費用を最小化できることである.いま,図 1 に示すようにロシアのような二酸化炭素の安価な削減手段をもつ売り手と,日本のようにすでに削減対策の進んでいる,対策費用の高い買い手の 2 カ国間での排出権取引を考える.

売り手と買い手の総削減量が図の横軸 OC のように義務付けられたとき,取引前の売り手の削減量を OA (図横軸の左側から示す),買い手の削減量を CA (図横軸の右側から示す) とする.排出量を 1 単位分追加的に削減する費用,すなわち,限界 (削減) 費用を売り手は左から,買い手は右から描く.一般に費用の安い技術 (対策) から投入されるため,削減量を増やすと,限界費用も増加する.取引前の限界費用は,売り手は AH と十分安く,買い手は AE と非常に高い.2 者の総費用を最小化するためには,両者の限界費用が等しくなる,価格 BD で排出権価格と数量を決めることである.取引による利得は,売り手利得が DGH の部分,買い手利得 DEG の部分であり,両者にメリットが生じ,取引を行う動機となる.ただし,実際の取引には,削減量の

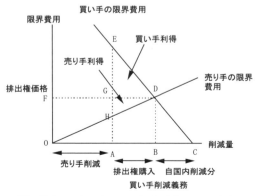

**図 1** 排出量の売り手と買い手の削減費用と排出権価格

計測・検証や運営管理などさまざまな取引費用[*1]がかかり，ここで示す利得は理論的に最大限得られるものであり，正味の利得はこれ以下になることに留意されたい．

### 問題の設定

排出権取引は，環境汚染物質の排出削減を行う費用を最小化できることを証明せよ．

### 解説・解答

排出権取引制度の費用最小化は，以下のように証明される．$E$ を制御地域内の排出水準とし，自然排出量等規制対象外の排出量と排出規制企業からの総排出量の和とする．

$$E = e_0 + \sum(e_{\text{fi}} - x_i) \tag{1}$$

ここで，$e_0$ は自然排出源を含む非規制源からの排出量，$e_{\text{fi}}$ は規制対象企業からの制御しなかったときの排出量，$x_i$ は排出削減量である．企業は次式のような削減量に依存する制御費用をもつとする．

$$C_i = C_i(x_i) \tag{2}$$

ここで，$C_i(x_i)$ は，$C' > 0, C'' > 0$ であるような連続で 2 階微分可能な関数である．

環境規制当局は，地域内の総排出量をある水準 $E_{\max}$ 以下に抑制する．汚染物質の削減を図る経済的インセンテイブの効率性の観点から，以下のように，削減制約下での社会的な費用最小化問題として定式化できる．効率性とは，規制当局の目的が最小可能な費用で実現されることを意味する．

$$\min_x \sum_i C_i(x_i) \tag{3}$$

$$e_0 + \sum(e_{\text{fi}} - x_i) \leq E_{\max} \tag{4}$$

$$x_i \geq 0 \tag{5}$$

これは，最適化問題のクーン–タッカー (Kuhn–Tucker) 条件 (下記参照) を応用することにより解ける．まず，以下のようなラグランジュ関数を定義する．

$$L = \sum_i C_i(x_i) + \lambda(E_{\max} - e_0 - \sum(e_{\text{fi}} - x_i)) \tag{6}$$

$L$ を $x_i$ について微分すること (最適化の必要条件としての一階条件という) により，最適化のためのクーン–タッカー条件が得られる．

$$\frac{\partial C_i(x_i)}{\partial x_i} - \lambda \geq 0 \qquad (i = 1, 2, \cdots, n) \tag{7}$$

---

[*1] 排出量削減の義務を負う企業の場合，制度の性質上，第三者による厳密な排出量の認証が必要となる．これには少なからず費用がかかり，特に事業規模の小さい事業者の場合，排出権価格に近い費用がかかる場合もある．

すなわち，

$$x_i C_i''(x_i - \lambda) = 0 \tag{8}$$

$$\lambda[e_0 + \sum(e_{fi} - x_i) - E_{\max}] = 0 \tag{9}$$

したがって，$\lambda$ は汚染制約 (4) のシャドープライス (潜在価格) であることがわかる．汚染制約 (4) がアクティブなときのみ，$\lambda$ は正になる．すべての企業の限界費用 $\partial C(x)/\partial x$ がこの潜在価格 $\lambda$ に等しくなるとき，総費用は最小化される．ちなみに，二酸化炭素制約の場合，この潜在価格は，炭素価格に相当する．

**クーン–タッカー条件**

非線形の目的関数が非負の制約条件の下で最大化される．

$$\begin{aligned}\max\ &f(x)\\ \text{subject to}\ &x \geq 0\end{aligned} \tag{10}$$

この問題を解く第 1 段階は，ラグランジュ関数 (ラグランジアン) をつくることである．すなわち，

$$L(x, \lambda) = f(x) - \lambda x \tag{11}$$

最大化の必要条件は，目的関数の導関数はゼロに等しいことである．制約条件の端点である場合も含めて，最大化のための 3 つの代替的な条件をクーン–タッカー条件と称し，以下のようになる．

$$\frac{\partial L}{\partial x} = \frac{\partial f}{\partial x} - \lambda \leq 0; \quad x \geq 0; \quad x\frac{\partial L}{\partial x} = 0 \tag{12}$$

$$\frac{\partial L}{\partial \lambda} = x \geq 0; \quad \lambda \geq 0; \quad \lambda\frac{\partial L}{\partial \lambda} = 0 \tag{13}$$

式 (13) は相補性スラック条件と称し，どちらかの制約条件が満足されることを意味している． 〔浅野浩志〕

□ **文　献**

1) N. Hanley *et al.*, *Environmental Economics—In Theory and Practice* (Oxford University Press, 1997). [政策科学研究所環境経済学研究会 訳, 環境経済学—理論と実践 (勁草書房, 2005)].

## 6.9　発電プラントの投資計画とリアルオプション

〔経営工学〕

燃料価格変動など市場環境の不確実性が高まるにつれて，電源投資に関する柔軟性の価値評価が重要になる．競争環境下では電力会社に投資リスクをマネジメントする

## 6.9 発電プラントの投資計画とリアルオプション

インセンティブが生じる．たとえば，将来の電力価格や電力需要が不確実な場合，初めから大規模電源を新設するよりも，まず中規模電源を建設して，電力価格や電力需要の動向に応じて電源を増設するか否か決定する方が事業利益の面で望ましい場合もあると考えられる．以下では，ガス火力電源を例に，中規模電源の増設オプションの価値を，リアルオプションの手法を用いて推定する．

### 問題の設定

ある発電事業者の今後 10 年間のガス火力電源投資プロジェクトについて，以下の 2 種類の選択肢があるとする．発電事業者は，おのおののプロジェクトの現在価値 (= 正味現在価値 + オプション価値) と初期投資額を比べて，投資価値が最も大きいものを選択すると仮定する．

(1) 0 年目に 120 万 kW の大規模ガス火力発電所を 1 基新設する．電力価格や電力需要が変動しても容量を変化させることはできない (オプションなし)．

(2) 0 年目に 60 万 kW の中規模ガス火力発電所を 1 基新設する．1 年目以降，電力価格や電力需要に応じて，いつでも 60 万 kW 増設することができる (増設オプションあり)．

投資価値を求めよ．

### 解説・解答

増設オプション (拡大オプション) の現在価値をリスク中立確率アプローチで推定する．リスク中立確率アプローチとは，確実性等価キャッシュフロー[*2)] を無リスク利子率 (リスクフリーレート) で割り引くものである[1)]．ここでは，リスク中立確率アプローチを離散型のままで，多期間に拡張して，オプション価格の近似解を得る，2 項ツリーモデル[*3)] を仮定し，容量 2 倍の増設オプションを考える (図 1)．

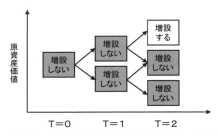

**図 1** 2 項ツリーモデルによる発電所増設オプションの価値評価

---

*2) 不確実性を修正したキャッシュフロー．
*3) オプション価格の近似値であり，期間あたりの時間幅を無限小にすれば，解析解と一致する．

オプションなしの原資産 (電源) の現在価値を $V_0$ (円), オプション行使価格を $X$ (円) とすると, オプションありの資産の現在時価値 $C$ (円) は, 式 (1)–(4) で与えられる.

$$C = \frac{pC_u + (1-p)C_d}{1+r} \tag{1}$$

$$C_u = \max(2uV_0 - X, C_u') \tag{2}$$

$$C_d = \max(2dV_0 - X, C_d') \tag{3}$$

$$p = \frac{1+r-d}{u-d} \tag{4}$$

ここで, $u$ は原資産価値の増加率, $d$ は原資産価値の減少率, $p$ はリスク中立確率, $r$ はリスクフリーレートである. $C_d'$ と $C_u'$ は, オプションを行使しない場合の継続価値である. $u, d$ は $T$ 年間の場合, 推定されたボラティリティ $\sigma$ より以下のように求められる.

$$u = \exp(\sigma\sqrt{T}), \qquad d = \frac{1}{u} \tag{5}$$

電力価格などの電力市場の変動要因は, 原資産の増加率 (減少率) を通じて, オプション価値に反映される. 行使価格は, 増設プラントの建設コストである. 式 (1)–(4) は 1 期分の 2 項ツリーに対応する.

2 項ツリーモデル (10 年 10 期, $\Delta t = 1$ 年) を用いて, 60 万 kW の増設オプションを価値評価する. 表 1 にケーススタディに用いたガス火力発電所の発電コスト諸元を示す. 建設単価は, 定格出力によらず一定と仮定し, 13 万円/kW と 14 万円/kW の 2 ケースを設けて, 建設単価に関する感度分析を行った. 規模の経済を表すため, 120 万 kW と 60 万 kW の可変費単価に 0.05–0.06 円/kWh 程度の差を設定した. 可変費単価は, 燃料費と OM 費からなり, 各々年平均 1% の価格上昇率を仮定した. 建設単価は, 13 万円/kW とする. リスクフリーレートは 1%, リスク調整割引率は事業報酬率 3.5% とする.

原資産の変動要因として, 電力価格の確率分布として対数正規分布を仮定し, 電力価

**表 1** ガス火力の発電コスト諸元

| | |
|---|---|
| 建設単価 | ① 13 万円/kW, ② 14 万円/kW (120 万 kW, 60 万 kW 共通) |
| 設備利用率 | 1–5 年目まで 50–70% 間で増加, 6 年目以降 70% で一定 |
| 可変費単価 (定格出力別) | 燃料費 +OM 費 |
| 　120 万/kW | 6.02 円/kWh (1 年目)–6.58 円/kWh (10 年目) |
| 　60 万/kW | 6.07 円/kWh (1 年目)–6.64 円/kWh (10 年目) |
| 　平均上昇率 | 1%/年 |
| リスクフリーレート | 1.00% |
| リスク調整割引率 (WACC) | 3.50% |

## 6.9 発電プラントの投資計画とリアルオプション

**表 2** 原資産ボラティリティの前提条件と推定結果

| 前提条件・電力価格の確率過程 | |
|---|---|
| 電力価格 | 対数正規分布 |
| 平均値 | 7.9 円/kWh (1 年目)–7.22 円/kWh (10 年目) |
| 平均低下率 | 1%/年 |
| 標準偏差 | 平均価格の 10% |
| 自己相関関数 $\beta$ | 0%　　　　　　　 −30% |
| 推定結果：原資産ボラティリティ $\sigma$ (定格出力例) | |
| 120 万 kW | 8.28%　　　　　 6.17% |
| 60 万 kW | 8.86%　　　　　 6.65% |

格の平均値は，発電事業者間の競争によって，7.9 円/kWh (1 年目) から 7.22 円/kWh (10 年目) へ年平均 1% 下落すると想定した (表 2)．標準偏差は平均価格の 10% として設定した．電力価格の変動は，長期的には平均回帰過程に従うことが知られている．ここでは，電力価格の自己相関係数 (1 期間) として，0% (回帰せず)，−30% (回帰する) の 2 ケースを設定し，感度分析を行う．ボラティリティは，前者 (自己相関係数 0%) よりも後者 (同 −30%) の方が小さくなる (表 2)．また，定格出力が小さくなるほど，ボラティリティが大きくなるのは，キャッシュフローが小さいと電力価格変動の影響が大きくなるためである．

以上の原資産 (発電所) ボラティリティにもとづいて，現在価値イベントツリーお

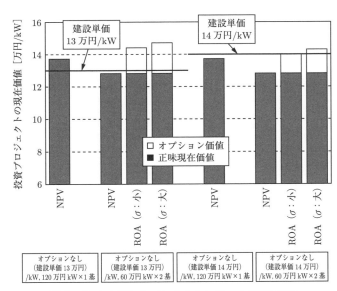

**図 2** ガス火力投資プロジェクトのオプション価値の推定

表 3　ガス火力の現在価値のイベントツリー (単位：100万円)

|    | 0 | 1 | 2 | 3 | 4 | 5 | 6 | 7 | 8 | 9 | 10 |
|----|---|---|---|---|---|---|---|---|---|---|----|
| 0  | 76,804 | 84,407 | 92,763 | 101,947 | 112,039 | 123,131 | 135,321 | 148,718 | 163,441 | 179,621 | 197,704 |
| 1  |   | 69,885 | 79,804 | 84,407 | 92,763 | 107,947 | 112,039 | 123,131 | 135,321 | 148,718 | 163,441 |
| 2  |   | 0 | 63,590 | 69,885 | 76,804 | 84,407 | 92,763 | 101,947 | 112,039 | 123,131 | 135,321 |
| 3  |   | 0 | 0 | 57,861 | 63,590 | 69,885 | 76,804 | 84,407 | 92,763 | 101,947 | 112,039 |
| 4  |   | 0 | 0 | 0 | 52,649 | 57,861 | 63,590 | 69,885 | 76,804 | 84,407 | 92,763 |
| 5  |   | 0 | 0 | 0 | 0 | 47,906 | 52,649 | 57,861 | 63,590 | 69,885 | 76,804 |
| 6  |   | 0 | 0 | 0 | 0 | 0 | 43,591 | 47,906 | 52,649 | 57,861 | 63,590 |
| 7  |   | 0 | 0 | 0 | 0 | 0 | 0 | 39,664 | 43,591 | 47,906 | 52,649 |
| 8  |   | 0 | 0 | 0 | 0 | 0 | 0 | 0 | 36,091 | 39,664 | 43,591 |
| 9  |   | 0 | 0 | 0 | 0 | 0 | 0 | 0 | 0 | 32,840 | 36,091 |
| 10 |   | 0 | 0 | 0 | 0 | 0 | 0 | 0 | 0 | 0 | 29,882 |

表 4　増設オプションの価値ツリー (単位：100万円)

|    | 0 | 1 | 2 | 3 | 4 | 5 | 6 | 7 | 8 | 9 | 10 |
|----|---|---|---|---|---|---|---|---|---|---|----|
| 0  | 88,883 | 101,132 | 115,426 | 131,956 | 150,830 | 172,074 | 195,686 | 221,729 | 250,418 | 282,015 | 316,807 |
| 1  |   | 76,997 | 87,206 | 99,290 | 113,535 | 130,144 | 149,179 | 170,556 | 194,179 | 220,208 | 248,881 |
| 2  |   |   | 67,153 | 75,469 | 85,381 | 97,271 | 111,504 | 128,309 | 147,616 | 169,035 | 192,642 |
| 3  |   |   |   | 59,229 | 65,927 | 73,825 | 83,332 | 94,975 | 109,323 | 126,666 | 146,079 |
| 4  |   |   |   |   | 52,955 | 58,445 | 64,703 | 72,010 | 80,858 | 92,144 | 107,526 |
| 5  |   |   |   |   |   | 47,906 | 52,649 | 57,861 | 63,590 | 69,885 | 76,804 |
| 6  |   |   |   |   |   |   | 43,591 | 47,906 | 52,649 | 57,861 | 63,590 |
| 7  |   |   |   |   |   |   |   | 39,664 | 43,591 | 47,906 | 52,649 |
| 8  |   |   |   |   |   |   |   |   | 36,091 | 39,664 | 43,591 |
| 9  |   |   |   |   |   |   |   |   |   | 32,849 | 36,091 |
| 10 |   |   |   |   |   |   |   |   |   |   | 28,882 |

よび拡大オプションの価値ツリーを作成する(それぞれ表3,4に示す).イベントツリーは,所与のボラティリティの下で,原資産がオプションの行使期間中(今の場合,10期)にとりうる値を2項ツリーによって表現したものである.表3で0期の現在価値768億円に増加率(1.099)を乗じたものが1期目の上の値,減少率(0.910)を乗じたものが下の値である.一方,増設オプションがあると,状況に応じて容量拡大の有無を決める柔軟性があるため,投資価値が889億円に拡大する(表4).

図2にガス火力発電所投資プロジェクトの現在価値の推定結果を示す.灰色の部分がリアルオプションを用いない従来の評価手法である正味現在価値(NPV)であり,白い部分はオプション価値を示す(ROA:リアルオプション分析).

原資産ボラティリティ $\sigma$ が大きいほど,プロジェクトの現在価値が大きくなる.建設単価13万円/kWの場合,正味現在価値の段階で投資価値があるのは大規模ガス火力のみであるが,オプション価値まで含めると中規模ガス火力にも投資価値が生じる.一方,建設単価14万円/kWの場合,大規模ガス火力への投資は見送られるが,オプションのある中規模ガス火力に投資価値が発生する.　　　　　　　　　〔浅野浩志〕

□ 文　献
1) 服部 徹ほか,電力中央研究所調査報告 Y02013, 2003年 (2003).
2) 高橋雅仁,服部 徹,山口順之,岡田健司,浅野浩志,"競争環境下における中規模ガス火力の増設オプションの価値評価",平成15年電気学会電力・エネルギー部門大会論文集 (2003).

## 6.10　最小エネルギー曲面問題としての赤血球の構造形態解析

化学工学・生体工学

　赤血球は血液細胞の1つであり,心臓と肺臓をめぐる肺循環を通じて,肺胞で得た酸素を,心臓から各種臓器末梢をめぐる体循環を通じて,全身の細胞に酸素を輸送する役割を担っている.赤血球は,直径がおよそ8μm,厚さがおよそ2μmで,中央部の両側が凹状の円盤形状をしている(図1a).循環系における動脈と静脈をつなぐ細い血管である毛細血管は直径がおよそ5–10μmであるが,赤血球は非常に変形性が高く,折り曲げられたり,パラシュート形に変形したりするなどして,毛細血管内にも入り込み通過することができる.赤血球の両凹円盤構造は,高い変形特性のほかに,体積に比べて表面積が大きいという酸素交換特性とも関連していると理解されている.

　赤血球を構成する細胞膜は,リン脂質層が二重構造をなす膜脂質二重層と,その裏面に存在するタンパク質のつくる網目構造である膜骨格とを主要構造としている.膜脂質分子間の結合は緩やかで横方向に自由に移動する柔軟性をもち,この脂質二重層の細胞膜を膜骨格が裏打ち補強して,赤血球膜の柔軟性と安定性をもたらしている.

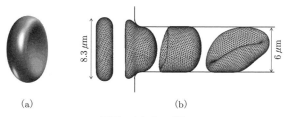

(a)　　　　　　　　(b)

**図1** 赤血球の形態

このような赤血球の構造形態の解析には，膜構造の力学的なエネルギーを考え，その最小曲面問題としてアプローチすることができる[1,2]．たとえば，図1bはエネルギーが最小となった両凹円盤形態(正常な赤血球の形態)と毛細管程度の管内を変形して通過する際の形態の解析例である[3]．

> 問題の設定

赤血球膜構造形態を支配する膜の変形抵抗としては，リン脂質二重層構造のもつ表面積変化に対する抵抗，膜骨格の面内変形抵抗，二重層構造および膜骨格の曲げ変形抵抗がある．この膜構造の数理力学モデルとして，膜を微小な三角形平面膜の集合体として離散的に表現することにしよう(図2)．次に，微小面要素の面内変形に抵抗する弾性ばねを面要素の3辺に，隣接する微小面要素間の曲げ変形に抵抗する弾性ばねを要素間に，微小面要素の面積変形に抵抗する弾性ばねを面要素に設定する．このように考えると，微小面要素についてのこれらの弾性エネルギー和を，赤血球膜全体について総和をとることで，赤血球膜のエネルギーを表現できる．

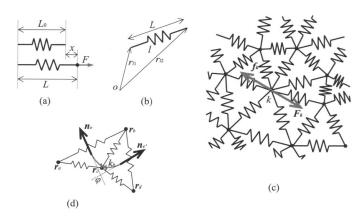

**図2** ばねネットワークモデル

この赤血球膜ばねネットワークのエネルギーを求め，赤血球体積の制約条件のもとで，このエネルギーを最小とする曲面として膜構造の形態を解析する数理モデルを構築してみよう．

### 解説・解答

まず，単一の伸縮ばねについて考える．自然長 $L_0$，ばね定数 $k_s$ の線形弾性ばねに，力 $F$ が作用し長さ $L$ となるとき，力と変形の関係は，

$$F = k_s x, \qquad x = L - L_0 \tag{1}$$

である (図 2a)．このとき弾性変形によりばねに蓄えられるエネルギー

$$W_{ls} = \int_0^x F\,dx = \frac{1}{2} k_s x^2 \tag{2}$$

を用いて，力と変形の関係式 (1) は

$$F = -f, \qquad f = -\frac{\partial W_{ls}}{\partial x} \tag{3}$$

と，ばねの内力 $f$ を介して記述することもできる．ばねが3次元空間にあるとき (図 2b)，その両節点に作用する内力は，その位置ベクトルを用いてばねの弾性エネルギー

$$W_{ls} = \frac{1}{2} k_s [x(\boldsymbol{r}_1, \boldsymbol{r}_2)]^2, \qquad x(\boldsymbol{r}_1, \boldsymbol{r}_2) = L(\boldsymbol{r}_1, \boldsymbol{r}_2) - L_0 \tag{4}$$

と記述することで，

$$\boldsymbol{f}_j = -\frac{\partial W_s}{\partial \boldsymbol{r}_j} \qquad (j = 1, 2) \tag{5}$$

と表される．

多数のばねが構成するネットワーク (図 1c) として，赤血球膜を構成するすべてのばねについて考えると，伸縮する各辺のばねの弾性エネルギーの総和は

$$W_s(\boldsymbol{r}_1, \boldsymbol{r}_2, \cdots, \boldsymbol{r}_{Nk}) = \sum_{l=1}^{Nl} W_{ls}(\boldsymbol{r}_{l1}, \boldsymbol{r}_{l2}) = \sum_{l=1}^{Nl} W_{ls} \frac{1}{2} k_{ls} [x_l(\boldsymbol{r}_{l1}, \boldsymbol{r}_{l2})]^2 \tag{6}$$

と記述できることから，これによる節点 $k$ $(k = 1, 2, \cdots, Nk)$ における内力は

$$\boldsymbol{f}_{sk} = -\frac{\partial W_s(\boldsymbol{r}_1, \boldsymbol{r}_2, \cdots, \boldsymbol{r}_{Nk})}{\partial \boldsymbol{r}_k} \qquad (k = 1, 2, \cdots, Nk) \tag{7}$$

となる．この関係式は，微小膜要素の面内変形についての数理力学モデルを与える．

次に，膜の曲げに関する変形についても同様な離散表現を考える．先に考えたばねが構成する微小三角形膜要素 $e$ がなす面と，その隣接要素 $e'$ がなす面との間のなす角度 $\varphi$ の角変位 $\theta = \varphi - \varphi_0$ に抵抗する曲げばねを考える (図 1d)．この曲げばねの弾性エネルギーは

$$W_{(ee')b} = \frac{1}{2} k_b L_{ee'} \theta^2 \tag{8}$$

と，単位長さあたりのばね定数 $k_b$ および隣接微小膜要素の共辺長さ $L_{ee'} = |\boldsymbol{r}_b - \boldsymbol{r}_c|$

を用いて記述できる．ここで，膜要素面間角度は，

$$\cos\varphi = \boldsymbol{n}\cdot\boldsymbol{n}_{e'} \tag{9}$$

および微小膜面 $e$ および $e'$ の法線ベクトル

$$\boldsymbol{n}_e = \frac{(\boldsymbol{r}_c-\boldsymbol{r}_a)\times(\boldsymbol{r}_b-\boldsymbol{r}_a)}{|(\boldsymbol{r}_c-\boldsymbol{r}_a)\times(\boldsymbol{r}_b-\boldsymbol{r}_a)|}, \qquad \boldsymbol{n}_{e'} = \frac{(\boldsymbol{r}_b-\boldsymbol{r}_d)\times(\boldsymbol{r}_c-\boldsymbol{r}_d)}{|(\boldsymbol{r}_b-\boldsymbol{r}_d)\times(\boldsymbol{r}_c-\boldsymbol{r}_d)|} \tag{10}$$

を用いて記述できる．この弾性エネルギーの総和 $W_b = \sum_{ee'} W_{(ee')b}$ による節点 $k$ における内力は

$$\boldsymbol{f}_{bk} = -\frac{\partial W_b(\boldsymbol{r}_1,\boldsymbol{r}_2,\cdots,\boldsymbol{r}_{Nk})}{\partial \boldsymbol{r}_k} \qquad (k=1,2,\cdots,Nk) \tag{11}$$

である．

膜の面積変化に対する抵抗についての弾性ばねについても，微小面要素 $e$ ($e = 1, 2, \cdots, Ne$) の単位面積あたりの面積変化率についてのばね定数を用いて，

$$W_{ea} = \frac{1}{2}k_a\left(\frac{A_e - A_{e0}}{A_{e0}}\right)^2 A_{e0} \tag{12}$$

とその弾性エネルギーを記述できる．微小要素面積が

$$A_e = \frac{1}{2}|(\boldsymbol{r}_b-\boldsymbol{r}_a)\times(\boldsymbol{r}_c-\boldsymbol{r}_a)| \tag{13}$$

であることに注意すると，その総和 $W_{ea} = \sum_{e=1}^{Ne} W_{ea}$ による節点内力への寄与は

$$\boldsymbol{f}_{ak} = -\frac{\partial W_a(\boldsymbol{r}_1,\boldsymbol{r}_2,\cdots,\boldsymbol{r}_{Nk})}{\partial \boldsymbol{r}_k} \qquad (k=1,2,\cdots,Nk) \tag{14}$$

となる．赤血球全体としての面積変化抵抗についても同様に

$$W_A = \frac{1}{2}k_A\left(\frac{A - A_0}{A_0}\right) A_0 \tag{15}$$

を考えればよい．ただし，$A(\boldsymbol{r}_1,\boldsymbol{r}_2,\cdots,\boldsymbol{r}_{Nk}) = \sum_{e=1}^{Ne} A_e(\boldsymbol{r}_a,\boldsymbol{r}_b,\boldsymbol{r}_c)$ である．

赤血球の変形にかかわる全エネルギーは

$$W(\boldsymbol{r}_1,\boldsymbol{r}_2,\cdots,\boldsymbol{r}_{Nk}) = W_s + W_b + W_a + W_A \tag{16}$$

となる．赤血球の構造形態解析問題は，赤血球の膨潤状況に対応する体積制約のもとでの全エネルギー最小化問題として，

$$\begin{aligned}&\text{minimize } W(\boldsymbol{r}_1,\boldsymbol{r}_2,\cdots,\boldsymbol{r}_{Nk}) \text{ with respect to } \boldsymbol{r}_1,\boldsymbol{r}_2,\cdots,\boldsymbol{r}_{Nk}\\&\text{subject to } V(\boldsymbol{r}_1,\boldsymbol{r}_2,\cdots,\boldsymbol{r}_{Nk}) = V^*\end{aligned} \tag{17}$$

と記述できる．体積制約条件を，式 (15) と同じ形式のペナルティ関数

$$W_V = \frac{1}{2}k_V\left(\frac{V-V^*}{V^*}\right)^2 V^*$$

を用いて取り扱うと,

$$\text{minimize } \Pi(\boldsymbol{r}_1, \boldsymbol{r}_2, \cdots, \boldsymbol{r}_{Nk}) \text{ with respect to } \boldsymbol{r}_1, \boldsymbol{r}_2, \cdots, \boldsymbol{r}_{Nk} \quad (18)$$

$$\Pi = W + W_V$$

に帰着する.

最小化問題 (18) を解く方法としてはいくつもの選択肢がある.その1つとして物理的な過程を模擬し,節点に集中質量,人工粘性 (粘性係数) を考えることで,次のような質点系の運動方程式

$$m_k \frac{d^2 \boldsymbol{r}_k}{dt^2} + \gamma \frac{d\boldsymbol{r}_k}{dt} = \boldsymbol{F}_k$$

を

$$\boldsymbol{F}_k = -\frac{\partial \Pi}{\partial \boldsymbol{r}_k}$$

のもとで数値的に解くことで,赤血球の構造形態を解析することができる[1~3].

〔田中正夫〕

□ 文　献
1) 和田成生,小林　亮,日本機械学会論文集 A 編,**69** (677), 14–21 (2003).
2) M. Tanaka *et al.*, A First Course in Silico Medicine, Vol. 3, *Computational Biomechanics* (Springer-Verlag, Tokyo, 2012).
3) 和田成生ほか,日本機械学会第 15 回設計工学・システム部門講演会論文集,No. 05-27, 90–91 (2005).

# 7

## 確率・統計・推定

## 7.1 構造物の破損確率評価

|材料力学|

　機械構造物の強度設計において，安全を担保する目的で，安全係数が用いられる．安全係数の多くは，経験的に定められたものであり，経験的安全係数とよばれることもある．安全係数の考え方は，基準とする強さ（引張強さ，降伏強さ）を安全係数で除した値を許容応力とする，というものできわめて簡便である．経験的安全係数による管理は，このようなメリットがある反面，根拠が不明確であるが故にさまざまな課題が発生し得る．たとえば，設計パラメータが複数存在するときに，個々のパラメータに安全係数を考慮すると，全体としてあまりにも過剰な安全裕度をもつ設計となってしまうかもしれない．また，材料の品質が悪ければ強度のばらつきが大きくなり，それに伴って安全係数も大きくとる必要があるが，技術の進歩によってばらつきを低減できるのであれば，それに応じて安全係数を下げても問題はないはずである．しかし，現行の規格体系は，このような柔軟な変更を可能とするような仕組みとはなっていない．この背景にあることとして，安全係数の根拠が明確になっていないことがあげられる．

　このような問題を解決する1つの手法として信頼性設計法がある．信頼性設計法の特徴は，荷重や強度の統計的性質を考慮に入れた上で，システム全体としての破損確率を評価し，この破損確率を目標に設定して設計を行うことである．

　機械構造物の設計を行う場合，この構造物に求められる性能に対して，その性能が発揮できなくなる状態を破損と定義する．しかし，設計段階で機械構造物全体の特性を評価することは，多くの労力を要し，手続きも煩雑となり実際的でない．そこで，機械構造物の設計においては，代表部位の破損をもって機械構造物の破損を代表し，設計上はこの部分が破損に対して十分に余裕をもつように配慮する．たとえば，応力集中が起きる部位で，最大応力の発生位置が特定されていれば，その位置で，強度が応力に対して余裕をもつように設計することになる．以下では，そのような部位が特定

## 7.1 構造物の破損確率評価

されているものとし,その部位の応力と強度の関係で破損を論ずることとする.

まず,簡単な場合として強度の統計的性質が明らかになっており,その確率密度関数が $f_R(x)$ で与えられる場合を考える.当該部位に作用する応力は,一定値であることがわかっているものとする.いま,設計目標とする破損確率を $P_{fa}$ としたいときに,これを満足するための許容応力 $\sigma_a$ は次のように決定すればよい.

$$P_{fa} = \int_0^{\sigma_a} f_R(x)\,dx = F_R(\sigma_a) \tag{1}$$

ここに,$F_R(x)$ は強度の累積分布関数である.あるいは,式 (1) を次のように書くこともできる.

$$\sigma_a = F_R^{-1}(P_{fa}) \tag{2}$$

引張強さや降伏強さの場合に,母集団の分布としてよく適合するとされる正規分布の場合について,式 (1) の表現式を誘導しておく.平均値 $\mu_x$,標準偏差 $\sigma_x$ の正規分布を $N(\mu_x, \sigma_x{}^2)$ と表記する.確率密度関数と累積分布関数はおのおの $f_X(x)$, $F_X(x)$ と表記する.標準正規分布 $N(0, 1^2)$ の確率密度関数と累積確率密度関数を,おのおの $\phi(x)$, $\Phi(x)$ と表記した上で,次の変数変換を考える.

$$z = \frac{x - \mu}{\sigma_x}$$

すると

$$f_X(x)\,dx = \phi(z)\,dz \tag{3}$$

となるので,

$$F_X(x) = \int_{-\infty}^{(x-\mu)/\sigma_x} \phi(z)\,dz = \Phi\left(\frac{x - \mu_x}{\sigma_x}\right) \tag{4}$$

したがって,式 (2) は,

$$\frac{\sigma_a - \mu_x}{\sigma_x} = \Phi^{-1}(P_{fa}) \tag{5}$$

あるいは,

$$\sigma_a = \sigma_x \cdot \Phi^{-1}(P_{fa}) + \mu_x \tag{6}$$

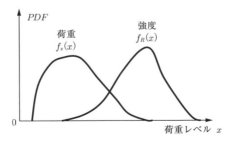

**図 1** 荷重と強度の確率密度関数

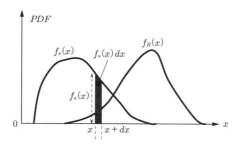

**図 2**　$\Delta P_f$ 評価の考え方

として決定することができる．

次に，荷重と強度がともに，ばらつきをもつ場合を考える．この場合，おのおのの確率密度関数は，おのおの $f_R(x), f_S(x)$ で与えられるものとする．図 1 に示すように，荷重が強度を上回る場合があるので，その発生確率が破損確率 $P_f$ となる．

この場合の破損確率は次の手順で評価される．まず，図 2 において，荷重 $X$ が $x < X \leq x + dx$ に存在する場合の破損確率 $\Delta P_f$ を考える．荷重がこの範囲に存在する確率は図中の塗りつぶされた領域の面積であるから $f_S(x)\,dx$ で与えられる．荷重がこの領域に存在する条件の下で，破損が起きるのは，強度が $x$ 以下である確率であるから $F_R(x)$ である．したがって，$\Delta P_f$ は両者が同時に起きる確率として次式で与えられる．

$$\Delta P_f = F_R(x) \cdot f_S(x)\,dx \tag{7}$$

破損確率は，式 (11) をあらゆる荷重の領域にわたって積分したもので与えられる．したがって，

$$P_f = \int_0^\infty \Delta P_f \, dx = \int_0^\infty F_R(x) f_S(x)\,dx \tag{8}$$

で与えられる．

特に重要であるのが，荷重も強度もともに正規分布となる場合である．つまり，

$$\begin{aligned} \text{荷重の分布} &\Rightarrow N(\mu_S, \sigma_S{}^2) \\ \text{強度の分布} &\Rightarrow N(\mu_R, \sigma_R{}^2) \end{aligned}$$

正規分布の関数から式 (8) を直接評価してもよいが，次のように考えることもできる．いま，新たな確率変数 $Z = R - S$ を考える．このとき，破損条件は $Z \leq 0$ と同じであるので，$P_f = F_Z(0)$ であることは明らかである．$Z$ の分布は次の特性をもつ正規分布であることが導かれている．

$$Z \text{ の分布} \quad \Rightarrow \quad N(\mu_R - \mu_S, \sigma_R{}^2 + \sigma_S{}^2) \tag{9}$$

このことを利用すれば，荷重や強度の統計的性質と破損確率とを結び付けることがで

## 7.1 構造物の破損確率評価

きる．逆に，目標信頼性として破損確率を与え，これを満たすための荷重や強度の統計的特性を評価できる．これが信頼性設計である．信頼性設計では，設計に用いる安全係数や，統計量のばらつきと破損確率の関係を求めておくことが望ましい．統計量のばらつきとして，代表的なものとして分散があるが，一般化するためには無次元量であることが望ましく，次式で定義される変動係数 $v$ が用いられる．

$$\text{変動係数 } v = \text{標準偏差}/\text{平均値}$$

### 問題の設定

(a) 荷重と強度が正規分布する場合の，$F_Z(x)$ の形を誘導せよ．
(b) 荷重と強度との平均値間の安全係数を中央安全係数とよぶ．これを $f_c$ と書くことにする．荷重と強度の変動係数をおのおの，$v_S, v_R$ とするとき，破損確率 $P_f$ をこれらの量を用いて表現せよ．
(c) $v_S, v_R$ がおのおの 0.1 であることがわかっている場合に，$P_f \leq 0.001$ を満足するための中央安全率を求めよ．

### 解説・解答

(a) 式 (9) の確率密度関数は次式で表現される．

$$f_Z = \frac{1}{\sqrt{2\pi}\sigma_Z} \exp\left[-\frac{1}{2}\left(\frac{x-\mu_Z}{\sigma_Z}\right)^2\right] \tag{10}$$

したがって累積分布関数は次式となる．

$$F_Z = \int_{-\infty}^{x} f_Z(\xi)\,d\xi \tag{11}$$

ここで，次の変数変換を行う．

$$y = \frac{\xi - \mu_Z}{\sigma_Z} \tag{12}$$

すると，式 (11) は次のようになる．

$$F_Z = \int_{-\infty}^{(x-\mu_Z)/\sigma} \frac{1}{\sqrt{2\pi}} \exp\left(-\frac{y^2}{2}\right) dy = \Phi\left(\frac{x-\mu_Z}{\sigma_Z}\right) \tag{13}$$

(b) $P_f = F_Z(0)$ であるから，式 (13) より

$$P_f = F_Z(0) = \Phi\left(-\frac{\mu_Z}{\sigma_Z}\right) = 1 - \Phi\left(\frac{\mu_Z}{\sigma_Z}\right)$$

$$= 1 - \Phi\left(\frac{\mu_R - \mu_S}{\sqrt{\sigma_R^2 + \sigma_S^2}}\right)$$

$$= 1 - \Phi\left(\frac{\mu_R/\mu_S - 1}{\sqrt{(\mu_R/\mu_S)^2(\sigma_R/\mu_R)^2 + (\sigma_S/\mu_S)^2}}\right)$$

$$= 1 - \Phi\left(\frac{f_c - 1}{\sqrt{f_c^2 \cdot v_R^2 + v_S^2}}\right) \tag{14}$$

(c) したがって，下式を満足する必要がある．

$$P_f = 1 - \Phi\left(\frac{f_c - 1}{\sqrt{f_c^2 \cdot v_R^2 + v_S^2}}\right) \leq 0.001$$

変形して

$$\Phi\left(\frac{f_c - 1}{\sqrt{f_c^2 \cdot v_R^2 + v_S^2}}\right) \geq 0.999$$

つまり，

$$\frac{f_c - 1}{\sqrt{f_c^2 \cdot v_R^2 + v_S^2}} \geq \Phi^{-1}(0.999) \tag{15}$$

$\Phi^{-1}(0.999)$ は数表，もしくは Excel の標準関数で求めることが可能であり，3.090 と与えられる．$v_R = v_S = 0.1$ とともに，式 (15) に代入することにより，

$$f_c \geq 1.58$$

となる．

〔酒井信介〕

## 7.2 ダブルテザーの破断過程のモデリング

材料力学

◆ 確率過程 ◆

注目している対象の状態が，確率に従って時間変化するとき，これを確率過程 (stochastic process) とよぶ．確率過程としてモデル化できる例として，株価の変動，伝染病の罹患，戦闘シミュレーションなどがある．ここでは，宇宙工学で考えられている，テザー衛星の生存率を考えてみる．

テザー衛星とは，人工衛星や宇宙ステーションから数 km に及ぶ長いテザー (紐) を伸ばしたものである．用途として，重力傾斜トルク [*1)] を利用した姿勢の安定化や，エレベータのような物資の輸送が考えられる．とくに導電性のテザーでは，地磁場との相互作用で発電したり，燃料を使わずに別の軌道に移行したりすることが可能で，将来の応用が期待されている．

一方で，テザー衛星の弱点は，非常に細くて長いテザーを用いるために，ごく小さいスペースデブリ (宇宙ゴミ) やメテオロイド (微小隕石) の衝突によっても，容易に破

---

[*1)] 重力は地球からの距離の 2 乗に反比例して小さくなる．剛体の長い軸が重力の傾斜方向と一致していないとき，復元トルクが作用し，剛体の長い軸は地球の質量中心を指向する姿勢で安定する．

## 7.2 ダブルテザーの破断過程のモデリング

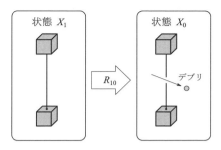

**図1** 単線テザーの状態遷移図

断しまうことである．スペースデブリは小さいものほど多数存在し，テザーは細くても長いため衝突断面積としては大きくなるので，デブリとの衝突率を無視できない．

はじめに，単線のテザー (シングルテザー) の生存率を考える．図1のように，テザーがまだ破断していない (つながれた) 状態を $X_1$，破断してしまった (つながれていない) 状態を $X_0$ とする．

時刻 $t$ において，それぞれの状態である確率を $X_1(t)$, $X_0(t)$ とする．このとき，

$$X_1(t) + X_0(t) = 1$$

である．ここで，単位長さのテザーがデブリとの衝突で単位時間あたりに破断する回数の期待値 (破断率) を $R_{10}$ とする [*2]．この期待値 $R_{10}$ にテザーの全長を乗じた $LR_{10}$ は，全長 $L$ のテザーが単位時間あたりに破断する回数の期待値つまり破断率となる．この破断率は，状態 $X_1$ から状態 $X_0$ へ遷移する，単位時間あたりの変化率となるので，

$$\dot{X}_1(t) = -LR_{10}X_1(t)$$
$$\dot{X}_0(t) = LR_{10}X_1(t)$$

と，微分方程式で記述できる．初期条件で無傷だとすると，

$$X_1(0) = 1, \qquad X_0 = 0$$

であるから，一般解は

$$X_1(t) = \exp(-LR_{10}t)$$
$$X_0(t) = 1 - \exp(LR_{10}t)$$

となる．このが $X_1(t)$ シングルテザーの生存率を表す．例として，$R_{10} = 0.0006$ 回/m/年，$L = 1000$ m のときのテザー生存率の変化を図2に示す．

シングルテザーでは一か所破断するだけで，テザーとして機能しなくなるので，生

---

[*2] 破断率を見積もるには，デブリの直径の関数である衝突密度と，テザーの衝突断面積とを乗算したものを，小さなデブリから大きなデブリまで，直径で積分して求めるが，本書では割愛する．

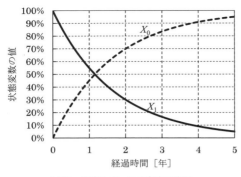

図2 単線テザーの生存率の変化

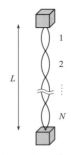

図3 ダブルテザー衛星模式図

存率が早く低下してしまう．生存率を改善するには，テザーを太くして小さなデブリで破断されにくくする方法もあるが，総質量が増加してしまう．質量増加に対し延命効果の高いアイデアとして，図3のように2本のテザーを並列にし，さらに一定間隔で結束した「ダブルテザー」が提案されている．ダブルテザーならばすべての区間で少なくとも1本が残っていれば，テザーとして機能し続ける．ある1区間に注目したとき，テザーが2本とも破断する場合には，1個のデブリの衝突で2本とも同時に破断する場合と，別々のデブリの衝突で1本ずつ破断する場合がある．単位長さ，単位時間あたり，2本のテザーが同時に破断する破断率を $R_{20}$，2本のうち1本だけ破断する破断率を $R_{21}$ とする．1本だけ残っているテザーが破断する破断率はシングルテザーの破断率と同じ $R_{10}$ である．衝突断面積の幾何的条件から，

$$R_{20} = R_{10} - R_{21}/2 \tag{1}$$

の関係があるので，これら3つの破断率のうち独立なものは2つである．

### 問題の設定

ダブルテザー全体の長さを $L$ とし，間を $N$ 等分して結束する．区間内にテザーが $i$ 本残っている状態を $X_i$ $(i = 0, 1, 2)$ とし，時刻 $t$ においてそれぞれの状態である確率を $X_i(t)$ とする．単位長さのテザーが $i$ 本残っている状態から，デブリが衝突してテザーが $j$ 本に減っている（$j$ 本残っている）状態に遷移する単位時間あたりの変化率を $R_{ij}$ とし，既知であるとする．時刻 $t$ におけるダブルテザー全体の生存率を求めよ．

### 解説・解答

ダブルテザーの破断までの状態遷移を図4に示す．1つの区間に注目すると，全長 $L$ のテザーを $N$ 等分して結束しているので，区間あたりの長さは $L/N$ となる．よって，この区間が状態 $X_i$ から状態 $X_j$ へ遷移する，単位時間あたりの変化率は $LR_{ij}/N$

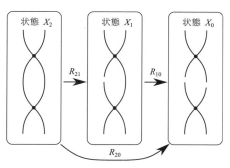

**図 4** ダブルテザー状態遷移

となるので，この区間の確率過程は次の微分方程式に従う．

$$\left.\begin{array}{l}\dot{X}_2(t) = \dfrac{L}{N}(-R_{20} - R_{21})X_2(t) \\[4pt] \dot{X}_1(t) = \dfrac{L}{N}[R_{21}X_2(t) - R_{10}X_1(t)] \\[4pt] \dot{X}_0(t) = \dfrac{L}{N}[R_{20}X_2(t) + R_{10}X_1(t)]\end{array}\right\} \quad (2)$$

ここで恒等式,

$$X_2(t) + X_1(t) + X_0(t) = 1$$

が成り立つので，以後状態 $X_0$ の計算は省略する．微分方程式 (2) の一般解は，

$$X_2(t) = X_2(0)\exp\left[-\dfrac{L}{N}(R_{20} + R_{21}t)\right]$$

$$X_1(t) = \left[X_1(0) + \dfrac{R_{21}X_2(0)\,(1 - [\exp(L/N)(R_{20} + R_{21} - R_{10})t])}{R_{20} + R_{21} - R_{10}}\right]$$

$$\times \exp\left(-\dfrac{L}{N}R_{10}t\right)$$

である．初期条件で無傷だとすると，

$$X_2(0) = 1, \qquad X_1(0) = 0, \qquad X_0(0) = 0$$

さらに式 (1) の関係を用いて $R_{20}$ を消去すると，

$$X_2(t) = \exp\left[-\dfrac{L}{N}\left(\dfrac{R_{21}}{2} + R_{10}\right)t\right]$$

$$X_1(t) = 2\left[1 - \exp\left(-\dfrac{L}{N}\dfrac{R_{21}}{2}t\right)\right]\exp\left(-\dfrac{L}{N}R_{10}t\right)$$

となる．この区間でテザーが少なくとも 1 本，破断せずに残っている確率は，

$$X_2(t) + X_1(t) = \left[2 - \exp\left(-\dfrac{L}{N}\dfrac{R_{21}}{2}t\right)\right]\exp\left(-\dfrac{L}{N}R_{10}t\right)$$

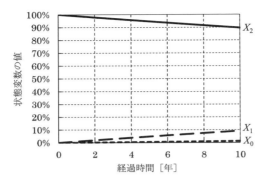

**図 5** ダブルテザーの状態変数の変化

である．$N$ 分割されたすべての区間で平等に，この確率過程が同時に進行する．テザー全体が破断せずに機能している確率は，すべての区間で少なくとも 1 本のテザーが残っている確率として，

$$[X_2(t) + X_1(t)]^N = \left[2 - \exp\left(-\frac{L}{N}\frac{R_{21}}{2}t\right)\right]^N \exp(-LR_{10}t)$$

で計算できる．例として，$R_{20} = 0.0001$，$R_{21} = 0.0010$，$R_{10} = 0.0006$ 回/m/年，$L = 1000\,\mathrm{m}$，$N = 100$ のときの状態変数の変化を図 5 に，ダブルテザー全体の生存率の変化を図 6 に示す．

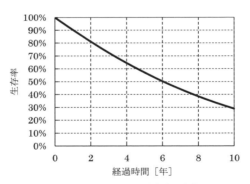

**図 6** ダブルテザーの生存率の変化

$N$ が十分多いとき，

$$\lim_{N\to\infty}[X_2(t) + X_1(t)]^N = \exp\left(L\frac{R_{21}}{2}t\right)\exp(-LR_{10}t) = \exp(-LR_{20}t)$$

となる．すなわち，$N$ が十分に多ければ，ダブルテザー全体の生存率は，平行な 2 本

のテザーが同時に破断する破断率のみにより計算できる．2本のテザーが十分離れている場合は，2本のテザーが同時に破断する可能性は十分小さく，$R_{20} \approx 0$ となるので，太い1本のシングルテザーより細い2本のテザーを適当な間隔で結束するダブルテザーの方が，生存率の向上が期待できる．　　　　　　　　　　　　　　　〔花田俊也〕

## 7.3　着席者の承認

情報工学

　日々の暮らしの中でわれわれはやすやすとモノを見分けている．しかし，これをコンピュータでさせるとなると話は簡単には済まない．ヒトであるわれわれに関していえば，この「パターン認識」能力は後天的に身につけたと考えていいだろう．もしそうであれば，コンピュータにも，目に対応するカメラや五感に相当する各種センサを与え，さらに学習機能を装備させれば，パターン認識能力を獲得し始めると期待される．これがパターン認識の研究である．文字認識や音声認識，個人認証などが応用例である．

　パターン認識をモデル化するには統計的な方法が有効である(たとえば，文献[1])．カテゴリー(クラス)の集合を既知として，目の前の対象を特定のカテゴリーに分ける方法を考えよう．その際，重さや大きさ，色など，対象のいくつかの属性は測れるものとする．解析の前提は「すべての対象はあるカテゴリーから確率的に発生している」と考えることである．式で示すと，$q$ 個の属性で表現された対象 $\boldsymbol{x} = (x_1, x_2, \cdots, x_q)'$ (ここで $'$ は転置を表す) はカテゴリー $c$ から確率(密度関数) $p(\boldsymbol{x}|c)$ に従って発生すると考えるわけである．果物分類を例にとると，「カテゴリー"りんご"からは"赤く，丸い"モノ(2つの属性値)が生成されやすい」というような性質を確率的に表すモデルとなっている．

　最も自然な分類方式は，観測された属性を(前提)条件として最も可能性の高い(確率値が高い)カテゴリーを選ぶ方式である．式で表すと，対象 $\boldsymbol{x}$ に対して，次の条件付き確率を最大にするカテゴリー $c^*$ を選ぶ方式である．

$$c^* = \arg\max_c P(c|\boldsymbol{x}) \tag{1}$$

ここで，大文字の $P$ は離散確率を表し，先の小文字の $p$ は密度関数 ($\int p(x)\,dx = 1$, $p(x) \geq 0$) を表す．また，$\arg\max_c$ というのは，最大値を達成したときの引数 $c$ を取ってくる操作を意味する記法である．

　統計的に最適なこの分類方式は広く「ベイズ識別規則」とよばれる．対象 $\boldsymbol{x}$ に対する誤判別率は推定カテゴリー $c^*$ 以外の確率の和 $(= 1 - P(c^*|\boldsymbol{x}))$ として与えられ，平均誤識別率は，$\boldsymbol{x}$ の発生頻度 $p(\boldsymbol{x})$ を考慮して，

$$\int_{-\infty}^{\infty} (1 - P(c^*|\boldsymbol{x})) p(\boldsymbol{x}) d\boldsymbol{x}$$

として得られる (ここでの積分は多重積分であるが簡単のために記号を 1 つにしている). この誤判別率より低い誤判別率を達成する規則が存在しないことは容易に見てとれる.

この方式は最適であるものの, 利用しようとすると, すべての $\boldsymbol{x}$ に対して条件付き確率 $P(c|\boldsymbol{x})$ (「$c$ の事後確率」とよばれる) を知る必要があり実際の利用は困難である. そこで, 式 (1) にベイズの定理 (コラム参照) を適用して, さらに比較に無関係な分母を除くことで, 「$c$ の事前確率」$P(c)$ を利用した表現に書き直すことができる.

$$c^* = \arg\max_c P(c|\boldsymbol{x}) = \arg\max_c p(\boldsymbol{x}|c) P(c) \tag{2}$$

しかし, この方式を採用するにしてもやはり事前確率 $P(c)$ と条件付き密度関数 $p(\boldsymbol{x}|c)$ を推定する必要がある. ところが, 前者は頻度や問題知識 (同程度に出現するなら等確率とするなど) から推定しやすく, 後者は, 密度関数として扱いやすい (パラメトリック) 分布をもってくることで少ないデータからも推定しやすくなるため, 結果的に実用的な分類方式を得ることができることになる.

---

◆ **ベイズ規則** ◆

2 つの確率事象 $A, B$ が同時に観測された場合, その解釈は, どちらが先に生じたかという "時間順" に任意性がある. このことは, 同時確率 $P(A, B)$ に関して 2 通りの分解を可能にする:

$$P(A, B) = \begin{cases} P(A)P(B|A) & (\text{事象 } A \text{ が先に起こり, 続いて } B \text{ が起きたと解釈}) \\ P(B)P(A|B) & (\text{事象 } B \text{ が先に起こり, 続いて } A \text{ が起きたと解釈}) \end{cases}$$

この 2 つの解釈を組み合わせることでベイズ規則

$$P(A|B) = \frac{P(B|A)P(A)}{P(B)}$$

を得る. この式は, 事象 $A$ を原因, $B$ を結果とみなせば, 因果関係の逆推論, つまり, 結果 $B$ から原因が $A$ であることを確率的に推論することを許す.

---

ここでは最も単純な学習方式を説明する. いま, $N$ 個の例がカテゴリーつきで得られているとしよう. つまり, $\{(\boldsymbol{x}_i, c_i)|\ i = 1, 2, \cdots, N\}$ が与えられているとする. ここで, $\boldsymbol{x}_i \in \mathbb{R}^q, c_i \in \{1, 2, \cdots, C\}$ である.

さて, 事前確率 $P(c)$ の推定方式は単純である.

$$\hat{P}(c) = \sum_{i=1}^{N} \mathbb{I}(c_i = c)/N \tag{3}$$

つまり，例集合におけるカテゴリー $c$ の発生頻度とする．ここで，$\mathbb{I}(\cdot)$ は定義関数で，引数の論理式が真であるときに 1 をとり，偽のときに 0 をとる関数である．この推定は，例が本来の事前分布に従っているとみなせる場合にはよい方法である．

次に，密度関数 $p(\boldsymbol{x}|c)$ を推定しよう．ここでは，単一正規分布としてこれらの密度関数をカテゴリーごとに求める．以降，単純化のために，カテゴリー $c$ を 1 つ固定して考え，$c$ からの例が $N$ 個あるものとする．さて，$q$ 次元正規分布は

$$N(\boldsymbol{x}; \boldsymbol{\mu}, \Sigma) = (2\pi)^{-q/2} |\Sigma|^{-1/2} \exp\left(-\frac{1}{2}(\boldsymbol{x} - \boldsymbol{\mu})' \Sigma^{-1} (\boldsymbol{x} - \boldsymbol{\mu})\right) \quad (4)$$

で与えられる．ここで，$\boldsymbol{\mu}$ は 1 次統計量である「平均」，$\Sigma$ は 2 次統計量である「分散共分散行列」である．これらは，この分布に従う確率ベクトル $\boldsymbol{X}$ に期待値操作 $\mathbb{E}$ を使うことで $\boldsymbol{\mu} = \mathbb{E}\boldsymbol{X}$ と $\Sigma = \mathbb{E}(\boldsymbol{X} - \boldsymbol{\mu})(\boldsymbol{X} - \boldsymbol{\mu})'$ として定義される（ここでベクトルは縦ベクトルであり，$'$ は転置とする）．指数部（$-1/2$ は除く）は点 $\boldsymbol{x}$ とカテゴリー平均 $\boldsymbol{\mu}$ との一種の距離であり「マハラノビス距離」とよばれる．

さて，一般的に，データからパラメータを推定する代表的な方式には不偏推定法と最尤推定法の 2 つがある．ここでは，大数の法則により推定値が真値に近づくことを示せる最尤推定を説明する．最尤推定は，パラメータを $\boldsymbol{\theta}$（$= \boldsymbol{\mu}$ あるいは $\Sigma$）とすると，与えられた例の発生を最も説明しやすいパラメータ，つまり，例が出る確率の高いパラメータを選ぶ方式であり，それぞれの例が独立に同じ分布から発生していると仮定して（「i.i.d. の仮定」とよばれる），

$$\hat{\boldsymbol{\theta}}^{ML} = \arg\max_{\boldsymbol{\theta}} \prod_{i=1}^{N} P(x_i | \boldsymbol{\theta})$$

とするものである．等価なものとして対数をとり，

$$\hat{\boldsymbol{\theta}}^{ML} = \arg\max_{\boldsymbol{\theta}} \sum_{i=1}^{N} \log P(x_i | \boldsymbol{\theta})$$

を利用してもよい．平均と分散共分散行列の最尤推定量はそれぞれ

$$\hat{\boldsymbol{\mu}} = \frac{1}{N} \sum_{i=1}^{N} \boldsymbol{x}_i \quad (5)$$

$$\hat{\Sigma} = \frac{1}{N} \sum_{i=1}^{N} (\boldsymbol{x}_i - \hat{\boldsymbol{\mu}})(\boldsymbol{x}_i - \hat{\boldsymbol{\mu}})' \quad (6)$$

で与えられる．カテゴリーごとに，式 (5), (6) を式 (4) に $\hat{p}(\boldsymbol{x}|c) = N(\boldsymbol{x}; \hat{\boldsymbol{\mu}}_c, \hat{\Sigma}_c)$ として代入し，式 (3) の $\hat{P}(c)$ と合わせて式 (2) に代入（プラグイン）することで「プラグインベイズ規則」を得る．仮想的に，2 つのカテゴリーの事前確率が 1/2 で等しく，密度関数 $p(\boldsymbol{x}|c=1), p(\boldsymbol{x}|c=2)$ が 2 次元正規分布の場合を図 1 に示す．図では $P(c=1)p(\boldsymbol{x}|c=1)$ と $P(c=2)p(\boldsymbol{x}|c=2)$ が 2 つの山となって描かれており，2 次元上の各点 $\boldsymbol{x}$ は，より高い山のカテゴリーに分類される．ここで，識別境界

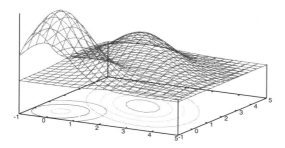

**図1** 2カテゴリーの場合のベイズ (2次) 識別規則. 入力 $\boldsymbol{x} = (x_1, x_2)$ を2つの山 ($P(c)p(\boldsymbol{x}|c)$ ($c = 1, 2$)) の高い方のカテゴリーに識別する.

$\{\boldsymbol{x} | P(c=1)p(\boldsymbol{x}|c=1) = P(c=2)p(\boldsymbol{x}|c=2)\}$ は,式を展開すると2次曲線になることがわかる.そのため,このプラグインベイズ規則は「プラグイン2次識別規則」ともよばれる.

### 問題の設定

カテゴリー数が2 ($C = 2$) の場合を考える.さらに,それぞれのカテゴリーの密度関数が分散共分散行列が共通で ($\Sigma_1 = \Sigma_2 = \Sigma$),平均ベクトルだけが違う (それぞれ,$\boldsymbol{\mu}_1$ と $\boldsymbol{\mu}_2$) 単一正規分布であるとする.この時にベイズ識別規則を導き,その規則による識別境界がどのような形状になるかをしらべよ.

### 解説・解答

カテゴリー数が2であるため,式 (2) の右端の判定式は
$$\log \frac{p(\boldsymbol{x}|1)P(1)}{p(\boldsymbol{x}|2)P(2)} \geq 0 \to c^* = 1$$
と同等である (条件が成立しないときには $c^* = 2$).密度関数が正規分布であることを使いこの式を順に評価すると,

$$\begin{aligned}
\log \frac{p(\boldsymbol{x}|1)P(1)}{p(\boldsymbol{x}|2)P(2)} &= \log p(\boldsymbol{x}|1)P(1) - \log p(\boldsymbol{x}|2)P(2) \\
&= -\frac{q}{2}\log(2\pi) - \frac{1}{2}\log|\Sigma| - \frac{1}{2}(\boldsymbol{x} - \boldsymbol{\mu}_1)'\Sigma^{-1}(\boldsymbol{x} - \boldsymbol{\mu}_1) \\
&\quad + \frac{q}{2}\log(2\pi) + \frac{1}{2}\log|\Sigma| + \frac{1}{2}(\boldsymbol{x} - \boldsymbol{\mu}_2)'\Sigma^{-1}(\boldsymbol{x} - \boldsymbol{\mu}_2) + \log \frac{P(1)}{P(2)} \\
&= -\frac{1}{2}(\boldsymbol{x} - \boldsymbol{\mu}_1)'\Sigma^{-1}(\boldsymbol{x} - \boldsymbol{\mu}_1) + \frac{1}{2}(\boldsymbol{x} - \boldsymbol{\mu}_2)'\Sigma^{-1}(\boldsymbol{x} - \boldsymbol{\mu}_2) \\
&\quad + \log \frac{P(1)}{P(2)}
\end{aligned}$$

7.3 着席者の承認

図 2　座面に敷設された 32 個の圧力センサ

図 3　1 つのセンサ部 (直径約 1 cm，厚さ 0.2 mm)

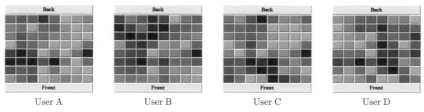

図 4　4 人の Hipprints(白い方が圧力が高い)

### コラム 2 ● 座面のセンサシートを用いた個人認証

現在，コンピュータのサイズが小さくなり，各種のセンサが入手しやすい状況になるにつれ，"環境知能"という新しいパラダイムが注目されるようになっている．家庭や職場の至る所にセンサが配置され，さまざまな情報を集めて，個人ごとに適切なサービスを行う試みである．その中で，協力動作を要求しない個人認証が注目を集めている．その 1 つの試みが座面のセンサシートを用いた個人認証である[2]．座面に多数の圧力センサを配置し，個々人で異なる「座り方」を Hipprint として認証するものである (図 2, 3)．実際に 4 人の Hipprint が図 4 に示されているが，違いが視認できる．この方式では，実験対象者や測定期間の長さによって認識率は変動したが，サポートベクターマシン[3] とよばれる識別規則を用いて，5 人に対して 78–98 %，10 人に対して 67–96 %の認識率を得ている．

$$= (\bm{x} - \frac{\bm{\mu_1} + \bm{\mu_1}}{2})' \Sigma^{-1}(\bm{\mu_1} - \bm{\mu_2}) + \log \frac{P(1)}{P(2)} \tag{7}$$

最後の式は，$\bm{x}'\bm{a} + b$ の形をしているため識別境界 (上式を 0 とおいた式) は線形であり，2 次元なら直線，3 次元なら平面，$q$ 次元では $q-1$ 次元超平面となる．また，

特殊な場合として $P(1) = P(2) = 1/2, \Sigma = I$ 単位行列 とした場合に識別境界が平均間の垂直二等分線になることもわかる.

〔工藤峰一〕

□ 文　献
1) K. Fukunaga, *Introduction to Statistical Pattern Recognition*, 2nd ed. (Academic Press, 1990).
2) T. Hosokawa, *et al.*, "Soft Authentication Using an Infrared Ceiling Sensor Network," *Pattern Analysis and Applications*, **12** (3), 237–250 (2009) .
3) V. N. Vapnik, *Statistical Learning Theory* (John Wiley & Sons, 1998).

## 7.4　情報工学と確率・統計

情報工学 化学工学・生体工学

### 遺伝子発現プロファイルの比較

◆ 分布の差の多重比較 ◆

$K$ 個の確率分布の組, $(p_k(x), q_k(y)), k = 1, 2, \cdots, K$ があったとき, それぞれの分布の組から有限個のサンプルの組 $x_1^k, x_2^k, \cdots, x_N^k$ と $y_1^k, y_2^k, \cdots, y_M^k$ を得たとする. このサンプルの組を用いて, $K$ 組の確率分布のうち, 異なった分布から構成される組を選ぶことを分布の差の多重比較, という.

ゲノム科学という新しい分野の勃興とともに, バイオインフォマティクスという数理科学／応用科学の分野が生じた. これは基本的には統計科学の応用分野なのだが, 従来の統計科学では扱わなかったような非常に多数のデータ (数万から数百万) を扱うために, 統計科学の応用分野から見ても数理科学的にチャレンジングで興味深いことがたくさん生じている. 本項ではその中でも「遺伝子発現プロファイルの比較」という問題を扱おう.

遺伝子発現プロファイルとは一般的にゲノムから転写 (transcript) されたメッセンジャー RNA (mRNA) の量をもって遺伝子の発現量の記述とするものである. 計測手段はいろいろあるがここでは立ち入らない. 大切なことは 2 つの実験条件 A と B があり, この異なった実験条件の間で発現量が異なっているのはどの遺伝子かを知りたい, というニーズがあるということである. すなわち遺伝子 $g$ $(= 1, 2, \cdots, G)$ に対して条件 $A$ において $N_A$ 回の計測がなされ, 条件 $B$ において $N_B$ 回の実験がなされ

たとする．このとき条件 $A$ における $i_A (= 1, 2, \cdots, N_A)$ 番目の計測においての遺伝子 $g$ の発現を $x_{gi_A}$，条件 $B$ における $i_B (= 1, 2, \cdots, N_B)$ 番目の計測においての遺伝子 $g$ の発現を $x_{gi_B}$ としたとき，集合 $S_A = \{x_{gi_A}\}$ と集合 $S_B = \{x_{gi_B}\}$ を発生している確率分布は異なっているか，ということを知りたい，ということである．

生物学においては同じような実験条件で計測を行っても遺伝子の発現量は大きく揺らぐ．このため複数回の計測を行って，精度を上げるのが常であるが，一般的には $N_A, N_B \ll G$ だということが大きな問題になる．今までの統計学では質問数 (ここでは遺伝子の種類数 $G$) が少なく，解答者数 (ここでは計測の回数 $N_A, N_B$) が多い場合を扱うことが多かった．世論調査などがその典型であろう．このような場合は解答者数を増やすことで精度をあげることは容易であるが，$G$ は時に数千から数万になってしまう．このような場合に，$N_A$ や $N_B$ を $G$ に比べて十分大きくとることは現在の技術では難しい．この結果，$N_A, N_B \sim 10$ で $G \sim 10^4$ の遺伝子の発現の差異から「どの遺伝子が 2 つの実験条件で異なっているかをしらべよ」という問題を考えることになる．これはいわば，$G$ 種類の分布があったとき，そのうち同じでない (有意に異なる) 分布は何個でどれどれか，ということを決めよ，という従来はあまり統計学では試みられてこなかった問題である．

たとえば 10 個の遺伝子の発現を計測し，$S_A$ と $S_B$ の平均の大小を $t$ 検定で検定し，帰無仮説「2 つの遺伝子の発現の平均値に差はない」の棄却確率が 0.01 である遺伝子が 1 個あったとしよう．$t$ 検定とは，検定の一種である．検定とは一般に，「ある現象が起きたことの確からしさをその現象の起こりにくさ (棄却確率) で表現する」手法の総称である．たとえば，サイコロの目が均等に出ることを「検定」したいとしよう．100 回サイコロをふって，ある目，たとえば 1 が 30 回出たとしよう．サイコロの目が均等に出るならば，1 の目は 100/6 から 17 回しか出ないはずである．したがって，1 の目は「すべての目が均等に出る」という仮定に反しているだろう，とみなすのである．$t$ 検定は，2 群の平均の差が $t$ 分布というガウス分布によく似ているが，サンプルの数が少ないときにはより正確な確率を与えてくれる，事象 (この場合，個々の計測) が独立な場合には非常に良く成り立つと期待されている分布にもとづく検定である．したがって，$t$ 検定を用いた $P$ 値が 0.01 ということはそれ ($= S_A$ と $S_B$ の平均が異なっている) が「偶然」起きる確率が 100 分の 1 だ，ということを意味する．さて，このような，棄却確率をもつ遺伝子の発現の平均値は 2 つの実験条件で有意に異なるといってしまっていいだろうか？

一見，答は YES に思えるがそうではない．これは 10 個の遺伝子のうちの 1 個であることを考えると，この $P$ 値は 10 倍高めに見積もらないといけないのである．なぜなら，10 回繰り返せば，まったくの乱数でも最低の $P$ 値は 0.1 になりうるので 0.01 といってもじつは 10 分の 1 小さくなっているにすぎない．だからこの遺伝子が 2 つ

の実験条件で同じ平均値をもっている確率は実は 10 分の 1 もある．実効的な $P$ 値は 0.1 なのである．この程度の小ささでは帰無仮説を棄却するには値しない．

このように「何回比較したか」を考慮して $P$ 値を補正する考え方を「多重比較補正」という．現実の遺伝子発現プロファイルでは遺伝子の数が数万であるために，$P$ 値が数万分の 1 であっても偶然であるかも知れず，帰無仮説を棄却できず，実験精度との兼ね合いから非常に厳しいことになることも多い．実験精度が悪ければそもそも，数万分の 1 の $P$ 値が出るほどの精度がなく，有意に差がある遺伝子が 1 つもない，ということにもなりかねないからである．

多重比較補正の流儀にも多数あり，なかなかどれが正しいといえない場合も多い．たとえば，10 個の遺伝子の $P$ 値のうち，小さい 5 個が 0.010, 0.012, 0.013, 0.014, 0.015 だったらどうなるだろうか？ 全部 10 倍してしまえば，どれも有意に小さな $P$ 値とはいえない．だが，そもそも，まったくの偶然なら 5 番目に小さな $P$ 値の期待値は 0.5 である．したがって，この場合，実効的には $0.015/0.5 = 0.03$ であり，実効的な $P$ 値はじつは 0.03 にまで下がっているともいえる．であれば，この 5 番目に小さな $P$ 値ををもっている遺伝子は 2 つの実験条件下で異なった発現量の平均値をもつといいうるかも知れないのである．だが，より小さな $P$ 値をもつ 0.01 が有意でないのに，より大きな $P$ 値をもつ 0.015 の方は有意だというのも論理矛盾しているといえる．

このような困難を解決するために，非常に多種類の多重比較補正が提案されているが決定打はまだないのが現状である．わかっていることは多重比較補正をしなければ間違った結果を招く，ということだけである．どうすれば正しい実効的な $P$ 値を得ることができるかはまだわかっていない．

### 問題の設定

表 1 のような遺伝子発現プロファイルから条件 $A$ と $B$ で発現量が異なる遺伝子を選べ．

### 解説・解答

表 1 では 2 つの実験条件で 10 個の遺伝子の発現量が 3 回ずつ測られた，と想定している．遺伝子の発現量は個々にばらついており，平均をとれば確かに大小関係があるものの，ゆらぎの大きさを考えると一概に個々の遺伝子がどちらの実験条件で大きく発現しているかなかなか判然としない．

そこで $t$ 検定を使って $P$ 値を計算した．最も小さな $P$ 値は遺伝子 $a$ の 0.01 である．だが，これは 10 回の測定の最小値であることを考えると，10 倍しなくてはならず，したがって実効的には $P$ 値は 0.1 にすぎない．これでは有意差があるとはいうことができず，したがって表 1 には有意に発現差がある遺伝子は存在しないという結果

**表 1** 遺伝子発現プロファイルの例: $A, B$ 2つの実験条件で3回ずつ測定

| 遺伝子 | 実験条件 $A$ | | | 平均 | 実験条件 $B$ | | | 平均 | $P$ 値 |
|---|---|---|---|---|---|---|---|---|---|
| | 1 | 2 | 3 | | 1 | 2 | 3 | | |
| a | 0.59 | 0.85 | 0.81 | 0.75 | 0.34 | 0.06 | 0.15 | 0.18 | 0.01 |
| b | 0.52 | 0.31 | 0.47 | 0.43 | 0.15 | 0.33 | 0.37 | 0.28 | 0.19 |
| c | 0.42 | 0.87 | 0.40 | 0.56 | 0.78 | 0.89 | 0.90 | 0.86 | 0.19 |
| d | 0.82 | 0.37 | 0.17 | 0.45 | 0.16 | 0.29 | 0.13 | 0.19 | 0.30 |
| e | 0.92 | 0.77 | 0.39 | 0.69 | 0.34 | 0.73 | 0.50 | 0.52 | 0.44 |
| f | 0.60 | 0.09 | 0.82 | 0.50 | 0.29 | 0.46 | 0.34 | 0.36 | 0.59 |
| g | 0.82 | 0.55 | 0.26 | 0.54 | 0.99 | 0.29 | 0.82 | 0.70 | 0.59 |
| h | 0.56 | 0.51 | 0.34 | 0.47 | 0.93 | 0.61 | 0.23 | 0.59 | 0.61 |
| i | 0.35 | 0.61 | 0.54 | 0.50 | 0.92 | 0.14 | 0.04 | 0.36 | 0.68 |
| j | 0.23 | 0.24 | 0.86 | 0.44 | 0.07 | 0.77 | 0.88 | 0.57 | 0.72 |

になってしまうのである. 〔田口善弘〕

□ 文 献
1) 永田 靖, 吉田道弘, 統計的多重比較法の基礎 (サイエンティスト社, 1997).
2) 足立堅一, らくらく生物統計学 (中山書店, 1998).
3) 浜田知久馬, 学会・論文発表のための統計学——統計パッケージを誤用しないために (真興交易医書出版部, 1999).

## 7.5 ベイズの定理の破損確率評価への適用

〔経営工学〕

　今後, プラントなどの機械構造物の破損確率評価にあたっては, 検査データから破損確率を評価することが重要となる. この場合, きわめて少ないデータからの評価が要求される. 標本確率によって破損確率を評価する標本統計学では, 標本数が増えれば, 破損確率の評価精度は高まる. ところが, メンテナンスにかかわる確率論的取扱いについては, 欧米では標本統計学よりは, もっぱらベイズ統計学が用いられる. ベイズ統計学とはベイズの定理にもとづく統計学のことをいう. メンテナンスの場合には検査データにもとづいて, 破損確率を評価するが, この場合にはベイズ統計学の方が合理性をもつからと考えられる.

　標本統計学とベイズ統計学の対比を概念的に図1に示す. 標本統計学では, 多くの標本データ群から, 破損確率を推定する. 検査結果は, そのつどデータ群に追加されていく. この評価の過程には主観が入る余地はなく, 客観的手順であるといえる. 一方, ベイズ統計学では, 破損確率の候補を主観にもとづいて複数選び, 個々の候補に対して確からしさ(確信度)も併せて割り当てる. 主観的要素が入るので主観的確率と

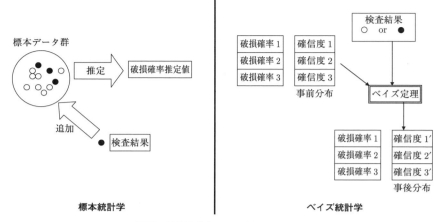

**図1** 標本統計学とベイズ統計学の対比

よばれることもある．検査の結果，破損が観察されるか否かに応じて，確信度を更新していくのである．更新する手続きはベイズの定理にもとづく．検査を行う前の確信度の分布のことを事前分布，これを検査後にベイズの定理によって更新した後の分布を事後分布とよぶ．

　ベイズ統計学の基本概念を，破損確率評価を例に説明する．確率現象の理解を助けるための図示の方法としてベン図がある．たとえば，図2は，破損という事象 $A$ と破損が起きないという事象の確率的特性を表現するベン図である．破損が起きないことを記号上では，上側にバーをつけて $\bar{A}$ と記述する．ベン図では，面積の大きさが確率の値を示す．一般には，破損確率は小さな値であるので，$A$ の面積は小さいはずである．$A$ と $\bar{A}$ の面積の和は確率 1 に対応している．

　いま，$A$ の面積の割合を検査結果で得られる，破損もしくは非破損の情報をもとに，推測していくことになる．その際に，主観にもとづいて，破損確率の仮説を立ててし

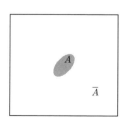

**図2** 代表的なベン図

まい，その仮説の確かさらしさを，検査という観察結果にもとづいて修正していく，という方式をとる．主観が入ることは客観性に欠けるとの批判も起き得るが，検査データは一般にきわめて得られる数が少ないので，もしエキスパートにより仮説が設定されるのであれば，出発点としては，標本確率により評価するよりは，より合理的であると考えられる．このように，仮説を検証していく方式をとるために，要求される内容に応じてどのような仮説を採用することも可能であり，自由度が大きいという利点がある．たとえば，いま仮説として次の2つを考え，その確信の度合いによって確率を表現する．

- 仮説1：破損確率は $p_1$ である (事象 $C_1$)
- 仮説2：破損確率は $p_2$ である (事象 $C_2$)

この仮説の立て方は，破損確率として2つの可能性があり，どの程度確かであるかは不明である，という状況に対応している．いま，仮説1の事象を $C_1$，仮説2の事象を $C_2$ により表現することにする．もし，$C_1$ という事象が正しいという前提に立てば，破損確率は $p_1$ ということになる．このことを条件付き確率とよび，記号では $\Pr[A|C_1]$ と表現する．ここで，$\Pr[\bullet]$ は $\bullet$ の発生する確率を意味する．すると $\Pr[\bar{A}|C_1] = 1 - p_1$ であることは明らかであろう．ベイズ統計学では，出発点の段階で $C_1$ と $C_2$ に対して確信の度合いを設定する．たとえば，ここではおのおの $pc_1, pc_2$ としよう．ただし，$pc_1 + pc_2 = 1.0$ を満足しなければならない．確信の度合いは，厳密には確率ではないが，これを，$\Pr[C_1], \Pr[C_2]$ と表現する．このことをベン図上で示すと図3のように表現できる．原因となる事象が $C_1$ でなおかつ，$A$ という事象が観察される確率は，ベン図の基本的性質から次式で表現できる．

$$\Pr[C_1 \cap A] = \Pr[C_1]\Pr[A|C_1] = \Pr[A]\Pr[C_1|A] \tag{1}$$

ここで，$\cap$ は，ANDの論理関係を示し，$\Pr[A|C_1]$ は，仮説 $C_1$ が成立するという条件の下での事象 $A$ が観察される条件付き確率を示す．式(1)を変形することにより

$$\Pr[C_1|A] = \frac{\Pr[C_1]\Pr[A|C_1]}{\Pr[A]} \tag{2}$$

が得られる．一方，$\Pr[A]$ は

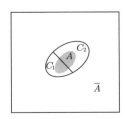

**図3** ベン図上での仮説の表現

$$\Pr[A] = \Pr[C_1]\Pr[A|C_1] + \Pr[C_2]\Pr[A|C_2] \tag{3}$$

と書けるので，式 (2) に代入することにより，

$$\Pr[C_1|A] = \frac{\Pr[C_1]\Pr[A|C_1]}{\Pr[C_1]\Pr[A|C_1] + \Pr[C_2]\Pr[A|C_2]} \tag{4}$$

と表現できる．右辺の量はすべて与えられた量である．一方，左辺 $\Pr[C_1|A]$ は，$A$ という観察事象があったという制約条件のもとで，$C_1$ が生ずる確率を示すから，観察事象を反映した後の $C_1$ に対する確信の度合いを示すことになる．$\Pr[C_1|A]$ のことを事後確率とよぶ．$\Pr[C_2|A]$ も同様にして

$$\Pr[C_2|A] = \frac{\Pr[C_2]\Pr[A|C_2]}{\Pr[C_1]\Pr[A|C_1] + \Pr[C_2]\Pr[A|C_2]} \tag{5}$$

と求まる．$\Pr[C_1|A]$ や $\Pr[C_2|A]$ は，$A$ という観察事象をもとに $C_1$ と $C_2$ に対する確信の度合いが $\Pr[C_1]$ と $\Pr[C_2]$ から更新されたことを示す．このような更新手続きをベイズの定理という．さらに観察事象が得られたときには，この $\Pr[C_1]$ と $\Pr[C_2]$ を次回の事前確率として入力することにより，同じ手続きで更新ができる．このような更新手続きは，観察データが得られるたびごとに繰り返すことができ，確信の度合いを修正していくことができる．式 (4) と式 (5) の右辺は，すべて与えられている量なので計算できる．ここで，重要なことは，わずか 1 回の検査結果をもとに，仮説に対する検証が行われたことである．一般に検査データの量を十分に得るのは困難であるので，1 回のデータにもとづいて，仮説の確からしさが修正されていくベイズ統計学の考え方はきわめて有用である．

もう 1 つ，ベイズ統計学には重要な性質がある．上述の例では，検査時に破損という事象 $A$ が観察された場合について説明したが，図 3 のベン図を見ても明らかな通りに，非破損という事象 $\bar{A}$ が観察された場合でも，まったく同様に適用することができる．この場合，式 (4) は次のように変更されることになる．

$$\Pr[C_1|\bar{A}] = \frac{\Pr[C_1]\Pr[\bar{A}|C_1]}{\Pr[C_1]\Pr[\bar{A}|C_1] + \Pr[C_2]\Pr[\bar{A}|C_2]} \tag{6}$$

つまり，$A$ が $\bar{A}$ に置き換わっただけである．ここで重要なことは，破損したという情報のみならず，破損しなかったという情報も自然と取り込まれて，確信の度合いの修正に使われていくことである．上述の例にこの式を適用すると，$C_1$ に対する確信の度合いが高くなるはずであるので，試みられたい．

### 問題の設定

いま，ある部品の破損確率 $F$ をベイズの定理により推定したいとする．上記の説明では，母数を推定するものとしたが，母数と破損確率は対応関係があるので，「母数の推定」ということを「破損確率の推定」ということに置き換えて考えてもよい．従

来の経験からと $p_1 = 0.01$ と $p_2 = 0.05$ いう2つの予測値があるものとする．この2つの破損確率に対する初期の確信の度合い，つまり事前確率をおのおの $pc_1 = 0.3$ と $pc_1 = 0.7$ とする．この部品の1回の試験で破損が起きた場合に，2つの予測値に対する事後確率を評価せよ．さらに，2回目の試験では，破損が観察されなかった場合に，その後の事後確率を評価せよ．

#### 解説・解答

破損が起きたという事象を $\bar{A}$ と書くことにすると $\Pr[A|C_1] = 0.01, \Pr[A|C_2] = 0.05$ ということになる．また，事前確率は $\Pr[C_1] = 0.3, \Pr[C_2] = 0.7$ である．これらを式(4)の右辺に代入すると事象 $C_1$ に対する事後確率は $\Pr[C_1|A] = 0.079$ と求まる．同様に，事象 $C_2$ に対する事後確率は式(5)の右辺に代入することにより，$\Pr[C_2|A] = 0.921$ と求まる．

つまり，$p_2 = 0.05$ に対する確信の度合いが 0.7 から 0.921 へと大幅に増加したのに対して，$p_1 = 0.01$ に対する確信の度合いは 0.3 から 0.079 へと大幅に減少したことになる．これは，観察された事象が，破損という現象であったことを考えると，破損確率が大きい予測値の方に確信の度合いがシフトすることを反映したものであると考えると理解できる．ここで，重要なことはわずか1回の観測データが，確信の度合いを更新するのに有効に使われたことである．ただし，更新された確信の度合いが，どの程度の精度をもつものであるのかは，不明である．次の試験で，今度は破壊が起きないという観察結果が得られた場合には，$\Pr[\bar{A}|C_1] = 1 - 0.01 = 0.99, \Pr[\bar{A}|C_2] = 1 - 0.05 = 0.95$ と変わるだけで，手続きは同じで式(6)などから評価される．ただし，事前確率としては，第1回の計算結果で得られた事後確率を用いる．その結果，$C_1$ と $C_2$ に対する確信の度合いは，おのおの 0.082, 0.918 と更新される．破壊が起きなかったのであるから，より小さな破損確率である $C_1$ に対する確信の度合いが高まったことに対応している．ここで重要なことは，破壊が観察されなかったという事象もデータの更新に活用されたことである．通常の統計学では，とかく破損データのみに目が向きがちで，非破損データには関心が集まらないことが多い．客観的確率といっても，非破損に関するデータもなければ，サンプル数が評価できないので，確率の分母が求められないことになってしまう．しかし，ベイズの定理では，上記のように手順として自動的に非破損データも活用されるので，このような心配はない． 〔酒井信介〕

## 7.6 細胞径分布のダイナミクス

化学工学・生体工学

◆ 基礎事項 ◆

実験, 観測, 調査を総称して試行とよぶ. 試行に依って生じる結果を標本点 $\omega$ とよび, 標本点の集まりを標本空間 (sample space) $\Omega$, 標本空間の部分集合 $A \subset \Omega$ を事象 (event) という. 事象を要素とする集合族 $F$ が次の性質を満たすとき, $\sigma$ 集合体 ($\sigma$-field) という.

(1) $\Omega \in F$
(2) $A \in F \Rightarrow A^C \in F$
(3) $A_k \in F \ (k = 1, 2, \cdots) \Rightarrow A_1 \cup A_2 \cup \cdots \in F$

$\Omega$ は全事象を表す. 標本空間 $\Omega$ に $\sigma$ 集合体 $F$ を付加した空間 $(\Omega, F)$ を可測空間という. 任意の可測空間 $(\Omega, F)$ に対して, $F$ 上で定義された関数 $P$ で以下の条件を満たすものを確率測度 (probability measure) という.

(1) 任意の $A \in F$ について $P(A) \geq 0$
(2) $P(\Omega) = 1$
(3) $A_k \in F \ (k = 1, 2, \cdots)$ が互いに素である $A_i \cap A_j = \emptyset \ (i \neq j)$ ならば
$$P(A_1 \cup A_2 \cdots) = \sum_{k=1}^{\infty} P(A_k)$$

$P(A)$ を事象 $A$ が生起する確率とよぶ. 可測空間に確率 $P$ を付加した空間 $(\Omega, F, P)$ を確率空間 (probability space) という. 標本空間 $\Omega$ から標本点 $\omega$ が選ばれる部分に偶然的要素が加わる場合, 標本点 $\omega$ に対応して実数値関数 $X(\omega)$ が定まる写像を確率変数 (random variable) とよぶ. $X$ には変数という用語が使用されているが, $X$ の値は事前にはわからない. $X$ のとり得る値はわかっている. $X$ の値は試行の結果として確率という規則によって決まる. 確率変数は試行結果において定義される関数である. 確率変数 $X$ がある値 $x$ に対して, $X \leq x$ である確率 $P(X \leq x)$ を確率変数 $X$ の確率分布関数 (probability distribution function) という. これを $F(x)$ とすれば, 次のように書ける.

$$F(x) = P(X \leq x) \tag{1}$$

> **◆ ベイズの定理 ◆**
>
> 事象 $B$ が起きる確率を $P(B)$ と表す．$P(B)$ は事前確率 (prior probability) とよばれる．一方，事象 $A$ が起きた条件下で事象 $B$ が起きる確率を $P(B|A)$ と表す．$P(B|A)$ は条件付き確率 (conditional probability) または事後確率 (posterior probability) とよばれる．次式が条件付き確率の定義式である．
>
> $$P(B|A) = \frac{P(A \cap B)}{P(A)} \tag{2}$$
>
> 変形した次式を確率の乗法定理とよぶ．
>
> $$P(A \cap B) = P(B|A)P(A) \tag{3}$$
>
> 下記をベイズ (Bayes) の定理とよぶ．
>
> $$P(B|A) = \frac{P(A \cap B)}{P(A)} = \frac{P(A|B)P(B)}{P(A|B)P(B) + P(A|\bar{B})P(\bar{B})} = \frac{P(A|B)P(B)}{P(A)} \tag{4}$$
>
> なお，$\bar{B}$ は事象 $B$ が起こらないことを表している．

ベイズの定理は，ある条件付き確率事象によって生じた結果を観察し，逆に結果から前提条件が生起していた確率を推測する方法として使われることが多い．

### 問題の設定

先行する細胞分裂時からの経過時間 $a$ を細胞齢 (cell age)，細胞分裂から次の細胞分裂までの期間を 1 世代 (generation)，1 世代に要する時間 $\tau$ を世代時間 (generation time) とよぶ．細胞齢は，細胞生理状態の指標となる鍵変数とみなされており，生物反応器内の細胞増殖過程解析，癌疾患者の癌細胞に対する抗癌剤の作用時期などを決定する際に重要な変数である．細胞齢を直接計測するためには，トレーサーの使用が不可欠であるが，生きた細胞へのトレーサー使用は制限されることが多く，細胞齢分布にかかわる数理解析が必要となっている．ここでは，(a) 世代時間に分布がなく，$\tau$ は一定である場合，および (b) 世代時間は一定ではなく，平均値 $\tau$，分散 $\alpha^2$ のもとに分布する場合を考え，細胞齢分布を求めよ．ただし，

$$a_1 = \frac{\alpha^2}{\tau} \tag{5}$$

$$k = \left(\frac{\tau}{\alpha}\right)^2 \tag{6}$$

とおき，時刻 $t$ と $t+dt$ 間で細胞齢が $a$ に達した細胞が分裂する推移確率として次のポアソン (Poisson) 分布式を仮定する．

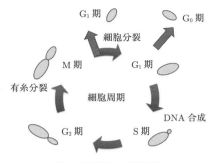

**図1** 出芽酵母の細胞周期

$$\Gamma(t,a)\,dt = \gamma(a)\,dt = \frac{1}{(k-1)!}\left(\frac{a}{a_1}\right)^{k-1}\frac{1}{a}\exp\left(-\frac{a}{a_1}\right)dt \tag{7}$$

### 解説・解答

　時間を考慮に入れた解析対象 (実体) のマテリアルフローを解析する際に，ポピュレーションバランスモデル (population balance model; PBM) を適用するアプローチがある．このモデルは，人口密度 (population density) の変遷を記述するための動的モデルに端を発している．PBM は，細胞集団を構成する個々の細胞の誕生と死亡，空間座標上の移動を考慮した上で，細胞集団全体の動態が数式表現されている．PBM の対象となる実体は生物材料に限定されない．たとえば，鋼材スクラップの増減を論じる上で，製品の過去，現在そして将来の製品の普及量と寿命分布から，社会全体において製造，使用，廃棄される製品の収支を把握することが重要となる．

　図 1 は，出芽酵母の細胞周期 (cell cycle) を示す．細胞分裂によって誕生した嬢細胞は一定の条件が整うまで顕微鏡下で捉えられる形態に関しては変化を伴わない状態で細胞径 (cell size) を大きくし，その後，出芽し，その芽が時間の経過とともに成長し，一定の大きさの母細胞に達すると分裂し，母細胞から新しい嬢細胞を誕生させる．出芽直後に細胞は DNA 合成 (DNA synthesis) を行うがこの時期は S 期とよばれている．また細胞の有糸分裂 (mitosis) を行っている時期は M 期とよばれる．細胞周期には M 期と S 期に挟まれたギャップ (gap) である間期が 2 つ存在するが，M 期と S 期に挟まれたギャップを $G_1$ 期，S 期と M 期に挟まれたギャップを $G_2$ 期とよぶ．$G_1$ 期細胞は出芽していない細胞であり，S 期細胞は出芽後，芽が成長している段階の細胞である．$G_2$ 期細胞は芽がかなり大きな値に近付いた細胞である．M 期細胞は芽の大きさが最大値を達した細胞である．図中の $G_0$ 期とは，増殖を停止した細胞の状態を示し，$G_1$ 期との間で遷移が生じることがわかっている．

　反応液単位容積あたりの年齢 $a$ から $a+da$ までの細胞個体数を $n(t,a)\,da$ で表す

と，この変数と個体密度 (反応液単位容積あたりの細胞数) $N(t)$ との間には以下の関係がある．

$$N(t) = \int_0^\infty n(t,a)\,da \tag{8}$$

$n(t,a)$ を細胞の年齢分布関数とよぶ．回分反応器を考える．細胞の死滅を無視し，時刻 $t$ において年齢が $a$ の細胞が時刻 $t$ と $t+dt$ 間に分裂する推移確率を $\Gamma(t,a)\,dt$ とすると，ベイズの定理に従い，次のポピュレーションバランス式を得る．

$$\frac{\partial n(t,a)}{\partial t} + \frac{\partial n(t,a)}{\partial a} = 2\delta(a)\int_a^\infty \Gamma(t,b)\,n(t,b)\,db - \Gamma(t,a)\,n(t,a) \tag{9}$$

この式は，確率偏微分積分方程式である．式中の $\delta(a)$ はディラック (Dirac) のデルタ関数であり，次式を満たす．

$$\int_0^\infty \delta(a)\,da = 1, \qquad \int_0^\infty \Gamma(a)\,f(a)\,da = f(0) \tag{10}$$

年齢 $a=0$ から $\infty$ にわたって式 (9) を積分すると次式を得る．

$$\frac{dN(t)}{dt} = \int_0^\infty \Gamma(t,a)\,n(t,a)\,da \tag{11}$$

すべての細胞が一定の世代時間 $\tau$ で分裂する事象 $A$ を考える．標本点の個数は 1，$P(A)=1$ であるため分裂速度は決定論的に次式で記述できる．

$$\Gamma(t,a) = \delta(a-\tau) \tag{12}$$

この場合，次式を得る．

$$\frac{dN}{dt} = n(t,\tau) = \nu N = \frac{\ln 2}{\tau} N \tag{13}$$

係数 $\nu$ は比分裂速度とよばれる．

世代時間 $\tau$ の母細胞が 2 分裂し年齢 0 の細胞となることより次の境界条件が記述できる．

$$n(t,0) = 2n(t,\tau) \tag{14}$$

式 (13), (14) のもとに式 (9) を解くと次式を得る．

$$n(t,a) = 2\nu N_0 \exp[\nu(t-a)] = 2\nu N \exp(-\nu a) \tag{15}$$

出芽酵母 *Saccharomyces cerevisiae* の場合，世代時間 $\tau$ は 2.1 h，$G_1$ 期時間 $\tau_{G1}$ は 0.4 h，S 期時間 $\tau_S$ は 0.7 h，$G_2$ 期時間 $\tau_{G2}$ は 0.7 h，M 期時間 $\tau_M$ は 0.3 h である．各時期における細胞の個体密度を $N_{G1}$, $N_S$, $N_{G2}$, $N_M$ とすると式 (15) より，$G_1$ 期，S 期，$G_2$ 期，M 期に存在する細胞の割合は，それぞれ 24.7, 37.1, 28.9, 10.4% と算出できる．

図2の曲線 A は，$\tau=1$ とし，式 (15) にもとづいて細胞齢分布を計算した結果，曲線 B は式 (7) を式 (9) に代入し，数値解析した細胞齢分布の計算結果を示す．細胞齢

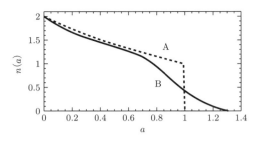

**図 2** 細胞齢分布の計算例 ($\tau = 1$, A は世代時間が一定の場合, B は世代時間が分布する場合)

が小さい領域では,世代時間分布の影響は顕著ではないが,平均世代時間の周囲では確率変数の影響が大きく表れていることが観察できる.

### 問題の設定

生理状態の指標である細胞齢の実測はかなり大変であるため,代替案として細胞径を代表する細胞容積 $v$ の分布を測定することが多い.ここでは,回分反応器内に単一種に属する細胞集団を接種して増殖させる状態を想定する.反応液中には大小さまざまな細胞が懸濁している.以下の記号を用い,増殖開始後,時間 $t$ が経過したときの細胞径分布のダイナミクスを記述するため式を導入せよ.次に容積 $v$ の細胞の成長速度

$$w = \frac{dv}{da} \tag{16}$$

が次のシグモイド型関数で表せる場合を考える.

$$w = k_1 v \left(1 - \frac{v}{k_2 \bar{v}}\right) \tag{17}$$

ただし,$\bar{v}$ は平均細胞容積である.細胞の増殖速度を高めるためには,細胞径分布の変異係数の値を大きくすべきか,小さくすべきか理由を付して解答せよ.

$N(t)$: 時刻 $t$ における反応液単位容積中の細胞数 (個体密度)

$X(t)$: 時刻 $t$ における反応液単位容積中の乾燥細胞質量 (細胞濃度)

$n(t,v)\,dv$: 反応液単位容積中に含まれる細胞の中で細胞径 $v$ から $v+dv$ の範囲にある細胞の個数

$\Gamma(v)\,dt$: 時刻 $t$ から $t+dt$ の間に細胞径 $v$ の細胞が分裂する推移確率

$p(v,v')\,dv$: 細胞径 $v'$ の母細胞から細胞径 $v$ から $v+dv$ の間の嬢細胞が誕生する推移確率

$\rho$: 細胞単位容積あたりの乾燥細胞質量 (乾燥生物材料の密度)

### 解説・解答

記号の定義にもとづくと,以下の関係式が成り立つことがわかる.

## 7.6 細胞径分布のダイナミクス

$$N(t) = \int_0^\infty n(t,v)\,dv \tag{18}$$

$$X(t) = \rho \int_0^\infty v n(t,v)\,dv \tag{19}$$

死滅する細胞の数が十分小さいときには，細胞径 $v$ の細胞数の収支 (population balance) は以下で表せる[1]．

$$\frac{\partial n(t,v)}{\partial t} + \frac{\partial}{\partial v}[w n(t,v)] = 2\int_v^\infty p(v,v')\,\Gamma(v')\,n(t,v')\,dv' - \Gamma(v)\,n(t,v) \tag{20}$$

容積 $v'$ の細胞が時刻 $t$ で分裂するか否か，容積 $v'$ の母細胞から容積 $v$ の嬢細胞が生じるか否かは必然性に支配されているかも知れない．しかし，多数の個体について分裂現象を観察すると，個性の差異は，偶然性に支配されているかのように事象に反映している．そこで $\Gamma(v')$, $p(v,v')$ を確率にかかわる変数として取り扱う．

細胞の成長に関しシグモイド型の増殖には式 (17) が適用できる[2]．ラプラス変換を式 (20) に適用すると式 (18), (19) より増殖速度は次式で表現できることがわかる[3]．

$$\frac{dX}{dt} = k_1[1 - k_2(1+\sigma^2)]X \tag{21}$$

ここで $\sigma$ は細胞径分布 $n(v,t)$ の変異係数であり，次式で定義される．

$$\sigma = \frac{\sigma_v}{\bar{v}} = \frac{1}{\bar{v}}\left[\frac{\int_0^\infty (v-\bar{v})^2 n(t,v)\,dv}{N}\right]^{1/2} \tag{22}$$

$\sigma_v{}^2$ は細胞径分布の分散を表す．

細胞濃度が時間に対し指数的に増加する時期は対数増殖期とよばれている．この時期，細胞の平均容積が一定であるならば，式 (21) より次式を得る．

$$\frac{dX}{dt} = \mu X \tag{23}$$

式 (21), (23) より次式を得る．

$$\mu = k_1[1 - k_2(1+\sigma^2)] \tag{24}$$

係数 $\mu$ は対数増殖期の比増殖速度とよばれている．この式より比増殖速度を高めるためには，細胞径分布の変異係数 $\sigma$ の値を小さくすべきことがわかる．

細胞が分裂する確率であるが細胞径 $v_1$ で分裂する頻度が最も高く，確率はガウス分布で記述できると仮定する．このとき，次式が成り立つ．

$$\Gamma(v) = \frac{2}{\varepsilon \pi^{1/2}} \frac{\left[-\exp\left(\frac{v-v_1}{\varepsilon}\right)^2\right]}{\mathrm{erfc}\left(\frac{v-v_1}{\varepsilon}\right)} \tag{25}$$

ここで $\varepsilon^2$ は細胞分裂時の母細胞径分布の分散，erfc は次式で定義する相補誤差関数

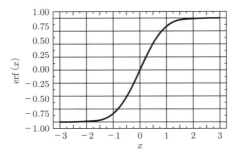

**図3** 誤差関数

(complementary error function) である.

$$\operatorname{erfc} x = 1 - \operatorname{erfc} f(x) = \frac{2}{\pi^{1/2}} \int_x^\infty \exp(-z^2)\, dz \tag{26}$$

式中の erf $x$ は誤差関数 (error function) であり，図3に関数関係を示した．推移確率にガウス分布を用いた研究があるが，ここでは Subramanian らが提示した次式[4]を採用する．

$$p(v, v') = 30\frac{v^2(v'-v)}{v'^5} = 30\left(\frac{v}{v'}\right)^2\left(1-\frac{v}{v'}\right)^2\frac{1}{v'} \tag{27}$$

明らかに次式が成立する．

$$p(v, v') = p(v'-v, v') \tag{28}$$

$$\int_0^{v'} p(v, v')\, dv = 1 \tag{29}$$

この推移確率を図4に示す．この関数は単純で取り扱いやすい．母細胞の半分の大きさの嬢細胞が誕生する確率が最も高いため，細胞容積が等分割される細胞集団への適用は期待できる．母細胞が 0.1 倍の嬢細胞と, 0.9 倍の嬢細胞に分裂する確率は $0.243/v'$ と見積もれる．出芽酵母で芽の大きさがもとの母細胞の大きさの 0.1 倍に達した段階

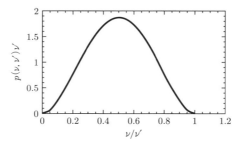

**図4** 細胞径 $v'$ の細胞から細胞径 $v$ の細胞が生じる確率

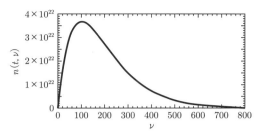

**図 5** 細胞径分布の例

で次の母細胞になるような場合に適用可能と思われる．

式 (20) に式 (25), (27) を代入し，初期細胞径分布を仮定 (たとえば式 (30)) すると細胞径分布のダイナミクスを解析できる．

$$n(t,0) = 10^{23} \frac{v}{\sigma} \exp\left(-\frac{v}{\sigma}\right) \tag{30}$$

図 5 は，$N(0)$ を $10^{23}$，$\sigma = \varepsilon$ を 100 とし，上式にもとづいて細胞径分布を計算した結果を示す．反応を開始直後に対数増殖期に入るとすると，式 (24) より，対数増殖期において変異係数の値は一定であるため，この分布状態を保ったまま細胞径分布は上に拡大していくことがわかる．対数増殖の後，$(dX/dt)/X$ の値は小さくなり，やがてゼロに達する．式 (21) に沿って考えると，この時期，$\sigma$ 値が時間の経過とともに大きくなり，やがて次式の値に到達することを意味している．細胞径分布の広がりが最大となったこの状態は停止期とよばれている．

$$\sigma = \left(\frac{1}{k_2} - 1\right)^{1/2} \tag{31}$$

確率，確率過程の学習に関心を寄せる人のために，約半世紀前に出版された古典ではあるが，名著[5] を一書，紹介しておきたい． 〔太田口和久〕

□ 文 献 ─────────

1) J. M. Eakman, A. G. Fredrickson and H. M. Tsuchiya, "Statistics and dynamics of microbial cell populations," *Chem. Eng. Prog. Symp. Series*, No. 69, **62**, 37–49 (1966).
2) K. Ohtaguchi, "Fundamentals and applications of cell size distribution," *J. Soc. Powder Technol.*, **26**, 33–39 (1989).
3) K. Ohtaguchi, A. Nasu, K. Koide and I. Inoue, "Effects of size structure on batch growth of lactic acid bacteria," *J. Chem. Eng. Japan*, **20**, 557–562 (1987).
4) G. Surramanian, D. Ramkrshna, A. G. Fredrickson and H. M. Tsuchiya, "On the mass distribution model for microbial cell populations," *Bull. Math. Biophys.*, **32**, 521–537 (1970).
5) A. Papoilis, *Probability, Random Variables, and Stochastic Processes* (McGraw-Hill, 1966).

# A

## 数 学 公 式 集

## A.1 代　　数

### A.1.1 数の種類
■ 自然数 (natural number)：$1, 2, 3, 4, \cdots \to \infty$
■ 整数 (integer)：$-\infty \leftarrow -4, -3, -2, -1, 0, 1, 2, 3, 4, \cdots \to \infty$
■ 有理数 (rational number)：$m$ と $n$ を任意の整数としたとき，ただし $m$ は非零の条件で，分数 $n/m$ で厳密に表現できる数．
■ 無理数 (irrational number)：有理数でなく，整数の分子分母からなる分数で表現できない数．
■ 実数 (real number)：有理数と無理数の全体
■ 複素数 (complex number)：$x$ と $y$ を実数とし，$i^2 = -1$ ($i = \sqrt{-1}$) を虚数単位としたとき，$z = x + iy$ で定義される $z$ をいう．実数成分 $x = \mathrm{Re}(z)$，虚数成分 $y = \mathrm{Im}(z)$ の関数表現を使う．

### A.1.2 対　　数
$a^y = x$ のとき，指数 $y$ を $y = \log_a x$ と表現する関数の出力値．すなわち，$y$ を対数 (logarithm) とよぶ．なお，$a$ を底数 (base number)，$x$ を真数 (anti-logarithm) という．
- 10 を底数とする対数を常用対数 (common logarithm)
- $e$ を底数とする対数を自然対数 (natural logarithm)

という．ただし，$e = 2.718281828459\cdots$（ネイピアの数）である．また，$\log_e x$ を $\ln x$ と書く表現法もある．

$$\log_a(xy) = \log_a x + \log_a y$$
$$\log_a\left(\frac{x}{y}\right) = \log_a x - \log_a y$$
$$\log_a x = \log_a b \log_b x$$
$$\log_a b \times \log_b a = 1$$

### A.1.3 乗べきと乗根
$x \times x \times x \cdots$ と $x$ を $m$ 回掛算したものを乗べき (power) といい，$x^m$ と記し，$x$ の $m$ 乗と読む．

$$x^0 = 1, \quad 0^m = 0, \quad 0^0 = 不定$$
$$x^m \cdot x^n = x^{m+n}$$
$$x^m \cdot y^m = (xy)^m$$
$$(x^m)^n = x^{mn}$$

$y$ を $m$ 回掛けした値を $x$ とする．すなわち，$x = y^m$ の $y$ を $x$ の $m$ 乗根 (root) とよび，$\sqrt[m]{x}$ または $x^{\frac{1}{m}}$ と表す．なお，一般に 2 乗根は $\sqrt{x}$ と記す．

$$\sqrt[m]{\frac{1}{x}} = \frac{1}{\sqrt[m]{x}} = x^{-1/m}$$

### A.1.4 階　　乗
$n$ を正の整数として
$$n \times (n-1) \times (n-2) \times \cdots \times 1$$
のように $n$ から 1 までの連続整数の乗算を $= n!$ と記す．これを $n$ の階乗 (factorial) という．これは記号 $\prod$ を用いて

$$n! = \prod_{k=1}^{n} k$$

とも記述できる．

その派生として，階乗記号の！を二重に記すと，奇数階乗 $(2n+1)!!$ と偶数階乗 $(2n)!!$ を表現する．すなわち，

$$(2n+1)!! = (2n+1)(2n-1)(2n-3)\cdots \times 3 \times 1$$
$$= \frac{(2n+1)!}{2^n \cdot n!}$$

$$(2n)!! = 2n(2n-2)(2n-4)\cdots \times 4 \times 2$$
$$= 2^n \cdot n!$$

なお，$0! = 1$，$0!! = 1$ である．

### A.1.5 乗法公式

■ 乗法公式 (multiplication formula)：
$(a \pm b)^2 = a^2 \pm 2ab + b^2$
$(a+b+c)^2 = a^2 + b^2 + c^2 + 2ab + 2bc + 2ca$
$(ax+b)(cx+d) = acx^2 + (ad+bc)x + bd$
$(a+b)(a-b) = a^2 - b^2$
$(a \pm b)^3 = a^3 \pm 3a^2b + 3ab^2 \pm b^3$
$(x+a)(x+b)(x+c) = x^3 + (a+b+c)x^2$
$\quad + (ab+bc+ca)x + abc$

### A.1.6 因数分解

おもな因数分解 (factorization) を示す．
$a^3 \pm b^3 = (a \pm b)(a^2 \mp ab + b^2)$
$(a+b+c)^3 - a^3 - b^3 - c^3$
$\quad = 3(a+b)(b+c)(c+a)$
$(a-b)^3 + (b-c)^3 + (c-a)^3$
$\quad = 3(a-b)(b-c)(c-a)$
$(a^2+b^2)(x^2+y^2) - (ax+by)^2 = (ay-bx)^2$
$a^n - b^n = (a-b)(a^{n-1} + a^{n-2}b + a^{n-3}b^2 + \cdots + ab^{n-2} + b^{n-1})$
$a^{2n} - b^{2n} = (a+b)(a^{2n-1} + a^{2n-2}b + a^{2n-3}b^2 + \cdots + ab^{2n-2} + b^{2n-1})$

### A.1.7 二項定理

二項定理 (binomial theorem) を示す．

$$(a+b)^n = \sum_{r=0}^{n} {}_nC_r a^{n-r} b^r$$
$$= a^n + na^{n-1}b$$
$$\quad + \frac{n(n-1)}{2!} a^{n-2} b^2$$
$$\quad + \frac{n(n-1)(n-2)}{3!} a^{n-3} b^3$$
$$\quad + \cdots + b^n$$

### A.1.8 多項定理

多項定理 (polynomial theorem) を示す．

$$(a+b+\cdots+g)^n$$
$$= \sum_{p+q+\cdots+t=n} \frac{n!}{p! q! \cdots t!} a^p b^q \cdots g^t$$

ここで，$n, p, q, \ldots t$ は非負の整数であり，$\sum$ は $p+q+\cdots+t = n$ となるすべての $(p, q, \ldots, t)$ の組合せについての和を表す．

### A.1.9 不等式

■ 算術平均，相乗平均，調和平均の関係：

$$\frac{x_1 + x_2 + x_3 + \cdots + x_n}{n}$$
$$\geq \sqrt[n]{x_1 x_2 x_3 \ldots x_n}$$
$$\geq \frac{n}{1/x_1 + 1/x_2 + 1/x_3 + \cdots + 1/x_n}$$

ここで，

算術平均：$\dfrac{x_1 + x_2 + x_3 + \cdots + x_n}{n}$

相乗平均：$\sqrt[n]{x_1 x_2 x_3 \ldots x_n}$

調和平均：$\dfrac{n}{1/x_1 + 1/x_2 + 1/x_3 + \cdots + 1/x_n}$

である．

そして，等号が成立するのは，$x_1 = x_2 = x_3 = \cdots = x_n$ のときだけである．

■ コーシーの不等式：

$$a_1 b_1 + a_2 b_2 + \cdots + a_n b_n$$
$$\leq \sqrt{(a_1^2 + a_2^2 + \cdots + a_n^2)(b_1^2 + b_2^2 + \cdots + b_n^2)}$$

■ 正の 3 つの実数の不等式：

$a, b, c > 0$ のとき次の不等式 (inequality)

が成立する．
$$(a+b)(b+c)(c+a) \geq 8abc$$
$$ab(a+b) + bc(b+c) + ca(c+a) \geq 6abc$$
$$\frac{a}{b+c} + \frac{b}{c+a} + \frac{c}{a+b} \geq \frac{3}{2}$$
$$\frac{1}{9}\left(\frac{1}{a+b} + \frac{1}{b+c} + \frac{1}{c+a}\right) \geq \frac{1}{2(a+b+c)}$$

■ 正の整数 $n$ に関する不等式：
$$\left[\frac{1}{6}(n+1)(2n+1)\right]^{n/2} \geq 1 \cdot 2 \cdot 3 \cdots n$$
$$2^n \geq 1 + n\sqrt{2^{n-1}}$$

■ 等差数列に関する不等式：$a_1, a_2, a_3, \cdots a_n$ を等差数列 $(n>1)$ とすれば
$$\frac{1}{a_1} + \frac{1}{a_2} + \frac{1}{a_3} + \cdots + \frac{1}{a_n} > \frac{2n}{a_1 + a_n}$$

■ 実数 $a, b > 0$ で整数 $n > 1$ に関する不等式：
$$(1+a)^n > 1 + na$$
$$\frac{1}{2}(a^n + b^n) > \left(\frac{a+b}{2}\right)^n$$

### A.1.10 代数方程式 (2次と3次)

#### a. 2次方程式
2次方程式 (quadratic equation) を $ax^2 + bx + c = 0$ (ただし，$a \neq 0$) とすると，その2つの解は
$$\frac{-b \pm \sqrt{b^2 - 4ac}}{2a}$$

#### b. 3次方程式
方程式を $x^3 + ax^2 + bx + c = 0$ とすると，その3つの解は
$$x_1 = t_1 - \frac{a}{3}$$
$$x_2 = t_2 - \frac{a}{3}$$
$$x_3 = t_3 - \frac{a}{3}$$
で求められ，そのためには $t_1, t_2, t_3$ を次の演算で求める．

$x = t - a/3$ とすれば与方程式は，2次の項が消去されて
$$t^3 + 3pt + 2q = 0$$
の形式となる．ここで，
$$p = -\left(\frac{a}{3}\right)^2 + \frac{b}{3}$$
$$q = \left(\frac{a}{3}\right)^3 - \frac{ab}{6} + \frac{c}{2}$$
であり，この $t$ に関する3次方程式の解は
$$t_1 = u + v$$
$$t_2 = \omega_1 u + \omega_2 v$$
$$t_3 = \omega_2 u + \omega_1 v$$
と得られる．ここで，$u, v, \omega_1, \omega_2$ は次の式で求められる．
$$u = \sqrt[3]{-q + \sqrt{q^2 + p^3}}$$
$$v = \sqrt[3]{-q - \sqrt{q^2 + p^3}}$$
$$\omega_1 = -\frac{1}{2}(1 + i\sqrt{3})$$
$$\omega_2 = -\frac{1}{2}(1 - i\sqrt{3})$$
なお，ここで $i$ は虚数単位である．

#### c. 5次以上の高次代数方程式
4次方程式までは解析的に解けるが，5次以上の高次代数方程式は解析解はない (得られていない)．そこで，この場合には数値解法による．たとえばベアストー–ヒッチコック法 (Bairstow–Hitchcock's method) がある．なお，高次代数方程式の数値解析法は低次方程式にも使える．

## A.2 解析幾何

### A.2.1 平面幾何

#### a. 座標
■ 直角座標：図 A.1 に示すように，平面上の任意の点 $P$ の位置を定めるために平面上に 2 本の直交する直線を引き，その交点を原点 $O$ として定義した座標系．

その 2 本の直線を座標軸とよび，最も基本的な名称付としては，1 本の座標軸を $x$ 軸，もう一方を $y$ 軸と名づけ，$O$–$xy$ 直角座標系

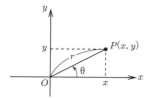

**図 A.1** 直角座標と極座標

(cartesian coordinate system) とよぶものである.

座標軸には座標値が各位置にふられており，点 $P$ の位置は，その点からそれぞれの座標軸に垂線を引いて座標軸との交点の座標値で決定する．

■ **極座標**：図 A.1 に示すように，$O\text{--}xy$ 直角座標系の原点から点 $P$ にまでの距離 $r$（動径とよぶ），および $x$ 軸から測った動径のなす角度 $\theta$（偏角とよぶ）で点 $P$ の位置を定義する座標系．

$O\text{--}xy$ 直角座標と $r\theta$ 極座標 (polar coordinate system) の間の関係は

$$\left.\begin{array}{l} x = r\cos\theta \\ y = r\sin\theta \end{array}\right\} \Leftrightarrow \left\{\begin{array}{l} r = \sqrt{x^2 + y^2} \\ \theta = \tan^{-1}(y/x) \end{array}\right.$$

■ **直角座標での座標軸変換**：$O\text{--}xy$ 直角座標系の座標 $(x, y)$ で表される点を新しい座標系 $O'\text{--}XY$ の座標 $(X, Y)$ で表すものとする．

■ **平行移動**：図 A.2 に示すように，

$$\begin{bmatrix} x \\ y \end{bmatrix} = \begin{bmatrix} X \\ Y \end{bmatrix} + \begin{bmatrix} x_0 \\ y_0 \end{bmatrix}$$

の関係である．

■ **回転**：図 A.3 に示すように，

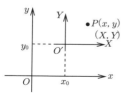

**図 A.2** 直角座標の平行移動

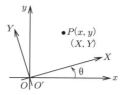

**図 A.3** 直角座標の回転

$$\begin{bmatrix} x \\ y \end{bmatrix} = \begin{bmatrix} \cos\theta & -\sin\theta \\ \sin\theta & \cos\theta \end{bmatrix} \begin{bmatrix} X \\ Y \end{bmatrix}$$

$$\updownarrow$$

$$\begin{bmatrix} X \\ Y \end{bmatrix} = \begin{bmatrix} \cos\theta & -\sin\theta \\ \sin\theta & \cos\theta \end{bmatrix}^{-1} \begin{bmatrix} x \\ y \end{bmatrix}$$

$$= \begin{bmatrix} \cos\theta & -\sin\theta \\ \sin\theta & \cos\theta \end{bmatrix}^{\top} \begin{bmatrix} x \\ y \end{bmatrix}$$

$$= \begin{bmatrix} \cos\theta & \sin\theta \\ -\sin\theta & \cos\theta \end{bmatrix} \begin{bmatrix} x \\ y \end{bmatrix}$$

の関係である．

■ **2 点間の距離**：図 A.4 に示すように，2 点間の距離 $l$ は

$$l = \sqrt{(x_2 - x_1)^2 + (y_2 - y_1)^2}$$

なお，

$$\tan\theta = \frac{y_2 - y_1}{x_2 - x_1} \quad (傾き)$$

**b. 直　線**

$O\text{--}xy$ 直角座標系での直線の一般式は

$$ax + by + c = 0 \quad (a, b, c \text{ は定数})$$

■ **2 点を通る直線**：$P_1(x_1, y_1)$ と $P_2(x_2, y_2)$ を通る直線は

$$\frac{x - x_1}{x_2 - x_1} = \frac{y - y_1}{y_2 - y_1}$$

または，

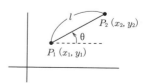

**図 A.4** 2 点間の距離

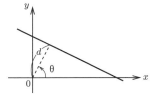

**図 A.5** 原点からの距離と垂線偏角からの直線の式

$$\begin{vmatrix} 1 & 1 & 1 \\ x & x_1 & x_2 \\ y & y_1 & y_2 \end{vmatrix} = 0$$

■ $x$ 軸と $y$ 軸との交点が与えられた直線：$x$ 軸と $y$ 軸との交点座標をそれぞれ $(a, 0)$ と $(0, b)$ とすれば

$$\frac{x}{a} + \frac{y}{b} = 1$$

■ 原点からの距離とその距離垂線の傾きが与えられた直線：図 A.5 に示すように，原点からの距離 $d$ とその距離を表す線分の偏角 ($x$ 軸からなす角) が与えられた場合の直線は

$$x\cos\theta + y\sin\theta = d$$

これをヘッセの標準形という．

### c. 円

- 点 $P_c(x_c, y_c)$ を中心とする半径 $r$ の円

$$(x - x_c)^2 + (y - y_c)^2 = r^2$$

- 点 $P_c(x_c, y_c)$ を中心とする半径 $r$ の円の円周上の点 $(x_i, y_i)$ における接線 (tangential line) と法線 (normal line)

接線：$(x - x_c)(x_1 - x_c)$
$\qquad + (y - y_c)(y_1 - y_c) = r^2$

法線：$(x - x_c)(y_1 - y_c)$
$\qquad - (y - y_c)(x_1 - x_c) = 0$

- 3 点 $(x_1, y_1)$, $(x_2, y_2)$, $(x_3, y_3)$ を通る円

$$\begin{vmatrix} x^2 + y^2 & x & y & 1 \\ x_1^2 + y_1^2 & x_1 & y_1 & 1 \\ x_2^2 + y_2^2 & x_2 & y_2 & 1 \\ x_3^2 + y_3^2 & x_3 & y_3 & 1 \end{vmatrix} = 0$$

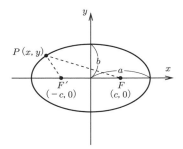

**図 A.6** 楕円とその基本パラメータ

### d. 楕 円

- $PF + PF' = $ 一定 の点の軌跡として，図 A.6 に示すように

$$\frac{x^2}{a^2} + \frac{y^2}{b^2} = 1$$

焦点：$F'(-c, 0)$ と $F(c, 0)$
離心率：$e = \sqrt{1 - (b/a)^2} = c/a$

- 楕円曲線上の点 $(x_1, y_1)$ を通る接線，法線，曲率半径

接線：$\dfrac{x_1 x}{a^2} + \dfrac{y_1 y}{b^2} = 1$

法線：$\dfrac{a^2 x}{x_1} - \dfrac{b^2 y}{y_1} = a^2 - b^2$

曲率半径：$\dfrac{(a^2 - e^2 x_1^2)^{3/2}}{ab}$

### e. 双曲線

- $|PF - PF'| = $ 一定 の点の軌跡として，図 A.7 に示すように，

$$\frac{x^2}{a^2} - \frac{y^2}{b^2} = 1$$

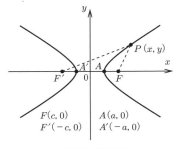

**図 A.7** 双曲線

で表現されるのが双曲線 (hyperbola) である.

焦　点：　$F'(-c, 0)$ と $F(c, 0)$
離心率：　$e = \sqrt{1 + (b/a)^2} = c/a$

- 双曲線上の点 $(x_1, y_1)$ を通る接線, 法線, 曲率半径, 漸近線

接線：　$\dfrac{x_1 x}{a^2} - \dfrac{y_1 y}{b^2} = 1$

法線：　$\dfrac{a^2 x}{x_1} + \dfrac{b^2 y}{y_1} = a^2 + b^2$

曲率半径：　$\dfrac{-(a^2 + e^2 x_1^2)^{3/2}}{ab}$

漸近線：　$\dfrac{x^2}{a^2} - \dfrac{y^2}{b^2} = 0$

**f.　放物線**

- $FP = RP$ の点の軌跡として, 図 A.8 に示すように,

$$y^2 = 4px \qquad (p > 0)$$

で記述されるのが放物線 (parabola) である. ここで, 点 $F$ は焦点といい, 座標は $(p, 0)$.

- 放物線上の点 $(x_1, y_1)$ を通る接線, 法線, 曲率変形

接線：　$y_1 y = 2p(x + x_1)$

法線：　$y_1(x - x_1) = -2p(y - y_1)$

曲率半径：　$\dfrac{2(x_1 + p)^{3/2}}{\sqrt{p}}$

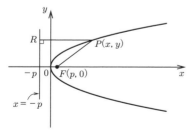

図 A.8　放物線

**g.　サイクロイド曲線**

■ サイクロイド：図 A.9 に示すように, 直線上をすべらずに転がる円の円周上の定点が描く軌跡をサイクロイド (cycloid) という.

図 A.9　サイクロイド

■ 内サイクロイド：図 A.10 に示すように, 大きな半径の円の内側をすべらずに転がる円の円周上の定点が描く軌跡を内サイクロイドという.

図 A.10　内サイクロイド

■ 外サイクロイド：図 A.11 に示すように, 1 つの円の外側をすべらずに転がる円の円周上の定点が描く軌跡を外サイクロイドという.

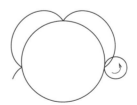

図 A.11　外サイクロイド

**h.　インボリュート曲線**

図 A.12 に示すように, 円柱に巻きつけた糸をピンと張りながらほどいていくときに糸の先端が描く軌跡の曲線をインボリュート (involute) という.

$$x = a(\cos\theta + \theta\sin\theta)$$
$$y = a(\sin\theta - \theta\cos\theta)$$

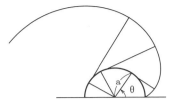

図 A.12　インボリュート曲線

**i.　懸垂線**

図 A.13 に示すように，柔軟で均一なロープやチェーンを両端で支えたときに，重力によって垂れ下がって静的に釣り合ってできる曲線が懸垂線 (catenary) である．懸垂線の形状は，一般的に

$$y(x) = A\cosh(\alpha x + C_1) + C_2 \quad (1)$$

の関数で表現できる (cosh は双曲線関数；A.3.7 項参照)．ここで，$x$ は水平位置，$A$，$\alpha$，$C_1$ および $C_2$ は，両端の高さや，両端間距離とロープの長さなどの諸条件で決定される定数である．

図 A.13　懸垂線の例

**j.　アルキメデスの渦巻き曲線**

図 A.14 に示すように，$a$ を定数として，

$$r = a\theta \quad (2)$$

で描く曲線 (Archimedean spiral) である．

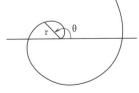

図 A.14　アルキメデスの渦巻き曲線

**k.　その他いくつかの曲線**

■ 放物渦巻き曲線：$a$ を定数として

$$r^2 = a\theta \quad (3)$$

で描く曲線である．

■ 双曲渦巻き曲線：$a$ を定数として

$$r\theta = a \quad (4)$$

で描く曲線である．

■ 対数渦巻き曲線：$a$ と $p(>0)$ を定数として

$$r = ae^{p\theta} \quad (5)$$

で描く曲線である．

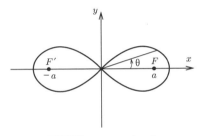

図 A.15　レムニスケート

■ レムニスケート：図 A.15 に示すように，距離が $2a$ の 2 定点からの距離の積が $a^2$ である点の軌跡をレムニスケートという．

$$(x^2 + y^2)^2 = 2a^2(x^2 - y^2)$$

または

$$r^2 = 2a^2\cos 2\theta \quad (6)$$

で描く曲線である．

## A.3　三角関数

### A.3.1　定義

図 A.16 を参照して，各三角関数 (trigonometry) の定義は以下のとおりである．

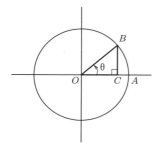

**図 A.16** 三角関数定義のための直角三角形

正弦関数 (sine)：$\sin\theta = \dfrac{BC}{OB}$

余弦関数 (cosine)：$\cos\theta = \dfrac{OC}{OB}$

正接関数 (tangent)：$\tan\theta = \dfrac{BC}{OC}$

余接関数 (cotangent)：$\cot\theta = \dfrac{1}{\tan\theta} = \dfrac{OC}{BC}$

正割関数 (secant)：$\sec\theta = \dfrac{1}{\cos\theta} = \dfrac{OB}{OC}$

余割関数 (cosecant)：$\operatorname{cosec}\theta = \dfrac{1}{\sin\theta} = \dfrac{OB}{BC}$

### A.3.2 三角関数間の関係公式

$\sin^2\theta + \cos^2\theta = 1$

$1 + \tan^2\theta = \dfrac{1}{\cos^2\theta}$

$1 + \cot^2\theta = \dfrac{1}{\sin^2\theta}$

$a\sin\theta + b\cos\theta = \sqrt{a^2+b^2}\cos(\theta-\varphi)$
$\qquad\qquad\qquad = \sqrt{a^2+b^2}\sin(\theta+\phi)$

ここで，$\varphi = \tan^{-1}(a/b),\ \phi = \tan^{-1}(b/a)$．

### A.3.3 和と差と倍角の公式

$\sin(\alpha\pm\beta) = \sin\alpha\cos\beta \pm \cos\alpha\sin\beta$

$\sin 2\theta = 2\sin\theta\cos\theta$

$\cos(\alpha\pm\beta) = \cos\alpha\cos\beta \mp \sin\alpha\sin\beta$

$\cos 2\theta = 2\cos^2\theta - 1 = 1 - 2\sin^2\theta$

$\tan(\alpha\pm\beta) = \dfrac{\tan\alpha \pm \tan\beta}{1 \mp \tan\alpha\tan\beta}$

$\tan 2\theta = \dfrac{2\tan\theta}{1-\tan^2\theta}$

$\sin\alpha \pm \sin\beta = 2\sin\dfrac{\alpha\pm\beta}{2}\cos\dfrac{\alpha\mp\beta}{2}$

$\cos\alpha + \cos\beta = 2\cos\dfrac{\alpha+\beta}{2}\cos\dfrac{\alpha-\beta}{2}$

$\cos\alpha - \cos\beta = -2\sin\dfrac{\alpha+\beta}{2}\sin\dfrac{\alpha-\beta}{2}$

### A.3.4 べき乗の公式

$\sin^2\theta = \dfrac{1-\cos 2\theta}{2}$

$\sin^3\theta = \dfrac{3\sin\theta - \sin 3\theta}{4}$

$\sin^4\theta = \dfrac{\cos 4\theta - 4\cos 2\theta + 3}{8}$

$\sin^5\theta = \dfrac{\sin 5\theta - 5\sin 3\theta + 10\sin\theta}{16}$

$\cos^2\theta = \dfrac{1+\cos 2\theta}{2}$

$\cos^3\theta = \dfrac{\cos 3\theta + 3\cos\theta}{4}$

$\cos^4\theta = \dfrac{\cos 4\theta + 4\cos 2\theta + 3}{8}$

$\cos^5\theta = \dfrac{\cos 5\theta + 5\cos 3\theta + 10\cos\theta}{16}$

$\tan^2\theta = \dfrac{1-\cos 2\theta}{1+\cos 2\theta} = \dfrac{\sin^2 2\theta}{(1+\cos 2\theta)^2}$
$\qquad = \dfrac{(1-\cos 2\theta)^2}{\sin^2 2\theta}$

### A.3.5 三角形の辺と内角の公式

図 A.17 を参照して，内角の和について

$$\alpha + \beta + \gamma = \pi = 180$$

が成立し，次の公式

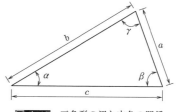

**図 A.17** 三角形の辺と内角の関係

$$\frac{a}{\sin\alpha} = \frac{b}{\sin\beta} = \frac{c}{\sin\gamma}$$

$$a^2 = b^2 + c^2 - 2bc\cos\alpha$$

$$\frac{a+b}{a-b} = \frac{\tan\dfrac{\alpha+\beta}{2}}{\tan\dfrac{\alpha-\beta}{2}}$$

$a+b+c = 2l$ および三角形の面積を $S$ と置いて，ヘロンの公式

$$S = \frac{1}{2}bc\sin\alpha = \sqrt{l(l-a)(l-b)(l-c)}$$

## A.3.6 三角関数と指数関数の関係

虚数単位を $i$, $n$ は整数として，

$$e^{\pm ix} = \cos x \pm i\sin x$$

$$e^{\pm inx} = (\cos x \pm i\sin x)^n$$

$$= \cos nx \pm i\sin nx$$

（ド・モアブルの定理）

$$\left.\begin{array}{l}\cos x = \dfrac{e^{ix}+e^{-ix}}{2} \\ \sin x = \dfrac{e^{ix}-e^{-ix}}{2i}\end{array}\right\}\text{(オイラーの公式)}$$

$$\tan x = \frac{e^{ix}-e^{-ix}}{i(e^{ix}+e^{-ix})}$$

## A.3.7 双曲線関数と三角関数・指数関数

双曲線正弦関数： $\sinh x = \dfrac{1}{2}(e^x - e^{-x})$

双曲線余弦関数： $\cosh x = \dfrac{1}{2}(e^x + e^{-x})$

双曲線正接関数： $\tanh x = \dfrac{\sinh x}{\cosh x}$
$\qquad = \dfrac{e^x - e^{-x}}{e^x + e^{-x}}$

双曲線余接関数： $\coth x = \dfrac{1}{\tanh x}$

双曲線正割関数： $\operatorname{sech} x = \dfrac{1}{\cosh x}$

双曲線余割関数： $\operatorname{cosech} x = \dfrac{1}{\sinh x}$

**a.** 双曲線関数のおもな関係公式

$$\sinh(-x) = -\sinh x \quad \cosh(-x) = \cosh x$$
$$\tanh(-x) = -\tanh x$$
$$\cosh^2 x - \sinh^2 x = 1$$
$$(\cosh x \pm \sinh x)^n = \cosh nx \pm \sinh nx$$
$$\sinh(x \pm y) = \sinh x \cosh y \pm \cosh x \sinh y$$
$$\cosh(x \pm y) = \cosh x \cosh y \pm \sinh x \sinh y$$
$$\sinh x + \sinh y = 2\sinh\frac{x+y}{2}\sinh\frac{x-y}{2}$$
$$\sinh x - \sinh y = 2\cosh\frac{x+y}{2}\sinh\frac{x-y}{2}$$
$$\cosh x + \sinh y = 2\cosh\frac{x+y}{2}\cosh\frac{x-y}{2}$$
$$\cosh x - \sinh y = 2\sinh\frac{x+y}{2}\sinh\frac{x-y}{2}$$
$$\tanh x \pm \tanh y = \frac{\sinh(x \pm y)}{\cosh x \cosh y}$$

■ 倍角，3倍角：

$$\sinh 2x = 2\sinh x \cosh x$$
$$\cosh 2x = \cosh^2 x + \sinh^2 x$$
$$\qquad = 2\cosh^2 x - 1 = 1 + 2\sinh^2 x$$
$$\sinh 3x = 4\sinh^3 x + 3\sinh x$$
$$\cosh 3x = 4\cosh^3 x - 3\cosh x$$

■ 逆双曲線関数：

$$\sinh^{-1} y = x = \ln\left(y + \sqrt{y^2 + 1}\right)$$
$$\qquad (\text{ただし } y = \sinh x)$$

$$\cosh^{-1} y = x$$
$$\qquad = \ln\left(y \pm \sqrt{y^2 - 1}\right) \quad (y > 1)$$
$$\qquad (\text{ただし } y = \cosh x)$$

$$\tanh^{-1} y = x = \frac{1}{2}\ln\frac{1+y}{1-y} \quad (|y| < 1)$$
$$\qquad (\text{ただし } y = \tanh x)$$

$$\coth^{-1} y = x = \frac{1}{2}\ln\frac{y+1}{y-1} \quad (|y| > 1)$$
$$\qquad (\text{ただし } y = \coth x)$$

## A.4 線形代数

### A.4.1 行列とベクトル

スカラー要素 $a_{ij}(i = 1, 2, 3, \cdots, n; j = 1, 2, 3, \cdots, m)$ として

$$A = \begin{bmatrix} a_{11} & a_{12} & a_{13} & \cdots & a_{1m} \\ a_{21} & a_{22} & a_{23} & \cdots & a_{2m} \\ \vdots & \vdots & \vdots & \ddots & \vdots \\ a_{n1} & a_{n2} & a_{n3} & \cdots & a_{nm} \end{bmatrix}$$

のように配列した $A$ を行列 (matrix) と定義し,縦方向と横方向に並んだ要素のそれぞれ1組を列および行とよぶ.下添字の $i$ と $j$ はその要素の行列内での位置を指し,$a_{ij}$ は「$i$ 行 $j$ 列の要素」を示す.上記の行列は行数が $n$ で列数が $m$ のサイズであるので,「$n$ 行 $m$ 列の行列」とよぶ.

1 行 $m$ 列の行列形式のものは「行ベクトル」,$n$ 行 1 列のものを「列ベクトル」とよぶ.すなわち,$m$ 次の行ベクトルは

$$v = \begin{bmatrix} a_1 & a_2 & a_3 & \cdots & a_m \end{bmatrix}$$

の表現.$n$ 次の列ベクトルは

$$v = \begin{bmatrix} a_1 \\ a_2 \\ a_3 \\ \vdots \\ a_n \end{bmatrix}$$

のような表現となる.

■ **零行列**:すべての要素が 0 となる行列は零行列という.

■ **正方行列**:行数と列数が同一である行列を正方行列という.行と列の数が $n$ の正方行列を $n$ 次の正方行列という.いま,$B$ をある正方行列として,行と列を入れ換える (すなわち転置する) 操作を上添字 T で表現することとして,$B^\mathsf{T}$ と表す.これを転置行列とよぶ.もし $B^\mathsf{T} = B$ が成立するとき,行列 $B$ は対称行列,$B^\mathsf{T} = -B$ であれば逆対称行列とよばれる.

■ **対角行列と単位行列**:任意の $n$ 次の正方行列の中で,対角要素のみに非零の値があり,非対角要素はすべて 0 の行列を対角行列という.

さらに,対角行列の中で,その対角要素がすべて 1 の行列を単位行列とよび,一般的には $E$ または $I$ のアルファベットを用いて記される.

■ **逆行列**:零行列でない $n$ 次の正方行列 $B$ に対して同じ次数の正方行列 $D$ を乗じた結果が単位行列となる場合,すなわち

$$DB = I$$

となるとき,行列 $D$ を行列 $B$ の逆行列 (inverse matrix) とよび,$B^{-1}$ と上添字 $(-1)$ で表現する.

### A.4.2 行列の基本演算公式

■ **加算と減算**:ある行列 $A$ と $B$ があるとして,この 2 つの行列の加算または減算は両方の行列の行数と列数が同一の場合のみ成立し,各対応する成分どうしを加算または減算した結果の行列となる.すなわち,

$$\begin{bmatrix} a_{11} & a_{12} & a_{13} & \cdots & a_{1m} \\ a_{21} & a_{22} & a_{23} & \cdots & a_{2m} \\ \vdots & \vdots & \vdots & \ddots & \vdots \\ a_{n1} & a_{n2} & a_{n3} & \cdots & a_{nm} \end{bmatrix}$$

$$\pm \begin{bmatrix} b_{11} & b_{12} & b_{13} & \cdots & b_{1m} \\ b_{21} & b_{22} & b_{23} & \cdots & b_{2m} \\ \vdots & \vdots & \vdots & \ddots & \vdots \\ b_{n1} & b_{n2} & b_{n3} & \cdots & b_{nm} \end{bmatrix}$$

$$= \begin{bmatrix} a_{11} \pm b_{11} & a_{12} \pm b_{12} & a_{13} \pm b_{13} & \cdots & a_{1m} \pm b_{1m} \\ a_{21} \pm b_{21} & a_{22} \pm b_{22} & a_{23} \pm b_{23} & \cdots & a_{2m} \pm b_{2m} \\ \vdots & \vdots & \vdots & \ddots & \vdots \\ a_{n1} \pm b_{n1} & a_{n2} \pm b_{n2} & a_{n3} \pm b_{n3} & \cdots & a_{nm} \pm b_{nm} \end{bmatrix}$$

■ 乗算：ある行列 $A$ と $B$ があるとして，この 2 つの行列の乗算 $AB$ は左側 (先頭側) の行列 $A$ の列数と右側 (後ろ側) の行列 $B$ の行数が一致している場合のみ成立し，行列 $A$ の各行ベクトル成分と行列 $B$ の各列ベクトル成分からなる 2 つのベクトルの内積計算となる．すなわち，

$$\begin{bmatrix} a_{11} & a_{12} & a_{13} & \cdots & a_{1m} \\ a_{21} & a_{22} & a_{23} & \cdots & a_{2m} \\ \vdots & \vdots & \vdots & \ddots & \vdots \\ a_{n1} & a_{n2} & a_{n3} & \cdots & a_{nm} \end{bmatrix}$$

$$\times \begin{bmatrix} b_{11} & b_{12} & b_{13} & \cdots & b_{1p} \\ b_{21} & b_{22} & b_{23} & \cdots & b_{2p} \\ \vdots & \vdots & \vdots & \ddots & \vdots \\ b_{m1} & b_{m2} & b_{m3} & \cdots & b_{mp} \end{bmatrix}$$

$$= \begin{bmatrix} c_{11} & c_{12} & c_{13} & \cdots & c_{1p} \\ c_{21} & c_{22} & c_{23} & \cdots & c_{2p} \\ \vdots & \vdots & \vdots & \ddots & \vdots \\ c_{n1} & c_{n2} & c_{n3} & \cdots & c_{np} \end{bmatrix}$$

の乗算結果の右辺行列 $C$ の $i$ 行 $j$ 列成分 $c_{ij}$ は

$$a_{i1}b_{1j} + a_{i2}b_{2j} + a_{i3}b_{3j} + \cdots + a_{im}b_{mj} = c_{ij}$$

の演算で計算される．

■ 除算：行列どうしの演算において除算は定義されない．しかし，スカラー演算における

$$ax = c \quad (\text{ただし,} \ a \neq 0)$$
$$\Downarrow$$
$$x = \frac{c}{a}$$

に対応する行列による方程式として

$$AX = C$$

を考えた場合，左辺係数行列 $A$ は逆行列が存在する正方行列 (正則行列とよぶ) であり，その乗算ルールが成立する行と列数の関係を当然満足しており方程式が成立するとすれば，

$$X = A^{-1}C$$

と逆行列を行列 $C$ に乗じることで解を得る．これは上記スカラー除算の例を

$$ax = c \quad (\text{ただし,} \ a \neq 0)$$
$$\Downarrow$$
$$x = \frac{1}{a} \times c a^{-1} c$$

と理屈立てて考えれば，対応させることができる．

### A.4.3 行列式

$n$ 次の正方行列 $A$ の行列式 (determinant) は，$\det A$ や $|A|$ と記し，次の具体的演算定義でスカラーの値を結果とする．

$$\det A = \begin{vmatrix} a_{11} & a_{12} & a_{13} & \cdots & a_{1n} \\ a_{21} & a_{22} & a_{23} & \cdots & a_{2n} \\ a_{31} & a_{32} & a_{33} & \cdots & a_{3n} \\ \vdots & \vdots & \vdots & \ddots & \vdots \\ a_{n1} & a_{n2} & a_{n3} & \cdots & a_{nn} \end{vmatrix}$$

$$= \sum^{{}_nP_n} \mathrm{sgn}\begin{pmatrix} 1 & 2 & 3 & \cdots & n \\ p_1 & p_2 & p_3 & \cdots & p_n \end{pmatrix}$$
$$\times a_{1p_1} a_{2p_2} a_{3p_3} \cdots a_{np_n}$$

行列式の 1 行目から最後の $n$ 行目まで各行から 1 つずつ要素を取り出し，それらを $a_{1p_1}, a_{2p_2}, \cdots$ と表している．各行から抜き出す 1 つの要素の列番号を $p_1$ などで記している．この取出し操作において各要素はどれも同一の列に属さない組合せで取り出す．したがって，この取出し通りは ${}_nP_n$ 通り，すなわち $n!$ 通りある．そこで，上記式には加算記号 $\sum$ がある．

この取出し方法の制約条件で第 1 行目から第 $n$ 行目まで取り出した 1 組の要素の列番号を順に並べた順列を $(p_1, p_2, p_3, \cdots, p_n)$ として，この順列を $(1, 2, 3, \cdots, n)$ に昇べき順となるように並べ替える入れ換え操作 (置換) が偶数となる場合を偶置換，奇数となる場合を奇置換といい，$+1$ および $-1$ の値を出力する演算関数がシグナム関数 sgn であり，

$$\mathrm{sgn}\begin{pmatrix} 1 & 2 & 3 & \cdots & n \\ p_1 & p_2 & p_3 & \cdots & p_n \end{pmatrix} = \begin{cases} +1 \\ -1 \end{cases}$$

となる．

■ 2次の場合の公式 (たすき掛け公式)

$$\begin{vmatrix} a_{11} & a_{12} \\ a_{21} & a_{22} \end{vmatrix} = a_{11}a_{22} - a_{12}a_{21}$$

■ 3次の場合の公式 (たすき掛け公式)

$$\begin{vmatrix} a_{11} & a_{12} & a_{13} \\ a_{21} & a_{22} & a_{23} \\ a_{31} & a_{32} & a_{33} \end{vmatrix}$$
$$= a_{11}a_{22}a_{33} + a_{12}a_{23}a_{31} + a_{13}a_{21}a_{32}$$
$$- a_{11}a_{23}a_{32} - a_{12}a_{21}a_{33} - a_{13}a_{22}a_{31}$$

### A.4.4 固有値と固有ベクトル

■ 標準的固有値問題：正方行列 $A$ に関して
$$A\phi = \lambda\phi$$
の方程式を標準的固有値問題 (eigenvalue problem) といい，スカラー $\lambda$ を固有値 (eigenvalue)，ベクトル $\phi$ を固有ベクトル (eigenvector) とよぶ．固有値と固有ベクトルを求める解析を固有値解析という．

$A$ が $n$ 自由度の行列であれば，$n$ 個 (重根がある場合はその重根も別々に数えることで) の固有値とそれに対応する固有ベクトルが存在する．

■ 一般的固有値問題：工学問題を解析する場合などでは，一般に正方行列 $A$ と $B$ に関する
$$A\phi = \lambda B\phi$$
の形式の固有値問題となる．これを一般的固有値問題という．

固有値解析法としては，3自由度までの手計算で行列式法 (固有値) を求めることができる．求まった固有値に対応する固有ベクトルは従属的に求める．

コンピュータ解析での固有値解析法としては，
- ヤコビ法：すべての固有値と固有ベクトルを求める基本的手法
- べき乗法：大自由度を対象として，絶対値最大の固有値 (重根でない条件) を求めることを基本とする手法
- 逆反復法：大自由度を対象として，最小固有値 (重根でない条件) を求めることを基本とする手法
- サブスペース法：大自由度の一般的固有値問題を対象として，最小固有値から任意のある次数 (比較的低次まで) までの固有値とその固有ベクトルを求めるのに適した手法
- ランチョス法：大自由度の固有値問題を対象として，正方行列の3重対角化処理を経て計算効率高く，任意のある次数までの固有値とその固有ベクトルを求めるのに適した手法

などがある．

## A.5　ベクトル解析

■ ベクトル：大きさ，方向および向きの特性をもつ量．
- 表記法：矢印をつけた線分で表し，その線分の長さと方向および矢印の向きで表す．
- 記号：たとえば，わかりやすいベクトル量の例としての速度を $v$ と表すように，工学系では太字の小文字を用いる場合が一般的である．他には $\vec{v}$ のように矢印の上飾りを記す方法がある．

### A.5.1 ベクトルの代数

#### a. ベクトルの合成

ベクトル $a$ と $b$ の和を $c$ とすれば，$c = a + b$ で代数表現され，図式法では，図 A.18 に示すように，ベクトル $a$ と $b$ を適切に並行移動して両始点 (矢印のない方の端点) を一致されて，それらを隣辺とする平行四辺形の対角線のベクトルとして求める方法と，図 A.19 のように，2つのベクトルを直列結合して，その結合系の始点から最終端矢印に描くベクトルとして求める方法がある．

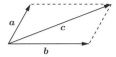

**図 A.18** ベクトル $a$ と $b$ の和の図式解法 (平行四辺形の方法)

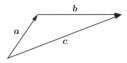

**図 A.19** ベクトル $a$ と $b$ の和の図式解法 (直列の方法)

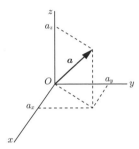

**図 A.20** ベクトルの成分表示

### b. ベクトルの成分

図 A.20 に示すように直角座標系 $O$–$xyz$ を定義して,$x$ 軸,$y$ 軸,$z$ 軸方向への単位長さベクトル (基底ベクトルという) をそれぞれ $e_1$,$e_2$,$e_3$ と定義するとベクトル $a$ は

$$a = a_x e_1 + a_y e_2 + a_z e_3$$

と 3 本の座標軸に沿った成分ベクトルの和で表現され,それぞれの基底ベクトルの係数 $a_x, a_y, a_z$ をベクトル $a$ の $x$ 成分,$y$ 成分,$z$ 成分とよぶ.なお,座標系原点 $O$ を始点として,ある点 $P(x_p, y_p, z_p)$ が先端となるベクトルを位置ベクトルという.

### c. ベクトルの加減法

2 つのベクトルを $a$ と $b$ と表し,$\alpha, \beta, \gamma$ を任意のスカラー量として,次の法則が成り立つ.

$(\alpha + \beta)a = \alpha a + \beta a$ (分配法則)
$a + b = b + a$ (交換法則)
$\alpha(\beta a) = (\alpha\beta)a$ (結合法則)
$\gamma(a + b) = \gamma a + \gamma b$ (分配法則)
$a + (b + c) = (a + b) + c$ (結合法則)

### d. ベクトルの積

内積と外積がある.

■ **内積 (スカラー積)**:2 つのベクトル $a$ と $b$ の内積 (inner product) は $(a, b)$,$a \cdot b$,および $ab$ の 3 通りの表現がある.なお,列ベクトルとすると $ab$ は明示的に $a^\mathsf{T} b$ と記載する.ここで,上添字 $T$ は転置記号である.

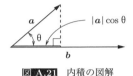

**図 A.21** 内積の図解

図 A.21 に示すように,2 つのベクトルのなす角を $\theta$ とすると

$$(a, b) \equiv a \cdot b \equiv ab = |a||b|\cos\theta$$

の計算である.

$O$–$xyz$ 直角座標系でこれら 2 つのベクトルを基底ベクトル表示で表し,$a = a_x e_1 + a_y e_2 + a_z e_3$ と $b = b_x e_1 + b_y e_2 + b_z e_3$ とすれば,内積は

$$(a, b) \equiv a \cdot b \equiv ab = a_x b_x + a_y b_y + a_z b_z$$

で計算される.

■ **外積 (ベクトル積)**:2 つのベクトル $a$ と $b$ の外積 (outer product, cross product) は $a \times b$ および $[a, b]$ の 2 通りの表現がある.

$$a \times b = -b \times a = \begin{vmatrix} e_1 & e_2 & e_3 \\ a_x & a_y & a_z \\ b_x & b_y & b_z \end{vmatrix}$$

$$= (a_y b_z - a_z b_y)e_1 + (a_z b_x - a_x b_z)e_2 + (a_x b_y - a_y b_x)e_3$$

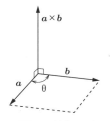

**図 A.22** 外積の図解

図 A.22 のように,外積 $a \times b$ で得られるベクトルは,ベクトル $a$ と $b$ が隣辺となる並行四辺形の面積の値 ($|a||b|\sin\theta$) と同じ長さを持ち,外積表示の最初のベクトル (今の場合は $a$) を後のベクトルに重なるように,その平行四辺形面内で回転させた場合に並行四辺形面に垂直で右ねじが進む方向のベクトルとなる.

■ **演算基本法則:**

$a \times b = -b \times a$ 　　　　交換法則

$(\alpha a) \times b = \alpha(a \times b)$ 　　　結合法則

$(a + b) \times c = a \times c + b \times c$ 　分配法則

■ **3 重積**:3つのベクトル $a$, $b$ と $c$ について

● スカラー 3 重積

$$a \cdot (b \times c) = b \cdot (c \times a)$$
$$= c \cdot (a \times b)$$
$$= \begin{vmatrix} a_x & a_y & a_z \\ b_x & b_y & b_z \\ c_x & c_y & c_z \end{vmatrix}$$
$$= a_x b_y c_z + a_y b_z c_x$$
$$+ a_z b_x c_y - a_x b_z c_y$$
$$- a_y b_x c_z - a_z b_y c_x$$

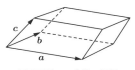

**図 A.23** 3 重積の図解

図式解釈としては図 A.23 に示すように,スカラー 3 重積の解は,3 つのベクトルで定義される並行六面体の体積の 6 倍の値である.

● ベクトル 3 重積

$$a \times (b \times c) = (a \cdot c) \times b - (a \cdot b) \times c$$

### A.5.2 スカラー場とベクトル場

スカラー関数 $f$ が,ある領域の各点に対応して与えられるとき,その領域をスカラー場といい,$F = f(x, y, z)$ と表す.

ベクトル関数 $a$ が,ある領域の各点に対応して与えられるときは,その領域をベクトル場といい,$a = a(x, y, z)$ と表す.なお,以下の記述で,ベクトル $a$ の成分を $(a_x, a_y, a_z)$ とする.

**a. スカラー場の勾配**

スカラー場に対して,成分が

$$\left( \frac{\partial f}{\partial x}, \frac{\partial f}{\partial y}, \frac{\partial f}{\partial z} \right)$$

となるベクトルを元関数 $f$ の勾配といい,$\mathrm{grad}\, f$ と表記する.すなわち,

$$\mathrm{grad}\, f = \frac{\partial f}{\partial x} e_1 + \frac{\partial f}{\partial y} e_2 + \frac{\partial f}{\partial z} e_3 \equiv \nabla f$$

ここで,$\nabla$ はハミルトン演算子 (ナブラ) とよばれ,

$$\nabla \equiv \frac{\partial}{\partial x} e_1 + \frac{\partial}{\partial y} e_2 + \frac{\partial}{\partial z} e_3$$

で表される.全微分 $df$ は

$$df = \frac{\partial f}{\partial x} dx + \frac{\partial f}{\partial y} dy + \frac{\partial f}{\partial z} dz = d\boldsymbol{r} \cdot \mathrm{grad}\, f$$

ここで,$d\boldsymbol{r}\, (= (dx, dy, dz))$ の大きさを $ds$,方向の単位ベクトルを $s$ とすれば

$$\frac{df}{ds} = \boldsymbol{s} \cdot \mathrm{grad}\, f$$

**b. 発散**

ベクトル場 $a(x, y, z)$ に関して

$$\mathrm{div}\, \boldsymbol{a} = \nabla \boldsymbol{a} = \frac{\partial a_x}{\partial x} + \frac{\partial a_y}{\partial y} + \frac{\partial a_z}{\partial z}$$

を $a$ の発散という.$\mathrm{div}\, \boldsymbol{a} = 0$ のとき,湧き口なしの場という.

#### c. 回 転

$$\operatorname{rot} \boldsymbol{a} = \operatorname{curl} \boldsymbol{a} = \nabla \times \boldsymbol{a}$$

$$= \begin{vmatrix} \boldsymbol{e}_1 & \boldsymbol{e}_2 & \boldsymbol{e}_3 \\ \dfrac{\partial}{\partial x} & \dfrac{\partial}{\partial y} & \dfrac{\partial}{\partial z} \\ a_x & a_y & a_z \end{vmatrix}$$

$$= \left( \dfrac{\partial a_z}{\partial y} - \dfrac{\partial a_y}{\partial z} \right) \boldsymbol{e}_1$$
$$\quad + \left( \dfrac{\partial a_x}{\partial z} - \dfrac{\partial a_z}{\partial x} \right) \boldsymbol{e}_2$$
$$\quad + \left( \dfrac{\partial a_y}{\partial x} - \dfrac{\partial a_x}{\partial y} \right) \boldsymbol{e}_3$$

を $\boldsymbol{a}$ の回転という．$\operatorname{rot} \boldsymbol{a} = 0$ のとき，渦なしの場という．

#### d. ヘルムホルツの定理

任意のベクトル場 $\boldsymbol{V}$ について

$$\boldsymbol{V} = \operatorname{grad} f + \operatorname{rot} \boldsymbol{a} \quad (\operatorname{div} \boldsymbol{a} = 0)$$
$$f = -\iiint_V \dfrac{\operatorname{div} \boldsymbol{V}}{4\pi r} dV$$
$$\boldsymbol{a} = \iiint_V \dfrac{\operatorname{rot} \boldsymbol{V}}{4\pi r} dV$$

が成立する．$f$ をスカラーポテンシャル，$\boldsymbol{a}$ をベクトルポテンシャルという．

#### e. 基本公式

2つのスカラー場の関数を $\phi$ と $\varphi$，ベクトル場関数を $\boldsymbol{a}, \boldsymbol{b}$ として，次の公式が成立する．

$$\operatorname{grad}(\phi\varphi) = \varphi \operatorname{grad} \phi + \phi \operatorname{grad} \varphi$$
$$\operatorname{div}(\phi \cdot \boldsymbol{a}) = \phi \operatorname{div} \boldsymbol{a} + \boldsymbol{a} \cdot \operatorname{grad} \phi$$
$$\operatorname{rot}(\phi \boldsymbol{a}) = \phi \operatorname{rot} \boldsymbol{a} - \boldsymbol{a} \times \operatorname{grad} \phi$$
$$\operatorname{div}(\boldsymbol{a} \times \boldsymbol{b}) = \boldsymbol{b} \cdot \operatorname{rot} \boldsymbol{a} - \boldsymbol{a} \cdot \operatorname{rot} \boldsymbol{b}$$
$$\operatorname{rot}(\boldsymbol{a} \times \boldsymbol{b}) = (\boldsymbol{b} \cdot \operatorname{grad})\boldsymbol{a} - (\boldsymbol{a} \cdot \operatorname{grad})\boldsymbol{b}$$
$$\quad + \boldsymbol{a} \operatorname{div} \boldsymbol{b} - \boldsymbol{b} \operatorname{div} \boldsymbol{a}$$
$$\operatorname{grad}(\boldsymbol{a} \cdot \boldsymbol{b}) = (\boldsymbol{b} \cdot \operatorname{grad})\boldsymbol{a} + (\boldsymbol{a} \cdot \operatorname{grad})\boldsymbol{b}$$
$$\quad + \boldsymbol{a} \times \operatorname{rot} \boldsymbol{b} + \boldsymbol{b} \times \operatorname{rot} \boldsymbol{a}$$
$$\operatorname{rot}(\operatorname{grad} \phi) = 0$$
$$\operatorname{div}(\operatorname{rot} \boldsymbol{a}) = 0$$
$$\operatorname{grad}(f(\varphi)) = f'(\varphi) \operatorname{grad} \varphi$$

最も簡単な例として $\boldsymbol{r} = x\boldsymbol{e}_1 + y\boldsymbol{e}_2 + z\boldsymbol{e}_3$ とすれば

$$\operatorname{rot} \boldsymbol{r} = 0$$
$$\operatorname{div} \boldsymbol{r} = 3$$
$$\operatorname{grad}(\boldsymbol{a} \cdot \boldsymbol{r}) = \boldsymbol{a}$$
$$\operatorname{rot}(\boldsymbol{a} \times \boldsymbol{r}) = 2\boldsymbol{a}$$
$$\operatorname{div}(\boldsymbol{a} \times \boldsymbol{r}) = 0$$

ラプラス演算子

$$\triangle = \nabla^2 = \dfrac{\partial^2}{\partial x^2} + \dfrac{\partial^2}{\partial y^2} + \dfrac{\partial^2}{\partial y^2}$$

との関係は，

$$\nabla^2 \phi = \operatorname{div}(\operatorname{grad} \phi)$$
$$\nabla^2 \boldsymbol{a} = \operatorname{grad}(\operatorname{div} \boldsymbol{a}) - \operatorname{rot}(\operatorname{rot} \boldsymbol{a})$$
$$\nabla^2 (\phi\varphi) = \phi \nabla^2 \varphi + \varphi \nabla^2 \phi$$
$$\quad + 2(\operatorname{grad} \phi \cdot \operatorname{grad} \varphi)$$

#### f. ベクトルの積分

■ 不定積分

$$\int \left( \boldsymbol{a} \cdot \dfrac{d\boldsymbol{b}}{dx} + \boldsymbol{b} \cdot \dfrac{d\boldsymbol{a}}{dx} \right) dx = \boldsymbol{a} \cdot \boldsymbol{b} + \boldsymbol{c}$$
$$\int \left( \boldsymbol{a} \cdot \dfrac{d\boldsymbol{a}}{dx} \right) dx = \dfrac{1}{2} \boldsymbol{a}^2 + \boldsymbol{c}$$

ここで，$\boldsymbol{c}$ は一定ベクトル(積分定数)である．

**図 A.24** 線積分の説明

■ 線積分：図 A.24 に示すように，ベクトル $\boldsymbol{a}$ を曲線 $C$ に沿って測った弧の長さ $s$ の関数として，$\boldsymbol{t}$ をその曲線の接線ベクトルとすると

$$\int_C (\boldsymbol{a} \cdot \boldsymbol{t}) ds = \int_C (a_x dx + a_y dy + a_z dz)$$

を線積分という．なお，$\boldsymbol{a} = (a_x, a_y, a_z)$ である．

■ ガウスの定理：ベクトル $\boldsymbol{a}$ の場の有限な体積を $V$，それを包む面積を $S$，その $S$ の外向き法線ベクトルを $\boldsymbol{n}$ とすると，まず $d\boldsymbol{S} = \boldsymbol{n} dS$

であり，次の積分公式が成立する．

$$\iiint_V \operatorname{div} \boldsymbol{a} \cdot dV = \iint_S d\boldsymbol{S} \cdot \boldsymbol{a}$$
$$= \iint (\boldsymbol{n} \cdot \boldsymbol{a}) dS$$
$$\iiint_V \operatorname{rot} \boldsymbol{a} \cdot dV = \iint_S d\boldsymbol{S} \times \boldsymbol{a}$$
$$= \iint (\boldsymbol{n} \times \boldsymbol{a}) dS$$
$$\iiint_V \operatorname{grad} \phi dV = \iint_S d\boldsymbol{S} \phi$$

■ グリーンの定理：$r$ を点 $\boldsymbol{X}_0$ からの距離として，

$$\iint_S \phi \frac{\partial \varphi}{\partial \boldsymbol{n}} dS = \iiint_V (\phi \nabla^2 \varphi + \operatorname{grad} \phi \cdot \operatorname{grad} \varphi) dV$$

$$\iint_S \left( \phi \frac{\partial \varphi}{\partial \boldsymbol{n}} - \varphi \frac{\partial \phi}{\partial \boldsymbol{n}} \right) dS = \iiint_V (\phi \nabla^2 \varphi - \varphi \nabla^2 \phi) dV$$

$$4\pi \phi(\boldsymbol{X}_0) = -\iiint_V \frac{\nabla^2 \phi}{r} dV + \iint_S \left[ \frac{1}{r} \frac{\partial \phi}{\partial \boldsymbol{n}} - \phi \frac{\partial}{\partial \boldsymbol{n}} \left( \frac{1}{r} \right) \right] dS$$

■ ストークスの定理：

$$\iint_S d\boldsymbol{S} \times \operatorname{rot} \boldsymbol{a} = \oint_C \boldsymbol{a} \cdot d\boldsymbol{s}$$
$$= \oint_C (\boldsymbol{t} \cdot \boldsymbol{a}) ds$$
$$\iint_S d\boldsymbol{S} \times \operatorname{grad} \phi = \oint_C \phi d\boldsymbol{s}$$

**g. テンソル**

ひとつの直角座標系 $O-xyz$（位置ベクトル $\boldsymbol{r}(x,y,z)$）と他の直角座標系 $O-x'y'z'$（位置ベクトル $\boldsymbol{r}'(x',y',z')$）の間には次の座標変換が成立する．

$$\begin{bmatrix} x' \\ y' \\ z' \end{bmatrix} = \begin{bmatrix} a_{11} & a_{12} & a_{13} \\ a_{21} & a_{22} & a_{23} \\ a_{31} & a_{32} & a_{33} \end{bmatrix} \begin{bmatrix} x \\ y \\ z \end{bmatrix}$$

$\boldsymbol{r}(x,y,z)$ の位置において与えられる 9 個の量（$T_{ij}$ ($i,j=1,2,3$)）と $\boldsymbol{r}'(x',y',z')$ の位置で表される量（$T'_{ij}$ ($i,j=1,2,3$)）の間に次の関係が成立するならばその 9 個の量（$T_{ij}$）をテンソル (tensor) という．

$$\begin{bmatrix} T'_{11} & T'_{12} & T'_{13} \\ T'_{21} & T'_{22} & T'_{23} \\ T'_{31} & T'_{32} & T'_{33} \end{bmatrix} = \begin{bmatrix} a_{11} & a_{12} & a_{13} \\ a_{21} & a_{22} & a_{23} \\ a_{31} & a_{32} & a_{33} \end{bmatrix}$$
$$\times \begin{bmatrix} T_{11} & T_{12} & T_{13} \\ T_{21} & T_{22} & T_{23} \\ T_{31} & T_{32} & T_{33} \end{bmatrix} \begin{bmatrix} a_{11} & a_{12} & a_{13} \\ a_{21} & a_{22} & a_{23} \\ a_{31} & a_{32} & a_{33} \end{bmatrix}^\mathsf{T}$$
$$= \begin{bmatrix} a_{11} & a_{12} & a_{13} \\ a_{21} & a_{22} & a_{23} \\ a_{31} & a_{32} & a_{33} \end{bmatrix} \begin{bmatrix} T_{11} & T_{12} & T_{13} \\ T_{21} & T_{22} & T_{23} \\ T_{31} & T_{32} & T_{33} \end{bmatrix}$$
$$\times \begin{bmatrix} a_{11} & a_{21} & a_{31} \\ a_{12} & a_{22} & a_{32} \\ a_{13} & a_{23} & a_{33} \end{bmatrix}$$

## A.6 微　　　分

### A.6.1 極　　　限

■ 数列の極限：ある無限数列 $a_n$ ($n = 1, 2, 3, \ldots$) において $n$ を限りなく大きくしたときに $a_n$ が一定値 $l$ に限りなく漸近すれば，$l$ をその数列の極限とよび，

$$\lim_{n \to \infty} a_n = l$$

と記す．極限が存在する数列を「収束する」といい，存在しない数列を「発散する」という．

■ 関数の極限：関数 $y = f(x)$ に関して $x$ がある 1 つの実数値 $a$ に近づくときに関数 $f(x)$ の値がある一定値 $l$ に近づくならば「$x$ が $a$ に近づくときの関数 $f(x)$ の極限値は $l$ である」という．数式では

$$\lim_{x \to a} f(x) = l$$

と記す．なお，極限値としては必ずしも $\lim_{x \to a} f(x) = f(a)$ とは限らない．

■ 関数の連続：もしも

$$\lim_{x \to a} f(x) = f(a)$$

が成立すれば $f(x)$ は $x = a$ で連続であるという．

■ いくつかの基礎公式としての関数の極限値：

$$\lim_{x \to 0} \frac{\sin x}{x} = 1$$

$$\lim_{n \to \infty} \left(1 + \frac{1}{n}\right)^n = e$$

$$\lim_{x \to 0} (1+x)^{1/x} = \lim_{x \to \infty} \left(1 + \frac{1}{x}\right)^x = e$$

$$\lim_{x \to \infty} \left(1 + \frac{y}{x}\right)^x = e^y$$

$$\lim_{x \to \infty} \left(\sum_{k=1}^{n} \frac{1}{k} - \ln n\right)$$

$= \gamma = 0.5772156649\cdots$ （オイラーの定数）

### A.6.2 微係数と導関数

■ 微係数：関数 $y = f(x)$ に関して

$$\lim_{\Delta x \to 0} \frac{f(x + \Delta x) - f(x)}{\Delta x} = \frac{dy}{dx} = f'(x)$$

が存在すれば，この値を関数 $f(x)$ の $x$ における微係数という．なお，関数 $f(x)$ が $x$ で連続でなければ微係数は存在しない．さらに，連続であっても微係数が存在するとは限らない．

■ 導関数：微係数 $dy/dx$ を $x$ の関数とみなすときには，$dy/dx$ を $f(x)$ の導関数とよび，導関数 (derivative) を求めることを「微分する」という．

なお，時間パラメータを $t$ で表しその関数を $y = f(t)$ とした場合，時間に関する微分である導関数は $dy/dt$ と $f'(t)$ の表現以外に，$\dot{y}$ と，ドットを冠記号に用いた表記の仕方もある．これはアインシュタイン表記と名付けられている．$dy/dt$ の表記はライプニッツ表記である．

■ 高次微分：関数 $y = f(x)$ に関しての導関数 $f'(x)$ は 1 次導関数ともよぶ．1 次導関数をもう一度微分して得られるものを関数 $y = f(x)$ の 2 次導関数とよび，

$$f''(x) \quad \text{または} \quad \frac{d^2 y}{dx^2}$$

のように記す．第 3 次，第 4 次，$\cdots$，第 $n$ 次導関数も関数が微分可能な条件で定義でき，それらは $f'''(x), \cdots, f^{(n)}(x)$ や $d^3 y/dx^3, \cdots, d^n y/dx^n$ と記す．

### A.6.3 偏微分と全微分

■ 偏微分：$n$ 個の独立変数からなる関数 $y = f(q_1, q_2, \cdots, q_n)$ において，ある 1 つの変数 $q_k$ に注目して，他のすべての変数は一定にして，変数 $q_k$ に関して微分することを「関数 $y$ を $q_k$ に関して偏微分 (partial differentiation) する」という．なお，これに対応させて，1 変数関数の微分を「常微分」(ordinary differentiation) とよぶ．

偏微分の表記は，常微分と区別するために

$$\frac{\partial y}{\partial q_k} \quad \text{または} \quad f_{q_k}(q_1, q_2, \cdots, q_n)$$

である．

■ 全微分：$n$ 個の独立変数からなる関数 $y = f(q_1, q_2, \cdots, q_n)$ に関して，すべての変数が，$q_1$ が微小量 $dq_1$，$q_2$ が微小量 $dq_2$，$\cdots$，$q_2$ が微小量 $dq_n$ と増加するときに関数 $y$ の増加量 $dy$ を「関数 $y$ の全微分」とよび，

$$dy = \sum_{k=1}^{n} f_{q_k} dq_k$$

の関係となる．

### A.6.4 おもな初等関数の微分

表 A.1 参照．ただし，$n$ は整数，$a$ は定数である．

### A.6.5 微分公式

$f$ と $g$ を変数 $x$ の関数として，$a$ を定数として，

$$\frac{d}{dx}(af) = a\frac{df}{dx}$$

$$\frac{d}{dx}(f \pm g) = \frac{df}{dx} \pm \frac{dg}{dx}$$

$$\frac{d}{dx}\left(\frac{1}{g}\right) = -\frac{\frac{dg}{dx}}{g^2}$$

$$\frac{d}{dx}(fg) = \frac{df}{dx} \cdot g + f \cdot \frac{dg}{dx}$$

$$\frac{d}{dx}\left(\frac{f}{g}\right) = \frac{\frac{df}{dx} \cdot g - f \cdot \frac{dg}{dx}}{g^2}$$

$$\frac{dx}{dy} = \frac{1}{dy/dx}$$

**表 A.1** おもな初等関数の微分

| $f(x)$ | $f'(x)$ | $f(x)$ | $f'(x)$ | $f(x)$ | $f'(x)$ |
|---|---|---|---|---|---|
| $a$ | $0$ | $\sin x$ | $\cos x$ | $\ln x$ | $1/x$ |
| $x^n$ | $nx^{n-1}$ | $\cos x$ | $-\sin x$ | $\log_a x$ | $\dfrac{1}{x \ln a}$ |
| $\sqrt{x}$ | $\dfrac{1}{2}x^{-1/2}$ | $\tan x$ | $\sec^2 x \left(=\dfrac{1}{\cos^2 x}\right)$ | $e^x$ | $e^x$ |
| $\dfrac{1}{\sqrt{x}}$ | $-\dfrac{1}{2}x^{-3/2}$ | $\sin^{-1} x$ | $\dfrac{1}{\sqrt{1-x^2}}$ | $a^x$ | $a^x \ln a$ |
| | | $\cos^{-1} x$ | $-\dfrac{1}{\sqrt{1-x^2}}$ | | |
| | | $\tan^{-1} x$ | $\dfrac{1}{1+x^2}$ | | |
| | | $\sinh x$ | $\cosh x$ | | |
| | | $\tanh x$ | $\text{sech}^2 x$ | | |

$$\frac{d}{dx}(\ln f(x)) = \frac{f'(x)}{f(x)}$$

$$\frac{d^n(f \cdot g)}{dx^n} = \sum_{r=0}^{n} {}_nC_r f^{(n-r)} g^{(r)}$$

(ライプニッツの定理)

■ 媒介変数の微分公式:$x = x(t)$, $y = y(t)$ の条件での $dy/dx$ は

$$\frac{dy}{dx} = \frac{dy/dt}{dx/dt}$$

$x = x(t)$, $y = y(t)$ の条件で $z = f(x, y)$ の $dz/dt$ は

$$\frac{dz}{dt} = \frac{df}{dx}\frac{dx}{dt} + \frac{df}{dy}\frac{dy}{dt}$$

$y = g(x)$ で $z = f(x, y)$ の $dz/dx$ は

$$\frac{dz}{dx} = \frac{df}{dx} + \frac{df}{dy}\frac{dy}{dx}$$

$f(x, y) = 0$ の場合,

$$\frac{dy}{dx} = -\frac{df/dx}{df/dy}$$

$y = f(t)$ で $t = g(x)$ のとき $dy/dx$ は

$$\frac{dy}{dx} = \frac{dy}{dt} \cdot \frac{dt}{dx}$$

$z = f(x, y)$ に関して $x = \xi(\alpha, \beta)$, $y = \eta(\alpha, \beta)$ のときは

$$\frac{dz}{d\alpha} = \frac{df}{dx} \cdot \frac{dx}{d\alpha} + \frac{df}{dy} \cdot \frac{dy}{d\alpha}$$

$$\frac{dz}{d\beta} = \frac{df}{dx} \cdot \frac{dx}{d\beta} + \frac{df}{dy} \cdot \frac{dy}{d\beta}$$

(連鎖定理)

### A.6.6 微分に関する定理

■ ロピタルの定理:関数 $f(x)$ と $g(x)$ に関して,$f(a) = g(a) = 0$ または $f(a) = g(a) = \infty$ であって,

$$\lim_{x \to a} \frac{f'(x)}{g'(x)}$$

が存在すれば

$$\lim_{x \to a} \frac{f(x)}{g(x)} = \lim_{x \to a} \frac{f'(x)}{g'(x)}$$

である.

なお,$f(a) = g(a) = 0$ または $f(a) = g(a) = \infty$ であれば,$f(x)/g(x)$ は $x = a$ で不定である.

■ 平均値の定理:$y = f(x)$ が区間 $[a, b]$ で連続かつ $(a, b)$ で微分可能ならば

$$f'(c) = \frac{f(b) - f(a)}{b - a}$$

となる $c$ が区間 $(a, b)$ 中に存在する.

■ テイラー展開:$y = f(x)$ が区間 $[a, x]$ で $n$ 回微分可能であれば,

$$f(x) = f(a) + \frac{f'(a)}{1!}(x - a)$$
$$+ \frac{f''(a)}{2!}(x - a)^2 + \cdots$$
$$+ \frac{f^{(n-1)}(a)}{(n-1)!}(x - a)^{(n-1)} + R_n$$

ここで,

$$R_n = \frac{f^{(n)}(a + \theta(x - a))}{n!}(x - a)^n$$

$$(0 < \theta < 1)$$

テイラー展開で $a=0$ とした特別な場合の展開を「マクローリン展開」とよび，
$$f(x) = f(0) + \frac{f'(0)}{1!}x + \frac{f''(0)}{2!}x^2 + \cdots$$
$$+ \frac{f^{(n-1)}(0)}{(n-1)!}x^{(n-1)} + R_n$$

ここで，
$$R_n = \frac{f^{(n)}(\theta x)}{n!}x^n \quad (0 < \theta < 1)$$

である．

なお，線形近似は，これらの展開の第2項 (1 次導関数項) までの採用である．

■ 行列の微分：$m$ 行 $n$ 列の行列 $\boldsymbol{D}(x)$ についてその $i$ 行 $j$ 列成分を $f_{ij}(x)$ と表せば，行列 $\boldsymbol{D}(x)$ の微分は，各要素をそれぞれスカラー関数として微分することで得られる．すなわち，

$$\frac{d\boldsymbol{D}(x)}{dx}$$
$$= \begin{bmatrix} df_{11}/dx & df_{12}/dx & \cdots & df_{1n}/dx \\ df_{21}/dx & df_{22}/dx & \cdots & df_{2n}/dx \\ \vdots & \vdots & \ddots & \vdots \\ df_{m1}/dx & \cdots & \cdots & df_{mn}/dx \end{bmatrix}$$

■ 極大と極小：$y = f(x)$ に関して，$y$ の極大および極小のところの $x$ の値は $f'(x) = 0$ の方程式を解くことで求められる．そして，

$$f''(a) > 0 \text{ ならば 極小 (下に凸)}$$
$$f''(a) < 0 \text{ ならば 極大 (上に凸)}$$

である．$f''(a) = 0$ の点 $a$ の位置を変曲点とよぶ．

■ 2 変数関数の極大と極小：独立変数 $x, y$ からなる関数 $f(x, y)$ の極大または極小は

$$\frac{\partial f(x, y)}{\partial x} = 0$$
$$\frac{\partial f(x, y)}{\partial y} = 0$$

の連立方程式を解くことで得られる．極大と極小の判別は

$$\frac{\partial^2 f}{\partial x^2} > 0, \quad \frac{\partial^2 f}{\partial x^2}\frac{\partial^2 f}{\partial y^2} > \left(\frac{\partial^2 f}{\partial x \partial y}\right)^2 \text{ ならば}$$
$$\text{極小 (下に凸)}$$
$$\frac{\partial^2 f}{\partial x^2} < 0, \quad \frac{\partial^2 f}{\partial x^2}\frac{\partial^2 f}{\partial y^2} > \left(\frac{\partial^2 f}{\partial x \partial y}\right)^2 \text{ ならば}$$
$$\text{極大 (上に凸)}$$
$$\frac{\partial^2 f}{\partial x^2}\frac{\partial^2 f}{\partial y^2} < \left(\frac{\partial^2 f}{\partial x \partial y}\right)^2 \text{ ならば鞍部点}$$

となる．

### A.6.7 ベクトルの微分

ベクトル $\boldsymbol{a}(= a_x\boldsymbol{e}_1 + a_y\boldsymbol{e}_2 + a_z\boldsymbol{e}_3)$ を $t$ の関数として $\boldsymbol{a}(t)$ と表されるとしたとき，微分

$$\frac{d\boldsymbol{a}(t)}{dt} = \lim_{\Delta t \to 0} \frac{\boldsymbol{a}(t + \Delta t) - \boldsymbol{a}(t)}{\Delta t}$$
$$= \frac{da_x}{dt}\boldsymbol{e}_1 + \frac{da_y}{dt}\boldsymbol{e}_2 + \frac{da_z}{dt}\boldsymbol{e}_3$$

と定義する．基本法則として
$$\frac{d}{dt}\{\boldsymbol{a}(t) + \boldsymbol{b}(t)\} = \frac{d\boldsymbol{a}(t)}{dt} + \frac{d\boldsymbol{b}(t)}{dt}$$
$$\frac{d}{dt}\{\alpha(t)\boldsymbol{a}(t)\} = \frac{d\alpha(t)}{dt}\boldsymbol{a}(t) + \alpha(t)\frac{d\boldsymbol{a}(t)}{dt}$$
$$\frac{d}{dt}\{\boldsymbol{a}(t) \cdot \boldsymbol{b}(t)\} = \frac{d\boldsymbol{a}(t)}{dt} \cdot \boldsymbol{b}(t)$$
$$+ \boldsymbol{a}(t) \cdot \frac{d\boldsymbol{b}(t)}{dt}$$
$$\frac{d}{dt}\{\boldsymbol{a}(t) \times \boldsymbol{b}(t)\} = \frac{d\boldsymbol{a}(t)}{dt} \times \boldsymbol{b}(t)$$
$$+ \boldsymbol{a}(t) \times \frac{d\boldsymbol{b}(t)}{dt}$$

$\boldsymbol{A}$ を定数正方行列，$\boldsymbol{a}$ を列ベクトルとして，2 次形式 $\boldsymbol{a}^\top\boldsymbol{A}\boldsymbol{a}$ のベクトル $\boldsymbol{a}$ に関する微分は

$$\frac{d}{d\boldsymbol{a}}(\boldsymbol{a}^\top\boldsymbol{A}\boldsymbol{a}) = 2\boldsymbol{a}^\top\boldsymbol{A}$$

## A.7 積　　分

### A.7.1 不定積分

$F'(x) = f(x)$ となる $F(x)$ を $f(x)$ の不定積分 (または原始関数)(indefinite integral)

とよぶ．そして，

$$F(x) = \int f(x)dx + C \quad (C \text{ は積分定数})$$

で表す．これを求めることを「積分する」といい，$f(x)$ を被積分関数とよぶ．積分定数は具体的な問題における初期条件で決まる．

**a.　おもな初等関数の積分**

$$\int x^n dx = \frac{1}{n+1}x^{n+1}$$
$$(\text{ただし } n \neq -1)$$
$$\int \frac{1}{x}dx = \ln x$$
$$\int e^x dx = e^x$$
$$\int \sin x dx = -\cos x$$
$$\int \cos x dx = \sin x$$
$$\int \tan x dx = -\ln|\cos x|$$
$$\int \frac{1}{\sin x}dx = \ln\left|\tan\frac{x}{2}\right|$$
$$\int \frac{1}{\cos x}dx = \ln|\sec x + \tan x|$$
$$\int \frac{1}{\sin^2 x}dx = -\cot x$$
$$\int \frac{1}{\cos^2 x}dx = \tan x$$
$$\int \frac{1}{1+x^2}dx = \tan^{-1} x$$
$$\int \frac{1}{1-x^2}dx = \frac{1}{2}\ln\left|\frac{1+x}{1-x}\right|$$
$$\int \frac{1}{\sqrt{1-x^2}}dx = \sin^{-1} x = -\cos^{-1} x$$
$$\int \frac{1}{\sqrt{x^2+1}}dx = \sinh^{-1} x$$
$$= \ln\left|x + \sqrt{x^2+1}\right|$$
$$\int \frac{1}{\sqrt{x^2-1}}dx = \cosh^{-1} x$$
$$= \ln\left|x + \sqrt{x^2-1}\right|$$

$$\int \sinh x dx = \cosh x$$
$$\int \cosh x dx = \sinh x$$
$$\int \frac{1}{\sinh^2 x}dx = -\coth x$$
$$\int \frac{1}{\cosh^2 x}dx = \tanh x$$
$$\int \tanh x dx = \ln \cosh x$$
$$\int \coth x dx = \ln|\sinh x|$$
$$\int \frac{1}{\sinh x}dx = \ln\left|\tanh\left(\frac{x}{2}\right)\right|$$
$$\int \frac{dx}{ax^2 + b}$$
$$= \begin{cases} \frac{1}{\sqrt{ab}}\tan^{-1}\frac{\sqrt{ab}x}{b} & (ab > 0) \\ \frac{1}{2\sqrt{|ab|}}\ln\left|\frac{b+\sqrt{|ab|}x}{b-\sqrt{|ab|}x}\right| & (ab < 0) \end{cases}$$
$$\int \frac{dx}{ax^2 + bx + c}$$
$$= \begin{cases} \frac{2}{\sqrt{4ac-b^2}}\tan^{-1}\frac{2ax+b}{\sqrt{4ac-b^2}} \\ \quad (4ac > b^2) \\ \frac{1}{\sqrt{b^2-4ac}}\ln\left|\frac{2ax+b-\sqrt{b^2-4ac}}{2ax+b+\sqrt{b^2-4ac}}\right| \\ \quad (4ac < b^2) \\ -\frac{2}{2ax+b} \\ \quad (4ac = b^2) \end{cases}$$
$$\int \frac{dx}{x\sqrt{ax+b}}$$
$$= \begin{cases} \frac{1}{\sqrt{b}}\ln\left|\frac{\sqrt{ax+b}-\sqrt{b}}{\sqrt{ax+b}+\sqrt{b}}\right| & (b > 0) \\ \frac{2}{\sqrt{|b|}}\tan^{-1}\sqrt{\frac{ax+b}{|b|}} & (b < 0) \end{cases}$$
$$\int \frac{dx}{x\sqrt{x^2+c}}$$
$$= \begin{cases} \frac{1}{\sqrt{c}}\ln\left|\frac{x}{\sqrt{c}+\sqrt{x^2+c}}\right| & (c > 0) \\ -\frac{1}{\sqrt{|c|}}\sin^{-1}\frac{\sqrt{|c|}}{|x|} & (c < 0) \end{cases}$$
$$\int \frac{dx}{\sqrt{ax^2+bx+c}}$$

$$= \begin{cases} \frac{1}{\sqrt{a}} \ln \left| 2ax + b + 2\sqrt{a(ax^2 + bx + c)} \right| \\ \quad (a > 0) \\ -\frac{1}{\sqrt{|a|}} \sin^{-1} \frac{2ax + b}{\sqrt{b^2 - 4ac}} \\ \quad (a < 0) \end{cases}$$

$$\int \frac{dx}{x\sqrt{ax^2 + bx + c}}$$

$$= \begin{cases} \frac{1}{\sqrt{c}} \ln \left| \frac{x}{bx + 2c + 2\sqrt{c(ax^2 + bx + c)}} \right| \\ \quad (c > 0) \\ \frac{1}{\sqrt{|c|}} \sin^{-1} \frac{bx + 2c}{\sqrt{b^2 - 4acx}} \\ \quad (c < 0) \end{cases}$$

$$\int \frac{dx}{x\sqrt{ax^2 + bx + c}}$$

$$= \begin{cases} \frac{1}{\sqrt{c}} \ln \left| \frac{x}{bx + 2c + 2\sqrt{c(ax^2 + bx + c)}} \right| \\ \quad (c > 0) \\ \frac{1}{\sqrt{|c|}} \sin^{-1} \frac{bx + 2c}{\sqrt{b^2 - 4acx}} \\ \quad (c < 0) \end{cases}$$

$$\int \frac{dx}{a \sin x + b \cos x + c}$$

$$= \begin{cases} \frac{1}{\sqrt{a^2 + b^2 - c^2}} \ln \left| \frac{\tan \frac{x}{2} + \frac{a - \sqrt{a^2 + b^2 - c^2}}{c - b}}{\tan \frac{x}{2} + \frac{a + \sqrt{a^2 + b^2 - c^2}}{c - b}} \right| \\ \quad (a^2 + b^2 > c^2, b \neq c) \\ \frac{2}{\sqrt{c^2 - a^2 - b^2}} \tan^{-1} \frac{a - (b - c) \tan \frac{x}{2}}{\sqrt{c^2 - a^2 - b^2}} \\ \quad (a^2 + b^2 < c^2) \\ \frac{-2}{a - (b - c) \tan \frac{x}{2}} \\ \quad (a^2 + b^2 = c^2, b \neq c) \\ \frac{1}{b} \tan \frac{x}{2} \\ \quad (b = c, a = 0) \end{cases}$$

$$\int (ax + b)^{n/2} dx = \frac{2(ax + b)^{(n+2)/2}}{(n + 2)a}$$
$$(n \neq -2)$$

$$\int \frac{1}{ax + b} dx = \frac{1}{a} \ln |ax + b|$$

$$\int \frac{dx}{\sqrt{(ax + b)(cx + d)}}$$

$$= \begin{cases} \frac{2}{\sqrt{ac}} \ln \left| \sqrt{a(cx + d)} + \sqrt{c(ax + b)} \right| \\ \quad (ac > 0) \\ \frac{2}{\sqrt{|ac|}} \tan^{-1} \sqrt{\frac{-a(cx + d)}{c(ax + b)}} \\ \quad (ac < 0) \end{cases}$$

$$\int \sqrt{x^2 + a^2} dx =$$
$$\frac{1}{2} \left( x\sqrt{x^2 + a^2} + a^2 \ln \left| x + \sqrt{x^2 + a^2} \right| \right)]$$

$$\int \sqrt{a^2 - x^2} dx$$
$$= \frac{1}{2} \left( x\sqrt{a^2 - x^2} + a^2 \sin^{-1} \frac{x}{a} \right)$$

$$\int \frac{dx}{\sqrt{a^2 - x^2}}$$
$$= \begin{cases} \sin^{-1} \frac{x}{a} \\ -\cos^{-1} \frac{x}{a} \end{cases}$$

$$\int x^m \ln x dx$$
$$= \frac{x^{m+1}}{m + 1} \left[ \ln x - \frac{1}{m + 1} \right] \quad (m \neq -1)$$

$$\int \frac{1}{x} \ln x dx = \frac{1}{2} (\ln x)^2$$

$$\int \ln(ax + b) dx = \frac{1}{a} (ax + b)[\ln(ax + b) - 1]$$

$$\int x e^{ax} dx = \frac{1}{a} e^{ax} \left( x - \frac{1}{a} \right)$$

$$\int x \sin x dx = \sin x - x \cos x$$

$$\int x \cos x dx = \cos x + x \sin x$$

$$\int \sin^{-1} x dx = x \sin^{-1} x + \sqrt{1 - x^2}$$

$$\int \cos^{-1} x dx = x \cos^{-1} x - \sqrt{1 - x^2}$$

$$\int \tan^{-1} x dx = x \tan^{-1} x - \frac{1}{2} \ln(1 + x^2)$$

$$\int e^{ax} \sin bx dx = \frac{e^{ax}}{a^2 + b^2} (a \sin bx - b \cos bx)$$

$$\int e^{ax} \cos bx dx = \frac{e^{ax}}{a^2 + b^2} (a \cos bx + b \sin bx)$$

**b. 不定積分の公式 (積分定数は省略)**

$$\int af(x)dx = a\int f(x)dx$$

$$\int (af(x) \pm bg(x))\,dx$$
$$= a\int f(x)dx \pm b\int g(x)dx$$

$$\frac{d}{dx}\left[\int f(x)dx\right] = f(x)$$

$$\int f'(x)g(x)dx$$
$$= f(x)g(x) - \int f(x)g'(x)dx \quad (部分積分)$$

$$\int f'(g(x))\,g'(x)dx = f(g(x))$$

($x = g(y)$ と置換して)

$$\int f(x)dx = \int f(g(y))g'(y)dy \quad (置換積分)$$

$$\int \frac{f'(x)}{f(x)}dx = \ln|f(x)| \quad (対数積分)$$

$$\int \frac{f'(x)}{a^2 + (f(x))^2}dx = \frac{1}{a}\tan^{-1}\frac{f(x)}{a}$$

$$\int \frac{f'(x)}{\sqrt{a^2 - (f(x))^2}}dx = \sin^{-1}\left(\frac{f(x)}{a}\right)$$

$$\int \frac{f'(x)g(x) - f(x)g'(x)}{(f(x))^2 - (g(x))^2}dx$$
$$= \frac{1}{2}\ln\left|\frac{f(x) - g(x)}{f(x) + g(x)}\right|$$

■ 部分分数法による積分：$\int f(x)/(x-a)^k dx$ の積分は

$$\int \frac{f(x)}{(x-a)^k}dx$$
$$= \int \left(\frac{b_k}{(x-a)^k} + \frac{b_{k-1}}{(x-a)^{k-1}} + \cdots + \frac{b_1}{(x-a)}\right)dx$$

のように部分分数へ分解して積分計算を行う.

### A.7.2 定積分

区間 $[a,b]$ で連続な関数 $f(x)$ に関して, その区間を $n$ 個の点 $x_i (i=0,1,2,\cdots,n, x_0 = a, x_n = b)$ で分割して次の和の極限を考える.

$$\lim_{n\to\infty}\sum_{i=1}^{n} f(\tau_i)(x_i - x_{i-1}) = \int_a^b f(x)dx$$

(ただし $x_{i-1} \leq \tau_i \leq x_i$ とする)

この左辺の極値が存在すれば, これを定積分とよび右辺のように表現する.

$f(x)$ の不定積分を $F(x)$ とすれば

$$\int_a^b f(x)dx = [F(x)]_a^b = F(b) - F(a)$$

で計算できる.

**a. 一般公式**

$$\int_a^b [\alpha f(x) + \beta g(x)]dx$$
$$= \alpha\int_a^b f(x)dx + \beta\int_a^b g(x)dx$$

$$\int_a^b f(x)dx = -\int_b^a f(x)dx$$

$$\int_a^b f(x)dx$$
$$= \int_a^c f(x)dx + \int_c^b f(x)dx$$

(ただし $a < c < b$)

なお, ここで $\alpha$ と $\beta$ は定数である.

$F(x) = \int_a^x f(\tau)d\tau - F(a)$ とすれば

$$f(x) = \frac{d}{dx}\int_a^x f(\tau)d\tau$$

$$f(x) = -\frac{d}{dx}\int_x^b f(\tau)d\tau$$

■ 置換積分：$x = \xi(t)$ とすれば, $dx = \xi'(t)dt$ が成立し, $a = \xi(\alpha)$ と $b = \xi(\beta)$ と設定すれば

$$\int_a^b f(x)dx = \int_\alpha^\beta f(\xi(t))\xi'(t)dt$$

■ 部分積分：

$$\int_a^b f'(x)g(x)dx$$
$$= [f(x)g(x)]_a^b - \int_a^b f(x)g'(x)dx$$

## A.7 積分

■ パラメータを含む積分の微分：

$$\frac{d}{dx}\int_{A(x)}^{B(x)} f(x,t)dt$$
$$= \int_{A(x)}^{B(x)} \frac{\partial f(x,t)}{\partial x}dt$$
$$+ f(x,B)\frac{dB}{dx} - f(x,A)\frac{dA}{dx}$$

これをライプニッツの公式 (Leibniz's rule) という．

### b. 定積分の例題公式
表 A.2〜A.4 に示す．

### c. 特異積分
次の2つの場合の特異積分があり，値を求めることができる場合がある．

■ 積分区間が有限でない場合：

$$\int_{-\infty}^{\infty} f(x)dx$$

のような場合である．これは積分領域を次のように分けて書ける．

$$\int_{-\infty}^{\infty} f(x)dx$$
$$= \lim_{a\to-\infty}\int_{a}^{0} f(x)dx + \lim_{b\to\infty}\int_{0}^{b} f(x)dx$$

この右辺の2項それぞれに極限が存在する場合

$$\int_{-\infty}^{\infty} f(x)dx = \lim_{a\to\infty}\int_{-a}^{a} f(x)dx$$

と値を求めることができ，これをコーシーの主値 (Cauchy principal value) という．

**表 A.2** 定積分の例題公式 1

| 積分式 | 結果 |
|---|---|
| $\int_0^\pi \frac{x\sin x}{1+\cos^2 x}dx$ | $\frac{\pi^2}{4}$ |
| $\int_0^1 \frac{\ln(1+x)}{1+x^2}dx$ | $\frac{\pi}{8}\ln 2$ |
| $\int_0^{\pi/2} \sin^n x\,dx$ および $\int_0^{\pi/2} \cos^n x\,dx$ （ただし $n\geq 1$） | $\frac{n-1}{n}\frac{n-3}{n-2}\cdots$ $\times\begin{cases} 1 & (n\text{ が奇数の場合}) \\ \frac{\pi}{2} & (n\text{ が偶数の場合}) \end{cases}$ |
| $\int_0^a \frac{1}{\sqrt{a^2-x^2}}dx$ （ただし $a\neq 0$） | $\frac{\pi}{2}$ |
| $\int_0^\infty e^{-ax}dx$ （ただし $a>0$） | $\frac{1}{a}$ |
| $\int_0^\infty \frac{a}{x^2+a^2}dx$ （ただし $a\neq 0$） | $\pm\frac{\pi}{2}$ |
| $\int_0^1 \frac{dx}{x^2+2x\cos x+1}$ | $\frac{x}{2\sin x}$ |
| $\int_{-1}^1 \frac{dx}{(a-x)\sqrt{1-x^2}}$ （ただし $|a|>1$） | $\pm\frac{\pi}{\sqrt{a^2-1}}$ |

**表 A.3** 定積分の例題公式 2

| 積分式 | 結果 |
|---|---|
| $\int_0^\infty e^{-ax}\ln x$ （ただし $\gamma=0.577215649\cdots$） | $-\frac{\gamma+\ln a}{a}$ |
| $\int_0^\infty e^{-ax}\sin bx\,dx$ （ただし $a>0$） | $\frac{b}{a^2+b^2}$ |
| $\int_0^\infty e^{-ax}\cos bx$ （ただし $a>0$） | $\frac{a}{a^2+b^2}$ |
| $\int_0^\infty x^{\alpha-1}e^{-ax}dx$ （ただし $a>0$） | $\frac{\Gamma(\alpha)}{a^\alpha}$ |
| $\int_0^\infty e^{-ax}\frac{\sin bx}{x}dx$ （ただし $a>0$） | $\tan^{-1}\frac{b}{a}$ |
| $\int_0^\infty e^{-ax^2}x^{2n}dx$ （ただし $a>0$） | $\frac{(2n-1)(2n-3)\cdots}{2^{n+1}}$ $\times\sqrt{\frac{\pi}{a^{2n+1}}}$ |
| $\int_0^\infty e^{-ax^2}x^{2n+1}dx$ （ただし $a>0$） | $\frac{n(n-1)\cdots}{2a^{n+1}}$ |
| $\int_0^\infty \frac{\sin ax}{x}dx$ | $\pm\frac{\pi}{2}$ |
| $\int_0^\infty \frac{\sin ax\sin bx}{x}dx$ （ただし $|a|\neq |b|$） | $\frac{1}{2}\ln\left|\frac{a+b}{a-b}\right|$ |

**表 A.4** 定積分の例題公式 3

| 積分式 | 結果 |
|---|---|
| $\int_0^\infty \dfrac{\sin ax \sin bx}{x^2} dx$<br>（ただし $a, b > 0$） | $\dfrac{\pi}{2} \min(a, b)$ |
| $\int_0^\infty \dfrac{\sin ax \cos bx}{x} dx$ | $\dfrac{\pi}{2}$ （ただし $|b| < a, a > 0$）<br>$\dfrac{\pi}{4}$ （ただし $|b| = a, a > 0$）<br>$0$ （ただし $|b| > a, a > 0$） |
| $\int_0^\infty \dfrac{\cos ax - \cos bx}{x} dx$<br>（ただし $a, b \neq 0$） | $\ln\left|\dfrac{b}{a}\right|$ |
| $\int_0^\infty \dfrac{\cos ax - \cos bx}{x^2} dx$<br>（ただし $a, b \geq 0$） | $\dfrac{\pi}{2}(b - a)$ |
| $\int_0^{\pi/2} \sin^m x \cos^n x\, dx$ | $\dfrac{(m-1)(m-3)\cdots(n-1)(n-3)\cdots}{(m+n)(m+n-2)\cdots} \dfrac{\pi}{2}$<br>（ただし $m, n$ ともに偶数）<br>$\dfrac{(m-1)(m-3)\cdots(n-1)(n-3)\cdots}{(m+n)(m+n-2)\cdots}$<br>（ただし $m, n$ の少なくとも 1 つが奇数） |
| $\int_0^\pi \sin mx \sin nx\, dx$ | $0$ （ただし $m \neq n$）<br>$\dfrac{\pi}{2}$ （ただし $m = n$） |
| $\int_0^\pi \cos mx \cos nx\, dx$ | $0$ （ただし $m \neq n$）<br>$\dfrac{\pi}{2}$ （ただし $m = n$） |
| $\int_0^\pi \sin mx \cos nx\, dx$ | $0$ （ただし $m + n$ が偶数）<br>$\dfrac{2m}{m^2 - n^2}$ （ただし $m + n$ が奇数） |
| $\int_0^{2\pi} \sin mx \sin nx\, dx$<br>および<br>$\int_0^{2\pi} \cos mx \cos nx\, dx$ | $0$ （ただし $m \neq n$）<br>$\pi$ （ただし $m = n \neq 0$） |
| $\int_0^{2\pi} \sin mx \cos nx\, dx$ | $0$ |

■ **関数が不連続の場合**：関数 $f(x)$ が区間 $[a, b]$ の内部の 1 点 $c$ で不連続 (無限大となる) のとき，

$$\int_a^b f(x)dx = \lim_{\epsilon \to 0} \int_a^{c-\epsilon} f(x)dx + \lim_{\eta \to 0} \int_{c+\eta}^b f(x)dx$$

が特異積分である．右辺 2 項を独立に $\epsilon \to 0$ と $\eta \to 0$ とするときに，それぞれの極値が同時に存在しない場合でも

$$\lim_{\epsilon \to 0} \left[ \int_a^{c-\epsilon} f(x)dx + \int_{c+\epsilon}^b f(x)dx \right]$$

が存在することがある．これが関数が不連続の場合のコーシーの主値という．コーシーの

A.7 積分

主値であることを明示するためには
$$pr.v \int_a^b f(x)dx$$
と記す.

**d. 定積分で定義される特殊関数**

■ ガンマ関数 (Gamma function)：
定義は
$$\Gamma(x) = \int_0^\infty t^{x-1}e^{-t}dt$$
(ただし, $x > 0$)

または
$$\Gamma(x) = \lim_{n \to \infty} \frac{n!n^x}{x(x+1)(x+2)\cdots(x+n)}$$
(ただし, $x > 0$)

整数 $n\ (\gg 0)$ の条件でのガンマ関数 $\Gamma(n+1)$ は漸近近似として
$$\Gamma(n+1) = n! \approx \sqrt{2\pi} n^{n+1/2} e^{-n}$$
で計算できる. スターリングの公式 (Stiring's approximation) である.

そして，次のおもな関係公式がある.
$$\Gamma(x+1) = x\Gamma(x)$$
$$\Gamma(n+1) = n! \quad (ただし, n \geq 0 \text{ の整数})$$
$$\Gamma(x)\Gamma(x-1) = \frac{\pi}{\sin(\pi x)}$$
$$\Gamma\left(x+\frac{1}{2}\right)\Gamma\left(\frac{1}{2}-x\right) = \frac{\pi}{\cos(\pi x)}$$
$$\Gamma\left(\frac{1}{2}\right) = \sqrt{\pi}$$
$$\Gamma\left(\frac{3}{2}\right) = \frac{\sqrt{\pi}}{2}$$
$$\Gamma\left(\frac{5}{2}\right) = \frac{3\sqrt{\pi}}{4}$$
$$\Gamma\left(n+\frac{1}{2}\right) = \frac{(2n-1)!!}{2^n}\sqrt{\pi}$$

■ ベータ関数 (Beta function)：
$$B(p,q) = \int_0^1 t^{p-1}(1-t)^{q-1}dt$$
$$= 2\int_0^{\pi/2} \cos^{2p-1}\theta \cos^{2q-1}\theta d\theta$$
$$= \frac{\Gamma(p)\Gamma(q)}{\Gamma(p+q)}$$

■ ゼータ関数 (zeta function)：
$$\zeta(x) = \sum_{n=1}^\infty \frac{1}{n^x}$$
$$= \frac{1}{\Gamma(x)} \int_0^\infty \frac{t^{x-1}}{e^{x-1}}dt \quad (x > 1)$$

■ プサイ関数 (psi function)：
$$\psi(x) = \frac{d}{dx}\ln\Gamma(x) = \frac{\Gamma'(x)}{\Gamma(x)}$$

■ 楕円積分：第 1 種楕円積分は
$$F(\varphi, k) = \int_0^\varphi \frac{1}{\sqrt{1-k^2\sin^2\theta}}d\theta$$
$$= \int_0^\varphi \frac{1}{\sqrt{(1-t^2)(1-k^2t^2)}}dt$$
(ここで, $k$ は母数, $0 < |k| < 1$ であり, $t = \sin\theta$)

第 2 種楕円積分は,
$$E(\varphi, k) = \int_0^\varphi \sqrt{1-k^2\sin^2\theta}d\theta$$
$$= \int_0^\varphi \sqrt{\frac{1-k^2t^2}{1-t^2}}dt$$

第 3 種楕円積分は,
$$\Pi(c; \varphi, k)$$
$$= \int_0^\varphi \frac{1}{(1+c\sin^2\theta)\sqrt{1-k^2\sin^2\theta}}d\theta$$
$$= \int_0^\varphi \frac{1}{(1+ct^2)\sqrt{(1-t^2)(1-k^2t^2)}}dt$$
(ここで, $c$ は助変数 (parameter) という)

■ ベッセル関数 (Bassel function)：
$$J_n(x) = \frac{\left(\frac{x}{2}\right)^2}{\sqrt{\pi}\Gamma(n+1/2)}$$
$$\times \int_0^\pi \cos(x\cos\theta)\sin^{2\pi}\theta d\theta$$

$J_0(x)$
$= \frac{\pi}{2}\int_0^1 \frac{\cos xt}{\sqrt{1-t^2}}d\theta$

$J_{2n}(x)$
$= (-1)^n \frac{2}{\pi}\int_0^{\pi/2} \cos(x\cos\theta)$
$\times \cos 2n\theta d\theta$

$J_{2n+1}(x)$
$= (-1)^n \frac{2}{\pi}\int_0^{\pi/2} \sin(x\cos\theta)$
$\times \cos(2n+1)\theta d\theta$

⎫ 第 1 種
⎬ ベッセル
⎭ 関数

$$\int x^{n+1} J_n(ax)dx = \frac{x^{n+1}}{a} J_{n+1}(ax)$$

$$\int x^{-n+1} J_n(ax)dx = -\frac{x^{-n+1}}{a} J_{n-1}(ax)$$

$$\int x J_m(\alpha x) J_m(\beta x)dx$$
$$= \frac{x}{\alpha^2 - \beta^2} [\alpha J_{m+1}(\alpha x) J_m(\beta x)$$
$$- \beta J_m(\alpha x) J_{m+1}(\beta x)] \quad (\alpha \neq \beta)$$

$$\int_0^\infty J_n(ax)dx = \frac{1}{a}$$

$$\int_0^\infty J_{n-1}(ax) J_n(bx)dx$$
$$= \begin{cases} \dfrac{a^{n-1}}{b^n} & (b > a > 0) \\ \dfrac{1}{2b} & (b = a > 0) \\ 0 & (a > b > 0) \end{cases}$$

$$\int_0^\infty e^{-ax} J_n(bx)dx$$
$$= \frac{(\sqrt{a^2+b^2}-a)^n}{b^n \sqrt{a^2+b^2}} \quad (n > -1, a > 0)$$

$$\int_0^\infty e^{-ax} x^n J_n(bx)dx$$
$$= \frac{(2b)^n \Gamma(n+\frac{1}{2})}{\sqrt{\pi}(a^2+b^2)^{n+1/2}} \quad (n > -\frac{1}{2}, a > 0)$$

$$\int_0^\infty e^{-ax} N_0(bx)dx$$
$$= \frac{2}{\pi\sqrt{a^2+b^2}} \ln \left| \sqrt{1+\frac{a^2}{b^2}} - \frac{a}{b} \right|$$
$$(a > 0)$$

$$\int_0^\infty \cos ax J_n(bx)dx$$
$$= \begin{cases} \dfrac{\cos n\varphi}{\sqrt{b^2-a^2}} (b > a > 0); \sin \varphi = \frac{a}{b} \\ -\dfrac{1}{\sqrt{a^2-b^2}} \left( \dfrac{b}{a+\sqrt{a^2-b^2}} \right)^n \\ \quad \times \sin \frac{n\pi}{2} \quad (a > b > 0) \end{cases}$$

$$\int_0^\infty \sin ax J_n(bx)dx$$
$$= \begin{cases} \dfrac{\sin n\varphi}{\sqrt{b^2-a^2}} & (b > a > 0) \\ \dfrac{1}{\sqrt{a^2-b^2}} \left( \dfrac{b}{a+\sqrt{a^2-b^2}} \right)^n \\ \quad \times \cos \frac{n\pi}{2} & (a > b > 0) \end{cases}$$

$$\int_0^\infty \frac{\cos ax}{x} J_n(bx)dx$$
$$= \begin{cases} \dfrac{\cos \frac{n\varphi}{n}}{n} & (b \geq a > 0) \\ \dfrac{\cos(\frac{n\pi}{2})}{n} \left( \dfrac{b}{a+\sqrt{a^2-b^2}} \right)^n & (a \geq b > 0) \end{cases}$$

$$\int_0^\infty \frac{\sin ax}{x} J_n(bx)dx$$
$$= \begin{cases} \dfrac{\sin n\varphi}{n} & (b \geq a > 0) \\ \dfrac{\sin \frac{n\pi}{2}}{n} \left( \dfrac{b}{a+\sqrt{a^2-b^2}} \right)^n & (a \geq b > 0) \end{cases}$$
$$(n \geq 1)$$

$$\int_0^\infty \frac{\sin ax}{x} J_0(bx)dx$$
$$= \begin{cases} \sin^{-1} \frac{a}{b} = \varphi & (b \geq a > 0) \\ \frac{\pi}{2} & (a \geq b > 0) \end{cases}$$

$$\int_0^{\pi/2} J_\mu(a \sin \theta)(\sin \theta)^{\mu+1}(\cos \theta)^{2\rho+1}d\theta$$
$$= 2^\rho \Gamma(\rho+1) a^{-\rho-1} J_{\rho+\mu+1}(a)$$
$$(\rho > -1, \mu > -1)$$

$$\int_0^{\pi/2} \cos 2n\theta J_0(\sqrt{a^2+b^2-2ab\cos 2\theta})d\theta$$
$$= \frac{\pi}{2} J_n(a) J_n(b) \quad (n は正の整数)$$

### e. 重積分

■ 二重積分：たとえば図 A.25 に示すように，2 変数 $x, y$ のある関数 $f(x, y)$ が閉領域で連続としたときの積分

$$\iint_D f(x,y)dxdy$$
$$= \int_c^d \left\{ \int_{x_1(y)}^{x_2(y)} f(x,y)dx \right\} dy$$
$$= \int_a^b \left\{ \int_{y_1(x)}^{y_2(x)} f(x,y)dy \right\} dx$$

を二重積分 (double integral) という．

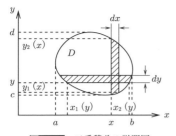

**図 A.25** 二重積分の説明図

■ **変数変換 (座標変換)**：2変数 $x, y$ が新しい別の変数 $\alpha, \beta$ の関数である (または $x$–$y$ 座標系から別の $\alpha$–$\beta$ 座標系に変換できる) とする．すなわち，

$$x = x(\alpha, \beta), \quad y = y(\alpha, \beta)$$

が成立し，関数 $x(\alpha, \beta)$ と $y(\alpha, \beta)$ が $\alpha$–$\beta$ 座標系での積分領域 $D^*$ の中で連続で，かつ連続な1階偏導関数をもち，点 $(\alpha, \beta)$ と $x$–$y$ 座標系の点 $(x, y)$ が一対一の関係が成立し，さらにはヤコビ行列 (Jacobian matrix)

$$J = \frac{\partial(x, y)}{\partial(\alpha, \beta)} = \begin{vmatrix} \dfrac{\partial x}{\partial \alpha} & \dfrac{\partial x}{\partial \beta} \\ \dfrac{\partial y}{\partial \alpha} & \dfrac{\partial y}{\partial \beta} \end{vmatrix}$$

が積分領域 $D^*$ において非零である条件では，

$$\iint_D f(x, y) dx dy = \iint_{D^*} f[x(\alpha, \beta), y(\alpha, \beta)] J d\alpha d\beta$$

である．

■ **多重積分**：二重積分の拡張として，3変数，たとえば $x, y, z$ に関する関数 $g(x, y, t)$ に関する

$$\iiint_V f(x, y, z) dx dy dz$$

を三重積分といい，$n\ (>2)$ 変数の関数に関する同様の積分を多重積分 (multiple integral) という．

### f. 三角形領域の積分公式

前提として，三角形の3頂点座標を $(x_i, y_i)$, $(x_j, y_j)$, $(x_k, y_k)$ とし，図心座標を $(x_G, y_G)$ と表し，三角形領域内の任意の点 $(x, y)$ を図心からの相対座標 $(\tilde{x}, \tilde{y})$ で表現する．すなわち，

$$x_G = \frac{1}{3}(x_i + x_j + x_k)$$
$$y_G = \frac{1}{3}(x_i + x_j + x_k)$$
$$x = \tilde{x} + x_G$$
$$y = \tilde{y} + y_G$$

さらに，三角形の3頂点座標をその相対座標で $(\tilde{x}_i, \tilde{y}_i), (\tilde{x}_j, \tilde{y}_j), (\tilde{x}_k, \tilde{y}_k)$，三角形の領域と面積を $\Delta$ で表して，次の公式を得る．

$$\int_\Delta dx dy = \Delta$$
$$\int_\Delta x dx dy = x_G \Delta$$
$$\int_\Delta y dx dy = y_G \Delta$$
$$\int_\Delta x^2 dx dy = \frac{\Delta}{12}(\tilde{x}_i^2 + \tilde{x}_j^2 + \tilde{x}_k^2) + x_G^2 \Delta$$
$$\int_\Delta y^2 dx dy = \frac{\Delta}{12}(\tilde{y}_i^2 + \tilde{y}_j^2 + \tilde{y}_k^2) + y_G^2 \Delta$$
$$\int_\Delta xy dx dy = \frac{\Delta}{12}(\tilde{x}_i \tilde{y}_i + \tilde{x}_j \tilde{y}_j + \tilde{x}_k \tilde{y}_k)$$
$$+ x_G y_G \Delta$$

### g. ガウスの定積分

ガウスの定積分は高精度な数値積分法であり，有限要素法などで使われている．ここでは，1変数関数の積分公式を示す．

$$\int_{-1}^{1} f(x) dx = \sum_{k=1}^{n} W_k f(x_k)$$

(ここで，$n$ は積分点数)

被積分関数の次数特性に合わせて適切な積分点数 $n$ を設定した上で次ページの表 A.5 の値を使って，重み係数と関数値の積の和で積分値を数値近似で求める．

## A.8 微分方程式

導関数を含む方程式を微分方程式 (differential equation) という．区分としては

- 常微分方程式：変数が1つの常微分のみを含む方程式

### 表 A.5 積分点座標と重み係数

| 積分点数 $n$ | 積分点座標 $\pm x_k$ | 重み係数 $W_k$ |
|---|---|---|
| 2 | 0.57735 02691 89626 | 1.00000 00000 00000 |
| 3 | 0.77459 66692 41483 | 0.55555 55555 55555 |
|   | 0.00000 00000 00000 | 0.88888 88888 88888 |
| 4 | 0.86113 63115 94053 | 0.34785 48451 37454 |
|   | 0.33998 10435 84856 | 0.65214 51548 62546 |
| 5 | 0.90617 98459 38664 | 0.23692 68850 56189 |
|   | 0.53846 93101 05683 | 0.47862 86704 99366 |
|   | 0.00000 00000 00000 | 0.56888 88888 88889 |
| 6 | 0.93246 95142 03152 | 0.17132 44923 79170 |
|   | 0.66120 93864 66265 | 0.36076 15730 48139 |
|   | 0.23861 91860 83197 | 0.46791 39345 72691 |
| 7 | 0.94910 79123 42759 | 0.12948 49661 68870 |
|   | 0.74153 11855 99394 | 0.27970 53914 89277 |
|   | 0.40584 51513 77397 | 0.38183 00505 05119 |
|   | 0.00000 00000 00000 | 0.41795 91836 73469 |
| 8 | 0.96028 98564 97536 | 0.10122 86362 90376 |
|   | 0.79666 64774 13627 | 0.22238 10344 53374 |
|   | 0.52553 24099 16329 | 0.31370 66458 77887 |
|   | 0.18343 46424 95650 | 0.36268 37833 78362 |
| 9 | 0.96816 02395 07626 | 0.08127 43883 61574 |
|   | 0.83603 11073 26636 | 0.18064 81606 94857 |
|   | 0.61337 14327 00590 | 0.26061 06964 02935 |
|   | 0.32425 34234 03809 | 0.31234 70770 40003 |
|   | 0.00000 00000 00000 | 0.33023 93550 01260 |

- 偏微分方程式：変数が 2 つ以上で偏微分を含む場合の方程式
- $n$ 階微分方程式：含まれる最高次の導関数が $n$ 次の場合を $n$ 階微分方程式
- 線形微分方程式：未知関数およびそのすべての導関数についてべき指数が 1 次または 0 次のもの
- 非線形微分方程式：未知関数およびそのすべての導関数についてべき指数が 2 次以上のもの

$n$ 階の線形常微分方程式
$$\frac{d^n y}{dx^n} + a_1(x)\frac{d^{n-1}y}{dx^{n-1}} + a_2(x)\frac{d^{n-2}y}{dx^{n-2}} + \cdots + a_{n-1}(x)\frac{dy}{dx} + a_n(x)y = h(x)$$
について，右辺が $h(x) = 0$ または $h(x) \neq 0$ によって，同次または非同次と分類される．

【一般解】：$n$ 階の微分方程式を解くということは，$n$ 階の積分をしてその関数 (未知である元の関数) を求めることであるから，その解は $n$ 個の任意定数を含む．これを一般解とよぶ．

【特解 (特殊解)】：$n$ 個の任意定数に (問題の初期条件や境界条件を設定して) 特定の値を指定して得られる解を特解とよぶ．

【特異解】：一般解の中の任意定数に特別な値を指定して得られない解があれば，それは特異解という．

【微分方程式を解く】：微分方程式を解くとは，一般解と特異解を求めることである．

## A.8.1 常微分方程式
### a. 1階常微分方程式

■ 変数分離型：
$$\frac{dy}{dx} = \frac{f(x)}{g(y)}$$
であり，解は
$$\int g(y)dy = \int f(x)dx + c \quad (c \text{ は任意定数})$$
で得られる．

■ 線形型：
$$\frac{dy}{dx} + f(x)y = g(x)$$
は
$$y = e^{-\int f(x)dx}\left(\int g(x)e^{\int f(x)dx}dx + c\right)$$
と得られる．

■ 同次型：
$$\frac{dy}{dx} = f\left(\frac{y}{x}\right)$$
であり，$v = y/x$ と置いて，
$$\frac{dv}{f(v) - v} = \frac{dx}{x}$$
と変形でき，変数分離型で解ける．

■ 完全微分型：
$$f(x,y) + g(x,y)\frac{dy}{dx} = 0$$
かつ
$$\frac{\partial f}{\partial y} = \frac{\partial g}{\partial x}$$
ならば，解は
$$\int f dx + \int \left(g - \frac{\partial}{\partial y}\int f dx\right) dy = c$$
$$\int g dy + \int \left(f - \frac{\partial}{\partial x}\int g dy\right) dx = c$$
で得られる．

■ ベルヌーイの微分方程式 (Bernoulli's differential equation)：
$$\frac{dy}{dx} + f(x)y = g(x)y^n \quad (n \neq 0, 1)$$
は，$v = y^{1-n}$ と置けば原式は
$$\frac{1}{1-n}\frac{dv}{dx} + f(x)v = g(x)$$
となり，前掲の「線形型」公式で解くことができる．

■ クレローの微分方程式 (Clairaut's differential equation)：
$$y = x\frac{dy}{dx} + f\left(\frac{dy}{dx}\right)$$
これは $p = dy/dx$ と助変数 $p$ に置き換えて
$$y = xp + f(p)$$
の形式であるから，この一般解は
$$y = cx + f(c)$$
で，特異解 (一般解の直線群の包絡線) は
$$x = -f'(p)$$
$$y = -pf'(p) + f(p)$$
の連立で $p(= dy/dx)$ を消去して得られる．

■ ラグランジュの微分方程式 (Lagrange's differential equation)：
$$y = xg(y') + f(y')$$
である．
両辺を $x$ で微分して，助変数 $p = dy/dx$ を用いることで
$$\frac{dx}{dp} - \frac{g'(p)}{p - g(p)}x = \frac{f'(p)}{p - g(p)}$$
となるので，これと
$$y = xf(p) + g(p)$$
の連立から $p$ を消去して一般解が得られる．原式で $g(y') = y'$ の場合はクレローの微分方程式である．

■ リッカチの微分方程式 (Riccati's differential equation)：
$$\frac{dy}{dx} + P(x)y + Q(x)y^2 = R(x)$$
の形式の方程式である．$y = u'/Qu$ とおけば
$$u'' + \left(P - \frac{Q'}{Q}\right)u' - QRu = 0$$
のように2階線形微分方程式 (後述の高次常微分方程式参照) に変換される．

## b. 2階常微分方程式

一般形として
$$F\left(x, y, \frac{dy}{dx}, \frac{d^2y}{dx^2}\right) = 0$$
と表現できる。

■ 直接法：

具体的に
$\frac{d^2y}{dx^2} = f(x)$ の形式の場合：
$$y = \int\int f(x)dxdx + c_1 x + c_2$$

$\frac{d^2y}{dx^2} = f(y)$ の形式の場合：
$$y = \pm \int \frac{dy}{\sqrt{c_1 + 2\int f(y)dy}} + c_2$$

■ 階数低下法：
$$\frac{d^2y}{dx^2} = f\left(x, \frac{dy}{dx}\right)$$
の形式の場合は $p = dy/dx$ と置いて
$$\frac{dp}{dx} = f(x, p)$$
の1階微分方程式に変換して解く。

■ 定数係数の同次線形微分方程式：
$$\frac{d^2y}{dx^2} + 2a\frac{dy}{dx} + by = 0$$
の一般解は，

$b = a^2$ の場合：
$$y = e^{-ax}(c_1 + c_2 x)$$

$b < a^2$ の場合：
$$y = e^{-ax}\left(c_1 e^{\sqrt{a^2-b}x} + c_2 e^{-\sqrt{a^2-b}x}\right)$$

$b > a^2$ の場合：
$$y = e^{-ax}(c_1 \sin\sqrt{b-a^2}x + c_2 \cos\sqrt{b-a^2}xt)$$

■ 定数係数の非同次線形微分方程式：
$$\frac{d^2y}{dx^2} + 2a\frac{dy}{dx} + by = f(x)$$
の一般解は，一般化表現として
$$y = y_h + y_p$$
となる。ここで，$y_h$ は $f(x) = 0$ とした同次方程式の同次解 (homogeneous solution)，$y_p$ は非同次方程式の特解 (particular solution) の1つである。

右辺 $f(x) = 0$ とした同次方程式の一般解は上述のとおりであり，非同次方程式の特解の1つは次のように求められる。

● 階数低下法：原式は
$$\left[\frac{d}{dx} - \left(-1 + \frac{\sqrt{a^2-b}}{a}\right)\right]$$
$$\times \left[\frac{d}{dx} - \left(+1 + \frac{\sqrt{a^2-b}}{a}\right)\right]y = f(x)$$

と因数分解変形できるので，まず
$$u = \left[\frac{d}{dx} - \left(+1 + \frac{\sqrt{a^2-b}}{a}\right)\right]y$$
とおいて
$$\left[\frac{d}{dx} - \left(-1 + \frac{\sqrt{a^2-b}}{a}\right)\right]u = f(x)$$

の1階微分方程式を解くことで $u$ を求める。この結果を使って
$$\left[\frac{d}{dx} - \left(+1 + \frac{\sqrt{a^2-b}}{a}\right)\right]y = u$$

の1階微分方程式を解くことで特解 $y$ を求める。

● 未定係数法：原式右辺の $f(x)$ の形の区別で次のように求める。

(i) $f(x) = a_0 x^n + a_1 x^{n-1} + a_2 x^{n-2} + \cdots + a_{n-1}x + a_n$ の場合：$y_p = A_0 x^n + A_1 x^{n-1} + A_2 x^{n-2} \cdots + A_{n-1}x + A_n$
と仮定して，原式に代入して未定係数 $A_0$ から $A_n$ を決定する。

(ii) $f(x) = a_0 e^{a_1 x}$ の場合：$y_p = A e^{a_1 x}$
と仮定して，原式に代入して未定係数 $A$ を決定する。

(iii) $f(x) = a_0 \sin kx$ または $f(x) = a_0 \cos kx$ の場合：$y_p = A\sin kx + B\cos kx$ と仮定して，原式に代入して未定係数 $A$ と $B$ を決定する。

(iv) $f(x) = e^{kx}\phi(x)$ の場合：$y_p = e^{kx}z$
と仮定して，原式に代入して両辺 $e^{kx}$ で割り算し，$z$ を決定する。

(v) $f(x)$ が関数の和である場合：各関数での方程式の特解を求めて和とする。

■ 連立微分方程式：
$$a_1 \frac{dy(x)}{dx} + b_1 \frac{dz(x)}{dx}$$
$$+ a_2 y(x) + b_2 z(x) = f_1(x)$$
$$\alpha_1 \frac{dy(x)}{dx} + \beta_1 \frac{dz(x)}{dx}$$
$$+ \alpha_2 y(x) + \beta_2 z(x) = f_2(x)$$

第1ステップ：連立させ $dz(x)/dx$ を消去し
$$(a_1 \beta_1 - b_1 \alpha_1) \frac{dy(x)}{dx}$$
$$+ (a_2 \beta_1 - b_1 \alpha_2) y(x)$$
$$+ (b_2 \beta_1 - b_1 \beta_2) z(x)$$
$$= \beta_1 f_1(x) - b_1 f_2(x)$$

を求める.

第2ステップ：前ステップの結果を $x$ で微分する．すなわち，
$$(a_1 \beta_1 - b_1 \alpha_1) \frac{d^2 y(x)}{dx^2}$$
$$+ (a_2 \beta_1 - b_1 \alpha_2) \frac{dy(x)}{dx}$$
$$+ (b_2 \beta_1 - b_1 \beta_2) \frac{dz(x)}{dz}$$
$$= \beta_1 \frac{df_1(x)}{dx} - b_1 \frac{df_2(x)}{dx}$$

を求める.

第3ステップ：第1ステップの結果から
$$z = \frac{1}{b_2 \beta_1 - b_1 \beta_2} \Bigl[ \beta_1 f_1(x) - b_1 f_2(x)$$
$$- (a_1 \beta_1 - b_1 \alpha_1) \frac{dy(x)}{dx}$$
$$- (a_2 \beta_1 - b_1 \alpha_2) y(x) \Bigr]$$

を，第2ステップの結果からは
$$\frac{dz(x)}{dz} = \frac{1}{b_2 \beta_1 - b_1 \beta_2} \Bigl[ \beta_1 \frac{df_1(x)}{dx}$$
$$- b_1 \frac{df_2(x)}{dx} - (a_1 \beta_1 - b_1 \alpha_1) \frac{d^2 y(x)}{dx^2}$$
$$- (a_2 \beta_1 - b_1 \alpha_2) \frac{dy(x)}{dx} \Bigr]$$

を得るので，これらを原式のどちらか一方の方程式に代入して $y$ に関する2階微分方程式として解く．$y$ を求めた後，第3ステップの式から $z$ を求められる．

### c. 高次常微分方程式

定数係数の高次線形常微分方程式は一般形として
$$a_0 \frac{d^n y}{dx^n} + a_1 \frac{d^{n-1} y}{dx^{n-1}} + \cdots$$
$$+ a_{n-1} \frac{dy}{dx} + a_n y = f(x) \quad (n \geq 1)$$

⇓ 微分演算子 $D = \frac{d}{dx}, \quad D^2 = \frac{d^2}{dx^2} \cdots$
$D^n = \frac{d^n}{dx^n}$ を用いた表現では
$$P(D) y = (a_0 D^n + a_1 D^{n-1} + \cdots$$
$$+ a_{n-1} D + a_n) y = a_0 \sum_{k=1}^n (D - r_k) y$$

である．ここで，$r_k (k=1 \sim n)$ は $P(D) = 0$ の特性方程式の根である．

原式で $f(x) = 0$ とした同次方程式の解 $y_h$ は
$$y_h = c_1 e^{r_1 x} + c_2 e^{r_2 x} + c_3 e^{r_3 x} \cdots + c_n e^{r_n x}$$

(ただし，$r_1, r_2, \cdots r_n$ は互いに異なる根) となり，

- $r_k = \alpha_k + j \beta_k$ (ここで，$j$ は虚数単位) の場合は $e^{r_k x}$ の項が
$$e^{r_k x} = e^{\alpha_k x} (\cos \beta_k x + j \sin \beta_k x)$$

- $r_1 = r_2 = \cdots = r_k$ の場合 (特性方程式で重根がある場合) は
$$y_h = \left( c_1 + c_2 x + \cdots + c_k x^{k-1} \right) e^{r_1 x}$$
$$+ c_{k+1} e^{r_{k+1} x} + \cdots + c_n e^{r_n x}$$

である．

$f(x) \neq 0$ に対する非同次方程式の特解 $y_p$ は次のように求める．

■ 階数低下法：原式は
$$P(D) = a_0 D^n + a_1 D^{n-1} + \cdots + a_{n-1} D + a_n$$
$$= a_0 \sum_{k=1}^n (D - r_k) = f(x)$$

であるから，

- 第1ステップ：$u_1 = a_0 (D - r_2)(D - r_3) \cdots (D - r_n)$ とおいて
$$(D - r_1) u_1 = f(x)$$

の1階微分方程式で $u_1$ を解く．積分定数を省略した特殊解を $u_1$ として次ステップで使う．

### 表 A.6　工学的に重要な微分方程式

| |
|---|
| $\frac{d^2y}{dx^2} + k^2 y = 0 \quad \Longrightarrow \quad y = c_1 \sin kx + c_2 \cos kx$ |
| $\frac{d^2y}{dx^2} - k^2 y = 0 \quad \Longrightarrow \quad y = c_1 e^{kx} + c_2 e^{-kx}$ |
| $(1-x^2)\frac{d^2y}{dx^2} - x\frac{dy}{dx} + n^2 y = 0$　（チェビシェフの微分方程式） $\Longrightarrow \quad y = c_1 T_n(x) + c_2 U_n(x)$ ここで，$T_n(x) = \cos(n \cos^{-1} x)$：第1種チェビシェフ多項式 $T_n(x) = \sin(n \cos^{-1} x)$：第2種チェビシェフ多項式 |
| $(1-x^2)\frac{d^2y}{dx^2} - 2x\frac{dy}{dx} + n(n+1)y = 0$　（ルジャンドルの微分方程式） $\Longrightarrow \quad y = c_1 P_n(x) + c_2 Q_n(x)$ ここで，$P_n(x) = \frac{1}{2^n n!}\frac{d^n}{dx^n}(x^2-1)^n = F\left(-n, n+1, 1; \frac{1-x}{2}\right)$ （第1種ルジャンドル関数） $Q_n(x) = \frac{1}{n! 2^n}\frac{d^n}{dx^n}\left[(x^2-1)^n \ln \frac{1+x}{1-x}\right] - \frac{1}{2}P_n(x) \ln \frac{1+x}{1-x}$ （第2種ルジャンドル関数） |
| $x(1-x)\frac{d^2y}{dx^2} + [\gamma - (\alpha+\beta+1)x]\frac{dy}{dx} - \alpha\beta y = 0$　（ガウスの微分方程式） $\Longrightarrow$ $\gamma$ が整数でなく，$x = 0$ の近傍では， $y = c_1 F(\alpha, \beta, \gamma; x) + c_2 x^{1-\gamma} F(\alpha-\gamma+1, \beta-\gamma+1, 2-\gamma; x)$ ここで，$F(\alpha, \beta, \gamma; x) = \frac{\Gamma(\gamma)}{\Gamma(\alpha)\Gamma(\beta)} \sum_{n=0}^{\infty} \frac{\Gamma(\alpha+n)\Gamma(\beta+n)}{\Gamma(\gamma+n)} \frac{x^n}{n!}$　（ガウスの超幾何級数） $x = 1$ の近傍では，$\alpha+\beta-\gamma$ が整数でないとき， $y = c_1 F(\alpha, \beta, \alpha+\beta-\gamma+1; 1-x)$ $\quad + c_2 (1-x)^{\gamma-\alpha-\beta} F(\gamma-\alpha, \gamma-\beta, \gamma-\alpha-\beta+1; 1-x)$ |

- 第2ステップ：$u_2 = a_0(D-r_3)\cdots(D-r_n)$ と置いて

$$(D-r_2)u_2 = u_1$$

の1階微分方程式で $u_2$ を解く．積分定数を省略した特殊解を $u_2$ として次ステップで使う．

- 第3ステップ〜第 $n$ ステップ：第1，第2ステップの論理の反復として $u_3, u_4, \cdots, u_{n-1}, y$ の順に求めていく．

■ 未定係数法：

(i) $f(x) = a_0 x^n + a_1 x^{n-1} + a_1 x^{n-1} + \cdots + a_{n-1} x + a_n$ の場合

$$y_p = A_0 x^n + A_1 x^{n-1} + A_2 x^{n-2} + \cdots + A_{n-1} x + A_n$$

と仮定して係数 $A_0 \sim A_n$ を求める．なお，$P(D)$ の1つの因数が $D^m$ ならば

$$y_p = x^m (A_0 x^n + A_1 x^{n-1} + A_2 x^{n-2} + \cdots + A_{n-1} x + A_n)$$

として求める．

(ii) $f(x) = ce^{kx}$ の場合

$$y_p = Ae^{kx}$$

と仮定して $A$ を決定する．$P(D)$ の1つの因数が $(D-k)^m$ であれば

$$y_p = Ax^m e^{kx}$$

を仮定する．

(iii) $f(x) = c\sin kx$ または $f(x) = c\cos kx$ の場合

$$y_p = A\sin kx + B\cos kx$$

と仮定して解く．$P(D)$ の1つの因数が $(D^2+k^2)^m$ であれば

$$y_p = x^m (A\sin kx + B\cos kx)$$

(vi) $f(x) = e^{kx} g(x)$ の場合は，解を

$$y_p = e^{kx} z(x)$$

と仮定して原式に代入し，$e^{kx}$ で両辺を割り，関数 $z(x)$ に関する高次同次方程式として解くことで $y_p$ を求める．

(v) $f(x)$ が関数の和である場合：各関数での方程式の特解を求めて和とする．

## A.8 微分方程式

■ **定数変化法**：同次方程式の基本解 $y_i(x)$ $(i = 1 \sim n)$ から非同次方程式の特解を求める手法で，ラグランジュの定数変化法 (Lagrange's method of variation of constants) とよばれる．同次方程式の一般解を

$$y_h = \sum_{i=1}^{n} c_i y_i(x)$$

とし，この式の係数を $x$ の関数とみなして非同次解の特解を

$$y_p = \sum_{i=1}^{n} c_i(x) y_i(x)$$

と仮定する．すると次の関係が成立する．

$$\begin{bmatrix} y_1 & y_2 & \cdots & y_n \\ y_1' & t_2' & \cdots & y_n' \\ y_1'' & t_2'' & \cdots & y_n'' \\ \vdots & \vdots & \ddots & \vdots \\ y_1^{(n-1)} & t_2^{(n-1)} & \cdots & y_n^{(n-1)} \end{bmatrix}$$

$$\times \begin{bmatrix} c_1'(x) \\ c_2'(x) \\ c_3'(x) \\ \vdots \\ c_n'(x) \end{bmatrix} = \begin{bmatrix} 0 \\ 0 \\ 0 \\ \vdots \\ f(x) \end{bmatrix}$$

なお，左辺係数行列をロンスキー行列という．この連立方程式で $c_i'(x)$ を求めて，それらを積分することで $c_i(x)$ を得ることで最終的に仮定した解を決定する．

■ **実用的な 2 階微分方程式の場合**：

$$a_0 \frac{d^2 y}{dx^2} + a_1 \frac{dy}{dx} + a_2 y = f(x)$$

に対しては，特性方程式 $a_0 D^2 + a_1 D + a_2 = 0$ を解いて，その根を $r_1$ と $r_2$ とすると次式で特解を得る．

$$y_h = e^{r_1 x} \int \left[ e^{(r_2 - r_1)} \int e^{r_2 x} \frac{f(x)}{a_0} \right] dx$$

■ **一般の高次線形常微分方程式**：

$$a_0 \frac{d^n y}{dx^n} + a_1 \frac{d^{n-1} y}{dx^{n-1}} + \cdots$$
$$+ a_{n-1} \frac{dy}{dx} + a_n = f(x) \quad (n \geq 1)$$

は $f(x) = 0$ の線形独立な $n$ 個の解 $u_1(x)$, $u_2(x), \cdots, u_n(x)$ と特解 $y_p$ で

$$y = c_1 u_1 + c_2 u_2 + \cdots + c_n u_n + y_p(x)$$

と得られる．

■ **オイラーの微分方程式**：

$$(px+q)^n \frac{d^n y}{dx^n} + a_1 (px+q)^{n-1} \frac{d^{n-1} y}{dx^{n-1}}$$
$$+ \cdots + a_{n-1}(px+q) \frac{dy}{dx} + a_n y = f(x)$$

は，$px + a = e^t$ とおくことで，

$$p = e^t \frac{dt}{dx} \Rightarrow \frac{dt}{dx} = p e^{-t}$$

と，微分演算子 $D = \frac{d}{dx}$ で書き直すと，

$$\left[ p^n \sum_{k=0}^{n-1} (D-k) + a_1 p^{n-1} \sum_{k=0}^{n-2} (D-k) \right.$$
$$\left. + \cdots + a_{n-1} D + a_n \right] y = f\left( \frac{e^t - q}{p} \right)$$

となり，これより定数係数の線形微分方程式として解く．

### A.8.2 偏微分方程式

■ **1 階微分方程式**：1 階の偏微分方程式とは，$n$ 個 $(n > 1)$ の独立変数 $x_1, x_2, x_3 \cdots, x_n$ とそれらの従属変数 $z(x_1, x_2, x_3, \cdots, x_n)$ および 1 階偏微分係数 $\partial z / \partial x_i$ $(i = 1 \sim n)$ を含む方程式

$$F\left( x_1, x_2, x_3, \cdots, x_n, \frac{\partial z}{\partial x_1}, \frac{\partial z}{\partial x_2}, \right.$$
$$\left. \frac{\partial z}{\partial x_3}, \cdots, \frac{\partial z}{\partial x_n} \right)$$

である．

$n$ 個の任意積分定数を含む解を完全解，任意積分定数は含まないが 1 個の任意関数を含む解を一般解，一般解に含まれる個々の解を特殊解とよぶ．

● **ラグランジューシャルピーの解法**：2 変数 $x, y$ を独立変数，$z$ をそれらの従属変数として，便宜的に偏微分係数を $p = \partial z / \partial x$ と $q = \partial z / \partial y$ と表せば，この 2 変数の 1 階偏微分方程式 $F(x, y, z, p, q) = 0$ について，特有微分方程式

$$\frac{dx}{F_p} = \frac{dy}{F_q} = \frac{dz}{p F_p + q F_q}$$
$$= -\frac{dp}{p F_z + F_x} = -\frac{dq}{q F_z + F_y}$$

の解 $G(x,y,z,p,q) = a$ と $F=0$ から $p = P(x,y,z,a)$ と $q = Q(x,y,z,a)$ が得られ，$dz = Pdx + Qdy$ より完全解が得られる．なお，$F_x$ や $F_y$ は $\partial F/\partial x$ や $\partial F/\partial y$ の偏微分の略記体である．

(i) $F(p,q) = 0$ の場合：完全解は
$$z = a_1 x + a_2 y + b$$
ただし $F(a_1, a_2) = 0$．

(ii) $F(x,p,q) = 0$ の場合：$F(x,p,a) = 0$ の解 $p = p(x,a)$ を用いて
$$z = \int p(x,a)dx + ay + b$$

(iii) $F(z,p,q) = 0$ の場合：$F(z,p,ap) = 0$ の解 $p = p(z,a)$ を用いて
$$z = \int \frac{1}{p(z,a)} dz = x + ay + b$$
の完全解 $\Phi(x,y,z,a,b) = 0$ と
$$\frac{\partial \Phi}{\partial a} = \frac{\partial \Phi}{\partial b} = 0$$
から $a$ と $b$ を消去して求める．なお，上記において，たとえば $F(p,q)$ は，原式の偏微分方程式で $x = y = z = 0$ とした $p$ と $q$ を変数とした方程式を意味する．

● **変数分離型**：原式が $f(x,p) = g(y,q)$ と変数分離できる場合は
$$f(x,p) = a \text{ を解いて} \quad p = p(x,a)$$
$$g(y,q) = a \text{ を解いて} \quad q = q(y,a)$$
これらの解を用いて
$$z = \int p(x,a)dx + \int q(y,a)dy + b$$

● **クレローの方程式**：
$$z = px + qy + f(p,q)$$
$$z = ax + by + f(a,b)$$
の平面族関数の包絡面は原方程式と $x = -\partial f/\partial p$ と $t = -\partial f/\partial q$ から $p$, $q$ を消去して得られる．

● **ラグランジュの方程式**：
$$fp + gq = h$$
$$dx : dy : dz = f : g : h$$
の解を $U(x,y,z) = a$ と $V(x,y,z) = b$ とすれば
$$\Phi(U,V) = 0 \quad (\Phi \text{ は任意関数})$$

■ **2 階微分方程式**：

● **線形微分方程式の分類**：$A, B, C$ は $x, y$ のみの関数，$M$ は $x, y, u$ および $p = \partial u/\partial x$, $p = \partial u/\partial y$ の関数として，
$$A\frac{\partial^2 u}{\partial x^2} + 2B\frac{\partial^2 u}{\partial x \partial y} + C\frac{\partial^2 u}{\partial y^2} + M = 0$$
について，まず次の 1 階微分方程式を考えて 2 つの解を $\xi = \xi(x,y)$ と $\eta = \eta(x,y)$ とする．
$$Ap^2 + 2Bpq + Cq^2 = 0$$
そして，$x, y$ から $\xi, \eta$ へ変数変換すれば $B^2 - AC = 0$ ならば
$$\frac{\partial^2 u}{\partial \eta^2} = \Psi\left(\xi, \eta, u, \frac{\eta u}{\partial \xi}, \frac{\partial u}{\partial \eta}\right) \quad \text{放物線形}$$
$B^2 - AC \neq 0$ ならば
$$\frac{\partial^2 u}{\partial \xi \partial \eta} = \Phi\left(\xi, \eta, u, \frac{\eta u}{\partial \xi}, \frac{\partial u}{\partial \eta}\right)$$
$B^2 - AC > 0$ ならば双曲線形
$B^2 - AC < 0$ ならば楕円形

● **変数分離法**：
$$\frac{\partial^2 u}{\partial x^2} + \frac{\partial^2 u}{\partial y^2} = 0$$
について，$u(x,y)$ は $x$ のみの関数 $X(x)$ と $y$ のみの関数 $Y(y)$ の積で表現されるものと仮定できる場合，すなわち $u = X(x)Y(y)$ に変数分離できるものとすれば，与式に代入して
$$\frac{1}{X}\frac{d^2 X}{dx^2} + \frac{1}{Y}\frac{d^2 Y}{dy^2} = 0$$
と変形できる．左辺第 1 項は $x$ のみの関数，第 2 項は $y$ のみの関数なので，$m$ を任意定数として
$$\frac{1}{X}\frac{d^2 X}{dx^2} = m^2$$
$$\frac{1}{Y}\frac{d^2 Y}{dy^2} = -m^2$$
から
$$X(x) = e^{\pm mx}$$
$$Y(y) = \begin{cases} \sin my \\ \cos my \end{cases}$$
また $m = 0$ ならば $X = 1, x$, $Y = 1, y$

である.さらに $m = im$ ($i$ は虚数単位) とおいたものも解となり,結局のところ
$$u(x,y) = \begin{pmatrix} 1 \\ x \end{pmatrix} \times \begin{pmatrix} 1 \\ y \end{pmatrix},$$
$$e^{\pm mx} \times \begin{pmatrix} \sin my \\ \cos my \end{pmatrix},$$
$$\begin{pmatrix} \sin mx \\ \cos mx \end{pmatrix} \times e^{\pm my}$$
という 8 通りの解を得る.これらを変数分離解という.これらの解の 1 次結合で与えられる関数も解となる.

- **ラプラス方程式**:$n$ 個の独立変数 $x_1, x_2, \cdots, x_n$ の関数 $u$ に関して
$$\nabla^2 u \equiv \frac{\partial^2 u}{\partial x_1^2} + \frac{\partial^2 u}{\partial x_2^2} + \frac{\partial^2 u}{\partial x_3^2} + \cdots + \frac{\partial^2 u}{\partial x_n^2} = 0$$
をラプラスの微分方程式 (調和方程式) という.ここで,記号 $\nabla$ (ナブラ) は微分演算子であり,
$$\nabla = \frac{\partial}{\partial x_1} + \frac{\partial}{\partial x_2} + \frac{\partial}{\partial x_3} + \cdots + \frac{\partial}{\partial x_n}$$
$$\nabla^2 = \frac{\partial^2}{\partial x_1^2} + \frac{\partial^2}{\partial x_2^2} + \frac{\partial^2}{\partial x_3^2} + \cdots + \frac{\partial^2}{\partial x_n^2}$$
である.この方程式の解 $u(x_1, x_2, x_3, \cdots, x_n)$ を調和関数という.なお,$\nabla^2$ はラプラス演算子とよばれ,$\triangle$ とも書ける.すなわち $\triangle \equiv \nabla^2$.

前述の「簡単な例」で記載のとおりに,平面直角座標 $(x, y)$ では,$f$ と $g$ を任意の関数として $u = f(x+iy) + g(x-iy)$,$f(x+iy)$ および $g(x-iy)$ の実部または虚部が調和関数となるが,それ以外は変数分離法で求められる.

$m$ と $n$ を任意の定数とすると
【直角座標 $(x, y, z)$ の場合】
$$\nabla^2 u = \frac{\partial^2 u}{\partial x^2} + \frac{\partial^2 u}{\partial y^2} + \frac{\partial^2 u}{\partial z^2} = 0$$
解は,次のとおりの組合せで構成される関数となる.
$$u(x,y,z) = \begin{pmatrix} 1 \\ x \end{pmatrix} \times \begin{pmatrix} 1 \\ y \end{pmatrix} \times \begin{pmatrix} 1 \\ z \end{pmatrix},$$
$$\begin{pmatrix} 1 \\ x \end{pmatrix} \times \begin{pmatrix} \sin my \\ \cos my \end{pmatrix} e^{\pm mz},$$
$$\begin{pmatrix} \sin mx \\ \cos mx \end{pmatrix} \times \begin{pmatrix} 1 \\ y \end{pmatrix} e^{\pm mz},$$
$$\begin{pmatrix} 1 \\ x \end{pmatrix} e^{\pm my} \times \begin{pmatrix} \cos mz \\ \sin mz \end{pmatrix}$$
$$e^{\pm mx} \times \begin{pmatrix} 1, \\ y \end{pmatrix} \times \begin{pmatrix} \cos mz \\ \sin mz \end{pmatrix},$$
$$e^{\pm mx} \times e^{\pm ny}$$
$$\times \begin{pmatrix} \cos \sqrt{m^2+n^2}\, z \\ \sin \sqrt{m^2+n^2}\, z \end{pmatrix}$$

【円柱座標 $(r, \theta, z)$ の場合】
$$\nabla^2 u = \frac{\partial^2 u}{\partial r^2} + \frac{1}{r}\frac{\partial u}{\partial r} + \frac{1}{r^2}\frac{\partial^2 u}{\partial \theta^2} + \frac{\partial^2 u}{\partial z^2} = 0$$
解は,次のとおりの組合せで構成される関数となる.
$$u(r,\theta,z) = \begin{pmatrix} 1 \\ \theta \end{pmatrix} \times \begin{pmatrix} 1 \\ \ln z \end{pmatrix} \times \begin{pmatrix} 1 \\ z \end{pmatrix},$$
$$\begin{pmatrix} 1 \\ z \end{pmatrix} \times \begin{pmatrix} \sin m\theta \\ \cos m\theta \end{pmatrix} r^{\pm m},$$
$$\begin{pmatrix} 1 \\ \theta \end{pmatrix} \times \begin{pmatrix} I_0(mr) \\ K_0(mr) \end{pmatrix}$$
$$\times \begin{pmatrix} \cos mz \\ \sin mz \end{pmatrix},$$
$$\begin{pmatrix} 1 \\ \theta \end{pmatrix} \times \begin{pmatrix} J_0(mr) \\ Y_0(mr) \end{pmatrix} e^{\pm mz},$$
$$\begin{pmatrix} \sin n\theta \\ \cos n\theta \end{pmatrix} \times \begin{pmatrix} \sin mz \\ \cos mz \end{pmatrix}$$
$$\times \begin{pmatrix} I_n(mr) \\ K_n(mr) \end{pmatrix},$$
$$\begin{pmatrix} \sin n\theta \\ \cos n\theta \end{pmatrix} \times \begin{pmatrix} J_n(mr) \\ \sin Y_n(mr) \end{pmatrix} e^{\pm mz}$$

【球座標 $(R, \theta, \varphi)$ の場合】

$$\nabla^2 u = \frac{1}{R^2}\frac{\partial}{\partial R}\left(R^2 \frac{\partial u}{\partial R}\right)$$
$$+ \frac{1}{R^2 \sin\varphi}\frac{\partial}{\partial \varphi}\left(\sin\varphi \frac{\partial u}{\partial \varphi}\right)$$
$$+ \frac{1}{R^2 \sin^2\varphi}\frac{\partial^2 u}{\partial \theta^2} = 0$$

解は,次のとおりの組合せで構成される関数となる.

$$u(R,\theta,\varphi) = \begin{pmatrix} R^n \\ R^{-(n+1)} \end{pmatrix} \times \begin{pmatrix} \sin m\theta \\ \cos m\theta \end{pmatrix}$$
$$\times \begin{pmatrix} P_n^m(\cos\varphi) \\ Q_n^m(\cos\varphi) \end{pmatrix},$$

$$\begin{pmatrix} 1 \\ \theta \end{pmatrix} \times \begin{pmatrix} 1 \\ \ln(\tan\frac{\varphi}{2}) \end{pmatrix}$$
$$\times \begin{pmatrix} 1 \\ \frac{1}{R} \end{pmatrix},$$

$$\begin{pmatrix} 1 \\ \theta \end{pmatrix} \times \begin{pmatrix} P_n(\cos\varphi) \\ Q_n(\cos\varphi) \end{pmatrix}$$
$$\times \begin{pmatrix} R^n \\ \frac{1}{R^{n+1}} \end{pmatrix},$$

$$\begin{pmatrix} \cos m\theta \\ \sin m\theta \end{pmatrix} \times \begin{pmatrix} P_{-1/2}^m(\cos\varphi) \\ Q_{-1/2}(\cos\varphi) \end{pmatrix}$$
$$\times \begin{pmatrix} \frac{1}{R^{1/2}} \\ \frac{1}{R^{1/2}}\ln R \end{pmatrix},$$

$$\ln\left(\tan\frac{\varphi}{2}\right) = \frac{1}{2}\ln\frac{R-z}{R+z}$$

● 重調和方程式:
$$\nabla^2\nabla^2 u \equiv \nabla^4 u \equiv \Delta\Delta u = 0$$

ここで現れている微分演算子は,たとえば,$(x,y)$ 平面座標系で $\nabla^2\nabla^2$ は

$$\nabla^2\nabla^2 = \left(\frac{\partial^2}{\partial x^2} + \frac{\partial^2}{\partial y^2}\right)^2$$
$$= \frac{\partial^4}{\partial x^4} + 2\frac{\partial^4}{\partial x^2 \partial y^2} + \frac{\partial^4}{\partial y^4}$$

と記述される定義である.

関数 $u$ が調和関数ならば,
$$x_i u \quad (i = 1, 2, 3, \cdots, n)$$
$$(x_1^2 + x_2^2 + x_3^2 + \cdots + x_n^2)u$$

は重調和関数である.

● ヘルムホルツ方程式:
$$\nabla^2 u = k^2 u$$

【直角座標 $(x, y, z)$ の場合】

$$u(x,y,z) = \begin{pmatrix} 1 \\ x \end{pmatrix} \times \begin{pmatrix} 1 \\ y \end{pmatrix} e^{\pm kz},$$

$$\begin{pmatrix} 1 \\ x \end{pmatrix} \times \begin{pmatrix} \cos my \\ \sin my \end{pmatrix} \times e^{\pm\sqrt{k^2+m^2}\,z},$$

$$\begin{pmatrix} \cos nx \\ \sin nx \end{pmatrix} \times \begin{pmatrix} 1 \\ y \end{pmatrix} \times e^{\pm\sqrt{k^2+n^2}\,z},$$

$$\begin{pmatrix} 1 \\ x \end{pmatrix} \times e^{\pm my} \times e^{\pm\sqrt{k^2-m^2}\,z},$$

$$e^{\pm nx} \times \begin{pmatrix} 1 \\ y \end{pmatrix} \times e^{\pm\sqrt{k^2-n^2}\,z},$$

$$\begin{pmatrix} \cos nx \\ \sin nx \end{pmatrix} \times \begin{pmatrix} \cos my \\ \sin my \end{pmatrix} \times e^{\pm\sqrt{k^2+m^2+n^2}\,z},$$

$$\begin{pmatrix} \cos nx \\ \sin nx \end{pmatrix} \times e^{\pm my} \times e^{\pm\sqrt{k^2-m^2+n^2}\,z},$$

$$e^{\pm nx} \times \begin{pmatrix} \cos my \\ \sin my \end{pmatrix} \times e^{\pm\sqrt{k^2+m^2-n^2}\,z}$$

$$e^{\pm nx} \times e^{\pm my} \times e^{\pm\sqrt{k^2-m^2-n^2}\,z}$$

【円柱座標 $(r, \theta z)$ の場合】

$$u(r,\theta,z) = \begin{pmatrix} 1 \\ \theta \end{pmatrix} \times \begin{pmatrix} 1 \\ \ln r \end{pmatrix} \times e^{\pm kz},$$

$$\begin{pmatrix} \cos n\theta \\ \sin n\theta \end{pmatrix} \times r^{\pm n} \times e^{\pm kz},$$

$$e^{\pm n\theta} \times e^{\pm in} \times e^{\pm kz},$$

$$\begin{pmatrix} 1 \\ \theta \end{pmatrix} \times \begin{pmatrix} J_0(mr) \\ Y_0(mr) \end{pmatrix} \times e^{\pm\sqrt{k^2+m^2}\,z},$$

$$\begin{pmatrix} 1 \\ \theta \end{pmatrix} \times \begin{pmatrix} I_0(mr) \\ K_0(mr) \end{pmatrix} \times e^{\pm\sqrt{k^2-m^2}\,z},$$

$$\begin{pmatrix} \cos n\theta \\ \sin n\theta \end{pmatrix} \times \begin{pmatrix} J_n(mr) \\ Y_n(mr) \end{pmatrix} \times e^{\pm\sqrt{k^2+m^2+n^2}\,z},$$

$$\begin{pmatrix} \cos n\theta \\ \sin n\theta \end{pmatrix} \times \begin{pmatrix} I_n(mr) \\ Y_n(mr) \end{pmatrix} \times e^{\pm\sqrt{k^2-m^2-n^2}\,z}$$

【球座標 $(R, \theta, \varphi)$ の場合】

$$u(R,\theta,\varphi) = \begin{pmatrix} 1 \\ \theta \end{pmatrix} \times \begin{pmatrix} 1 \\ \ln\left(\tan\frac{\varphi}{2}\right) \end{pmatrix}$$
$$\times \frac{e^{\pm kR}}{R},$$
$$\begin{pmatrix} \cos n\theta \\ \sin n\theta \end{pmatrix} \times \begin{pmatrix} P^n_{-1/2}(\cos\varphi) \\ Q^n_{-1/2}(\cos\varphi) \end{pmatrix}$$
$$\times \begin{pmatrix} R^{-1/2}I_0(kR) \\ R^{-1/2}K_0(kR) \end{pmatrix},$$
$$\begin{pmatrix} 1 \\ \theta \end{pmatrix} \times \begin{pmatrix} P_m(\cos\varphi) \\ Q_m(\cos\varphi) \end{pmatrix}$$
$$\times \begin{pmatrix} R^{-1/2}I_{(m+1/2)}(kR) \\ R^{-1/2}I_{-(m+1/2)}(kR) \end{pmatrix},$$
$$\begin{pmatrix} \cos n\theta \\ \sin n\theta \end{pmatrix} \times \begin{pmatrix} P^n_m(\cos\varphi) \\ Q^n_m(\cos\varphi) \end{pmatrix}$$
$$\times \begin{pmatrix} R^{-1/2}I_{(m+1/2)}(kR) \\ R^{-1/2}I_{-(m+1/2)}(kR) \end{pmatrix}$$

- 波動方程式：
$$\nabla^2 u = \frac{1}{c^2}\frac{\partial^2 u}{\partial t^2}$$

ここで, $t$ は時間, $c$ は波動の伝播速度. $u = e^{\pm kct}w$ とおけば, 元式は $\nabla^2 w = k^2 w$ と表現され, ヘルムホルツの方程式として解ける.

- 熱伝導方程式：
$$\nabla^2 u = \frac{1}{\kappa}\frac{\partial u}{\partial t}$$

ここで, $\kappa$ は温度伝導率である. $u = e^{\pm k^2\kappa t}w$ とおけば, 元式は $\nabla^2 w = k^2 w$ と表現され, ヘルムホルツの方程式として解ける.

### A.8.3 数値解法

微分方程式の基本的な数値解析手法名を列挙する.

【初期値問題】：初期値が与えられた微分方程式について解いていく問題である. 典型的には時間を含む微分方程式について時間ステップについて逐次解いていく, いわゆるシミュレーション手法である.

常微分方程式の解法として,
- オイラー法
- ルンゲ–クッタ–ギル法

偏微分方程式の解法として,
- スペクトル法
- 差分法
- 有限要素法

【境界値問題】：時間に依存しない偏微分方程式について解いていく問題である.
- スペクトル法
- 差分法
- 有限要素法

## A.9 積分方程式

未知関数の積分を含む関数方程式を積分方程式 (integral equation) という. 区分としては

- フレドホルム型：積分の上限・下限が定数の場合 (定積分形)
- ボルテラ型：一方が変数の場合 (不定積分形)
- 第1種積分方程式：未知関数が積分の中のみにある場合
- 第2種積分方程式：未知関数が積分の外にもある場合

が考えられ, $a \leq x, y \leq b$ で既知関数 $f(x)$ と核 $K(x,y)$ は連続であるとし, $\varphi(x)$ を未知関数, $\lambda$ をパラメータとすると,

- 第1種フレドホルム型積分方程式：
$$\int_a^b K(x,y)\varphi(y)dy = f(x)$$
- 第2種フレドホルム型積分方程式：
$$\varphi(x) - \lambda\int_a^b K(x,y)\varphi(y)dy = f(x)$$
- 第1種ボルテラ型積分方程式：
$$\int_a^x K(x,y)\varphi(y)dy = f(x)$$
- 第2種ボルテラ型積分方程式：
$$\varphi(x) - \lambda\int_a^x K(x,y)\varphi(y)dy = f(x)$$

と分類される.

## a. 特殊な積分方程式

■ アーベルの積分方程式：
$$\int_a^x \frac{\varphi(y)}{(x-y)^\alpha} dy = f(x) \quad (0 < \alpha < 1)$$
の解は，
$$\varphi(x) = \frac{\sin \alpha \pi}{\pi} \frac{d}{dx} \int_a^x \frac{f(t)}{(x-t)^{1-\alpha}} dt$$

■ シュレーミルヒの積分方程式：
$$\frac{2}{\pi} \int_a^{\pi/2} \varphi'(x \sin \theta) d\theta = f(x)$$
$$(f'(x) \text{ は } -\pi < x < \pi \text{ で連続})$$
の解は，
$$\varphi(x) = f(0) + \frac{2x}{\pi} \int_0^{\pi/2} f'(x \sin \theta) d\theta$$

## A.10 複素関数

### A.10.1 複素数

実数 $x$ と $y$ および虚数単位 $i = \sqrt{-1}$ を用いて $z = x + iy$ と記述できる数を複素数といい，$x$ を実部，$y$ を虚部という．$\bar{z} = x - iy$ は $z = x + iy$ の共役複素数という．共役複素数表記の $\bar{z}$ 以外に $z^*$ などが用いられる場合がある．

■ 複素平面：図 A.26 に示すように，複素数 $z = x + iy$ に対してその実部と虚部を座標 $(x, y)$ とする点で対応させる $O\text{-}xy$ 平面を複素平面という．

この複素平面において極座標 $(r, \theta)$ を用いれば，
$$z = r(\cos \theta + i \sin \theta) = re^{i\theta}$$
と書け，この記述を極形式という．$r$ を $z$ の絶対値，$\theta$ を偏角という．
$$r = |z| = \sqrt{x^2 + y^2} = \sqrt{z\bar{z}}$$
$$\theta = \arg z = \tan^{-1}\left(\frac{y}{x}\right)$$

偏角は複素平面の $x$ 軸の正方向から反時計まわりに測った角度であり，一般化すれば $\theta = \theta_0 + 2\pi n \ (n = 0, \pm 1, \pm 2, \cdots)$ と記述できるが，$-\pi < \theta_0 \leq \pi$ の範囲で定義される $\theta_0$ を $\theta$ の主値とよぶ．伝達関数表示などでは一般的に位相を主値で表現する．

■ 四則演算公式：2 つの複素数 $z_1 = x_1 + iy_1$ と $z_2 = x_2 + iy_2$ に対して
$$z_1 \pm z_2 = (x_1 \pm x_2) + i(y_1 \pm y_2)$$
$$z_1 z_2 = (x_1 x_2 - y_1 y_2) + i(x_1 y_2 + x_2 y_1)$$
$$\frac{z_1}{z_2} = \frac{x_1 + iy_1}{x_2 + iy_2}$$
$$= \frac{(x_1 + iy_1)(x_2 - iy_2)}{x_2^2 + y_2^2}$$
$$= \frac{z_1 \bar{z_2}}{|z_2|^2}$$

$z_1 = r_1 e^{i\theta_1}$ と $z_2 = r_2 e^{i\theta_2}$ として
$$z_1 z_2 = r_1 r_2 e^{i(\theta_1 + \theta_2)}$$
$$= r_1 r_2 \{\cos(\theta_1 + \theta_2) + i \sin(\theta_1 + \theta_2)\}$$
$$\frac{z_1}{z_2} = \frac{r_1}{r_2} e^{i(\theta_1 - \theta_2)}$$
$$= r_1 r_2 \{\cos(\theta_1 - \theta_2) + i \sin(\theta_1 - \theta_2)\}$$
$$(\cos \theta + i \sin \theta)^n = \cos n\theta + i \sin n\theta$$
(ドモアブルの定理)
$$z^n = r^n e^{in\theta} = r^n (\cos n\theta + i \sin n\theta)$$

### A.10.2 複素関数

$z = x + iy$ を 1 つの複素数とし，関数 $u = u(x, y), v = v(x, y)$ を変数として，もう 1 つ上段の複素数の関数 $w = u + iv$ を考える．複素 $z$ 平面上のある範囲の各点に $w$ の 1 つまたは複数の点が対応する関係が与えられたとき，$w$ をその範囲で定義された $z$ の関数とよび，$w = f(z)$ と表現する．なお，$z$ に対

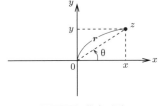

図 A.26 複素平面

して1つの $w = f(z)$ が対応する場合，関数 $f(z)$ は1価であるといい，そうでない場合は多価であるという．

また，関数 $f(z)$ が1価であり，$z = z_0$ の近傍内の各点で微係数をもつとき $f(z)$ は $z = z_0$ で解析的 (または正則) であるという．解析的であるならば微分は実関数と同様に行える．

■ 微分可能性：解析的である関数 $w = f(z) = u(x, y) + iv(x, y)$ の微分 $dw/dz$ は実部と虚部を用いれば
$$\frac{dw}{dz} = \frac{\partial u}{\partial x} + i\frac{\partial v}{\partial x} = -i\frac{\partial u}{\partial y} + \frac{\partial v}{\partial y}$$
したがって，関数 $f(z)$ が解析的であるための必要十分条件 (コーシー–リーマンの微分方程式という) は
$$\frac{\partial u}{\partial x} = \frac{\partial v}{\partial y}, \quad \frac{\partial u}{\partial y} = -\frac{\partial v}{\partial x}$$

### A.10.3　初等関数

$z = re^{i\theta}$ に対して：
$$\sqrt[n]{z} = \sqrt[n]{r}(\cos y + i \sin y)$$
$$e^z = e^x(\cos y + i \sin y)$$
$$e^z = 1 + \sum_{k=1}^{\infty} \frac{z^k}{k!}$$
$$\frac{e^z}{dz} = e^z$$
$$\sin z = \frac{1}{2i}\left(e^{iz} - e^{-iz}\right),$$
$$\cos z = \frac{1}{2}\left(e^{iz} + e^{-iz}\right)$$
$$\tan z = \frac{\sin z}{\cos z}, \quad \cot z = \frac{\cos z}{\sin z}$$
$$\sec z = \frac{1}{\cos z}, \quad \operatorname{cosec} z = \frac{1}{\sin z}$$

$z = x + iy$ に対して：
$$\ln z = \ln|z| + i \arg z$$
$$= \ln\sqrt{x^2 + y^2} + i \arg(x + iy)$$
$$\ln z = \ln r + i(\theta + 2n\pi) \quad (n = 0, 1, 2, \cdots)$$
$z$ の偏角は $2\pi$ を周期とするので複素自然対数関数は無限多価である．そこで，$-\pi < \arg z \leq \pi$ に対する $\ln z$ の値を主値とよび，

Ln$z$ と記す．

$z = x + iy$ $(z \neq 0)$ に対して：
$$z^c = e^{c \ln z} \quad (c \text{ は複素数})$$
底として複素定数 $a$ の一般指数関数は
$$a^z = e^{z \ln a}$$

### A.10.4　複 素 積 分

#### a.　線積分

■ 定義：領域 $D$ において1価連続な関数 $f(z)$ を考える．図 A.27 に示すようにその領域内のある任意の曲線 $C$ 上の線分区間，$z_0$ と $z_n$ の間を，$z_1, z_2, \cdots, z_{n-1}$ と区間分割して，任意の添字 $k$ $(1, 2, \cdots, n)$ の $z_{k-1}$ と $z_k$ の区間を $\Delta z_k (= z_k - z_{k-1})$ とする．また，この線分上区間内の1点を $p_k$ とする．これらのパラメータ設定によって
$$L_n = \sum_{k=1}^{n} f(p_k) \Delta z_k$$
を考えて，$n \to \infty$，したがって $\Delta z_k \to 0$ の極限をとったときに $L_n$ が有界ならば，この和は向きをもつ曲線 $C$ に沿う $f(z)$ の線積分という．すなわち，前式は線積分 (curvilinear inegral) として
$$\int_C f(z) dz$$
となる．曲線 $C$ を道という．

たとえば，曲線 $C$ を時間パラメータ $t$ に対して連続な導関数 $\dot{z}(t) = dz(t)/dt$ をもつ関数 $z(t)$ を用いて $z = z(t) = x(t) + iy(t)$ $(a \leq t \leq b)$ で表せば，線積分は，

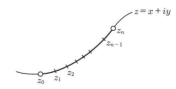

**図 A.27**　線積分定義説明図

$$\int_C f(z)dz = \int_a^b f[z(t)]\dot{z}(t)dt$$
$$= \int_a^b (u+iv)(\dot{x}+i\dot{y})dt$$
$$= \int_C (udx - vdy)$$
$$+ i\int_C (udy + vdx)$$

と実積分化できる．ただし，$f(z) = u + iv$, $u = u[x(t), v(t)]$, $v = v[x(t), v(t)]$, $\dot{x} = dx/dt$, $\dot{y} = dy/dt$ とおいての式展開である．

■ 複素積分の基本則：
$$\int_C f(z)dz = \int_{C_1} f(z)dz + \int_{C_2} f(z)dz$$

(道分割：図 A.28 のように 2 分割例)

$$\int_{z_0}^{z} f(z)dz = -\int_{z}^{z_0} f(z)dz \quad (逆方向積分)$$

$$\int_C [k_1 f_1(z) + k_2 f_2(z)]dz$$
$$= k_1 \int_C f_1(z)dz$$
$$+ k_2 \int_C f_2(z)dz \quad (分配)$$

$$\left|\int_C f(z)dz\right| \quad (\leq M\ell) \quad (道の長さ)$$

ここで，$M$ は $C$ 上でつねに $|f(z)| \leq M$ の実定数である．

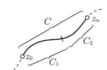

**図 A.28** 線積分の道分割則

■ グリーンの定理：2 つの実関数 $u(x,y)$ と $v(x,y)$ が，図 A.29 に示すように閉曲線 $C$ およびそれで囲まれた領域 $D$ でともに 1 価連続な導関数をもてば

$$\int_C (udx + vdy) = \iint_D \left(\frac{\partial v}{\partial x} - \frac{\partial u}{\partial y}\right) dxdy$$

なお，ここで，積分は $D$ を左に見ながら $C$ 上を 1 周する線積分を表す (この回る方向を

**図 A.29** グリーンの定理

正方向と定義する)．

■ コーシーの積分定理：関数 $f(z)$ が単一閉曲線 $C$(閉じており，かつそれ自身で交わらない曲線) で囲まれた領域 $D$(単一連結領域という) において解析的であれば，$D$ 内の任意の単一閉曲線 $C_i$ について

$$\int_{C_i} f(z)dz = 0$$

この定理から，図 A.30 に示すように 2 点 $z_1$ と $z_2$ を端点として共有し，曲線 $C_1$ と $C_2$ で閉じられた領域 $D$ して，関数 $f(z)$ が $D$ および $C_1, C_2$ の上で 1 価の解析関数であるならば

$$\int_{C_1} f(z)dz = \int_{C_2} f(z)dz$$

が成立．すなわち 2 つの端点 $z_1$ と $z_2$ のみでの積分で決まり，曲線の形に依存しない．

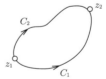

**図 A.30** コーシー定理からの関係式

■ モレラの定理：コーシーの積分定理の逆定理であり，関数 $f(z)$ が単一連結領域 $D$ で連続であり，その領域内での任意の閉じた道 $C_i$ について

$$\int_{C_i} f(z)dz = 0$$

が成立していれば，$f(z)$ は $D$ において解析的である．

## b. 不定積分による線積分の計算

単一連結領域 $D$ で $f(z)$ は解析的関数であるとすれば, $D$ 内の任意の定点 $z_0$ からの次の積分

$$F(z) = \int_{z_0}^{z} f(z)dz$$

の $F(z)$ は 1 価かつ解析的であり $dF(z)/dz = f(z)$ である. $F(z)$ は原始関数といい, $f(z)$ の不定積分である.

$$F(z) = \int f(z)dz$$

と書く.

この条件下で, $D$ 内の 2 点 $a$ と $b$ を結ぶ $D$ からはみ出ることない道についての $a$ から $b$ への定積分は

$$\int_a^b f(z)dz = F(b) - F(a)$$

と計算される.

■ コーシーの積分公式：

● 関数 $f(z)$ が単一連結領域 $D$ で解析的であり, かつ 1 価であるとして, $D$ 内の任意の点 $z_0$ およびその点を含む $D$ 内の単一閉曲線 $C$ に対して,

$$f(z_0) = \frac{1}{2\pi i}\int_C \frac{f(z)}{z - z_0}dz$$

が成立する. ここで積分の道は閉曲面で囲まれた領域を左側に見る方向 (これを正方向と定義する) にとるものとする.

● 関数 $f(z)$ が単一連結領域 $D$ で解析的であるならば, すべての次数の導関数をもち, それらもまた領域 $D$ で解析的である. $D$ 内の任意の 1 点 $z_0$ におけるこれらの導関数は

$$f^{(n)}(z_0) = \frac{n!}{2\pi i}\int_C \frac{f(z)}{(z - z_0)^{n+1}}dz$$

$$(n = 0, 1, 2, \cdots)$$

なおここで, $C$ は $D$ 内にある $z_0$ を含む単一閉曲線で, その内部も $D$ に入り, 曲線 $C$ は正方向をもつとする. さらに, 次の不等式も成立する

$$\left|f^{(n)}(z_0)\right| \leq \frac{n!M}{r^n} \text{ (コーシーの不等式)}$$

ここで, $M$ は $C$ 上での $|f(z)|$ の最大値である.

## c. テイラー級数

■ テイラーの定理：関数 $f(z)$ が領域 $D$ で解析的であれば, $D$ 内のある点 $z = a$ を中心としてもつ「べき級数」はただ 1 つであり,

$$f(z) = \sum_{k=0}^{\infty} \frac{1}{k!}f^{(k)}(a)(z - a)^k$$

なお, $k = 0$ での $k!$ の値は 1 である. $a$ を中心とした円領域が $D$ 内である限り, この級数は収束する. この収束する円の最大のものを収束円という. この級数の剰余 $R_n(z)$ は

$$R_n(z) = \frac{(z-a)^{n+1}}{2\pi i}$$
$$\times \int_C \frac{f(\tau)}{(\tau - a)^{n+1}(\tau - z)}d\tau$$

と表される. $M$ を $|z - a| = r$ 上の $|f(z)|$ の最大値とすると, この級数の係数は

$$\left|\frac{1}{k!}f^{(k)}(a)\right| \leq \frac{M}{r^n}$$

の条件を満足する.

上記で, 特に $a = 0$ とした級数を「マクローリン級数」という.

## d. ローラン級数

■ ローランの定理：関数 $f(z)$ が点 $a$ を中心点とする 2 つの同心円 $C_1$ と $C_2$ の上と, それらの間の円環内部領域で解析的かつ 1 価であれば,

$$f(z) = \sum_{k=0}^{\infty} c_k(z - a)^k + \sum_{k=1}^{\infty} \frac{c_{-k}}{(z - a)^k}$$

とただ一通りで展開でき, これをローラン級数 (Laurent series) という. ここで,

$$c_k = \frac{1}{2\pi i}\int_C \frac{f(\tau)}{(\tau - a)^{k+1}}d\tau$$
$$c_{-k} = \frac{1}{2\pi i}\int_C (\tau - a)^{k-1}f(\tau)d\tau$$

ここで, 積分の道 $C$ は円環内にあり, 円環の内側の $C_2$ を取り囲む単一閉曲線であり, 正方向 ($C_2$ を左に見る方向) への積分計算である. $f(z)$ が円環の内側円 $C_2$ の内部で解析的ならばテイラー級数となる.

**表 A.7** 初等関数のテイラー展開例

$$e^z = \sum_{k=1}^{\infty} \frac{z^k}{k!}, \quad \frac{1}{1-z} = \sum_{k=0}^{\infty} z^k, \quad \sin z = \sum_{k=0}^{\infty} (-1)^k \frac{z^{2k+1}}{(2k+1)!}, \quad n\cos z = \sum_{k=0}^{\infty} (-1)^k \frac{z^{2k}}{(2k)!}$$

$$\tan z = \sum_{k=0}^{\infty} \frac{2^{2k}(2^{2k}-1)B_k}{(2k)!} z^{2k-1} = z + \frac{1}{3}z^3 + \frac{2}{15}z^5 + \frac{17}{315}z^7 + \cdots \quad \left(|z| < \frac{\pi}{2}\right)$$

$$L_n(1+z) = z - \frac{z^2}{2} + \frac{z^3}{3} - \cdots \quad (|z| < 1)$$

$$\frac{1}{(1+z)^m} = \sum_{k=0}^{\infty} \binom{-m}{k} z^k = 1 - mz + \frac{m(m+1)}{2!}z^2 - \frac{m(m+1)(m+2)}{3!}z^3 + \cdots$$

**表 A.8** ローラン級数への展開例

$$\frac{1}{z(z-1)} = \frac{-1}{z}(1-z)^{-1} = -\frac{1}{z} - 1 - z - z^2 - \cdots \quad (0 < |z| < 1)$$

$$\frac{1}{z(z-1)} = \frac{1}{z-1}\frac{1}{(z-1)+1} = -\frac{1}{z-1} - 1 - (z-1) - (z-1)^2 - \cdots$$
$$(0 < |z-1| < 1)$$

$$\frac{1}{1-z^2} = \frac{-1}{(z-1)(z+1)} = \sum_{k=0}^{\infty} \frac{(-1)^{k+1}}{2^{k+1}}(z-1)^{k-1} \quad (0 < |z-1| < 2)$$

$$\frac{1}{1-z^2} = \frac{-1}{(z-1)}\frac{1}{z-1+2} = \sum_{k=0}^{\infty} \frac{(-2)^k}{(z-1)^{k+2}} \quad (|z-1| > 2)$$

$$\cot z = \frac{1}{z} - \frac{1}{3}z - \frac{1}{45}z^3 - \frac{2}{945}z^5 - \cdots \quad (0 < |z| < \pi)$$

### e. 特異点

特異点とは，$z$ 平面上で定数を除いたすべての関数に対して解析的でない点．$z = a$ で孤立特異点 (点集合 $S$ の内の点 $b$ について，その近傍で $b$ 点以外には $S$ の点を含まないものがあるとき，点 $b$ を $S$ の孤立点という) であるならば，$f(z)$ は $z = a$ の近傍 ($a$ を除く) でローラン級数

$$f(z) = \sum_{k=0}^{\infty} c_k(z-a)^k + \sum_{k=1}^{\infty} \frac{c_{-k}}{(z-a)^k}$$

この右辺第2項の級数を $z = a$ 近傍での $f(z)$ の主部という．特に，主部の係数 (分子) $c_{-k}$ が，ある $k \geq m$ で0となる場合は

$$f(z) = \sum_{k=0}^{\infty} c_k(z-a)^k + \sum_{k=1}^{m} \frac{c_{-k}}{(z-a)^k}$$

$$(c_{-k} \neq 0)$$

となり，点 $a$ を $f(z)$ の極 (孤立特異点である)，$m$ を極の位数とよぶ．1位の極を単純極，1価解析関数の特異点で極でない点を真性特異点という．

■ **ピカールの定理**：$f(z)$ が解析的であり，$z = a$ を孤立真性特異点としてもつならば，$z$ の範囲をどんなに点 $a$ の小さな近傍に制限しても，$f(z)$ の取りうる値の範囲は全平面から高々1つの点を除いたものとなる．

■ **整関数**：整関数とは，有限平面でいたるところで解析的な関数をいう．この関数がもし無限遠でも解析的であるならばすべての $z$ について有界であり，リュービルの定理から定数でなければならない．逆に，定数でない整関数は無限遠で特異である．たとえば，$z$, $z^2$, $e^z$, $\sin z$, $\cos z$ は整関数であり，無限遠で特異である．

有限平面上にある特異点がすべて極である解析関数は有理型関数という．

### f. 留数

コーシーの積分定理では，$f(z)$ が $z = a$ の近傍で解析的であるならば，その近傍の中で任意の単一閉曲線の道 $C$ について

$$\int_C f(z)dz = 0$$

が成立するが，もし $f(z)$ が点 $a$ を極または真性得点として，$a$ が $C$ の内部に位置するならばこの積分の値は一般的に 0 とならない．この場合に $f(z)$ はローラン級数

$$f(z) = \sum_{k=0}^{\infty} c_k(z-a)^k + \sum_{k=1}^{\infty} \frac{c_{-k}}{(z-a)^k}$$

で表され，$a$ と $a$ に最も近い $f(z)$ の特異点との距離を $R$ とすると，この級数は $0 < |z-a| < R$ で収束する．この展開における $1/(z-a)$ の係数 $c_{-1}$ は

$$c_1 = \frac{1}{2\pi i} \int_C f(z)dz$$

であり，これを留数 (residue) といい，$\mathrm{Res}_{z=a} f(z)$ と記す．なお，積分は単一閉曲線 $C$ の正方向（内部領域を左手に見る方向）に行う計算である．

(1) 点 $a$ が $f(z)$ の解析的な点または除去可能特異点ならば留数の値は 0.

(2) 点 $a$ が極または真性特異点ならば，そのローラン級数展開の $1/(z-a)$ の項の係数 $c_{-1}$ が留数．

(3) $a$ が単純極の場合は，$\mathrm{Res}_{z=a} f(z) = c_{-1} = \lim_{z \to a}(z-a)f(z)$.
また，$q(z)$ が 1 位の零点をもつとして $f(z) = p(z)/q(z)$ の場合は

$$\mathrm{Res}_{z=a} f(z) = \mathrm{Res}_{z=a} \frac{p(z)}{q(z)} = \frac{p(a)}{q'(a)}$$

(4) $a$ が $m$ 位の極のときは
$$\mathrm{Res}_{z=a} f(z) = \frac{1}{(m-1)!}$$
$$\times \lim_{z \to a} \left\{ \frac{d^{m-1}}{dz^{m-1}}[(z-a)^m f(z)] \right\}$$

(5) $f(z)$ が単一閉曲線 $C$ の内部と曲線上で，その内部領域内の有限個の特異点 $a_1, a_2, \cdots, c_m$ を除いて解析的かつ 1 価であれば，

$$\int_C f(z)dz = 2\pi i \sum_{k=1}^{m} \mathrm{Res}_{z=a_k} f(z)$$

これをコーシー留数定理 (Cauchy's residue theorem) という．

(6) 実積分計算：留数定理を用いて様々な実積分計算ができる．

■ $\cos\theta$ と $\sin\theta$ の有理関数の積分：$F(\cos\theta, \sin\theta)$ を区間 $0 \leq \theta \leq 2\pi$ で有限値をとる $\cos\theta$ と $\sin\theta$ の有理関数として，

$$I = \int_0^{2\pi} F(\cos\theta, \sin\theta)d\theta$$

を考える．$z = e^{i\theta}$ とおくと
$$\cos\theta = \frac{1}{2}\left(z - \frac{1}{z}\right)$$
$$\sin\theta = \frac{1}{2i}\left(z - \frac{1}{z}\right)$$

と表現できるので $F(\cos\theta, \sin\theta)$ を $f(z)$ として，積分区間 $0 \sim 2\pi$ を $z$ に関して単位円 ($|z|=1$) を正方向に 1 周する積分とできる．すなわち，$dz/d\theta = ie^{i\theta}$ の関係を使い，

$$I = \int_C f(z)\frac{dz}{iz} = 2\pi \sum \mathrm{Res} \frac{f(z)}{z}$$

■ 有理関数の特異積分：

$$\int_{-\infty}^{\infty} f(x)dx$$

のように積分区間が有限でない積分を特異積分とよぶ．被積分関数 $f(x)$ は実有理関数で，分母はすべての実数に関して 0 とならず，分子の次数より少なくとも 2 次高い次数をもつとする．複素平面において図 A.31 に示す積分で $r \to \infty$ にして

$$\int_{-\infty}^{\infty} f(x)dx = 2\pi i \sum \mathrm{Res} f(z)$$

■ フーリエ積分：$f(x)$ を実有理関数として
$$\int_{-\infty}^{\infty} f(x)\cos sx dx$$
$$\int_{-\infty}^{\infty} f(x)\sin sx dx$$

をフーリエ積分という．

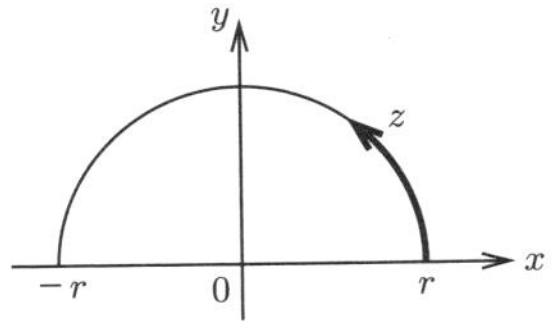

**図 A.31** 有理関数の特異積分，フーリエ積分

$f(x)$ は実有理関数として，分母はすべての実数に関して 0 とならず，分子の次数より少なくとも 2 次高い次数をもつとする．これに対応する積分

$$\int_C f(z)e^{isz}dz$$

を図 A.31 に示すような道に沿って実行し，$r \to \infty$ の極限をとって実部と虚部に分離すると

$$\int_{-\infty}^{\infty} f(x)\cos sx\, dx$$
$$= -2\pi \sum \mathrm{Im}\left(\mathrm{Res}[f(z)e^{isz}]\right)$$
$$\int_{-\infty}^{\infty} f(x)\sin sx\, dx$$
$$= 2\pi \sum \mathrm{Re}\left(\mathrm{Res}[f(z)e^{isz}]\right) \quad (s > 0)$$

### g. フーリエ変換

区間 $[-\infty \sim \infty]$ で定義される複素数をとる関数 $f(t)$ に対して

$$F(\omega) = \int_{-\infty}^{\infty} f(t)e^{-i\omega t}dt$$

が存在するとき，$F(\omega)$ を $f(t)$ のフーリエ変換 (Fourier transform) という．そして，

$$f(t) = \frac{1}{2\pi}\int_{-\infty}^{\infty} F(\omega)e^{i\omega t}d\omega$$

の逆変換が成立し，逆フーリエ変換 (inverse Fourier transform) という．

もし，$f(t)$ が偶関数ならば，$F(\omega)$ も偶関数となり，$F(\omega) = 2F_c(\omega)$ として

$$F_c(\omega) = \int_0^{\infty} f(t)\cos\omega t\, dt$$
$$f(t) = \frac{2}{\pi}\int_0^{\infty} F_c(\omega)\cos\omega t\, d\omega$$

が成立し，これをフーリエの余弦変換という．

同様に，$f(t)$ が奇関数ならば，$F(\omega)$ も奇関数となり，$F_s(\omega) = -2iF(\omega)$ として

$$F_s(\omega) = \int_0^{\infty} f(t)\cos\omega t\, dt$$
$$f(t) = \frac{2}{\pi}\int_0^{\infty} F_s(\omega)\sin\omega t\, d\omega$$

が成立し，これをフーリエの正弦変換という．

**表 A.9** フーリエ変換の解析解例

| $f(t)$ | $F(\omega)$ |
|---|---|
| $\dfrac{1}{2a}e^{-a\lvert t\rvert}$ | $\dfrac{1}{\omega^2 + a^2}$ |
| $\dfrac{1}{\sqrt{4\pi a}}e^{-t^2/4a}$ | $e^{-a\omega} \quad (a > 0)$ |
| $\left.\begin{array}{l}\dfrac{1}{2}\,(\lvert t\rvert < a)\\ 0\,(\lvert t\rvert > a)\end{array}\right\}$ | $\dfrac{\sin a\omega}{\omega^2} \quad (a > 0)$ |

**表 A.10** フーリエ変換の基本則

| $f(t)$ | $F(\omega)$ |
|---|---|
| $\dfrac{df(t)}{dt}$ | $i\omega F(\omega)$ |
| $\int f(t)dt$ | $\dfrac{1}{i\omega}F(\omega)$ |
| $-itf(t)$ | $\dfrac{dF(\omega)}{d\omega}$ |
| $\dfrac{1}{it}f(t)$ | $\int F(\omega)d\omega$ |
| $f(-t)$ | $F(-\omega)$ |
| $f(t-a)$ | $e^{-i\omega a}F(\omega)$ |

### h. ラプラス変換

区間 $[0 \sim \infty]$ で定義される関数 $f(t)$ に対して

$$F(s) = \int_0^{\infty} f(t)e^{-st}dt$$

($= \mathcal{L}[f(t)]$ などと記す) が存在するとき，複素変数 $s$ の関数 $F(s)$ を $f(t)$ のラプラス変換 (Laplace transform) という．上式で，$s = s_0$ で収束すれば $\mathrm{Re}(s) > \mathrm{Re}(s_0)$ であるすべての $s$ で収束する．収束する $p$ に対する $\mathrm{Re}(s)$ の集合の下限 $\sigma$ を収束座標，半平面 $\mathrm{Re}(s) > \sigma$ を収束域，直線 $\mathrm{Re}(s) = \sigma$ を収束線とよぶ．

ラプラス変換が収束座標 $\sigma$ をもち，かつ，$f(t)$ が任意の $t > 0$ の近傍で有界変動ならば，逆ラプラス変換 (Inverse Laplace transform)

$$\mathcal{L}^{-1}[f(s)] = \frac{1}{2\pi i}\int_{\gamma - i\infty}^{\gamma + i\infty} F(s)e^{st}ds$$
$$= \frac{1}{2}\{f(t+0) + f(t-0)\}$$

A.10 複素関数

**表 A.11** ラプラス変換の基本則

| $f(t)$ | $F(s)$ | $f(t)$ | $F(s)$ |
|---|---|---|---|
| $\dfrac{d}{dt}f(t)$ | $sF(s)-F(0)$ | $f(at)$ | $\dfrac{1}{a}F\left(\dfrac{s}{a}\right)$ |
| $t^n f(t)$ | $(-1)^n \dfrac{d^n}{ds^n}F(s)$ | $\dfrac{1}{a}f\left(\dfrac{t}{a}\right)$ | $F(as)$ |
| $\displaystyle\int_0^t f(t)dt$ | $\dfrac{1}{s}F(s)$ | $a_1 f_1(t)+a_2 f_2(t)$ | $a_1 F_1(s)+a_2 F_2(s)$ |
| $f(t-a)$ | $e^{-sa}F(s)$ | $f_1(t)f_2(t)$ | $\dfrac{1}{2\pi i}\displaystyle\oint_{|u|=R}\dfrac{F_1(s-u)}{s-u}\dfrac{F_2(u)}{u}du$ |
| $e^{at}f(t)$ | $F(s-a)$ | $\displaystyle\int_0^t f_1(t-\tau)f_2(\tau)d\tau$ | $F_1(s)F_2(s)$ |

**表 A.12** ラプラス変換の極限値則

$$\lim_{t\to 0}f(t)=\lim_{s\to\infty}sF(s)$$

$$\lim_{t\to\infty}f(t)=\lim_{s\to 0}sF(s)$$

$$\int_0^\infty f(t)dt=\lim_{s\to 0}F(s)$$

$$\lim_{t\to\infty}\dfrac{f(t)}{t}=\int_0^\infty F(s)ds$$

**表 A.13** おもな関数のラプラス変換表

| $f(t)\ (f(t)=0, t<0)$ | $F(s)$ | $f(t)\ (f(t)=0, t<0)$ | $F(s)$ |
|---|---|---|---|
| デルタ関数 $\delta(t)$ | $1$ | $\sin\omega t$ | $\dfrac{\omega}{s^2+\omega^2}$ |
| 単位ステップ関数 | | $\cos\omega t$ | $\dfrac{s}{s^2+\omega^2}$ |
| $u(t)=\begin{cases}1 & (t>0)\\ 0 & (t<0)\end{cases}$ | $\dfrac{1}{s}$ | $\sin(\omega t+\varphi)$ | $\dfrac{\omega\cos\varphi+s\cdot\sin\varphi}{s^2+\omega^2}$ |
| 単位ランプ関数 $t$ | $\dfrac{1}{s^2}$ | $\cos(\omega t+\varphi)$ | $\dfrac{-\omega\sin\varphi+s\cdot\cos\varphi}{s^2+\omega^2}$ |
| $t^n$ | $\dfrac{n!}{s^{n+1}}$ | $e^{-at}\sin\omega t$ | $\dfrac{\omega}{(s+\omega)^2+\omega^2}$ |
| $\sqrt{t}$ | $\dfrac{\sqrt{\pi}}{2}s^{-3/2}$ | $e^{-at}\cos\omega t$ | $\dfrac{s+a}{(s+\omega)^2+\omega^2}$ |
| $e^{-at}$ | $\dfrac{1}{s+a}$ | $\dfrac{1}{n!}t^n e^{-at}$ | $\dfrac{1}{(s+a)^{n+1}}$ |
| $\dfrac{2-e^{-at}}{a}$ | $\dfrac{1}{s(s+a)}$ | $\dfrac{1}{t}(1-\cos at)$ | $\dfrac{1}{2}\log\dfrac{s^2+a^2}{s^2}$ |

$(\gamma > 0, t > 0)$

が成立する．

表 A.11 にラプラス変換の基本則，表 A.12 にラプラス変換の極限値則，表 A.13 にはおもな関数のラプラス変換表を示す．

## A.11 確率と統計

### A.11.1 標本空間と事象

■ 標本空間：ある注目する事柄についての実験あるいは観察の結果，実現可能なすべての結果の集合をいう．

■ 標本点：その実現可能な個々の結果を標本空間の標本点 (または要素) という．

■ 事象：標本空間の部分集合を事象 (event) という．

【余事象と空事象】

図 A.32a に示すように標本空間 $\Omega$ の中で，1 つの部分集合のあるところの事象を $E$ で表すと，事象 $E$ が起こらない標本空間中のその他の部分空間を $E$ の余事象といい，$\bar{E}$ などと記す．絶対に起こらない事象を空事象といい，$E = \Phi$ または $= 0$ と記す．

【和事象と積事象および部分事象】

図 A.32b に示すように 2 つの事象 $E_1$ と $E_2$ がある場合に，$E_1$ または $E_2$ のどちらかが起こる事象をそれらの和事象といい，$E_1 \cup E_2$ と記す．$E_1$ と $E_2$ の両方の事象がともに起こる事象を積事象といい，$E_1 \cap E_2$ と記す．また，事象 $E_1$ は起こり，$E_2$ は起こらない事象は $E_1 - E_2$ と記す．$E_1 \cap E_2 = \Phi$ となるこれら 2 つの事象は，互いに排反な事象という．

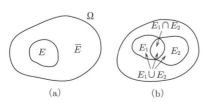

図 A.32 標本空間と事象

ある事象 $A$ のすべてが事象 $E$ に含まれてしまう場合，$A$ は $E$ の部分事象といい，$A \subset E$ (または $E \supset A$) と記す．

### A.11.2 確率

■ 定義：

【先験的確率】

ある試行の結果，$A_1, A_2, A_3, \cdots, A_n$ の $n$ 個の事象のうち，どれか 1 つだけが必ず起こり，かつ，個々の事象の起こり方は同様に確からしいと仮定する．このとき，事象 $E$ はこの $n$ 個の事象の中の特定の $r$ 個が起こったときに起こるとすると，$E$ の起こる確率 $P(E)$ は

$$P(E) = \frac{r}{n}$$

である．これを先験的確率 (priori probability)(または事前確率) という．

【経験的確率】

$N$ 回の独立した試行を実施し，その中で事象 $E$ が $r$ 回起きたとき，

$$\frac{r}{N}$$

を経験的確率 (posteriori probability) という．

■ ベルヌーイの大数の法則：先験的確率と経験的確率の間で成立する次の条件をいう．先験的確率が $P(E) = p$ となる事象 $E$ を $N$ 回独立に試行したとき，$E$ が $r$ 回起こったとすれば，任意の $\varepsilon > 0$ に対して

$$\lim_{n \to \infty} P\left(\left|\frac{r}{N} - p\right| < \epsilon\right) = 1$$

が成立する．

**a. 基本定理**

事象 $E$ の起こる確率を $P(E)$ で表すと次の定理が成立する．

$$0 \leq P(E) \leq 1$$
$$P(\Omega) = 1$$
$$P(\Phi) = 0$$

■ 加法定理：$E_1$ と $E_2$ が互いに排反な事象ならば

$$P(E_1 \cup E_2) = P(E_1) + P(E_2)$$

$E_1$ と $E_2$ が必ずしも互いに排反な事象ではないならば,
$$P(E_1 \cup E_2) = P(E_1) + P(E_2) - P(E_1 \cap E_2)$$
■ 条件付き確率：事象 $E_1$ が起こってしまったということがわかっている条件の下で $E_2$ が起こる確率 (条件付き確率) を条件付き確率といい, $P(E_2|E_1)$ と表す.
$$P(E_1 \cup E_2) = \frac{P(E_1 \cap E_2)}{P(E_1)}$$
(ただし, $P(E_1) \neq 0$)
■ 乗法定理：乗法定理として, 次の関係が成立する.
$$P(E_1 \cap E_2) = P(E_1)P(E_2|E_1)$$
$$= P(E_2)P(E_1|E_2)$$
$E_1$ と $E_2$ が互いに独立ならば $P(E_2|E_1) = P(E_2)$ と $P(E_1|E_2) = P(E_1)$ となり,
$$P(E_1 \cap E_2) = P(E_1)P(E_2)$$
である.
■ ベイズの定理：$E_1, E_2, E_3, \cdots, E_n$ が互いに排反な事象で, $E_1 \cup E_2 \cup E_3 \cdots \cup E_n = \Omega$ とすると, 任意の事象 $A$ に対して
$$P(E_i|A) = P(A|E_i)P(E_i)$$
$$/[P(E_1)P(A|E_1)$$
$$+ P(E_2)P(A|E_2) + \cdots$$
$$+ P(E_n)P(A|E_n)]$$
が成立し, ベイズの定理 (Bayes' theorem) という.
■ 母集団からの標本の抜き取り方法：
- 復元抽出：$n$ 個の元 $a_1, a_2, a_3 \cdots a_n$ からなる集合から無作為に 1 個ずつ元の集合に戻しながら $r$ 個 (回) 抽出する方法. 抽出された順に元を並べた配列の数は $n^r$ 通りとなる.
- 非復元抽出：$n$ 個の元 $a_1, a_2, a_3 \cdots a_n$ からなる集合から無作為に 1 個ずつ元の集合には戻さずに次々に $r$ 個抽出していく方法. 抽出された順に元を並べた配列の数は $n(n-1)(n-2)\cdots(n-r+1)$ 通りとなる. これを順列 $_nP_r$ と記す.

■ 確率と二項分布：事象 $E$ に対して 1 回の試行でそれが起こる確率を $p$, 起こらない確率を $q = 1 - p$ とすれば, $n$ 回の独立な試行で $E$ が $k$ 回起こる確率は
$$P(k) = {}_nC_k p^k q^{n-k}$$
ここで,
$$_nC_k = \binom{n}{k} = \frac{n!}{k!(n-k)!}$$
となる. そこで, $n$ 回の試行で, $E$ が起こる回数がそれぞれ $0, 1, 2, \cdots, n$ 回だけ起こる確率は
$$\binom{n}{k} p^k q^{n-k} \quad (k = 0, 1, 2, \cdots, n)$$
で与えられる. この分布を二項分布 (binomial distribution) といい, $B(k:n,p)$ と記す.

**b. 確率変数と確率分布**

標本空間 $\Omega$ で定義された関数 $X$ を確率変数といい, 偶然によってその値 (実数をとる) は決定される関数である.

無作為な実験を行って, ある数 $a$ に対応する事象が起こったとき, この試行においてその実験に対応する確率変数 $X$ は値 $a$ をとったといい, 事象 $X = a$ と記す. これに対応する確率は $P(X = a)$ と記す.

$X$ が区間 $a < X < b$ の任意の値をとる事象の確率は $P(a < X < b)$ と記す.

確率変数とその分布には離散型と連続型がある.

■ 離散型：
- $X$ が 0 でない確率を有する値の数は有限で, 高々加算個の異なった値しかとらない.
- そして, 実数軸上のどんな有限な区間もこれらの値を有限個含むだけである.
- 分布関数を $F(x)$ とすれば, 離散型のために
$$F(x) = \sum_{x_i \leq x} f(x_i)$$
で表される. ここで, $f(x_i)$ は $f(x_i) = P(X = x_i)$ であり, 確率を表す確率関数である.

次の基本関係式が成立する.
$$F(x) = P(X \leq x)$$
$$P(a < x \leq b) = F(b) - F(a)$$

■ 連続型：確率変数 $X$ とそれに対応する分布関数 $F(x)(=P(X \leq x))$ について，その分布関数の被積分関数 $f(x)$ がたかだか有限個の $x$ の値を除いて
$$F(x) = \int_{-\infty}^{x} f(x)dx$$
で表されるとき連続型という．この被積分関数 $f(x)$ は，考えている分布の確率密度または単に密度という．$F'(x) = f(x)$ であり，$f(x)$ が連続なあらゆる $x$ について成立する.

次の基本関係式が成立する.
$$\int_{-\infty}^{\infty} f(x)dx = 1$$
$$P(a < x \leq b) = F(b) - F(a)$$
$$= \int_{a}^{b} f(x)dx \quad (\text{ただし，} f(x) \geq 0)$$

**c. 分布の平均，分散，標準偏差**

■ 平均 (mean)：分布の平均を $\mu$ で表し，

離散分布 $\quad \mu = \sum_{i=1}^{n} x_i f(x_i)$

連続分布 $\quad \mu = \int_{-\infty}^{\infty} x f(x)dx$

■ 分散 (variance) と標準偏差 (standard deviation)：分布の分散を $\sigma^2$ で表し，

離散分布 $\quad \sigma^2 = \sum_{i=1}^{n}(x_i-\mu)^2 f(x_i)$

連続分布 $\quad \sigma^2 = \int_{-\infty}^{\infty}(x-\mu)^2 f(x)dx$

標準偏差は，分散の正の平方根をいい，$\sigma$ で表す.

次の基本則がある.
確率変数 $X$ が平均 $\mu$ と分散 $\sigma^2$ をもつならば，確率変数 $Y = a_1 X + a_2 (a_1$ と $a_2$ は定数) について

平均： $a_1\mu + a_2$
分散： $a_1^2 \sigma^2$

$Y = (X-\mu)/\sigma$ についての平均と分散は

平均： 0
分散： 1

■ 積率 (モーメント)：$X$ を任意の確率変数として，すべての実数 $X$ に対して定義された任意の連続関数 $g(X)$ を考えると，その平均は

離散分布 $\quad E(g(X)) = \sum_{i=1}^{n} g(x_i) f(x_i)$

連続分布 $\quad E(g(X)) = \int_{-\infty}^{\infty} g(x) f(x) dx$

であり，これを $g(X)$ の数学的期待値とよぶ．なお，ここで $f(x_i)$ と $f(x)$ はそれぞれ確率関数または確率密度関数である.

$g(X) = X^k (k = 1, 2, \cdots)$ とすると

離散分布 $\quad \mu'_k = E(X^k) = \sum_{i=1}^{n} x_i^k f(x_i)$

連続分布 $\quad \mu'_k = E(X^k) = \int_{-\infty}^{\infty} x^k f(x) dx$

となり，これらを $k$ 次の積率 (モーメント) とよぶ.

$g(X) = (X-\mu)^k (k = 1, 2, \cdots)$ とすると

離散分布 $\quad \mu_k = E((X-\mu)^k)$
$$= \sum_{i=1}^{n}(x_i-\mu)^k f(x_i)$$

連続分布 $\quad \mu_k = E((X-\mu)^k)$
$$= \int_{-\infty}^{\infty}(x-\mu)^k f(x) dx$$

となり，これらを $k$ 次の平均 $\mu$ まわりの積率 (モーメント) とよぶ．そして，$\mu_0 = 1, \mu_1 = 0, \mu_2 = \sigma^2$ となる.

積率から導出されるパラメータに次のものがある.

ひずみ度：$\beta_1 = \dfrac{\mu_3^2}{\mu_2^3} = \dfrac{\mu_3^2}{\sigma^6}$

または $\sqrt{\beta_1} = \dfrac{\mu_3}{\mu_2^{3/2}} = \dfrac{\mu_3}{\sigma^3}$

とがり度：$\beta_2 = \dfrac{\mu_4}{\mu_2^2} = \dfrac{\mu_4}{\sigma^4}$

■ 積率母関数 (モーメント母関数)：確率変数を $X$，$t$ を任意の実数とするとき

離散分布　$G(t) = E(e^{tX})$
$$= \sum_{i=1}^{n} e^{tx_i} f(x_i)$$
連続分布　$G(t) = E(e^{tX})$
$$= \int_{-\infty}^{\infty} e^{tx} f(x) dx$$

を $X$ の積率母関数という．また，次の定理が成立する．

- $X$ の積率母関数 $G(t)$ が $-a \leq t \leq a (a > 0)$ の範囲で存在するならば，$X$ の原点まわりの $k$ 次の積率 $\mu'_k$ は
$$\mu'_k = E(X^k) = \left[\frac{d^k}{dt^k} G(t)\right]_{t=0}$$
$$= G^{(k)}(0) \quad (k = 0, 1, 2, \cdots)$$

- $X_1$ と $X_2$ の積率母関数がともに $G(t)$ で，その $G(t)$ が $-a \leq t \leq a (a > 0)$ の範囲で存在するならば，$X_1$ と $X_2$ の分布は一致する．

- $X_1, X_2, X_3, \cdots, X_n$ が互いに独立であって，それらの積率母関数をそれぞれ $G_1(t), G_2(t), G_3(t), \cdots, G_n(t)$ とすれば，$X_1 + X_2 + X_3 + \cdots + X_n$ の積率母関数 $G(t)$ は
$$G(t) = G_1(t) G_2(t) G_3(t) \cdots G_n(t)$$
$$\left(= \prod_{i=1}^{n} G_i(t)\right)$$

### d.　重要な分布

離散分布に関して

■ 二項分布 (ベルヌーイ分布)：
$$f(x) = \binom{n}{x} p^x q^{n-x}$$
$$= {}_nC_x p^x q^{n-x} \quad (x = 0, 1, 2, \cdots, n)$$

で表される分布をいう．

$n$ 回の独立した試行の中で事象 $A$ が起こった回数 $X$ を考える．各 1 回の試行で事象 $A$ は $P(A) = p$ の確率をもつとする．このとき $X = x$ の確率 $P(X = x)$ は二項分布 (binomial distribution) の上式に従う (等しい)．なお，$q = 1 - p$ である．

- 二項分布は平均 $\mu = np$，分散 $\sigma^2 = npq$．

- $f(x) = {}_nC_x p^x q^{n-x}$ は $(p+q)^n$ の二項展開の第 $(x+1)$ 項に等しい．

- 二項分布は，$n$ が大きなときには近似的に正規分布とみなせる．

■ ポアソン分布：
$$f(x) = \frac{\lambda^x e^{-\lambda}}{x!} \quad (x = 0, 1, 2, \cdots)$$
で表される分布をいう．

- 平均は $\mu = \lambda$ および分散は $\sigma^2 = \lambda$ である．

- $\sqrt{\beta_1} = 1/\sqrt{\lambda}$, $\beta_2 = 3 + 1/\lambda$ よりも $\lambda$ が大きくなると，平均 $\lambda$ で分散 $\lambda$ の正規分布に近づく．

■ 超幾何分布：$N$ 個の球のうち $M$ 個が赤球で残りの $N - M$ 個が白球とする．これから無作為に取り出した $n$ 個の球について赤球の数を $X$ とすれば，$X = x$ の確率は，非復元抽出として，
$$f(x) = \frac{\binom{M}{x} \binom{N-M}{n-x}}{\binom{N}{n}}$$
$$= \frac{{}_MC_x \, {}_{N-M}C_{n-x}}{{}_NC_n}$$
$$(x = 0, 1, 2, \cdots, n)$$

で表される．このとき $X$ は超幾何分布 (hypergeometric distribution) に従う．

- 平均は $\mu = \dfrac{nM}{N}$
- 分散は $\sigma^2 = \dfrac{nM(N-M)(N-n)}{N^2(N-1)}$

連続分布に関して

■ 正規分布 (ガウス分布)：平均を $\mu$，標準偏差 $\sigma$ をもち，確率密度関数が
$$f(x) = \frac{1}{\sqrt{2\pi}\sigma} \exp\left(-\frac{(x-\mu)^2}{2\sigma^2}\right)$$
$$(-\infty < x < \infty)$$

で表現される分布を正規分布 (ガウス分布 (Gaussian distribution))(normal distribution) という．$f(x) \equiv N(\mu, \sigma)$ と記すこともある．

そこで，正規分布関数は

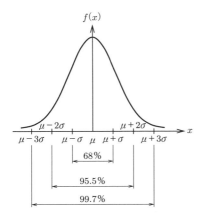

**図 A.33** 正規分布密度関数

$$F(x) = \frac{1}{\sqrt{2\pi}\sigma} \int_{-\infty}^{\infty} \exp\left(-\frac{(x-\mu)^2}{2\sigma^2}\right) dx$$

となる.

$X$ が区間 $(a < X \leq b)$ にある確率は

$$P(a < X \leq b) = F(b) - F(a)$$
$$= \frac{1}{\sqrt{2\pi}\sigma} \int_a^b \exp\left(-\frac{(x-\mu)^2}{2\sigma^2}\right) dx$$
$$= \Phi\left(\frac{b-\mu}{\sigma}\right) - \Phi\left(\frac{a-\mu}{\sigma}\right)$$

正規分布には次の性質がある.

- 図 A.33 に正規分布密度関数を示す. $X$ の分布は,

$$P(\mu - \sigma < X \leq \mu + \sigma) \approx 68\%$$
$$P(\mu - 2\sigma < X \leq \mu + 2\sigma) \approx 95.5\%$$
$$P(\mu - 3\sigma < X \leq \mu + 3\sigma) \approx 99.7\%$$

である.

- $X$ が平均 $\mu$ で分散 $\sigma^2$ の正規分布に従うならば, $X^* = aX + b\ (a \neq 0)$ は,

平均 $\quad \mu^* = a\mu + b$

分散 $\quad \sigma^{*2} = a^2 \sigma^2$

■ **カイ 2 乗分布**: 正規分布する母集団 $N(\mu, \sigma^2)$ から取り出された $n$ 個の互いに独立な任意の標本 $x_1, x_2, x_3, \cdots, x_n$ について

$$\chi^2 = \sum_{i=1}^n \frac{(x_i - \mu)^2}{\sigma^2}$$

を考えると, この $\chi^2$ の確率密度関数は

$$f_n(\chi^2) = \frac{1}{2\Gamma(n/2)} \left(\frac{\chi^2}{2}\right)^{n/2-1}$$
$$\times \exp\left(-\frac{1}{2}\chi^2\right)$$
$$(n > 0, 0 < \chi^2 < \infty)$$

となる. この分布を自由度 $n$ のカイ 2 乗分布 (chi-square distribution) という. なお, $\Gamma(n/2)$ はガンマ関数である.

■ **$F$ 分布**: 互いに独立な $\chi_1^2$ と $\chi_2^2$ が, それぞれ自由度 $n_1$ と $n_2$ のカイ 2 乗分布に従うとき,

$$F = \frac{n_2 \chi_1^2}{n_1 \chi_2^2}$$

と定義した $F$ の密度関数 $f(x; n_1, n_2)$ は

$$f(x; n_1, n_2)$$
$$= \frac{1}{B(n_1/2, n_2/2)} \left(\frac{n_1}{n_2}\right)^{n_1/2}$$
$$\times x^{n/2-1} \left(1 + \frac{n_1}{n_2}x\right)^{-(n_1+n_2)/2}$$
$$(x > 0)$$

となり, この分布を自由度 $(n_1, n_2)$ の $F$ 分布 (F distribution) という. なお, ここで, $B(n_1/2, n_2/2)$ はベータ関数である.

■ **$t$ 分布**: $N(0,1)$ の正規分布である $X$ と, 自由度 $n$ のカイ 2 乗分布に従う $\chi^2$ から,

$$t = \frac{X}{\sqrt{\chi^2/n}}$$

とおくと, この t の密度関数 $f_n(t)$ は

$$f_n(t) = \frac{1}{\sqrt{n}B(1/2, n/2)} \left(1 + \frac{t^2}{n}\right)^{-(n+1)/2}$$
$$(n > 0, -\infty < t < \infty)$$

となり, $t$ は自由度 $n$ の $t$ 分布 (t-distribution) に従うという.

■ **ワイブル分布**:

$$f(x) = \left(\frac{\beta}{\alpha}\right) x^{\beta-1} \exp\left(-\frac{1}{\alpha}x^\beta\right)$$
$$(0 < x < \infty, \alpha > 0, \beta > 0)$$

の密度関数で表現される分布である. この分布の母数である平均 $\mu$ と分散 $\sigma^2$ は次のとお

りである.

$$\mu = \alpha^{1/\beta} \Gamma\left(1 + \frac{1}{\beta}\right)$$
$$\sigma^2 = \alpha^{2/\beta}\left\{\Gamma\left(1 + \frac{2}{\beta}\right) - \left[\Gamma\left(1 + \frac{1}{\beta}\right)\right]^2\right\}$$

### e. 2変数の確率変数と分布

標本空間で，2次元空間の点を値にとる関数 (2変数の関数) を2次元の確率変数とよび，それらを $X$ と $Y$ で表すことにする．

任意の $x$, $y$ に対して，

$$F(x, y) = P(X \leq x, Y \leq y)$$

を $(X, Y)$ の分布関数という．なお，$P(X \leq x, Y \leq y)$ は，確率変数が $X \leq x$, かつ $Y \leq y$ の条件に入る事象の確率である．

■ 離散型：$P(x_i, y_j) = p_{ij}$ とすると，

$$f(x_i, y_j)) = \begin{cases} p_{ij} & (x = x_i, y = y_j) \\ 0 & (その他の場合) \end{cases}$$

を $(X, Y)$ の確率関数という．そこで，分布関数は

$$F(x, y) = \sum_{x_i \leq x} \sum_{y_i \leq y} f(x_i, y_j)$$

■ 連続型：$(X, Y)$ が連続型の確率変数で，かつ，密度関数 $f(x, y)$ が区分的に連続な場合，分布関数は

$$F(x, y) = \int_{-\infty}^{y} \int_{-\infty}^{x} f(\xi, \eta) d\xi d\eta$$

■ 平均：$(X, Y)$ の確率分布が

$$P(X = x_i, Y = y_j) = p_{ij} \quad (i, j = 1, 2, \cdots)$$

で与えられるとき，$X$ と $Y$ それぞれの平均は

$$\mu_x = E(X) = \sum_i \sum_j x_i p_{ij}$$
$$\mu_y = E(Y) = \sum_i \sum_j y_j p_{ij}$$

連続型の場合は，

$$\mu_x = E(X) = \int_{-\infty}^{\infty} \int_{-\infty}^{\infty} x f(x, y) dx dy$$
$$\mu_y = E(Y) = \int_{-\infty}^{\infty} \int_{-\infty}^{\infty} y f(x, y) dx dy$$

■ 分散：

$$\sigma_x^2 = E((X - \mu_x)^2)$$
$$= \int_{-\infty}^{\infty} \int_{-\infty}^{\infty} (x - \mu_x)^2 f(x, y) dx dy$$
$$\sigma_y^2 = E((Y - \mu_y)^2)$$
$$= \int_{-\infty}^{\infty} \int_{-\infty}^{\infty} (y - \mu_y)^2 f(x, y) dx dy$$

なお，標準偏差は分散の正の平方根である．

■ 共分散：

$$\mu_{xy} = E\{(X - \mu_x)(X - \mu_y)\}$$
$$= \int_{-\infty}^{\infty} \int_{-\infty}^{\infty} (x - \mu_x)(y - \mu_y)$$
$$\times f(x, y) dx dy$$

■ 相関係数：$X$ と $Y$ に対して

$$\Gamma = \frac{\mu_{xy}}{\sigma_x \sigma_y}$$

を相関係数という．

### A.11.3 統計

#### a. 度数分布

■ 度数分布：実験や調査，検査などで得られた個々の結果を標本という．その多数 (複数) の標本 (sample) を，注目する標本値の範囲区間を (各区間を階級 (classification) という) 設定して，それぞれの階級に当てはまる標本の数を数えて統計量 (各階級の標本数を度数という) として整理したものが度数分布 (frequency distribution) である．たとえば，横軸を階級，縦軸を度数として棒グラフなどの形式で図式表示 (histogram) したり，表形式でその統計量の特性を把握する．各階級の度数を，標本総数で除算した値として統計量としたものは相対度数分布という．

■ 累積度数分布：度数分布で得られた各階級の度数を順次加えて，各階級にその階級以下の度数の和 (これを累積度数という) を対応させた統計分布表現が累積度数分布 (cumulative frequency distribution) である．

■ 標本平均と標本分散：$n$ 個の標本の値を $x_1, x_2, x_3, \cdots, x_n$ とすると，標本平均 $\bar{x}$ は

$$\bar{x} = \frac{1}{n} \sum_{i=1}^{n} x_i$$

その分散を標本分散 $s^2$

$$s^2 = \frac{1}{n}\sum_{i=1}^{n}(x_i - \bar{x})^2$$

で表す．標本分散の正の平方根を標本の標準偏差 $s$ といい，

$$s = \sqrt{\frac{1}{n}\sum_{i=1}^{n}(x_i - \bar{x})^2}$$

である．

**b. 母集団と標本**

統計をとるためのある特定の対象となる標識をもつすべての個体の集合を母集団 (population) という．ここで，標識とは，その母集団が統計の対象となるために取り上げている母集団の内部構造を示す特性である．母集団から抽出された見本が標本である．抽出された標本の数 $n$ を標本の大きさといい，$n$ が大きくなればなるほど標本群の性質は母集団の性質に近づく．

■ **母数の推定**：母数とは，分布関数の中の定数，すなわち，分布関数の特性を表現する定数．たとえば正規分布であれば平均 $\mu$ と標準偏差 $\sigma$ である．

母数の推定とは母集団から抜き出した標本から母数の近似値を求めること．

■ **最大尤度法**：確率関数または確率密度 $f(x)$ が未知の母数 $u$ をもっているとする．その離散的または連続的な確率変数を $X$ とする．

いまこの母集団から $n$ 個の独立な値 $x_1, x_2, x_2, \cdots, x_n$ となる標本を得たとする．この大きさ $n$ の標本が得られる確率は離散的な場合：

$$P_d = f(x_1, x_2, x_3, \cdots, x_n) = \prod_{i=1}^{n} f(x_i)$$

連続的な場合：

$$P_c = f(x_1, x_2, x_3, \cdots, x_n) = \prod_{i=1}^{n} f(x_i)\Delta x$$
$$= P_d(\Delta x)^n$$

なお，ここで，連続的な場合について $\Delta x$ は小さな区間 $x_i \leq x \leq x_i + \Delta x (i = 1, 2, 3, \cdots, n)$ にある値からなる確率である．

この確率は $x_1, x_2, x_2, \cdots, x_n$ と母数 $u$ に依存する関数とみなせる．$x_1, x_2, x_2, \cdots, x_n$ は具体的に得られた標本値であるから，固定されている (定数) と考えることができる．そのために確率は母数 $u$ の関数と考えることができ，これを尤度関数 (likelyhoood function) とよぶ．

この尤度関数が最大値となるように $u$ を決定して，それを母集団の母数の近似値とする手法が最大尤度法である．すなわち，最大値をとる必要十分条件は

$$\frac{\partial P_d}{\partial u} = 0 \quad \text{または} \quad \frac{\partial P_c}{\partial u} = 0$$

である．もちろん，この解を得ることを最尤推定という．

複数の $k$ 個の母数パラメータ $u_1, u_2, \cdots, u_k$ が含まれる分布に対しては，

$$\frac{\partial P_d}{\partial u_i} = 0 \quad \text{または} \quad \frac{\partial \ln P_d}{\partial u_i} = 0$$

$$(i = 1 \sim k)$$

の連立方程式で求めることができる．

■ **区間推定**：$n$ 個の標本の値 $x_1, x_2, x_3, \cdots, x_n$ から，すなわち，確率変数 $X_1, X_2, X_3, \cdots, X_n$ の観測値と考える取得された標本の値から，その母集団の母数 $u$ を区間で推定するものである．

推定の信頼度 $\alpha$ (通常は 0.95 とか 0.99) を設定して，その信頼度であれば真の母数 $u$ は

$$U_1 \leq u \leq U_2$$

のように区間 $(U_1, U_2)$ の中に存在すると推定する．区間推定とは，この区間の両側の量 $U_1$ と $U_2$ を得ることである．

■ **正規分布の母集団の公式**：正規母集団 $N(\mu, \sigma^2)$ の母数の信頼区間を求める．

● 平均 $\mu$ の信頼度 $\alpha$ となる信頼区間

【母分散が既知の場合】

$$\bar{X} - t\frac{\sigma}{\sqrt{n}} \leq \mu \leq \bar{X} + t\frac{\sigma}{\sqrt{n}}$$

ここで，

$$\bar{X} = \frac{\sum_{i=1}^{n} X_i}{n}$$

$t$ は

$$\frac{1}{\sqrt{2\pi}}\int_{-t}^{t} \exp\left(-\frac{x^2}{2}\right)dx = \alpha$$

**表 A.14** 信頼度実用 3 ケースの $t$ 値

| 信頼度 | $t$ の値 |
|---|---|
| 90 % | 1.65 |
| 95 % | 1.96 |
| 99 % | 2.58 |

から求める.

$t$ の値の実用的によく使われるところを表 A.14 に示す.

【母分散が未知の場合】

$$\bar{X} - t_a \frac{s}{\sqrt{n-1}} \leq \mu \leq \bar{X} + t_a \frac{s}{\sqrt{n-1}}$$

ここで,

$$s^2 = \frac{1}{n} \sum_{i=1}^{n} (X_i - \bar{X})^2$$

で求める. $t_a$ は, 標本数がおよそ 30 以上の多い場合には正規分布表から, 30 以下の場合は $t$ 分布表から決定する. 自由度 $n-1$ の $t$ 分布の確率密度を $g_{n-1}(x)$ とすれば

$$\int_{-t_a}^{t_a} g_{n-1}(x) dx = \alpha$$

から求める.

● 分散 $\sigma^2$ の信頼度 $\alpha$ となる信頼区間

$$\frac{ns^2}{\chi_2^2} < \sigma^2 < \frac{ns^2}{\chi_1^2}$$

ここで, $\chi_1$ と $\chi_2$ の決定は, 自由度 $n-1$ のカイ 2 乗分布の確率密度を $g_{n-1}(x)$ として

$$\int_{\chi_2^2}^{\infty} g_{n-1}(x) dx = \frac{1}{2}(1-\alpha)$$

$$\int_{-\infty}^{\chi_1^2} g_{n-1}(x) dx = \frac{1}{2}(1-\alpha)$$

の解法で決定できる. 実用ではカイ 2 乗分布表から求められる.

□ 文　献

1) 竹中俊夫, 高橋浩爾, 神馬　敬, 渡部康一 編, 機械工学必携 (朝倉書店, 1982).
2) 富田幸雄, 小泉　堯, 松本浩之, 工学のための数理解析 I–III (実教出版, 1974–1976).
3) T. V. カルマン, M. A. ビオ (村上勇次郎, 武田晋一郎, 飯沼一男 訳), 工学における数学的方法, 上/下 (法政大学出版会, 1954).
4) R. L. Mustoe, M. D. Barry, *Mathmatics in Eigineering and Science* (Wiley, 1998).

# 索　引

## 欧　文

$D$-efficiency　166
DNS　52
$D$ 最適基準　165

$F$ 分布　278

HCW 方程式　134, 160

$J$ 積分　49

KKT 条件　167, 171

LCAO 法　158

$Q$ 値　121
$q$ 展開　8

$t$ 検定　164
$t$ 分布　278

WKB 解　62
WKB 展開　60

## あ　行

アーベルの積分方程式　266
アルキメデスの渦巻き曲線　235
安全係数　198
安定　150

安定判別　36
鞍部点　247

遺伝子発現プロファイル　212
1 次元熱伝導方程式　100
1 次変換　140
位置ベクトル　241
一般解　256
一般的固有値問題　240
井戸型ポテンシャル　155
イベントツリー　193
因数分解　230
インボリュート　234

渦　79
打切り誤差　107
内サイクロイド　234
宇宙機　40
ウルフの法則　75

衛星　1, 132, 161, 202
エイリアス誤差　55, 107
エッジ処理　26
エネルギー解放率　48
エネルギー最小化問題　196
円　233
演算子　154
円筒座標系　94

オイラーの等式　116
オイラーの微分方程式　261
応答曲面法　162

応力　138
　——の変換行列　139
応力拡大係数　13, 48
オブザーバ　182
オプション価格　189
オプション価値　189
オプション行使価格　190
オペレータ　26
重み付き残差法　51
音圧分布　1, 84
音響解析　84
音響加振　1
温室効果ガス　185

## か　行

解軌道　77
回帰モデル　164
カイ2乗分布　278
階乗　229
開水路　112
階数低下法　258
外積　126, 241
回転　232, 243
界面波動の不安定　14
ガウス曲率　175
ガウス積分　98
ガウスの定積分　255
ガウスの定理　243
ガウス分布　225, 277
拡散渦　55
拡散現象　19
拡散長　69
拡散電流　67
拡散方程式　19
拡張カルマン・フィルタ　185
確率　274
確率過程　202
確率空間　220
確率測度　220
確率の乗法定理　221
確率分布　275
確率分布関数　220

確率変数　220, 275
確率偏微分積分方程式　223
確率密度関数　199
可測空間　220
価値ツリー　193
活動電位　27
ガトー微分　171
カトマル–クラーク細分割曲面　146
カブトの定義　21
カルーシュ–クーン–タッカー条件　167
カルマン・ゲイン　184
カルマン・フィルタ　182
環境知能　211
関数の連続　244
ガンマ関数　20, 253, 278

気液二相流　14
規格化　155
奇置換　239
基底関数　50
基本解　34
基本解行列　34
逆行列　238
逆フーリエ変換　272
逆問題　64
　——の不適切性　66
逆ラプラス変換　272
キャリア伝導　67
球座標系　40
球状調和関数　41
境界値逆問題　65
境界値問題　265
境界要素法　2, 84
共振周波数　121
共分散　279
共分散行列　163
共鳴積分　158
行列　238
　——の基本演算公式　238
行列式　239
極形式　266
極限　244
　関数の——　244

数列の—— 244
　　極座標　232
　　極小　247
　　極小曲面　176
　　極大　247
　　曲率　175
　　曲率半径　233
　　虚数単位　18
　　許容応力　198
　　キルヒホッフの第 1 法則　117
　　キルヒホッフの第 2 法則　117
　　き裂　10, 48

　　空事象　274
　　偶置換　239
　　区間推定　280
　　クッタ条件　80
　　グリーン関数　2, 84, 98
　　グリーンの定理　244, 268
　　クレローの微分方程式　257, 262
　　クロスパワースペクトル　106
　　クロネッカーのデルタ関数　183
　　クーン–タッカー条件　187

　　迎角　79
　　経験的確率　274
　　係数励振系　32
　　血管網　19
　　結合性軌道　158
　　ケルビン–ヘルムホルツの不安定　14
　　限界費用　186
　　現在価値　189
　　原始関数　247
　　原子軌道結合法　158
　　減衰振動　72
　　懸垂線　235

　　高次常微分方程式　259
　　高次代数方程式　231
　　高次微分　245
　　合成関数の微分法　40
　　剛性最大化問題　170
　　高速フーリエ変換　106

　　勾配　242
　　氷の融解　100
　　誤差関数　226
　　コーシーの主値　87, 251
　　コーシーの積分公式　269
　　コーシーの積分定理　268
　　コーシーの不等式　230
　　コーシー–リーマンの微分方程式　267
　　コーシー留数定理　271
　　個人認証　211
　　骨再構築　75
　　コッホ曲線　22
　　骨リモデリング　76
　　固有関数　13, 155
　　固有振動数　135
　　固有値　13, 155
　　固有値問題　136, 157
　　固有ベクトル　240
　　固有モード　135
　　コンボリューション積分　24

## さ 行

　　サイクロイド　234
　　最小分散推定　182
　　最小曲面問題　194
　　最小二乗法　144, 163, 177
　　最大尤度法　280
　　最適化基準法　167
　　最適性の 1 次の必要条件　167
　　最適設計　162
　　最適レギュレータ問題　159
　　細分割行列　148
　　細分割曲面　146
　　細胞径分布　220, 224
　　細胞周期　222
　　細胞齢分布　221
　　最尤推定値　163
　　最尤推定法　209
　　錯視　27
　　三角関数　235, 237
　　　——の関係公式　236
　　三角形領域の積　255

3 次元 CG　145
3 次方程式　231
3 重積　242
算術平均　230
サンプリング周波数　109

$\sigma$ 集合体　220
シグモイド型関数　224
次元解析　57
事後確率　221
自己相関関数　104
自己相似解　55, 58, 59
事後分布　216
視細胞　26
事象　220, 274
指数関数　237
事前確率　221
自然対数　229
事前分布　216
実験計画　162, 165
実効拡散係数　22
縞球調和関数　41
写像　142
写像関数　144
重積分　254
重調和方程式　264
自由度調整済み決定係数　163
主曲率　175
シュブルール錯視　27
シュレーミルヒの積分方程式　266
小規模降伏　13
条件付き確率　221
少数キャリア連続の式　67
状態空間表現　150
状態推定器　182
状態遷移　204
状態遷移行列　34
冗長自由度　128
冗長ロボットマニピュレータ　128
焦点　233
常微分　245
常微分方程式　68, 257
乗べき　229

乗法公式　230
正味現在価値　189, 193
常用対数　229
擾乱速度ポテンシャル　79
初期値問題　265
自律系　32
シルベスターの消去法　89, 92
シルベスターの判別条件　153
シングルテザー　203
人工衛星　132, 161, 202
人口密度　222
伸縮ばね　195
真数　229
信頼性設計法　198

推移確率　221
数値解法　265
スカラー 3 重積　242
スカラー積　241
スカラー場　242
スカラーポテンシャル　243
スターリングの公式　253
ステレオ投影　142
ストークスの定理　244
スペクトル法　50
すべり速度　18
スムージング　147

整関数　270
正規分布　277
静止摩擦力　73
正定行列　153
性能指数　121
正方行列　238
積事象　274
積分　247
　　初等関数の——　248
積分定数　248
積分微分方程式　79
積分方程式　265
積率　276
積率母関数　276
ゼータ関数　253

索　引

赤血球　193
接線　233
摂動　40
摂動加速度　41
摂動法　58
摂動力　41
漸近安定　150
漸近線　234
線形化　77
線形最小二乗法　178
線形常微分方程式　34
　　周期係数型—　33
線形微分方程式　262
線形和　156
先験的確率　274
線積分　243, 267
せん断応力　141
潜熱　99
全微分　245

相関関数　103
相関係数　279
双曲線　233
双曲線関数　237
　　—の関係公式　237
相互相関関数　103
相似変数　58, 59
相乗平均　230
相対運動方程式　133
相対度数分布　279
相変化　99
相補誤差関数　225
速度ポテンシャル　15
側抑制　27, 29
粗視化スケール　23
外サイクロイド　234

## た　行

第1種完全楕円積分　5
第1種楕円積分　5
対角行列　238
対称行列　153

対数　229
対数積分　250
対数増殖期　225
ダイナミクスモデル　76
楕円　233
楕円積分　253
多孔質体　19
多項定理　230
多時間尺度の方法　46
多重時間法　46
多重積分　255
多自由度振動系　135
多重比較補正　214
たすき掛け公式　240
畳込み積分　24, 27, 98
畳込み和　30
ダフィング方程式　9
ダブルテザー　204
単位行列　238
単一パラメータ　50
単一パラメータ表示　13
弾性エネルギー　195
弾性ばね　194
単振り子　4

チェビシェフ-タウ法　52
チェビシェフ多項式　51
置換　239
置換積分　250
中間漸近解　13
超幾何分布　277
調和バランス法　38
調和平均　230
直接数値計算　52
直列共振回路　117
直角座標　231
直交関数系　50

釣り合い行列　124

ディジタル信号処理　24
底数　229
定積分　250

ディラックのデルタ関数　51, 223
テイラー級数　269
テイラー展開　246
テイラーの定理　269
ディリクレ境界条件　51
テザー衛星　202
テンソル　244
電流密度　67

導関数　245
統計　279
同時確率密度関数　182
投資リスク　188
等張力曲面　174, 176
等流　114
特異応力場　11
特異解　256
特異性　13, 50
特異積分　251, 271
特異摂動法　58
特異摂動問題　60
特異値分解　123
特異点　270
特性指数　35
特性乗数　35
度数分布　279
特解（特殊解）　256
トップハットフィルタ　111
ドリフト電流　67

## な　行

内積　126, 241
内力　195
ナビエ–ストークス方程式　53
ナブラ　242

2 液界面　94
2 項ツリー　190
二項定理　230
二項分布　275, 277
2 次方程式　231
1/2 階微分　22

ネイピア数　229
熱線流速計　109
熱伝導方程式　97, 265

## は　行

バイオインフォマティクス　212
排出権取引制度　186
$\Pi$ 定理　56
破壊力学　11
薄翼　79
パーセバルの定理　110
破損確率　199, 215
パターン認識　207
発散　242
パーティクルフィルタ　185
波動関数　154
波動方程式　265
ばね定数　195
ばねネットワーク　195
ハミルトニアン　155, 242
パラメータ励振振動系　96
パラレルマニピュレータ　88, 126
パワースペクトル　110
汎関数　170, 174
反結合性軌道　158
半正接公式　89, 92
半導体　67, 70
　　——の電気伝導　70
半無限空間　102

ピカールの定理　270
微係数　245
非自律系　32
ひずみ度　276
非整数階積分　20
非整数階微分　19, 20
非線形常微分方程式　44
非線形振動系　31
非弾性衝突球　72
微分　244
　　行列の——　247

初等関数の—— 246
ベクトルの—— 247
微分可能性 267
微分公式 245
微分方程式 255
ヒューリスティックス 169
費用最小化問題 187
標準的固有値問題 240
標準偏差 276
標本空間 220
標本区間 274
標本分散 279
表面張力 17

不安定次数 125
ファン・デル・ポール型方程式 44
フィードバック 76
フィードバック制御 159
フィルタ 26
風圧中心 82
フォーメーション 133, 161
複素関数 18, 266
複素数 18, 116, 266
複素積分 267
複素平面 266
不減衰振動 4
プサイ関数 253
不静定次数 125
不定積分 247
部分事象 274
部分積分 250
不偏推定性 182
プラグイン 2 次識別規則 210
フラクタル 19
フラクタル曲線 22
フラクタル次元 24
フラクタル測度 24
フーリエ逆変換 71, 97
フーリエ級数 51
フーリエ級数展開 107
フーリエ積分 271
フーリエの正弦変換 272
フーリエの余弦変換 272

フーリエ変換 71, 97, 272
フルード数 113
フレドホルム型積分方程式 265
フローケの定理 34
分岐現象 31
分散 276, 279
粉粒体 72

平均 276, 279
平均回帰仮定 191
平均曲率 175
平均コンプライアンス 168
平均コンプライアンス最小化問題 170
平均値の定理 246
平行移動 232
平衡状態 150
平衡点 32, 76
——の安定性 33
ベイズ識別規則 207
ベイズの定理 208, 215, 221, 275
ヘインズ–ショックレー法 72
ベクトル 238, 240
——の積分 243
ベクトル 3 重積 242
ベクトル積 132, 241
ベクトル場 242
ベクトルポテンシャル 243
ベータ関数 253
ベッセル関数 94, 253
ペナルティ関数 196
ベルヌーイの大数の法則 274
ベルヌーイの定理 17
ベルヌーイの微分方程式 257
ベルヌーイ分布 277
ヘルムホルツの積分方程式 2, 84
ヘルムホルツの定理 243
ヘルムホルツ方程式 51, 94, 264
変異係数 225
変曲点 247
変形抵抗 194
ベン図 216
変動係数 201
偏微分 245

偏微分方程式　71, 261
変分原理　174
変分法　170, 174
変分方程式　33

ポアソン分布　221, 277
法線　233
放物線　234
補間誤差　107
補空間　129
ボクセル有限要素モデル　76
母集団　280
母数　280
ポテンシャル流れ　17, 82
ポピュレーションバランスモデル　222
補母数　8
ボラティリティ　190
ボルテラ型積分方程式　265

## ま 行

膜構造　173
膜脂質二重層　193
マクローリン展開　247
マシュー方程式　32

未定係数法　258

ムーア–ペンローズの擬似逆行列　129
無限空間　97
無香料カルマン・フィルタ　185
無リスク利子率　189

メカニズム　123
メカノスタット理論　76
面積変化抵抗　196

網膜　26
目標信頼性　201
最も不安定な波長　18
モーメント　276
モーメント母関数　276
モールの応力円　139

モレラの定理　268

## や 行

ヤコビ行列　127, 128, 185
ヤコビの楕円関数　7
尤度関数　280
ユークリッド次元　24

揚力　82
揚力傾斜　83
揚力係数　82
余事象　274

## ら 行

ライプニッツの公式　251
ライプニッツの定理　246
ラグランジアン　168, 171, 188
ラグランジュ–シャルピーの解法　261
ラグランジュの定数変化法　261
ラグランジュの微分方程式　257, 262
ラグランジュの未定乗数　168, 171
ラサールの安定定理　154
ラプラシアンフィルタ　26
ラプラス変換　272, 273
ラプラス方程式　12, 94, 263
乱流　50, 52, 109

リアプノフ関数　151
リアプノフの安定定理　150
リアルオプション　189
離心率　233
リスク中立確率アプローチ　189
リスクフリーレート　189
リッカチの微分方程式　257
リッカチ方程式　159
立体球積カルマン・フィルタ　185
リーマン–リュウヴィルの定義　21
リモデリング　75
粒子画像流速計　103, 105, 142
留数　270

両凹円盤構造　193
量子井戸　154
履歴力　22
臨界条件　113
リンク機構　123

累積確率密度関数　199
累積度数分布　279

零行列　238
零揚力角　83
レーザ　70
レムニスケート　235
連鎖定理　246

連続の式　112
連立微分方程式　259

ロケット　1
ローパスフィルタ　111
ロピタルの定理　246
ロボット　88, 126
ローラン級数　269
ローランの定理　269

## わ 行

ワイブル分布　278
和事象　274

### 編集者略歴

#### 大熊 政明 (おおくま まさあき)

1956 年　埼玉県に生まれる
1983 年　東京工業大学大学院理工学研究科博士課程中退
現　在　東京工業大学大学院理工学研究科教授
　　　　工学博士

#### 金子 成彦 (かねこ しげひこ)

1954 年　山口県に生まれる
1981 年　東京大学大学院工学系研究科博士課程修了
現　在　東京大学大学院工学系研究科教授
　　　　工学博士

#### 吉田 英生 (よしだ ひでお)

1955 年　三重県に生まれる
1983 年　東京工業大学大学院理工学研究科博士課程修了
現　在　京都大学大学院工学研究科教授
　　　　工学博士

---

### 事例で学ぶ数学活用法

定価はカバーに表示

2015 年 2 月 10 日　初版第 1 刷

| | |
|---|---|
| 編集者 | 大　熊　政　明 |
| | 金　子　成　彦 |
| | 吉　田　英　生 |
| 発行者 | 朝　倉　邦　造 |
| 発行所 | 株式会社　朝　倉　書　店 |

東京都新宿区新小川町 6-29
郵便番号　162-8707
電　話　03 (3260) 0141
Ｆ Ａ Ｘ　03 (3260) 0180
http://www.asakura.co.jp

〈検印省略〉

Ⓒ 2015　〈無断複写・転載を禁ず〉　　中央印刷・渡辺製本

ISBN 978-4-254-11142-2　C 3041　　Printed in Japan

JCOPY　〈(社)出版者著作権管理機構 委託出版物〉

本書の無断複写は著作権法上での例外を除き禁じられています．複写される場合は，そのつど事前に，(社) 出版者著作権管理機構 (電話 03-3513-6969, FAX 03-3513-6979, e-mail: info@jcopy.or.jp) の許諾を得てください．

# ◆ シリーズ〈科学のことばとしての数学〉◆
「ユーザーの立場」から書いた数学のテキスト

東工大 宮川雅巳・東工大 水野眞治・前東工大 矢島安敏著
シリーズ〈科学のことばとしての数学〉
## 経営工学の数理 Ⅰ
11631-1 C3341　　　　　A5判 224頁 本体3200円

経営工学に必要な数理を，高校数学のみを前提とし一からたたき込む工学の立場からのテキスト。〔内容〕命題と論理／集合／写像／選択公理／同値と順序／濃度／距離と位相／点列と連続関数／代数の基礎／凸集合と凸関数／多変数解析／積分他

東工大 宮川雅巳・東工大 水野眞治・前東工大 矢島安敏著
シリーズ〈科学のことばとしての数学〉
## 経営工学の数理 Ⅱ
11632-8 C3341　　　　　A5判 192頁 本体3000円

経営工学のための数学のテキスト。Ⅱ巻では線形代数を中心に微分方程式・フーリエ級数まで扱う〔内容〕ベクトルと行列／行列の基本変形／線形方程式／行列式／内積と直交性／部分空間／固有値と固有ベクトル／微分方程式／ラプラス変換他

早大 永田 靖著
シリーズ〈科学のことばとしての数学〉
## 統計学のための数学入門30講
11633-5 C3341　　　　　A5判 224頁 本体2900円

統計のための「使える」数学のテキスト。必要なエッセンスをまとめ，実際の場面での使い方を解説〔内容〕微積分（基礎事項アラカルト／極値／広義積分他）／線形代数（ランク／固有値他）／多変数の微積分／問題解答／「統計学ではこう使う」／他

東京工業大学機械科学科編　東工大 杉本浩一他著
シリーズ〈科学のことばとしての数学〉
## 機械工学のための数学 Ⅰ
―基礎数学―
11634-2 C3341　　　　　A5判 224頁 本体3400円

大学学部の機械系学科の学生が限られた数学の時間で習得せねばならない数学の基礎を機械系の例題を交えて解説。〔内容〕線形代数／ベクトル解析／常微分方程式／複素関数／フーリエ解析／ラプラス変換／偏微分方程式／例題と解答

東京工業大学機械科学科編　東工大 大熊政明他著
シリーズ〈科学のことばとしての数学〉
## 機械工学のための数学 Ⅱ
―基礎数値解析法―
11635-9 C3341　　　　　A5判 160頁 本体2900円

機械系の分野ではⅠ巻の基礎数学と同時に，コンピュータで効率よく求める数値解析法の理解も必要であり，本書はその中から基本的な手法を解説〔内容〕線形代数／非線形方程式／数値積分／常微分方程式の初期値問題／関数補間法／最適化法

京大 加藤直樹・京大 鉾井修一・京大 高橋大弐・京大 大崎 純著
シリーズ〈科学のことばとしての数学〉
## 建築工学のための数学
11636-6 C3341　　　　　A5判 176頁 本体2900円

大学の建築系学科の学生が限られた数学の時間で習得せねばならない数学の基礎を建築系の例題を交えて解説。また巻末には，ていねいな解答と魅力的なコラムを掲載。〔内容〕常微分方程式／フーリエ変換／ラプラス変換／変分法／確率と統計

東工大 大熊政明著
## 構造動力学
―基礎理論から実用手法まで―
23136-6 C3053　　　　　A5判 344頁 本体5600円

学部上級〜大学院向け教科書。〔内容〕序論／1自由度振動系へのモデル化と解析基礎／2自由度系の基礎／多自由度系の基礎／分布定数系解析基礎／実験モード解析／実験的同定法／有限要素法の基礎／部分構造合成法／音響解析

前東大 中島尚正・東大 稲崎一郎・前東大 大谷隆一・東大 金子成彦・京大 北村隆行・前東大 木村文彦・東大 佐藤知正・東大 西尾茂文編
## 機械工学ハンドブック
23125-0 C3053　　　　　B5判 1120頁 本体39000円

21世紀に至る機械工学の歩みを集大成し，細分化された各分野を大系的にまとめ上げ解説を加えた大項目主義のハンドブック。機械系の研究者・技術者，また関連する他領域の技術者・開発者にとっても役立つ必備の書。〔内容〕Ⅰ編（力学基礎，機械力学）／Ⅱ編（材料力学，材料学）／Ⅲ編（熱流体工学，エネルギーと環境）／Ⅳ編（設計工学，生産工学）／Ⅴ編（生産と加工）／Ⅵ編（計測制御，メカトロニクス，ロボティクス，医用工学，他）

上記価格（税別）は 2015 年 1 月現在